Inhaltsverzeichnis

AF302343

Wichtige Sternkarten

Einleitung

Die folgenden Kapitel sind für den Neuling der Astronomie bestimmt. Wer schon über einschlägige Kenntnisse verfügt, kann diese Kapitel überblättern. Die in diesen Kapiteln beschriebenen und im folgenden Werk benutzten Einstellungen werden kurz zusammengefasst:

Äquinoktium in Sternkarten: 2000
Konjunktionen zwischen Mond, Planeten, Asteroiden und Fixsternen: Wert in Rektaszension
Konjunktionen zwischen Planeten und Asteroiden mit der Sonne: Wert in ekliptikaler Länge

Alle Angaben in diesem Werk wurden mit größtmöglicher Sorgfalt zusammen-
gestellt, doch können fehlerhafte Angaben niemals gänzlich ausgeschlossen
werden. Der Autor übernimmt keine Haftung für Personen- oder Sachschäden,
insbesondere nicht durch solche, die durch unvorsichtige Sonnenbeobachtung
entstehen.

Sterne und Sternbilder

In einer klaren Nacht kann man etwa 2000 – 3000 Sterne sehen. Um in diese
Vielzahl von Sternen Ordnung zu bringen, hat man markanten Gruppen von Sternen
Namen gegeben, die man als Sternbilder bezeichnet. Jeder Kulturkreis hat im Laufe
der Geschichte eigene Sternbilder kreiert. Heutzutage verwendet man 88
Sternbilder. Die meisten, der in Mitteleuropa sichtbaren Sternbilder gehen auf die
griechische Sagenwelt zurück, in der die Beteiligten oft am Ende in den Himmel
versetzt wurden. Es gibt aber – nicht nur am südlichsten Teil des Himmels, der den
antiken Griechen unbekannt war – auch zahlreiche Sternbilder, die erst in der
Neuzeit geschaffen wurden.
Die heute verwendeten 88 Sternbilder decken den kompletten Himmel ab und haben
eindeutig definierte Grenzen. Die Sterne der Sternbilder bilden in der Regel keine
echten Sterngruppen und befinden sich oft in unterschiedlicher Entfernung zur Erde.
In den Sternkarten dieses Buches sind die Sternbilder als durch Linien verbundene
Sterngruppen dargestellt. Diese Form der Darstellung ermöglicht eine relativ leichte
Identifizierung. Natürlich existieren diese Linien am Himmel nicht. Diese Darstel-
lungsform ist nicht genormt. Man kann auch Sternkarten finden, in denen die Sterne
der Sternbilder auf andere Weise, wie in diesem Buch, mit Linien verbunden sind.

Liste der Sternbilder

Name des Sternbildes	Lateinischer Name	Genitiv des lateinischen Namens	Abkürzung
Adler	Aquila	Aquilae	Aql
Altar	Ara	Arae	Ara
Andromeda	Andromeda	Andromedae	And
Bärenhüter	Bootes	Bootis	Boo
Becher	Crater	Crateris	Crt
Bildhauer	Sculptor	Sculptoris	Scl
Chamäleon	Chamaeleon	Chamaeleontis	Cha
Chemischer Ofen	Fornax	Fornacis	For
Delphin	Delphinus	Delphini	Del
Drache	Draco	Draconis	Dra
Dreieck	Triangulum	Trianguli	Tri
Eidechse	Lacerta	Lacertae	Lac

Name des Sternbildes	Lateinischer Name	Genitiv des lateinischen Namens	Abkürzung
Einhorn	Monoceros	Monocerotis	Mon
Eridanus	Eridanus	Eridani	Eri
Fische	Pisces	Piscium	Psc
Fliege	Musca	Muscae	Mus
Fliegender Fisch	Volans	Volantis	Vol
Fuchs	Vulpecula	Vulpeculae	Vul
Fuhrmann	Auriga	Aurigae	Aur
Füllen	Equuleus	Equulei	Equ
Giraffe	Camelopardalis	Camelopardalis	Cam
Grabstichel	Caelum	Caeli	Cae
Großer Bär	Ursa Major	Ursae Majoris	Uma
Großer Hund	Canis Major	Canis Majoris	CMa
Haar der Berenike	Coma Berenices	Comae Berenices	Com
Hase	Lepus	Leporis	Lep
Herkules	Hercules	Herculis	Her
Inder	Indus	Indi	Ind
Jagdhunde	Canes Venatici	Canum Venaticorum	CVn
Jungfrau	Virgo	Virginis	Vir
Kassiopeia	Cassiopeia	Cassiopeiae	Cas
Kepheus	Cepheus	Cephei	Cep
Kleine Wasserschlange	Hydrus	Hydri	Hyi
Kleiner Bär	Ursa Minor	Ursae Minoris	UMi
Kleiner Hund	Canis Minor	Canis Minoris	CMi
Kleiner Löwe	Leo Minor	Leonis Minoris	LMi
Kompass	Pyxis	Pyxidis	Pyx
Kranich	Grus	Gruis	Gru
Krebs	Cancer	Cancri	Cnc
Kreuz des Südens	Crux	Crucis	Cru
Leier	Lyra	Lyrae	Lyr
Löwe	Leo	Leonis	Leo
Luchs	Lynx	Lyncis	Lyn
Luftpumpe	Antlia	Antliae	Ant
Maler	Pictor	Pictoris	Pic
Mikroskop	Microscopium	Microscopii	Mic
Netz	Reticulum	Reticuli	Ret
Nördliche Krone	Corona Borealis	Coronae Borealis	CrB
Oktant	Octans	Octantis	Oct
Orion	Orion	Orionis	Ori
Paradiesvogel	Apus	Apodis	Aps
Pegasus	Pegasus	Pegasi	Peg
Pendeluhr	Horologium	Horologii	Hor

Name des Sternbildes	Lateinischer Name	Genitiv des lateinischen Namens	Abkürzung
Perseus	Perseus	Persei	Per
Pfau	Pavo	Pavonis	Pav
Pfeil	Sagitta	Sagittae	Sge
Phönix	Phönix	Phoenicis	Phe
Rabe	Corvus	Corvi	Crv
Schiffsheck	Puppis	Puppis	Pup
Schiffskiel	Carina	Carinae	Car
Schild	Scutum	Scuti	Sct
Schlange	Serpens	Serpentis	Ser
Schlangenträger	Ophiuchus	Ophiuchi	Oph
Schütze	Sagittarius	Sagittarii	Sgr
Schwan	Cygnus	Cygni	Cyg
Schwertfisch	Dorado	Doradus	Dor
Segel	Vela	Velorum	Vel
Sextant	Sextans	Sextantis	Sex
Skorpion	Scorpius	Scorpii	Sco
Steinbock	Capricornus	Capricorni	Cap
Stier	Taurus	Tauri	Tau
Südliche Krone	Corona Australis	Coronae Australis	CrA
Südlicher Fisch	Piscis Austrinus	Piscis Austrini	PsA
Südliches Dreieck	Triangulum Australe	Trianguli Australis	TrA
Tafelberg	Mensa	Mensae	Men
Taube	Columba	Columbae	Col
Teleskop	Telescopium	Telescopii	Tel
Tukan	Tucana	Tucanae	Tuc
Waage	Libra	Librae	Lib
Walfisch	Cetus	Ceti	Cet
Wassermann	Aquarius	Aquarii	Aqr
Wasserschlange	Hydra	Hydrae	Hya
Widder	Aries	Arietis	Ari
Winkelmaß	Norma	Normae	Nor
Wolf	Lupus	Lupi	Lup
Zentaur	Centaurus	Centauri	Cen
Zirkel	Circinus	Circini	Cir
Zwillinge	Gemini	Geminorum	Gem

Sternhaufen und Nebel

Neben den Sternen gibt es auch noch nebelhaft erscheinende Objekte am Himmel.
Diese sind zum Teil Sternhaufen, die nicht aufgelöst werden können, Gaswolken im
Kosmos, aus denen sich entweder neue Sterne bilden oder die beim Tod von
Sternen entstanden sind oder auch andere Galaxien, also Sternsysteme ähnlich der
Milchstraße. Im Unterschied zu Sternbildern sind Sternhaufen echte Gruppierungen
von Sternen. Es gibt 2 Typen von Sternhaufen: offene Sternhaufen und
Kugelsternhaufen. Letztere sind dichter gepackt und erscheinen, wie der Name sagt,
kugelförmig.

Bezeichnung von Sternen, Sternhaufen und Nebeln

Die hellsten Sterne eines Sternbildes werden, seitdem Johannes Bayer im Jahr 1603
den Sternatlas „Uranometria" herausbrachte, im Regelfall mit einem kleinen
Buchstaben des griechischen Alphabets bezeichnet, den man dem Genitiv des
lateinischen Sternbildnamens (siehe Liste auf Seite 6) anhängt. Hierbei trägt meist,
aber nicht immer, der hellste Stern eines Sternbildes den Buchstaben α (Alpha), der
zweithellste den Buchstaben β (Beta), der dritthellste den Buchstaben γ (Gamma),
usw.

Die Kleinbuchstaben des griechischen Alphabets

α	Alpha
β	Beta
γ	Gamma
δ	Delta
ε	Epsilon
ζ	Zeta
η	Eta
θ	Theta
ι	Iota
κ	Kappa
λ	Lambda
μ	Mü
ν	Nü
ξ	Xi
ο	Omikron
π	Pi
ρ	Rho
σ	Sigma
τ	Tau
υ	Ypsilon

φ	Phi
χ	Chi
ψ	Psi
ω	Omega

Natürlich reichen die 24 Buchstaben des griechischen Alphabets nicht aus, um alle Sterne eines Sternbildes zu bezeichnen, weshalb der Astronom John Flamsteed im Jahr 1712 die Sterne der Sternbilder durchnummerierte, wobei auch die Sterne, die schon mit einem griechischen Buchstaben bezeichnet wurden, mitgezählt wurden. Noch heute wird dieses Nummerierungssystem genutzt, wobei die Sternennummer in Verbindung mit dem lateinischen Genitiv des Sternbildnamens verwendet wird. Jedes Sternbild hat zudem noch eine Abkürzung, die aus 3 Buchstaben des lateinischen Sternbildnamens besteht.

Selbstverständlich reichte auch dies noch nicht aus und so wurden in den folgenden Jahrhunderten zahlreiche weitere Sternverzeichnisse, sogenannte Sternkataloge, geschaffen. In diesen erfolgt meist die Bezeichnung ohne Angabe des Sternbildes mit fortlaufender Nummerierung, wie HD 128974, welches den Stern mit der Nummer 128974 im Henry-Draper-Katalog bezeichnet.

Helligkeitsveränderliche Sterne werden, sofern sie nicht mit einem Buchstaben des griechischen Alphabets versehen sind, mit einem oder zwei lateinischen Großbuchstaben zwischen R und Z in Verbindung mit dem lateinischen Genitiv des Sternbildes gekennzeichnet.

Die hellsten Sterne und auch einige lichtschwächere Sterne an markanten Positionen besitzen zudem noch Eigennamen, die meist aus dem Arabischen stammen. Typische Beispiele hierfür sind Sirius für α Canum Majoris oder Pollux für β Geminorum.

Nebel, Galaxien und Sternhaufen werden unabhängig von ihrer Natur mit einer fortlaufenden Nummer aus einem entsprechenden Verzeichnis bezeichnet. Die am häufigsten verwendeten Verzeichnisse, sind der „Messier-Katalog" in dem Objekte mit einem M und der fortlaufenden Nummer bezeichnet werden, der „New General Catalogue", dessen Objekte mit „NGC" und der fortlaufenden Nummer benannt werden und der „Index Catalogue" (Objektbezeichnung: „IC" + fortlaufende Nummer).

Veränderliche Sterne

Manche Sterne zeigen eine mehr oder minder große Schwankung ihrer Helligkeit. Ursache hierfür können gegenseitige Bedeckungen von Sternen in Doppelsternsystemen (Bedeckungsveränderliche), die Rotation deformierter oder ungleichmäßig beschaffener Sternkörper (Rotationsveränderliche) oder physikalische Veränderungen des Sterns sein. Rotationsveränderliche zeigen meist nur geringe Helligkeitsschwankungen und sind deshalb für die meisten Amateurbeobachter uninteressant, weshalb sie in diesem Werk nicht näher behandelt werden.

Bedeckungsveränderliche

Bedeckungsveränderliche sind Doppelsterne, bei denen sich die beiden
Komponenten während eines Umlaufs gegenseitig bedecken, wobei die Helligkeit
des Sternsystems abnimmt, da jeweils nur das Licht einer Komponente die Erde
erreicht.
Während eines Umlaufs treten zwei Minima auf, diese fallen je nachdem, wie groß
der Unterschied zwischen beiden Sternen ist, verschieden stark aus.
Zwischen den Minima ist bei Bedeckungsveränderlichen mit nicht deformierten
Sternen die Helligkeit mehr oder minder konstant, während sie bei Systemen, deren
Komponenten durch ihre gegenseitige Schwerkraft deformiert sind, in dieser Zeit in
Folge der Eigenrotation der Sternkomponenten schwanken kann. Ein
Bedeckungsveränderlicher der ersten Sorte ist Algol, einer der letzten ist β Lyrae.

Physikalisch-veränderliche Sterne

Physikalisch-veränderliche Sterne sind Sterne, deren Helligkeit in
Folge physikalischer Veränderungen des Sterns schwanken. Hierbei gibt es zwei
Grundtypen: eruptive Veränderliche und Pulsationsveränderliche. Der
Helligkeitsverlauf eruptiv-veränderlicher Sterne kann nicht vorausberechnet werden,
weshalb auf sie nicht näher eingegangen wird.
Die für Amateurbeobachter wichtigsten Typen von Pulsationsveränderlichen sind
die Cepheiden und die Mirasterne. Cepheiden zeigen einen streng periodischen
Lichtwechsel mit einer Periode von wenigen Tagen und einer Helligkeitsschwankung
von 0,5 mag bis 1 mag. Mirasterne haben eine Periode von 80 bis 1000 Tagen, die
nicht immer streng eingehalten wird. Die Amplitude ihres Lichtwechsels ist
beträchtlich und kann bei einigen Objekten mehr als 10 mag betragen.

Ab Seite 282 werden einige gut beobachtbare, veränderliche Sterne mit Angaben zu
den Zeitpunkten ihrer Helligkeitsmaxima oder Helligkeitsminima vorgestellt.

Astronomische Koordinatensysteme und Sternzeit

Um die Position eines Objekts am Himmel festzulegen, ist die Angabe des
Sternbildes häufig zu ungenau. Es muss ein Koordinatensystem her. Da der Himmel
von der Erde aus wie das Innere einer Kugel erscheint, kommt man mit zwei
Winkelkoordinaten aus, die man wie üblich in Grad, abgekürzt mit ° angibt. Für sehr
kleine Werte unterteilt man das Grad in 60 Bogenminuten (abgekürzt: ') und diese
wieder in 60 Bogensekunden (abgekürzt: "). Der naheliegendste Gedanke für ein
derartiges System ist das Horizontsystem, bei dem der Horizont als Bezugsebene
dient und man die Position des Objekts durch seine Höhe über dem Horizont und
dem Winkel zwischen Südlinie und der Linie zwischen Objekt und Scheitelpunkt des

Himmelgewölbes, den sogenannten Azimut bestimmt. Dieses System hat den Nachteil, dass sich wegen der Erdrotation alle Koordinaten rasch ändern.

Ein Koordinatensystem, welches dieses Problem überwindet, ist das äquatoriale Koordinatensystem. Bei ihm dient der Himmelsäquator als Bezugsebene und als Koordinaten dienen die Winkel des Objekts zwischen dem Objekt und dem Himmelsäquator und dem Objekt und dem Frühlingspunkt. Der Frühlingspunkt ist die Stelle, an der sich die Sonne aufhält, wenn sie den Himmelsäquator in nördlicher Richtung passiert und mit dessen Sonnenpassage der astronomische Frühling beginnt.

Es ist üblich, den Winkel zwischen Objekt und Frühlingspunkt, den sogenannten Rektaszensionswinkel in Stunden, Minuten und Sekunden anzugeben. Hierbei entsprechen 1 Stunde 60 Minuten, 1 Minute 60 Sekunden und 24 Stunden einen kompletten Umlauf um den Himmel. Im üblichen Winkelmaß ausgedrückt, entspricht somit 1 Stunde einen Winkel von 15°, 1 Minute einen Winkel von 15' und 1 Sekunde einen Winkel von 15".

Diese Bezeichnung rührt daher, weil in 24 Stunden sich die Erde einmal um sich selbst gedreht hat, so dass dann wieder der gleiche Punkt seinen höchsten Stand am Himmel erreicht.

Allerdings darf man hierzu nicht unsere normalen Stunden nehmen, denn diese sind von dem im Alltag gebräuchliche Tag abgeleitet, welcher als zeitliche Differenz zwischen zwei Höchstständen der Sonne definiert ist. Da die Erde um die Sonne wandert, hat sich die Sonne nach einem Tag am Himmel etwas in Richtung höherer Rektaszensionswerte verschoben, so dass sich dann etwas mehr als der komplette Himmel scheinbar um die Erde gedreht hat.

Man muss deshalb eine andere Tagesdefinition verwenden, den sogenannten Sterntag, der die zeitliche Differenz zwischen zwei Höchstständen des Frühlingspunkts darstellt. Er ist mit einer Länge von 23h56m4s etwas kürzer.

Von diesen können analog zum Sonnentag Stunden, Minuten und Sekunden abgeleitet werden, die um den Faktor 0,997268, ungefähr 365/366-mal kürzer sind als die im Alltagsgebrauch üblichen entsprechenden Zeiteinheiten.

Wenn an einen bestimmten Tag der Frühlingspunkt um 21.30 Uhr kulminiert, das heißt seinen höchsten Stand im Süden erreicht, dann kulminiert ein Objekt mit der Rektaszension 1h30m 1h29m45s später, also um 22h59m45s.

Die Deklination hingegen wird – wie allgemein üblich – in Grad (°), Bogenminute (') und Bogensekunden (") angegeben.

Ein korrekt aufgestelltes, parallaktisch montiertes Fernrohr, dessen Achsen mit Teilkreisen ausgestattet sind, kann mit Hilfe der Sternzeit blind auf ein Himmelsobjekt bekannter Rektaszension und Deklination eingestellt werden. Hierzu muss vom Rektaszensionswert der zur Beobachtungszeit gültige Sternzeitwert subtrahiert werden. Der erhaltene Winkel, der sogenannte Stundenwinkel ist an der Polachse und der Deklinationswert an der Deklinationsachse einzustellen.

Wenn die Montierung korrekt ausgerichtet ist, sieht man jetzt das Objekt im Fernrohr. Zur Bestimmung der Sternzeit gibt es auf Seite 275 eine Tabelle mit der Sternzeit für jeden Tag des Jahres 2022.

Leider ist auch der Himmelspol nicht fest am Himmel, sondern beschreibt durch die Kreiselbewegung der Erde, die sogenannte Präzession, im Zeitraum von 25800 Jahren einen Kreis mit 47° Durchmesser am Himmel.

Dies mag auf den ersten Blick vernachlässigbar klein erscheinen, wenn man Zeiträume von wenigen Jahren und Jahrzehnten betrachtet, ist es aber nicht, weil man in der Astronomie oft Koordinatenangaben mit hoher Genauigkeit im Bogensekundenbereich macht. Deshalb muss man bei äquatorialen Koordinaten stets angeben, für welchen Zeitpunkt, den man als Epoche bezeichnet, die Position des Frühlingspunktes wählt. In diesem Werk wird für Sternkarten die Epoche 2000 verwendet, während in den Ephemeriden, das sind die Listen mit den Positionen der Himmelsobjekte, die aktuelle Epoche verwendet wird.

Ein weiteres astronomisches Koordinatensystem ist das ekliptikale System. Es verwendet die Erdbahnebene als Bezugsebene mit dem Frühlingspunkt als Nullpunkt.

Es wird in diesem Werk nicht verwendet, wie auch das galaktische System, welches die Ebene unseres Milchstraßensystems als Bezugsebene mit dem Zentrum der Milchstraße als Nullpunkt verwendet.

Helligkeit

Die Helligkeit von Himmelsobjekten wird in Größenklassen angegeben, wobei es üblich ist für ein Objekt mit der Helligkeit der Größenklasse 2,1 2,1 mag zu schreiben.

Je größer der Wert der Helligkeit eines Objektes ist, umso lichtschwächer ist es. Mit bloßem Auge kann man Objekte beobachten, deren Größenklassenwert kleiner gleich 6 ist, mit einem Feldstecher kommt man bis zur 9. Größe und mit einem 6 Zentimeter Fernrohr bis zu 11 mag.

Großteleskope können Objekte bis zu 28 mag detektieren.

Die Größenwerte sehr heller Objekte sind kleiner als 0. So hat Sirius, der hellste Fixstern, eine Helligkeit von –1,47 mag, die Venus eine von etwa – 4 mag, der Vollmond von –12,7 mag und die Sonne von –26,7 mag.

Die Größenklassenskala ist eine logarithmische Skala: ein Objekt, dessen Größenklassenwert um 5 Werte niedriger ist, als die eines anderen, ist 100-mal heller als dieses, folglich ist ein Objekt, welches um 1 Größenklasse heller ist als ein anderes um den Faktor der 5. Wurzel aus 100 (ungefähr: 2,512-mal) heller als dieses.

Uhrzeit

Alle Uhrzeiten in diesem Buch sind, sofern nicht anders angegeben, als mitteleuropäische Zeit (MEZ) angegeben. Herrscht Sommerzeit (MESZ), so ist zu diesen Angaben 1 Stunde zu addieren, wobei sich für Zeitangaben zwischen 23 Uhr und 24 Uhr MEZ, auch das Datum des Ereignisses auf den nächsten Tag verschiebt. Sind in der Liste der Sternbedeckungen durch den Mond bei einem Ereignis für manche Orte Zeitangaben mit Werten vor 24 Uhr zugeordnet und für andere solche mit Werten nach 0 Uhr zu finden, so heißt dies, dass in letzteren Orten das Ereignis kurz nach Mitternacht am folgenden Tag stattfindet.

Konjunktion und Opposition

Wenn von der Erde aus betrachtet, zwei Himmelskörper in der gleichen Richtung zu sehen sind, dann sagt man, sie sind in Konjunktion zueinander.
Das präzisere Kriterium für gleiche Richtung ist der gleiche Rektaszensionswert (Konjunktion in Rektaszension) oder der gleiche Wert der ekliptikalen Länge (Konjunktion in Länge).
Für Konjunktionen zwischen Mond, Planeten, Zwergplaneten, Asteroiden und Fixsternen werden in diesem Buch in der Liste „Astronomische Ereignisse" stets die Werte der Konjunktion in Rektaszension angegeben, während bei Konjunktionen mit der Sonne immer der Wert der Konjunktion in ekliptikaler Länge angegeben ist.
Zum Zeitpunkt der Konjunktion erreichen zwei Himmelskörper ihren kleinsten gegenseitigen Winkelabstand. Es ist möglich, dass dieser Winkelabstand so klein ist, dass der eine Körper den anderen bedeckt oder vor diesen vorbeizieht. Da die Himmelskörper hierbei sehr unterschiedlich weit von der Erde entfernt sein können, ist es möglich, dass ein solches Ereignis nicht überall dort sichtbar ist, wo beide Himmelskörper zum fraglichen Zeitpunkt über dem Horizont stehen.
Stehen am Himmel zwei Objekte einander gegenüber, so stehen sie in Opposition zueinander. Dies ist insbesondere in Bezug auf die Sonne von großer Bedeutung, weil dann ein Objekt am besten beobachtet werden kann. Als Zeitpunkt wird hierbei stets der Zeitpunkt der Opposition in ekliptikaler Länge angegeben.

Sonnenuntergang und Dämmerung

In dieser Tabelle sind für jeden Tag des Jahres der Zeitpunkt des Sonnenaufgangs, des Sonnenuntergangs, des höchsten Standes der Sonne, des Anfangs und des Endes der Dämmerung sowie der Wert der Zeitgleichung angegeben. Es wird hierbei zwischen 3 Arten der Dämmerung unterschieden:
-    bürgerliche Dämmerung: Sonne 6° unter dem Horizont. Die hellsten Sterne sind sichtbar und man kann nicht mehr ohne künstliche Beleuchtung lesen
-    nautische Dämmerung: Sonne 12° unter dem Horizont. Sterne bis zur 3. Größe sind sichtbar und man kann nicht mehr die exakte Lage des Horizonts bestimmen
-    astronomische Dämmerung: Sonne 18° unter dem Horizont. Es ist vollkommen dunkel.

Die Zeitgleichung beschreibt die Differenz zwischen der Kulmination der Sonne und dem Mittagszeitpunkt, der in dieser Tabelle nicht 12 Uhr, sondern 12.24 Uhr ist. Dies ist auf dem Umstand zurückzuführen, dass die Zeitangaben in MEZ angegeben sind, sich aber auf den Ort mit 50° nördlicher Breite und 9° östlicher Länge beziehen. Die

14

Längendifferenz von 6° führt zu einer Verspätung der Sonnenkulmination von 24 Minuten.

Mond

Der Mond durchwandert in 27,5 Tagen den kompletten Tierkreis, weshalb für jeden Tag seine Position angegeben ist. Da der von der Sonne beleuchtete Teil des Mondes, den wir als Mondphase bezeichnen, innerhalb von etwa 29,5 Tagen einen kompletten Zyklus durchläuft, ist auch der sogenannte Phasenwinkel angegeben, wobei 0 nicht beleuchtet (Neumond), 0,5 (halb beleuchtet) und 1 (Vollmond) bedeutet.
Die exakten Zeitpunkte der Hauptmondphasen Neumond, Erstes Viertel (zunehmender Mond halb beleuchtet), Vollmond und Letztes Viertel (abnehmender Mond halb beleuchtet), die in der Tabelle mit den Mondpositionen durch entsprechende Symbole gekennzeichnet sind, können der Tabelle „Astronomische Ereignisse" entnommen werden, ebenso die Konjunktionen des Mondes mit Planeten und hellen Fixsternen.
In dieser Rubrik findet man auch die Zeitpunkte der größten Erdnähe und Erdferne des Mondes und auch die Zeitpunkte, zu denen der Mond die Ekliptikebene durchwandert (den Durchgang des aufsteigenden bzw. absteigenden Knotens) und des maximalen Abstandes von der Ekliptikebene, der sogenannten größten Nord- oder Südbreite.

Sternbedeckungen durch den Mond

Bei seiner Wanderung durch den Tierkreis bedeckt der Mond auch gelegentlich Fixsterne und Planeten, was mit einem Fernrohr verfolgt werden kann. Da der Mond keine Atmosphäre hat, verschwinden Fixsterne bei Bedeckungen schlagartig und tauchen auch unvermittelt wieder auf. Im Anhang befindet sich auf Seite 190 eine Tabelle mit derartigen Ereignissen. Die Ein- und Austrittszeitpunkte sind hierbei stark ortsabhängig, weshalb diese für verschiedene Orte im deutschsprachigen Raum angegeben sind. Bedeckungen von Himmelskörpern durch den Mond sind auch nicht überall sichtbar. Aus diesem Grund enthält diese Tabelle auch für manche Orte keine Werte.

Finsternisse

Wenn der Neumond vor der Sonne vorbeizieht, ereignet sich eine Sonnenfinsternis und wenn der Vollmond durch den Erdschatten wandert, eine Mondfinsternis. Diese Ereignisse werden in der Rubrik „Astronomische Ereignisse" und speziellen Kapiteln beschrieben. Mondfinsternisse sind überall dort sichtbar, wo der Mond während der Finsternis über dem Horizont steht, während Sonnenfinsternisse nur in bestimmten Gebieten mit unterschiedlicher Ausprägung zu sehen sind.

Planeten

Die Sterne verändern innerhalb „überschaubarer" Zeiträume von einigen
Jahrtausenden ihre Position untereinander am Himmel praktisch nicht und
erscheinen „fix", weshalb man auch von Fixsternen spricht. Daneben gibt es auch
einige Objekte, die den Beobachter mit bloßem Auge zwar als Sterne erscheinen,
aber ihre Position in Bezug zu den anderen Sternen relativ rasch ändern. Man
bezeichnet diese Objekte als Wandelsterne oder Planeten. Sie sind allesamt Objekte
des Sonnensystems, die wie die Erde um die Sonne laufen.
Im Fernrohr sieht man Planeten als mehr oder minder große Scheibchen, während
Fixsterne selbst in größten Fernrohren punktförmig erscheinen.
Die Beobachtung dieser Objekte ist besonders interessant, weshalb der größte Teil
des Werkes den Planeten gewidmet ist.
Man unterscheidet zwischen äußeren und inneren Planeten. Innere Planeten laufen
innerhalb der Erdbahn um die Sonne, äußere außerhalb.
Da wir uns auch auf einem Planeten befinden, der um die Sonne läuft, erscheinen
uns manchmal die Bahnen der Planeten am Himmel etwas verworren. So sehen wir,
wenn die Erde einen äußeren Planeten überholt oder sie von einem inneren
Planeten überholt wird, dass dieser am Himmel langsamer wird, stillzustehen
scheint, sich am Himmel rückläufig bewegt, wieder stillzustehen scheint und sich
dann wieder rechtläufig bewegt. Man spricht hierbei von der Oppositionsschleife (bei
äußeren Planeten) bzw. Konjunktionsschleife (bei inneren Planeten).
Innere Planeten können nur am Abendhimmel nach Sonnenuntergang und am
Morgenhimmel vor Sonnenaufgang beobachtet werden. Sie sind im Regelfall am
günstigsten zum Zeitpunkt ihres größten Winkelabstandes von der Sonne, der
größten Elongation zu sehen. Diese Planeten können auf zwei Arten mit der Sonne
in Konjunktion stehen und zwar in dem sie „hinter" oder „vor" der Sonne stehen. (Da
Planetenbahnen gegen die Erdbahnebene geneigt sind, stehen sie meist nördlich
oder südlich der Sonne). Im ersteren Fall spricht man von der oberen, im letzteren
Fall von der unteren Konjunktion.
In beiden Fällen ist der Planet im Regelfall unbeobachtbar. Allerdings kann die
Venus bei einer unteren Konjunktion in so großem Abstand an der Sonne vorbei-
ziehen, dass sie kurzzeitig sowohl am Abendhimmel kurz nach Sonnenuntergang als
auch am Morgenhimmel kurz vor Sonnenaufgang gesehen werden kann. Ein innerer
Planet kann, wenn er zum Zeitpunkt der unteren Konjunktion sehr nahe an der
Erdbahnebene steht, vor der Sonne vorbeiziehen, was mit geeigneten Vorsichts-
maßnahmen beobachtbar ist. Man spricht hierbei von einem Durchgang oder
Transit.
Es gibt nur zwei innere Planeten: Merkur und Venus. Alle anderen Planeten sind
äußere Planeten. Auch die Zwergplaneten und die meisten der sogenannten
Asteroiden benehmen sich wie äußere Planeten.
Äußere Planeten kann man am besten zur Zeit der Opposition sehen. Sie stehen
dann gegenüber von der Sonne am Himmel und gehen bei Sonnenuntergang auf
und bei Sonnenaufgang unter und können die ganze Nacht über beobachtet werden.
Wenn sie mit der Sonne in Konjunktion stehen, sind sie natürlich im Regelfall
unbeobachtbar, da sie mit der Sonne auf- und untergehen.

Alle Planeten halten sich, wie der Mond, stets in der Nähe der Ekliptik auf. Die Ekliptik ist die Linie, auf der sich die Sonne im Laufe eines Jahres durch die Sternbilder scheinbar bewegt. Sie verläuft durch die Sternbilder Fische, Waage, Stier, Zwillinge, Krebs, Löwe, Jungfrau, Waage, Skorpion, Schlangenträger, Schütze, Steinbock und Wassermann. Mit Ausnahme des Schlangenträgers werden diese Konstellationen als Tierkreissternbilder bezeichnet. Sie sind trotz Namensgleichheit nicht identisch mit den Tierkreiszeichen. Letztere teilen die Ekliptik in 12 gleich lange Teile, während die Länge der Ekliptik in den Tierkreissternbildern unterschiedlich ist. Außerdem sind die Tierkreiszeichen gegenüber den Sternbildern, in Folge der Präzession, welche eine Wanderung des Frühlingspunktes, an den die Tierkreiszeichen gekoppelt sind, um ca. 1° in 72 Jahren in westlicher Richtung bewirkt, um etwa 30° in westlicher Richtung verschoben, so dass eine Position in einem bestimmten Sternbild meist identisch ist mit einer Position im nächsten Tierkreiszeichen.

Identifizierung der Planeten

Merkur: nur während der Abenddämmerung in geringer Höhe über dem Westhorizont oder während der Morgendämmerung tief über dem Osthorizont zu sehen. Orangefarbenes Licht. Helligkeit: 6,2 mag bis –2,3 mag, Symbol: ☿.

Venus: nur am Abendhimmel oder am Morgenhimmel zu sehen. Sie ist nach Sonne und Mond das hellste Objekt am Himmel. Gelbes Licht. Helligkeit: –3,7 mag bis –4,7 mag, Symbol: ♀.

Mars: Orangerotes Licht („Der rote Planet"). Helligkeit: 1,8 mag bis –2,9 mag, Symbol: ♂.

Jupiter: Gelbes Licht. Meist das vierthellste Gestirn. Helligkeit: –1,7 mag bis –2,9 mag, Symbol: ♃.

Saturn: Weißes Licht, Helligkeit: 1,3 mag bis –0,5 mag. Die berühmten Ringe sind nur in einem Fernrohr von mindestens 5 cm Durchmesser bei 30facher Vergrößerung sichtbar, Symbol: ♄.

Uranus: Grünliches Licht. Mit bloßem Auge nur bei sehr dunklem Himmel als schwacher Stern sichtbar. Helligkeit: 5,3 mag bis 5,9 mag, Symbol: ♅.

Neptun: Bläuliches Licht. Nur mit Ferngläsern oder Fernrohren beobachtbar. Helligkeit: 7,8 mag bis 8,0 mag, Symbol: ♆.

Asteroiden und Zwergplaneten

Die Planeten sind nicht die einzigen sternförmigen Objekte, die am Himmel relativ
rasch ihre Position verändern. Auch die sogenannten Zwergplaneten und Asteroiden
zeigen ein derartiges Verhalten.
Sie sind wie die Planeten Objekte des Sonnensystems, aber kleiner als diese. Mit
Ausnahme von Vesta, die bei günstiger Opposition mit freiem Auge als Stern 6.
Größe gesehen werden kann, ist zu ihrer Beobachtung optisches Gerät notwendig.
Im Unterschied zu Planeten erscheinen Asteroiden und Zwergplaneten auch in
größeren Fernrohren punktförmig.
Es gibt 5 Zwergplaneten (Ceres, Pluto, Eris, Makemake und Haumea) sowie einige
tausend Asteroiden. In diesem Werk werden nur für Amateurastronomen
interessante Objekte dieser Kategorien berücksichtigt.
Manche Asteroiden und Zwergplaneten haben Umlaufbahnen mit großer Neigung
gegenüber der Erdbahn, so dass nicht alle diese Objekte immer in unmittelbarer
Nähe der Ekliptik zu finden sind.

Monde anderer Planeten

Schon mit einem Feldstecher sind die 4 hellsten Monde des Planeten Jupiter, Io,
Europa, Ganymed und Kallisto zu sehen. Für alle Monate, in denen Jupiter
beobachtet werden kann, ist ein Diagramm mit den Stellungen dieser Monde
bezüglich des Planeten vorhanden.
Auf diesem Diagramm erscheint Jupiter als schwarzer Strich in der Mitte und die
Monde sind mit I für Io, II für Europa, III für Ganymed und IV für Kallisto
gekennzeichnet.
Diese Monde treten manchmal in den Schatten Jupiters ein, werden von ihm
bedeckt, werfen ihren Schatten auf Jupiter oder ziehen vor ihm vorbei. Derartige
Ereignisse können mit Fernrohren verfolgt werden und sind in der Rubrik
„Jupitermond-Ereignisse" aufgeführt.
Mit einem Fernrohr können auch die Saturnmonde Titan, Rhea, Thethys, Japetus
und Enceladus beobachtet werden. Während Titan schon mit einem lichtstarken
Fernglas gesehen werden kann, ist für Rhea und Japetus ein Fernrohr mit 6 cm
Objektivöffnung und für weitere Monde ein noch größeres Instrument erforderlich.
Diagramme mit der Sichtbarkeit der Saturnmonde finden sich im Anhang auf Seite
266.
Die Helligkeit des Mondes Japetus schwankt stark während eines Umlaufs: in
westlicher Elongation ist er 10,5 mag hell, während in östlicher Elongation seine
Helligkeit auf 11,9 mag zurückgeht.
Die anderen Monde von Jupiter und Saturn sowie die Monde anderer Planeten
können nur mit sehr großen Fernrohren beobachtet werden. Sie werden in diesem
Werk nicht berücksichtigt.

Astronomische Ereignisse

Diese Tabelle enthält alle wichtigen astronomischen Ereignisse, außer
Sternbedeckungen durch den Mond und Ereignisse bei denen Monde anderer
Planeten involviert sind. Man findet dort:
- Wichtige Stellungen der Planeten (Opposition, Konjunktion zur Sonne, größte
Elongationen zur Sonne bei Merkur und Venus, Beginn und Ende von Oppositions-
und Konjunktionsschleifen)
- Mondphasen
- Erdnähe und Erdferne des Mondes
- Passage des Perihels (sonnennächster Punkt) und Aphels (sonnenfernster Punkt)
von Planeten und Zwergplaneten
- Passage der Ekliptikebene von Mond, Planeten, Zwergplaneten und Asteroiden
(absteigender Knoten, wenn von Nord nach Süd, aufsteigender Knoten, wenn von
Süd nach Nord)
- Maximaler Abstand von Mond, Planeten, Zwergplaneten und Asteroiden zur Ekliptik
(Größte Nordbreite bzw. Größte Südbreite)
- Mond- und Sonnenfinsternisse
- Konjunktionen des Mondes, der Planeten, Zwergplaneten und Asteroiden
untereinander sowie mit hellen ekliptiknahen Sternen. Der angegebene Winkelwert
bezeichnet den Winkelabstand zwischen den Mittelpunkten beider, an der
Konjunktion beteiligten Himmelskörper.
Bei allen Konjunktionen ist auch ein Elongationswinkel zur Sonne angegeben,
welcher den Winkel zwischen dem Sonnenmittelpunkt und dem Mittelpunkt des an
diesem Ereignis beteiligten Himmelskörpers mit der kleinsten Elongation bezeichnet.
Je größer dieser ist, umso besser ist es im Regelfall beobachtbar. Der
Elongationswert kann für Konjunktionen mit der Sonne, unter die auch bekanntlich
der Neumond fällt, einen negativen Wert annehmen. In diesem Fall wandert der
entsprechende Himmelskörper im angegebenen Abstand südlich an der Sonne
vorbei.

Ephemeriden

Ephemeriden sind Tabellen der Position beweglicher Himmelsobjekte. Im Anhang
finden sich derartige Ephemeriden für die Sonne, die Planeten und in diesem Werk
erwähnten Zwergplaneten und Asteroiden. Sie enthalten neben den Rektaszensions-
und Deklinationswerten für das aktuelle Äquinoktium noch den Zeitpunkt des Auf-
oder Untergangs, wobei der Aufgang angegeben ist, falls dieser vor der Sonne
erfolgt und der Untergang, wenn dieser erst nach Sonnenuntergang stattfindet.
Aufgangszeiten sind mit „A", Untergangszeiten mit „U" gekennzeichnet.

Benutzung der Monatssternkarten

Um mit den Sternkarten die Sterne zu bestimmen, muss man zuerst einmal am Beobachtungsort die Himmelsrichtungen festlegen. In erster Näherung kann dies mit einem Kompass erfolgen, allerdings können in und in der Nähe von größeren Objekten aus Eisen, wie Stahlbetonbauten, Missweisungen auftreten.
Daher empfiehlt es sich, als Erstes den Polarstern aufzusuchen. Er steht fast genau über dem Punkt der Nordrichtung und bietet den Bewohnern der Nordhalbkugel die genaueste, einfache Möglichkeit zur Bestimmung der Nordrichtung. Um dies zu tun, gibt es zwei Möglichkeiten:

1.) Man sucht den sogenannten Großen Wagen, das sind die hellsten Sterne des Großen Bären, die eine Sterngruppe bilden, welche an einen Wagen mit einer Deichsel erinnern, auf und verlängert in Gedanken die Verbindungslinie der beiden hintersten Kastensterne, welche die Namen Dubhe und Merak tragen, um etwa den Faktor 5. Dann trifft man auf einen auffälligen Stern 2. Größe, den Polarstern.

2.) Man sucht das Sternbild Kassiopeia auf, welches auch „Himmels-W" genannt wird, weil die hellsten Sterne dieses Sternbildes die Form eines Buchstabens „W" bilden. Die Spitze dieses „W" zeigt ungefähr in Richtung Polarstern.

Welche Methode gewählt wird, sei dem Leser überlassen. Die Sternbilder Kassiopeia und Großer Bär liegen in entgegengesetzter Richtung vom Polarstern, somit kann, wenn eines dieser Bilder durch irdische Hindernisse verdeckt wird, das andere zum Aufsuchen des Polarsterns genutzt werden.

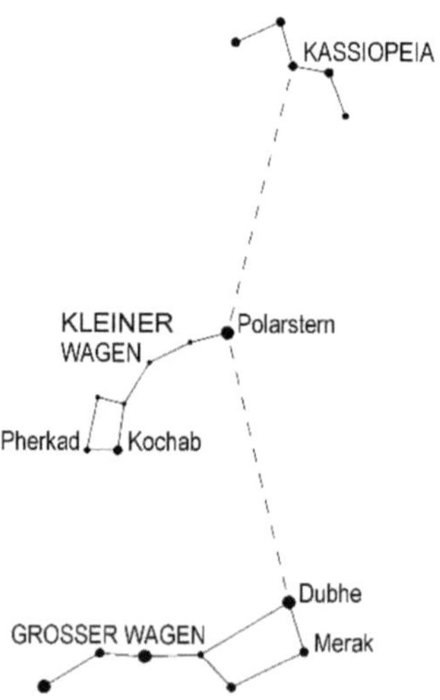

Die Sternbilder Großer Wagen, Kleiner Wagen und Kassiopeia mit Polarstern und anderen im Text erwähnten Sternen

Der Polarstern ist der hellste Stern des Sternbildes Kleiner Bär, das auch als Kleiner Wagen bezeichnet wird und steht mit einer Abweichung von maximal 1° über dem Nordpunkt. Das Sternbild Kleiner Bär besteht sonst überwiegend aus lichtschwachen Sternen, die nur bei dunklem Himmel freiäugig sichtbar sind. Einzig die beiden hintersten Kastensterne des Kleinen Bären, welche die Namen Kochab und Pherkad tragen, sind 2. und 3. Größe und damit auch bei aufgehelltem Himmel sichtbar.
Nachdem man die Himmelsrichtungen für den Beobachtungsort bestimmt hat und wissen möchte, welche Sterne in einer bestimmten Richtung stehen, nimmt man die Monatskarte, die den gewünschten Zeitpunkt am nächsten kommt und dreht das Buch so, dass diese Richtung auf der Monatskarte nach unten weist. Ein Vergleich der Sterne am Himmel mit denen auf der Karte ermöglicht dann die Identifizierung dieser.
Die Position der in den Monatskarten eingezeichneten Planeten gilt nur für den 1. des jeweiligen Monats. Sie können zum gewählten Beobachtungszeitpunkt ganz woanders am Himmel stehen.

Planetenkarte

Diese Sternkarte, die man am Anfang des Kapitels „Planeten" des jeweiligen Monats findet, veranschaulicht den Weg der Sonne und der hellen Planeten Merkur, Venus, Mars, Jupiter und Saturn im jeweiligen Monat. Aus Platzgründen werden in diesen Karten die Sternbilder mit den international üblichen Abkürzungen (siehe „Liste der Sternbilder", auf Seite 6 und die Planeten mit den entsprechenden Symbolen (siehe „Identifizierung der Planeten" auf Seite 17) bezeichnet. Der Buchstabe neben den Planeten ist der Anfangsbuchstabe des jeweiligen Monats. Der entsprechende Planet steht dort am 1. Tag dieses Monats. Da die aufeinander folgenden Monate Juni und Juli beide mit dem gleichen Buchstaben anfangen, wird der Juni in diesen Karten mit 6 und der Juli mit 7 bezeichnet.

Jahreszeitensternkarten

In den Monaten Januar, April, Juli und Oktober findet man zusätzliche Jahreszeitensternkarten, welche die Sternbilder der jeweiligen Jahreszeit inklusive aller in den Beschreibungen des monatlichen Sternenhimmels erwähnten Objekte zeigen. Auch die Fixsterne, deren Konjunktionen mit Mond und Planeten in den Monatslisten der astronomischen Ereignisse vermerkt sind, wurden markiert. Planeten sind in diesen Karten nicht eingetragen.
Eine Karte der sogenannten Zirkumpolarsterne, das sind die Sterne, die nicht untergehen, mit in diesem Werk erwähnten Objekten existiert auf Seite 25.

Zentralmeridiane

Als Zentralmeridian bezeichnet man den Längengrad auf der Oberfläche eines
Planeten, welcher durch die Mitte seines Scheibchens verläuft. Hierbei erfolgt die
Zählung des planetaren Längengrades von 0° bis 360° in westlicher Richtung. Im
Anhang dieses Werkes sind die Zentralmeridiane und die Achsenneigung zur Erde
für die Planeten Mars und Jupiter für die Zeiträume, in denen diese Planeten
lohnende Objekte für Fernrohrbeobachtungen sind, tabelliert. Die angegebenen
Werte beziehen sich auf 0 Uhr MEZ des jeweiligen Tages.
Da die Äquatorregion von Jupiter schneller rotiert als seine Polarregionen, gibt es für
Jupiter zwei Zentralmeridiane, und zwar einen für seine Äquatorregion (System I)
und einen für seine Polarregionen (System II).

Korrektur der Auf- und Untergangszeiten

Die in diesem Buch angegebenen Auf- und Untergangszeiten gelten für einen Punkt
bei 9° östlicher Länge und 50° nördlicher Breite. Für andere Orte ergeben sich
abweichende Zeiten. Allerdings sind die Zeitdifferenzen im deutschsprachigen Raum
so gering, dass eher die Beschaffenheit des lokalen Horizonts die größere Rolle
spielt. Wer aber dennoch für seinen Beobachtungsort genaue Werte ermitteln
möchte, findet auf Seite 279 die nötigen Informationen.

Meteorströme

Neben einzeln auftretenden Meteoren gibt es auch Meteorströme, das sind
Häufungen von Sternschnuppen, welche zu gewissen Zeiten auftreten und aus den
Resten von Kometen stammen. Ihre Bahnen verlaufen im Raum
annähernd parallel und sie scheinen, wenn sie in die Erdatmosphäre eintreten, von
einem Fluchtpunkt, dem Radianten, herzukommen. Ein Meteorstrom wird in der
Regel nach dem lateinischen Namen des Sternbildes, in dem sich der Radiant
befindet, bezeichnet. Wenn mehrere Meteorströme ihren Radianten in einem
Sternbild besitzen, wird zusätzlich meist entweder der Maximumsmonat oder der
dem Radianten nächstgelegene, hellere Stern zur Bezeichnung herangezogen.

Die sichere Sonnenbeobachtung

Immer wieder besteht der Wunsch, die Sonne zu beobachten oder zu fotografieren.
Während die freiäugige Beobachtung der tief stehenden oder von Dunst
geschwächten, nicht blendenden Sonne ohne Filter gefahrlos möglich ist, muss für
die freiäugige Beobachtung der hochstehenden blendenden Sonne ein geeigneter
Filter verwendet werden. Berußte Gläser oder Rettungsfolien sind hierfür nicht zu

empfehlen, weil sie die für das Auge gefährliche Infrarot- oder UV-Strahlung nicht im nötigen Umfang blockieren. Sicher sind nur für visuelle Beobachtungen bestimmte Sonnenfilter, Schutzbrillen mit Mylarfolien oder Schweißergläser nach DIN EN 169 mit mindestens Filterstufe 14. Mit derartigen Gerätschaften ist auch ein längerer, freiäugiger Blick in die hochstehende, blendende Sonne möglich, ohne Augenschäden befürchten zu müssen.

Wenn für die Sonnenbeobachtung ein Fernglas oder ein Fernrohr eingesetzt werden soll, erfordert dies besondere Vorsichtsmaßnahmen, weil derartige optische Instrumente wie ein Brennglas Licht bündeln. **Schon ein kurzer Blick durch ein optisches Instrument ohne geeignete Filter zerstört das Auge des Beobachters!**

Auch eine oben genannte Gerätschaft zur freiäugigen Beobachtung der Sonne würde keinen Schutz bieten, weil sie durch die Hitze im Brennpunkt binnen kürzester Zeit zerstört würde!

Um mit einem Fernrohr oder Fernglas die Sonne gefahrlos zu beobachten, gibt es prinzipiell zwei Möglichkeiten: die Verwendung von Filtern oder die Projektionsmethode.

Letzteres Verfahren, dass schon Galileo 1610 anwandte, besteht darin, hinter dem Okular einen Schirm anzubringen, auf dem das Sonnenbild projiziert wird. Es ist für Beobachter absolut gefahrlos und bietet die Möglichkeit, das Sonnenbild abzuzeichnen und ist, wenn mehrere Personen gleichzeitig das Ereignis verfolgen wollen, das Mittel der Wahl.

Allerdings können insbesondere bei größeren Fernrohren durch die Hitzeentwicklung verkittete Okulare beschädigt werden, weshalb es sich empfiehlt, vor dem Gerät eine Blende anzubringen.

Da man nicht durch das Fernrohr blicken darf, wird das Gerät anhand seines Schattenwurfes auf die Sonne ausgerichtet. Sucherfernrohre müssen hierbei verschlossen oder abmontiert werden, um eine versehentliche Benutzung zu vermeiden.

Ein mit einem Projektionsschirm versehenes Fernrohr soll, während es auf die Sonne ausgerichtet ist, nicht unbeaufsichtigt gelassen werden.

Die andere Möglichkeit der gefahrlosen teleskopischen Sonnenbeobachtung besteht in der Verwendung geeigneter Filter, die in Optikfachgeschäften erhältlich sind.

Allerdings sollten nicht, die zahlreichen Fernrohren als Zubehör beiliegenden Okularfilter verwendet werden, weil sich diese stark erhitzen und platzen können. Die menschliche Reaktionszeit reicht nicht aus, das Auge rechtzeitig aus der Gefahrenzone zu bringen.

Filter, die vor dem Objektiv angebracht werden, sind sicher, weil sie sich kaum erwärmen und deshalb nicht platzen können. Es müssen optische Filter mit einer optischen Dichte von mindestens 5, was einer Lichtabschwächung um den Faktor 100000 entspricht, verwendet werden. Da auch die im Sonnenlicht vorhandenen, unsichtbaren Infrarot- und UV-Strahlen die Augen schädigen können, dürfen für visuelle Beobachtung nur Filter verwendet werden, die auch diese Strahlung ausreichend stark unterdrücken.

Aus diesem Grund sollte man keine Sonnenfilter aus Materialien basteln, deren Absorptionsvermögen für Infrarot und UV-Strahlung nicht spezifiziert ist, wie dies zum Beispiel bei Rettungsfolien der Fall ist.

Grundsätzlich ist darauf zu achten, dass Sonnenfilter so gelagert werden, dass sie nicht beschädigt werden, weil sonst nicht das Lichtabsorptionsverhalten sichergestellt werden kann. Insbesondere bei Folienfiltern ist die Gefahr der Beschädigung durch Kratzer und Alterung gegeben.

Filter für fotografische Zwecke unterdrücken nicht immer schädliche UV- und Infrarotstrahlung in ausreichendem Masse, weshalb man durch diese die Sonne nur zum Ein- und Scharfstellen des Sonnenbildes betrachten soll.

Eine Alternative zu Objektivsonnenfiltern stellen Herschelkeile dar. Sie werden am Okular befestigt und bestehen aus einem Prisma an dessen Oberfläche ein kleiner Teil des einfallenden Lichtes (etwa 4 %) reflektiert wird, während der Rest in eine Lichtfalle umgelenkt wird.

Da sie kaum Licht absorbieren, erhitzen sie sich nur wenig und können deshalb nicht platzen.

Die Intensität des am Herschelkeils reflektierten Lichtes ist immer noch für eine direkte Beobachtung zu groß, aber nicht mehr so groß, um Okularfilter, die für diese Anwendung eine optische Dichte von 3 (Filterfaktor: 1000) haben müssen, zu zerstören. Herschelkeile sind teurer als Objektivfilter, liefern allerdings bessere Bilder. Herschelkeile sollen nicht bei Spiegelteleskopen eingesetzt werden, weil es durch Überhitzung des Fangspiegels zu Schäden am Teleskop kommen kann. **Bei Herschelkeilen mit offener Lichtfalle ist darauf zu achten, dass in diese keine brennbaren Gegenstände geraten können und auch niemand hineinsehen oder hineingreifen kann.**

Wenn Sucherfernrohre verwendet werden, müssen diese ebenfalls mit einem Sonnenfilter ausgestattet sein.

Detaillierte Fotografien der Sonne sind mit einer auf einem Stativ montierten Kamera, welche mit einem Teleobjektiv versehen ist, auf das ein Objektivsonnenfilter gesetzt wurde, problemlos möglich. Da die für fotografischen Zwecke vorgesehenen Filter oft nicht die schädliche UV- und Infrarotstrahlung ausreichend unterdrücken, sollte man die visuelle Beobachtung im Sucher nur auf das Ein- und Scharfstellen des Sonnenbildes beschränken.

Zirkumpolarsterne

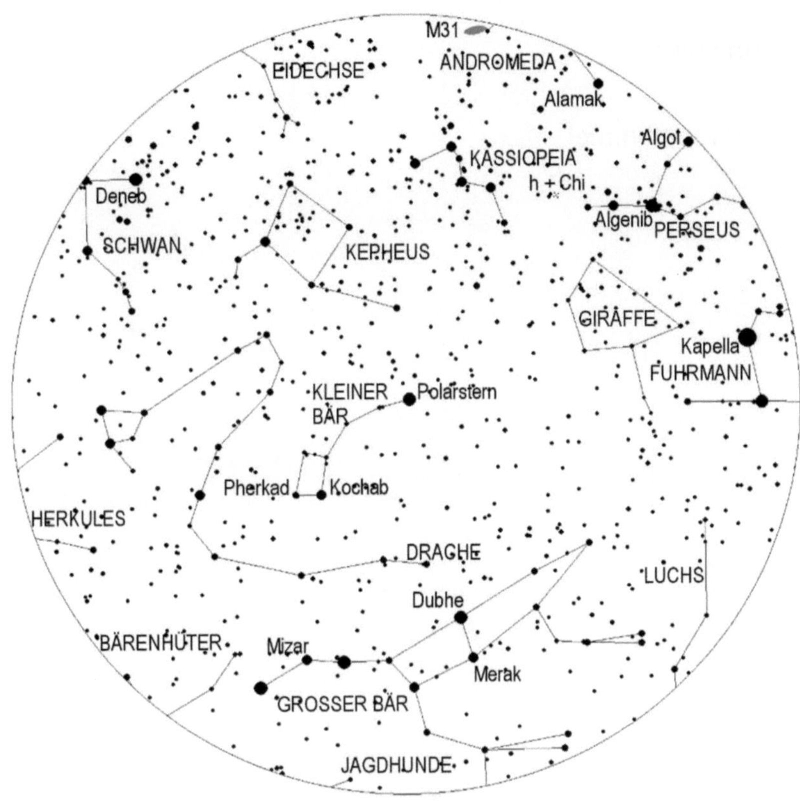

Der Sternenhimmel im Lauf des Jahres 2022

Januar

Sternenhimmel

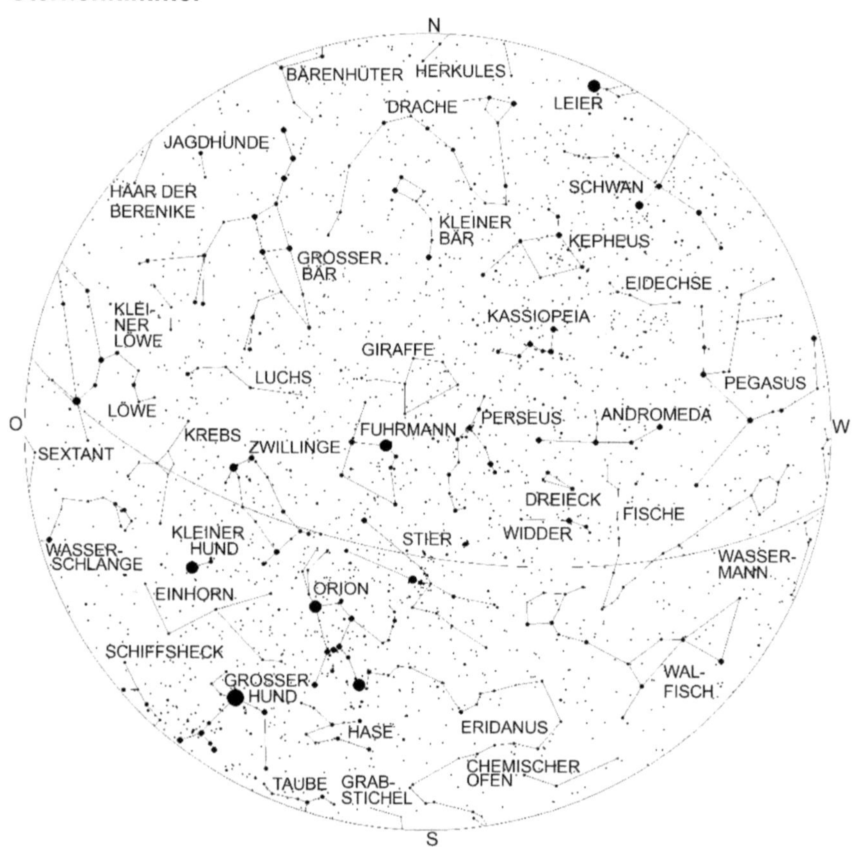

Gültig für

1.10. 4 Uhr	15.10. 3 Uhr
1.11. 2 Uhr	15.11. 1 Uhr
1.12. 0 Uhr	15.12. 23 Uhr
1.1. 22 Uhr	15.1. 21 Uhr
1.2. 20 Uhr	15.2. 19 Uhr

Im Januar dominieren erwartungsgemäß die Wintersternbilder den Himmel. So steht der Orion, eines der bekanntesten Sternbilder kurz vor seiner Kulmination im Süden. Die beiden hellsten Sterne im Orion sind Beteigeuze, der rötliche Stern am nordöstlichen Ende dieser Sternfigur und der bläulich-weiße Rigel an seinem südwestlichen Ende.

Die drei mittleren Sterne des Orion weisen in südöstliche Richtung auf Sirius im Großen Hund, den hellsten Stern des Himmels. Sirius ist nicht deshalb der hellste Stern, weil er extrem leuchtstark ist, sondern weil er mit einer Entfernung von 8,8 Lichtjahren zu den sonnennächsten Sternen gehört. Würden die anderen Sterne, welche die Figur des Sternbildes Großer Hund bilden, in der gleichen Entfernung zur Sonne stehen, so erschienen sie viel heller. Nordöstlich vom Großem Hund erkennt man einen weiteren hellen Stern, Prokion, den Hauptstern des Kleinen Hundes, der ebenfalls zu den sonnennahen Sternen zählt. Zwischen dem Großem Hund und dem Kleinem Hund befindet sich das lichtschwache Sternbild Einhorn.

Hoch im Südosten über dem Kleinen Hund erkennt man das Sternbild Zwillinge, mit seinen beiden hellen Sternen Kastor und Pollux. Für Fernrohrbeobachter ist Kastor interessant, denn er entpuppt sich schon in kleinen Fernrohren als Doppelstern. Seine beiden Komponenten, die 1,9 mag und 3,0 mag hell sind, befinden sich in einem Winkelabstand von 6", was eine Trennung schon in einem Fernrohr von 5 cm Objektivöffnung erlaubt. Westlich der Zwillinge befindet sich das Sternbild Stier, in dem es zwei, schon mit bloßem Auge auflösbare Sternhäufen gibt, die Plejaden und die Hyaden. Letztere sind um den rötlichen Hauptstern Aldebaran platziert, der aber nur ein Vordergrundstern ist. Beide Sternbilder bekommen als Ekliptiksternbilder hin und wieder Besuch vom Mond und den Planeten.

Über dem Stier, fast im Zenit steht das Sternbild Fuhrmann mit dem hellen Stern Kapella. Kapella, Aldebaran, Rigel, Sirius, Prokion und Pollux bilden das Wintersechseck, eine markante Konstellation.

Im Osten erkennt man das aufgehende Sternbild Löwe, ein Frühlingssternbild, dessen hellster Stern Regulus sich sehr nahe an der Ekliptik befindet. Zwischen dem Löwen und den Zwillingen befindet sich der Krebs, der nur aus lichtschwachen Sternen besteht, aber über einen markanten Sternhaufen verfügt, der als Krippe, Praesepe oder M44 bezeichnet wird und schon mit bloßem Auge als Nebelfleckchen erkennbar ist.

Westlich des Fuhrmanns erkennt man den Perseus, in dessen nördlichen Teil es den bekannten Doppelsternhaufen h + Chi Persei gibt, der ein schönes Feldstecher-objekt darstellt und mit bloßem Auge als Nebelfleckchen erkennbar ist. In diesem Sternbild befindet sich auch Algol, der bekannteste bedeckungsveränderliche Stern. Südwestlich des Perseus erkennt man das Tierkreissternbild Widder, der wie das Sternbild Walfisch im Südwesten zu den Herbststernbildern gerechnet wird. Der bekannteste Stern des Walfisches ist der veränderliche Stern Mira, der im Maximum ein auffälliges Objekt 2. Größe sein kann (mitunter aber lichtschwächer ist) und im Minimum so lichtschwach ist, dass es schon ein Fernrohr bedarf, um ihn zu sehen. Mira ist ein pulsationsveränderlicher Riesenstern, der einer ganzen Klasse von veränderlichen Sternen seinen Namen gab. Zwischen Walfisch und Widder befindet sich das Tierkreissternbild Fische, das nur aus lichtschwachen Sternen besteht,

welche nur an ausreichend dunklen Beobachtungsorten mit bloßem Auge sichtbar
sein dürften.

Nördlich der Fische erkennt man die Sternenkette der Andromeda, an die sich das
Sternbild Pegasus anschließt, von dem bald die ersten Sterne unter dem Horizont
versinken werden.

Zwischen Walfisch und Orion liegt das ausgedehnte, nur aus Sternen geringer
Helligkeit bestehende Sternbild Eridanus. An dieses grenzt, tief im Südsüdwesten,
der Chemische Ofen an, der ebenfalls nur aus lichtschwachen Sternen besteht.

Wintersternbilder

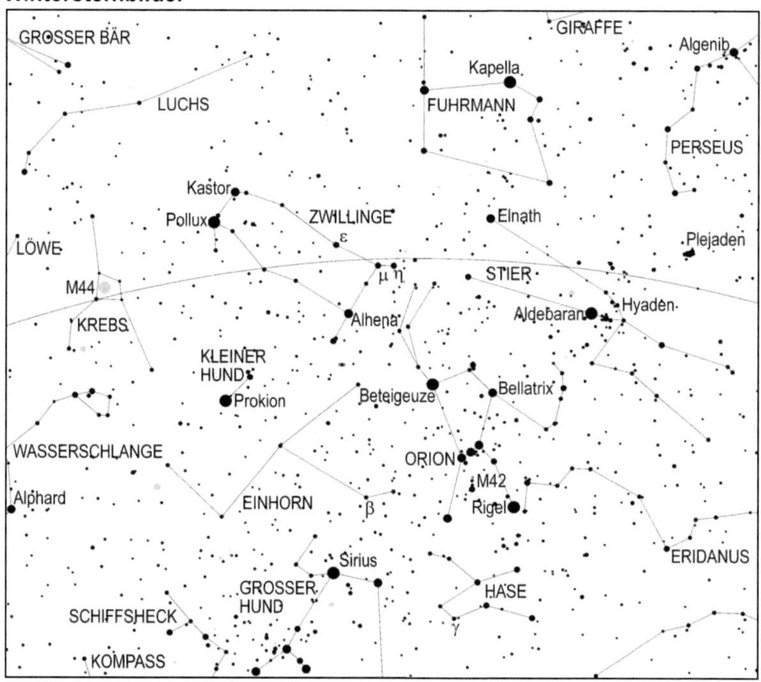

Astronomische Ereignisse

Datum	Uhrzeit	Ereignis	Elongation
1.1.2022	19:22:07	Mond 4,9° südlich Vesta	15,1°
1.1.2022	23:55:03	Mond im Perigäum	
2.1.2022	19:33:38	Neumond	-3,9°
2.1.2022	20:56:55	Mond 29' südlich Nunki	3,5°
3.1.2022	03:06:04	Mond 12,75° südlich Juno	6,3°
3.1.2022	08:11:56	Mond 8,35° südlich Venus	9,2°
3.1.2022	17:30:23	Mond 3,3° südlich Pluto	12,9°
4.1.2022	02:13:56	Mond 3,6° südlich Merkur	18,5°
4.1.2022	02:56:26	Mond 9,8° südlich Beta Capricorni	19°
4.1.2022	07:18:00	Erde im Perihel (Abstand Erde-Sonne: 147105559 km)	
4.1.2022	13:19:09	Merkur 6,15° südlich Beta Capricorni	18,85°
4.1.2022	18:46:52	Mond 4,85° südlich Saturn	27,1°
5.1.2022	12:40:27	Mond 3,7° südlich Delta Capricorni	37,9°
6.1.2022	01:44:34	Mond 4,9° südlich Jupiter	44,4°
6.1.2022	02:50:51	Mond in größter Südbreite	
6.1.2022	22:58:34	Venus 4° südlich Juno	5,6°
7.1.2022	08:59:15	Mond 1,5° nördlich Pallas	61,1°
7.1.2022	09:36:13	Mond 5,05° südlich Neptun	61,9°
7.1.2022	11:35:25	Merkur in größter östlicher Elongation	19,2°
8.1.2022	17:39:35	Neptun 6,6° nördlich Pallas	60,1°
9.1.2022	01:46:54	Venus in unterer Konjunktion zur Sonne	4,85°
9.1.2022	19:11:34	Erstes Viertel	
10.1.2022	23:58:27	Mond 13,5° südlich Hamal	102,7°
11.1.2022	08:06:33	Merkur im aufsteigenden Knoten	
11.1.2022	11:23:00	Mond 2,4° südlich Uranus	108,9°
13.1.2022	01:49:30	Mond 47' nördlich Ceres	125,2°
13.1.2022	04:02:34	Mond 4,8° südlich der Plejaden	126,4°
13.1.2022	05:17:33	Mond im aufsteigenden Knoten	
13.1.2022	09:28:35	Juno in Konjunktion zur Sonne	8,2°
14.1.2022	01:53:56	Merkur stationär, dann rückläufig	
14.1.2022	03:47:08	Mond 5,9° nördlich Aldebaran	135,9°
15.1.2022	03:31:45	Mond 4° südlich Elnath	147,6°
16.1.2022	00:12:40	Merkur im Perihel	
16.1.2022	01:10:22	Mond 3,3° nördlich Eta Geminorum	157,7°
16.1.2022	05:21:18	Mond 3,1° nördlich Mü Geminorum	159,35°
16.1.2022	10:55:34	Mond 9,1° nördlich Alhena	161,9°
16.1.2022	13:07:56	Mond 21' nördlich Epsilon Geminorum	163,7°
16.1.2022	15:48:58	Pluto in Konjunktion zur Sonne	-1,75°
17.1.2022	00:48:49	Ceres stationär, dann rechtläufig	
17.1.2022	12:21:46	Mond 7,1° südlich Kastor	167,9°
17.1.2022	16:13:23	Mond 3,3° südlich Pollux	172,2°

Datum	Uhrzeit	Ereignis	Elongation
18.1.2022	00:48:44	Vollmond	
18.1.2022	05:19:27	Venus 9,85° nördlich Nunki	15,7°
18.1.2022	17:08:06	Mond 2,55° nördlich M44	170,8°
18.1.2022	20:47:58	Uranus stationär, dann rechtläufig	
20.1.2022	12:36:00	Mond 4° nördlich Regulus	150,25°
20.1.2022	14:23:01	Mond in größter Nordbreite	
22.1.2022	23:29:11	Merkur 1,4° südlich Beta Capricorni	3,4°
23.1.2022	07:05:27	Venus im Perihel	
23.1.2022	11:29:31	Merkur in unterer Konjunktion zur Sonne	3,3°
23.1.2022	17:09:59	Mond 27' nördlich Porrima	113,2°
24.1.2022	15:35:38	Mond 4,7° nördlich Spika	100,4°
25.1.2022	14:41:08	Letztes Viertel	
26.1.2022	05:34:33	Merkur in größter Nordbreite	
26.1.2022	07:23:26	Mond bedeckt Zuben-el-dschenubi (Alf2 Lib), siehe Seite 195	80,8°
27.1.2022	06:58:01	Mond im absteigenden Knoten	
27.1.2022	12:59:31	Pluto 9,9° südlich Juno	10,9°
27.1.2022	15:52:55	Mond 2,2° südlich Akrab	63,7°
27.1.2022	23:07:14	Merkur 4,5° südlich Juno	10,5°
27.1.2022	23:39:04	Mond 3,3° nördlich Antares	58°
28.1.2022	02:42:03	Merkur 5,4° nördlich Pluto	10,8°
28.1.2022	15:22:39	Venus 5,4° nördlich Vesta	28°
29.1.2022	08:58:34	Venus stationär, dann rechtläufig	
29.1.2022	17:07:19	Mond 3° südlich Mars	36°
30.1.2022	02:00:27	Mond 10,7° südlich Venus	29,7°
30.1.2022	03:04:41	Mond 5,4° südlich Vesta	28,75°
30.1.2022	05:41:55	Mond 49' südlich Nunki	27,8°
30.1.2022	07:54:52	Mond im Perigäum	
31.1.2022	00:56:11	Mond 8° südlich Merkur	15,9°
31.1.2022	03:58:06	Mond 3,2° südlich Pluto	14,4°
31.1.2022	05:52:54	Mond 13,3° südlich Juno	13,6°
31.1.2022	14:59:49	Mond 10,1° südlich Beta Capricorni	8,6°

Planeten

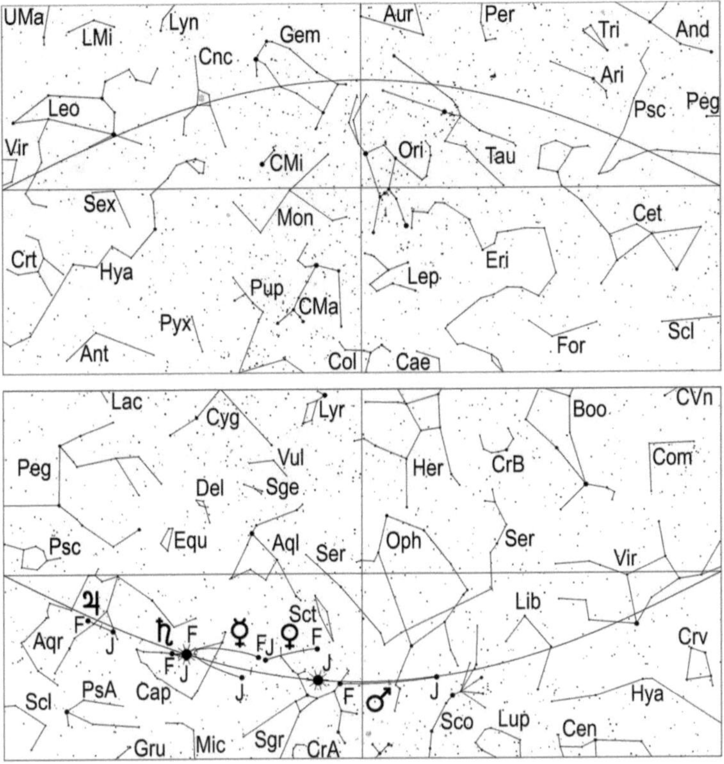

Merkur ist zum Jahresbeginn am Abendhimmel zu sehen. Der flinke Planet, dessen Helligkeit am 1. -0,7 mag beträgt, geht an diesem Tag um 17.55 Uhr MEZ unter. Etwa 40 Minuten vorher dürfte er in der Abenddämmerung auftauchen. Sein Untergang verspätet sich bis zum 11. auf 18.22 Uhr MEZ, wobei seine Helligkeit auf -0,1 mag zurückgeht. Am 4. zieht der zunehmende Mond an Merkur vorbei, was man in der Abenddämmerung beobachten kann und am 7. erreicht er seine größte östliche Elongation mit 19,2°. Sie fällt deshalb so gering aus, weil Merkur am 16. seinen sonnennächsten Bahnpunkt durchläuft. Fernrohrbeobachter sehen den innersten Planeten am 1. als ein zu 78 % beleuchtetes Scheibchen mit 5,9" Durchmesser. Am 9. erreicht er die Dichotomie (Halbphase), wobei sein Scheibchendurchmesser auf 7,2" ansteigt. Nach dem 11. verschlechtert sich die Sichtbarkeit von Merkur, der auf den Planeten Saturn zustrebt, ohne ihn allerdings zu erreichen, rapide, weil Elongation und Helligkeit abnehmen. Der letzte Tag seiner Abendsichtbarkeit dürfte am 14. sein, an dem der 0,6 mag helle Planet um 18.17 Uhr

MEZ unter dem Horizont versinkt. An diesem Tag kehrt er auch seine
Bewegungsrichtung um. Am 23. steht Merkur in unterer Konjunktion zur Sonne.

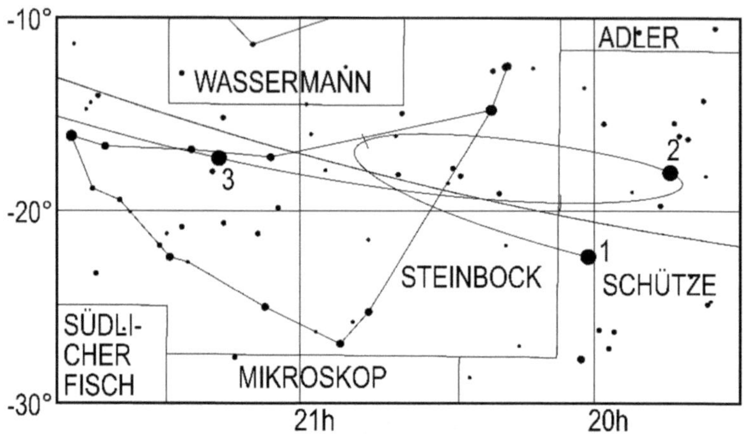

Lauf des Planeten Merkur von Januar bis März 2022. Die Zahl gibt die Position zum 1.
des entsprechenden Monats an, also 3 die Position am 1.3.

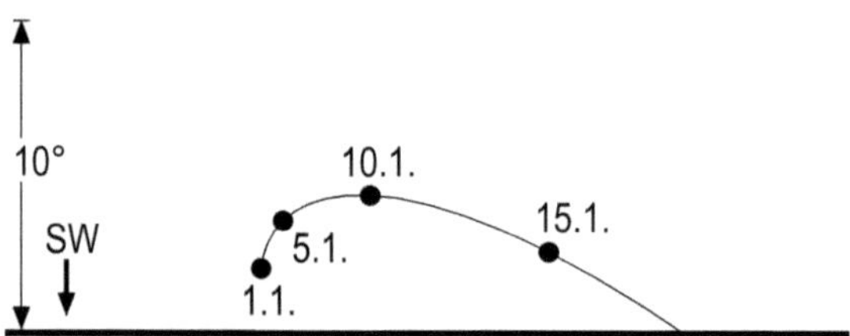

Position des Planeten Merkur am Abendhimmel, 1 Stunde nach Sonnenuntergang

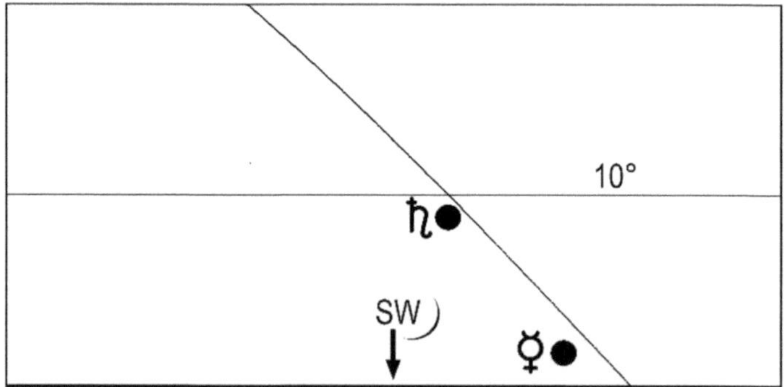

Mond, Merkur und Saturn am aufgehellten Abendhimmel des 4.1.2022 um 17.45 Uhr MEZ

Venus ist zu Jahresbeginn Abendstern und während der Dämmerung tief im Südwesten zu sehen, wobei sich ihre Sichtbarkeit rapide verschlechtert. Am 1. geht unserer innerer Nachbarplanet um 17.46 Uhr MEZ unter, während sie am 6. schon um 17.19 Uhr MEZ unter dem Horizont versinkt. Etwa ab 17 Uhr MEZ dürfte sie in der Dämmerung zu sehen sein. Im Fernrohr zeigt sie sich als sehr dünne Sichel, die am 1. zu 2 % und am 6. zu 0,5 % beleuchtet ist. Ihr Durchmesser beträgt mehr als eine Bogenminute, was fast der maximal mögliche Wert ist, mit dem ein Planet von der Erde aus erscheinen kann.

Nach dem 6. ist der -4,1 mag helle Planet zuerst einmal nicht mehr zu sehen, weil er am 9. in unterer Konjunktion zur Sonne steht und diese in 4,85° nördlichem Abstand passiert.

Allerdings kann sie schon am Morgen des 10. bei sehr guter Horizontsicht am Morgenhimmel gesichtet werden. Sie geht an diesem Tag um 7.43 Uhr MEZ auf. Im Fernrohr zeigt sie sich als zu 0,6 % beleuchtete, hauchdünne Sichel mit einem Durchmesser von 62,5".

Ihre Morgensichtbarkeit wird in den nächsten Tagen rasch besser, denn ihr Aufgang verfrüht sich auf 7.08 Uhr MEZ am 15., auf 6.36 Uhr MEZ am 20. und auf 5.46 Uhr MEZ am 31. Ihre Helligkeit wächst auf -4,2 mag am 15. und auf -4,6 mag am 31. Im Fernrohr erkennt man, dass das Venusscheibchen kleiner wird und sein beleuchteter Anteil zunimmt: so hat am 15. die zu 2 % beleuchtete Venussichel einen Durchmesser von 61,2", während am 31. der Durchmesser des zu 14 % beleuchteten Scheibchens 49,84" beträgt.

Am 29. beendet die Venus ihre Konjunktionsschleife im Ostteil des Sternbildes Schütze und bewegt sich von nun an rechtläufig durch den Tierkreis. Einen Tag später passiert der abnehmende Mond unseren inneren Nachbarplaneten in einem außergewöhnlich weiten Abstand von 10,7°.

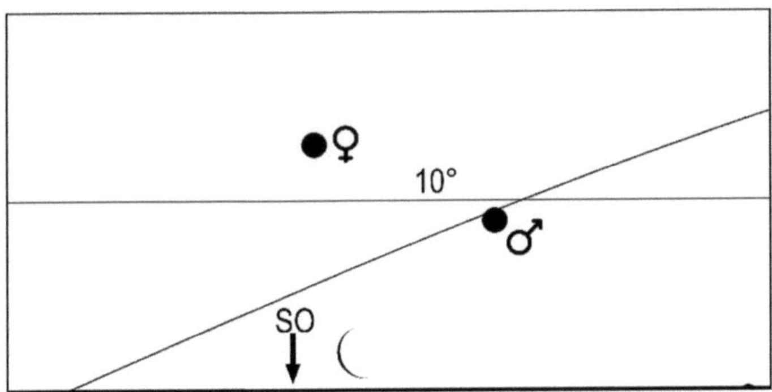

Mond, Venus und Mars am stark aufgehellten Morgenhimmel des 30.1.2022 um 7.30 Uhr MEZ

Mars durchwandert im Januar den Schlangenträger und stößt in das Sternbild Schütze vor und kann in diesem Monat mehr schlecht als recht am Morgenhimmel beobachtet werden. Der rote Planet, dessen Helligkeit leicht von 1,5 mag auf 1,4

mag anwächst, geht am 1. um 6.22 Uhr MEZ und am 31. um 6.06 Uhr MEZ auf.
Etwa eine halbe Stunde später kann man ihn bei guter Horizontsicht in der
beginnenden Morgendämmerung erkennen, wobei ein Fernglas hilfreich sein kann.
Wegen seiner horizontnahen Position und seines kleinen Scheibchendurchmessers
(4" am 1. und 4,3" am 31.) sind Fernrohrbeobachtungen nicht lohnend.
Am 29. zieht der Mond 3° südlich am roten Planeten vorbei.

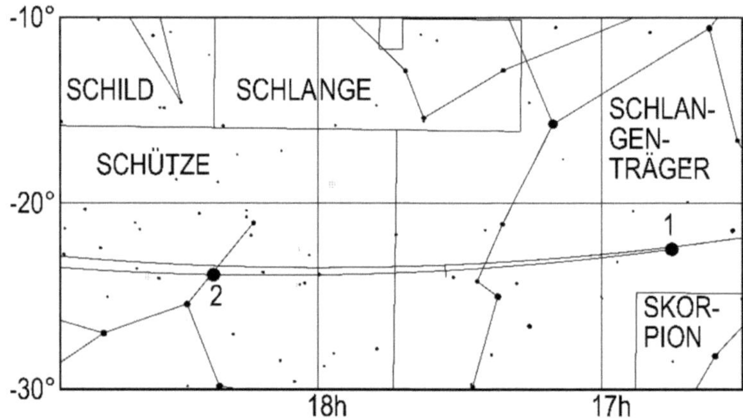

Lauf des Planeten Mars von Januar bis Februar 2022. Die Zahl gibt die Position
zum 1. des entsprechenden Monats an, also 2 die Position am 1.2.

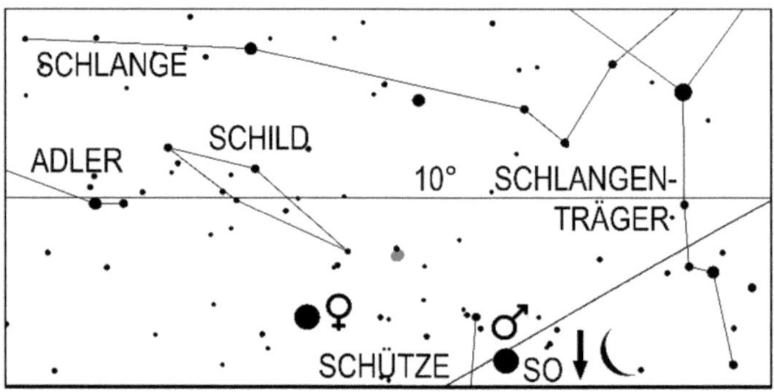

Mond, Venus und Mars am 29.1.2022 um 6.20 Uhr MEZ

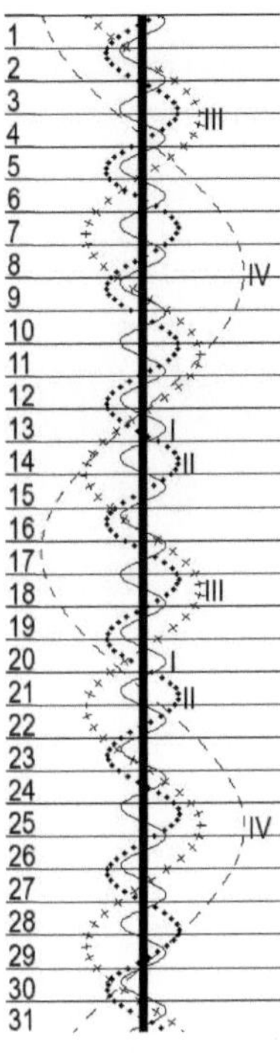

Jupiter, rechtläufig im Wassermann, ist am Abendhimmel sichtbar. Der Riesenplanet, dessen Helligkeit im Januar von -2,1 mag auf -2,0 mag zurückgeht, versinkt am 1. um 20.55 Uhr MEZ, am 15. um 20.16 Uhr MEZ und am 31. um 19.34 Uhr MEZ unter dem Horizont. Sein Durchmesser geht im Laufe des Monats von 35,4" auf 33,6" zurück. Am Abend des 5. findet man den zunehmenden Mond in der Nähe des Riesenplaneten.

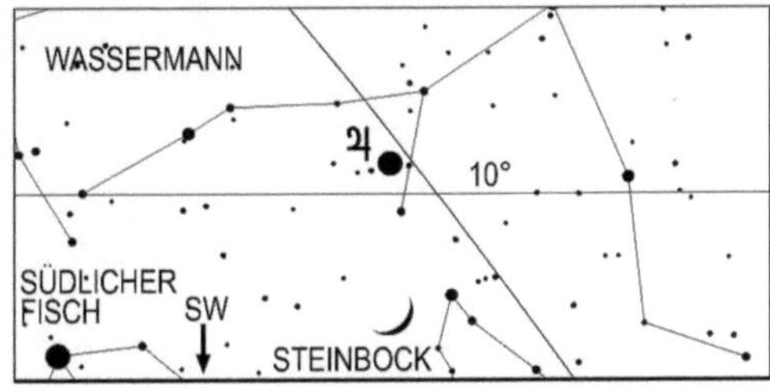

Mond und Jupiter am 5.1.2022 um 19.15 Uhr MEZ

Stellung der 4 hellen Jupitermonde im Januar 2022

Saturn, rechtläufig im Steinbock, verabschiedet sich am 17. vom Abendhimmel. Der 0,7 mag helle Ringplanet geht am 1. um 19.10 Uhr MEZ, am 10. um 18.40 Uhr MEZ und am 17. um 18.17 Uhr MEZ unter. Er ist im Südwesten oberhalb des helleren Merkurs zu finden, der auf ihn zustrebt, aber ihn nicht erreicht. Am 4. hält sich der Mond in der Nähe des Ringplaneten auf.

Uranus beendet am 18. seine Oppositionsschleife und bewegt sich dann rechtläufig durch das Sternbild Widder. Der grünliche Planet, dessen Helligkeit im Laufe des Monats von 5,7 mag auf 5,8 mag zurückgeht, kann am frühen Abendhimmel mit einem Feldstecher leicht beobachtet werden (Aufsuchkarte, Seite 167). Er kulminiert am 1. um 20.13 Uhr MEZ und am Monatsletzten schon um 18.15 Uhr MEZ, während sich sein Untergang im Laufe des Monats von 3.33 Uhr MEZ auf 1.35 Uhr MEZ verfrüht.

Neptun kann am Abend mit einem Fernrohr im Sternbild Wassermann in südwestlicher Richtung beobachtet werden (Aufsuchkarte, Seite 134). In der zweiten Monatshälfte wird dies immer schwieriger, denn er verlegt seinen Untergang von 22.46 Uhr MEZ am 1., auf 21.53 Uhr MEZ am 15. und auf 20.53 Uhr MEZ am Monatsletzten.

Klein- und Zwergplaneten

Ceres, deren Helligkeit im Laufe des Monats von 7,7 mag auf 8,3 mag zurückgeht, kann am Abendhimmel mit einem Feldstecher im Sternbild Stier südlich der Plejaden

aufgesucht werden. Der Zwergplanet, welcher am 17. seine Oppositionsschleife
beendet, erreicht seine höchste Position im Süden am 1. um 21.27 Uhr MEZ und am
31. um 19.28 Uhr MEZ und versinkt am 1. um 5.02 Uhr MEZ und am 31. um 3.14
Uhr MEZ unter dem Horizont.

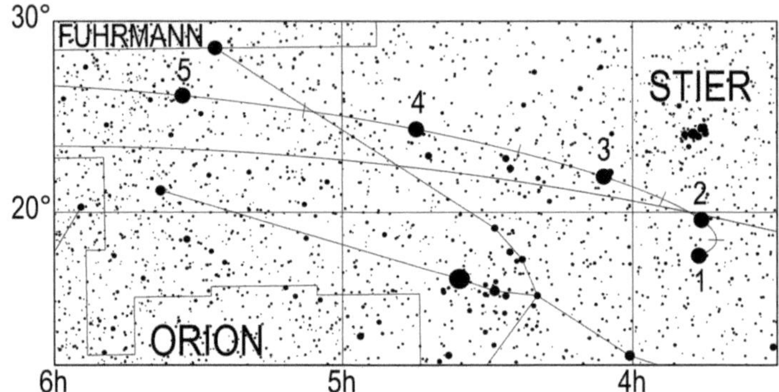

Lauf des Kleinplaneten Ceres von Januar bis Mai 2022. Die Zahl gibt die
Position zum 1. des entsprechenden Monats an, also 3 die Position am 1.3.

Pallas wandert rechtläufig durch das Sternbild Wassermann und versinkt am 1. um
22.05 Uhr MEZ, am 15. um 21.29 Uhr MEZ und am 31. um 20.51 Uhr MEZ unter
dem Horizont. Der 10 mag helle Kleinplanet kann zum Ende der Dämmerung mit
einem Fernrohr ab 8 Zentimeter Objektivöffnung aufgesucht werden (Aufsuchkarte,
Seite 37).

Juno kann in diesem Monat nicht beobachtet werden, weil sie am 13. in Konjunktion
zur Sonne steht.

Vesta ist in diesem Monat ebenfalls unbeobachtbar.

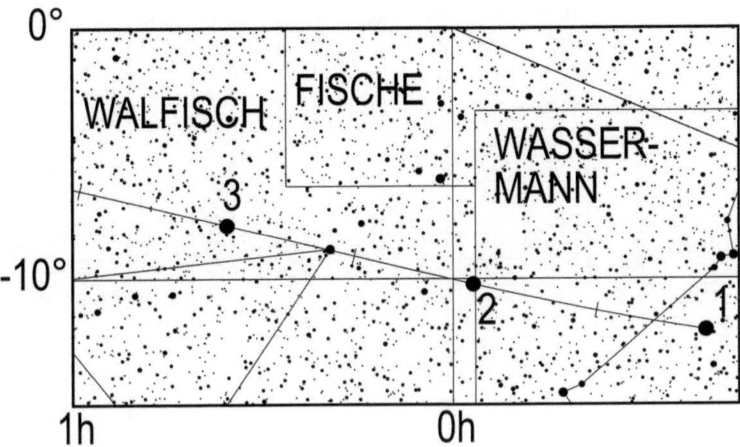

Lauf des Kleinplaneten Pallas von Januar bis März 2022. Die Zahl gibt die Position zum
1. des entsprechenden Monats an, also 2 die Position am 1.2.

Periodische Sternschnuppenströme

Bis zum 6. sind die Quadrantiden aktiv, die ihren Radianten im nördlichen Teil des
Sternbildes Bärenhüter haben. Die mäßig schnellen Quadrantiden erreichen ihr
Maximum am 3. um 23 Uhr MEZ mit einer Rate von bis zu 130 Meteoren pro Stunde.
Allerdings hat zu dieser Zeit der Radiant nur eine geringe Höhe über dem Horizont,
so dass zu dieser Zeit nur etwa 11 Meteore pro Stunde sichtbar sein dürften.
Obwohl die Fallrate der Quadrantiden nach dem Maximum rasch abnimmt, werden
die Verhältnisse in den Morgenstunden des 4. für ihre Beobachtung günstiger, da
der Radiant an Höhe gewinnt.
Die größte Fallrate dürfte am 4. um 4 Uhr MEZ mit 28 Meteoren pro Stunde erreicht
sein. Sie nimmt bis zum Beginn der Morgendämmerung leicht auf 25 Meteore pro
Stunde ab.
Weil am 2. Neumond ist, stört der Mond, der schon in der Abenddämmerung
untergeht, nicht die Beobachtungen.

Sonnenuntergang und Dämmerung

	Astr. Anf.	Naut. Anf.	Bürg. Anf.	Auf- gang	Kulm.	Unter- gang	Bürg. Ende	Naut. Ende	Astr. Ende	Zeitgl.
1.1.2022	6:23	7:03	7:45	8:22	12:28	16:33	17:11	17:52	18:31	3m16s
2.1.2022	6:24	7:03	7:45	8:22	12:28	16:34	17:12	17:53	18:32	3m44s
3.1.2022	6:24	7:03	7:45	8:22	12:29	16:35	17:13	17:54	18:33	4m12s
4.1.2022	6:24	7:03	7:44	8:22	12:29	16:36	17:14	17:55	18:34	4m40s
5.1.2022	6:23	7:03	7:44	8:22	12:29	16:37	17:15	17:56	18:35	5m07s

	Astr. Anf.	Naut. Anf.	Bürg. Anf.	Auf-gang	Kulm.	Unter-gang	Bürg. Ende	Naut. Ende	Astr. Ende	Zeitgl.
6.1.2022	6:23	7:03	7:44	8:21	12:30	16:38	17:16	17:57	18:36	5m34s
7.1.2022	6:23	7:03	7:44	8:21	12:30	16:39	17:18	17:58	18:37	6m00s
8.1.2022	6:23	7:02	7:43	8:21	12:31	16:41	17:19	17:59	18:38	6m26s
9.1.2022	6:23	7:02	7:43	8:20	12:31	16:42	17:20	18:01	18:39	6m51s
10.1.2022	6:23	7:02	7:43	8:20	12:32	16:43	17:21	18:02	18:41	7m16s
11.1.2022	6:22	7:01	7:42	8:19	12:32	16:45	17:22	18:03	18:42	7m40s
12.1.2022	6:22	7:01	7:42	8:19	12:32	16:46	17:24	18:04	18:43	8m04s
13.1.2022	6:21	7:00	7:41	8:18	12:33	16:48	17:25	18:05	18:44	8m26s
14.1.2022	6:21	7:00	7:41	8:17	12:33	16:49	17:26	18:06	18:45	8m49s
15.1.2022	6:20	6:59	7:40	8:17	12:33	16:50	17:28	18:08	18:46	9m10s
16.1.2022	6:20	6:59	7:39	8:16	12:34	16:52	17:29	18:09	18:48	9m31s
17.1.2022	6:19	6:58	7:39	8:15	12:34	16:53	17:30	18:10	18:49	9m52s
18.1.2022	6:19	6:58	7:38	8:14	12:34	16:55	17:32	18:12	18:50	10m11s
19.1.2022	6:18	6:57	7:37	8:13	12:35	16:57	17:33	18:13	18:52	10m30s
20.1.2022	6:17	6:56	7:36	8:12	12:35	16:58	17:35	18:14	18:53	10m48s
21.1.2022	6:17	6:55	7:35	8:11	12:35	17:00	17:36	18:16	18:54	11m06s
22.1.2022	6:16	6:54	7:34	8:10	12:36	17:01	17:38	18:17	18:56	11m22s
23.1.2022	6:15	6:54	7:34	8:09	12:36	17:03	17:39	18:18	18:57	11m38s
24.1.2022	6:14	6:53	7:33	8:08	12:36	17:05	17:41	18:20	18:58	11m53s
25.1.2022	6:13	6:52	7:31	8:07	12:36	17:06	17:42	18:21	19:00	12m08s
26.1.2022	6:12	6:51	7:30	8:06	12:37	17:08	17:44	18:23	19:01	12m21s
27.1.2022	6:11	6:50	7:29	8:04	12:37	17:10	17:45	18:24	19:03	12m34s
28.1.2022	6:10	6:49	7:28	8:03	12:37	17:11	17:47	18:26	19:04	12m46s
29.1.2022	6:09	6:47	7:27	8:02	12:37	17:13	17:48	18:27	19:05	12m58s
30.1.2022	6:08	6:46	7:26	8:00	12:37	17:15	17:50	18:29	19:07	13m08s
31.1.2022	6:07	6:45	7:24	7:59	12:37	17:17	17:52	18:30	19:08	13m18s

Mondlauf

	Rektaszension	Deklination	Elong.	Phase		mag	Auf-gang	Kulm.	Unter-gang
1.1.2022	16h54m39,4s	-24°15'04"	25,7°	0,05		-6,6	7:07	11:04	14:55
2.1.2022	18h00m10,3s	-26°20'34"	11,8°	0,01	●	-5,3	8:25	12:10	15:54
3.1.2022	19h06m59,4s	-26°33'23"	4,4°	0		-4,5	9:27	13:16	17:09
4.1.2022	20h12m19,5s	-24°53'32"	17,2°	0,02		-5,8	10:12	14:19	18:32
5.1.2022	21h13m56,2s	-21°37'09"	30,7°	0,07		-7,0	10:45	15:16	19:58
6.1.2022	22h10m51,6s	-17°09'25"	43,9°	0,14		-7,9	11:09	16:08	21:20
7.1.2022	23h03m17,8s	-11°56'37"	56,7°	0,23		-8,6	11:28	16:56	22:36
8.1.2022	23h52m07,8s	-6°21'14"	68,9°	0,32		-9,3	11:44	17:40	23:50
9.1.2022	0h38m30,3s	-0°40'42"	80,8°	0,42	◗	-9,8	11:59	18:23	
10.1.2022	1h23m35,2s	4°51'38"	92,3°	0,52		-10,2	12:14	19:05	1:01
11.1.2022	2h08m27,1s	10°05'04"	103,5°	0,62		-10,6	12:30	19:47	2:10
12.1.2022	2h54m02,9s	14°49'57"	114,4°	0,71		-10,9	12:49	20:31	3:20
13.1.2022	3h41m08,2s	18°56'42"	125,2°	0,79		-11,2	13:12	21:17	4:28
14.1.2022	4h30m12,7s	22°15'14"	136,0°	0,86		-11,5	13:41	22:05	5:36

	Rektaszension	Deklination	Elong.	Phase	mag	Auf-gang	Kulm.	Unter-gang
15.1.2022	5h21m23,5s	24°35'19"	146,7°	0,92	-11,8	14:18	22:55	6:39
16.1.2022	6h14m19,6s	25°47'41"	157,4°	0,96	-12,1	15:05	23:46	7:37
17.1.2022	7h08m14,3s	25°45'54"	168,0°	0,99	-12,4	16:03		8:24
18.1.2022	8h02m05,7s	24°28'00"	175,7°	1 ○	-12,6	17:09	0:38	9:02
19.1.2022	8h54m56,5s	21°57'20"	168,2°	0,99	-12,4	18:20	1:28	9:32
20.1.2022	9h46m10,3s	18°21'51"	157,2°	0,96	-12,1	19:33	2:16	9:56
21.1.2022	10h35m39,5s	13°52'35"	145,8°	0,91	-11,8	20:47	3:02	10:15
22.1.2022	11h23m43,8s	8°42'10"	134,2°	0,85	-11,5	22:01	3:47	10:32
23.1.2022	12h11m04,0s	3°03'48"	122,3°	0,77	-11,2	23:16	4:32	10:48
24.1.2022	12h58m35,5s	-2°48'52"	110,1°	0,67	-10,9		5:17	11:04
25.1.2022	13h47m22,7s	-8°41'15"	97,7°	0,57 ☽	-10,5	0:32	6:04	11:21
26.1.2022	14h38m33,3s	-14°16'39"	85,0°	0,46	-10,0	1:53	6:53	11:42
27.1.2022	15h33m08,8s	-19°15'31"	72,0°	0,35	-9,5	3:16	7:47	12:08
28.1.2022	16h31m46,4s	-23°15'11"	58,8°	0,24	-8,8	4:41	8:46	12:44
29.1.2022	17h34m14,7s	-25°52'08"	45,3°	0,15	-8,0	6:01	9:49	13:34
30.1.2022	18h39m12,9s	-26°47'05"	31,6°	0,07	-7,1	7:10	10:54	14:40
31.1.2022	19h44m23,5s	-25°51'43"	18,1°	0,02	-5,9	8:02	11:58	16:00

Jupitermond-Ereignisse

Datum	Uhrzeit (MEZ)	Mond	Erscheinung	Phase
1.1.2022	17:43:13	Io	Schattenvorübergang	Ende
4.1.2022	18:25:43	Europa	Durchgang	Anfang
4.1.2022	18:38:10	Kallisto	Bedeckung	Ende
6.1.2022	18:18:31	Europa	Verfinsterung	Ende
7.1.2022	19:04:49	Io	Bedeckung	Anfang
8.1.2022	17:22:01	Io	Schattenvorübergang	Anfang
8.1.2022	18:43:42	Io	Durchgang	Ende
8.1.2022	19:38:25	Io	Schattenvorübergang	Ende
9.1.2022	17:44:21	Ganymed	Verfinsterung	Ende
15.1.2022	18:27:43	Io	Durchgang	Anfang
15.1.2022	19:17:14	Io	Schattenvorübergang	Anfang
16.1.2022	18:43:00	Io	Verfinsterung	Ende
20.1.2022	19:14:30	Europa	Bedeckung	Anfang
21.1.2022	17:51:00	Kallisto	Verfinsterung	Anfang
22.1.2022	17:47:57	Europa	Schattenvorübergang	Ende
23.1.2022	17:38:49	Io	Bedeckung	Anfang
24.1.2022	17:57:18	Io	Schattenvorübergang	Ende
29.1.2022	17:39:04	Europa	Schattenvorübergang	Anfang
31.1.2022	17:36:09	Io	Schattenvorübergang	Anfang

Februar

Sternenhimmel

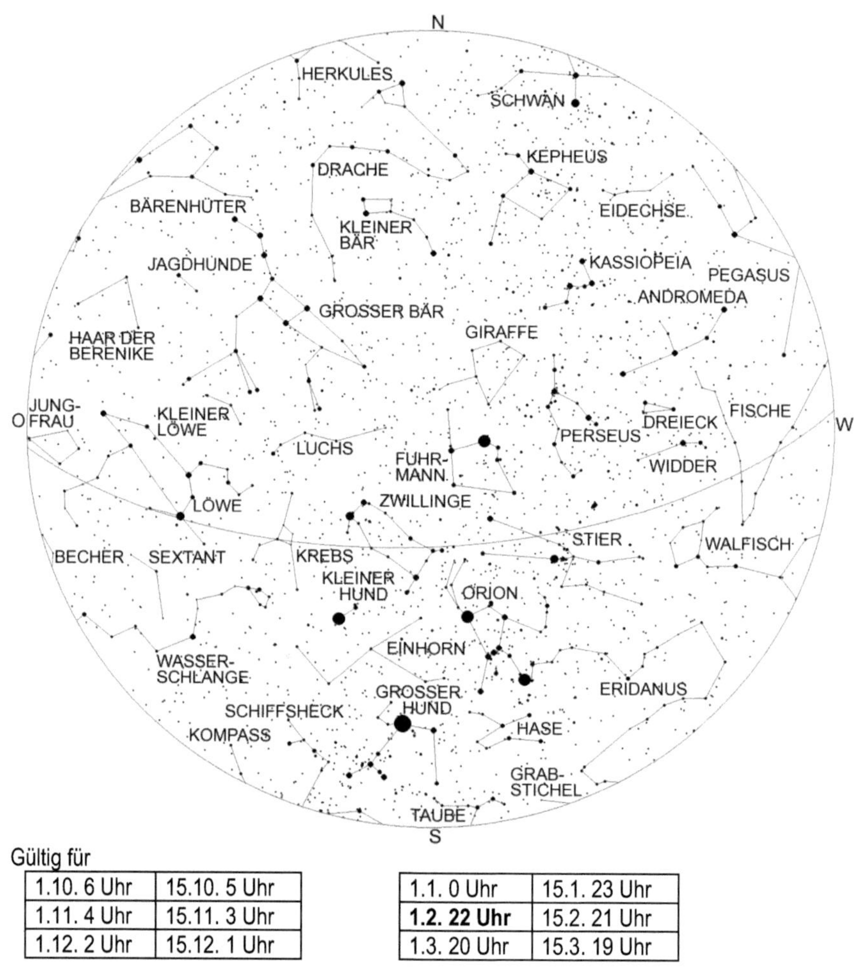

Gültig für

1.10. 6 Uhr	15.10. 5 Uhr		1.1. 0 Uhr	15.1. 23 Uhr
1.11. 4 Uhr	15.11. 3 Uhr		**1.2. 22 Uhr**	15.2. 21 Uhr
1.12. 2 Uhr	15.12. 1 Uhr		1.3. 20 Uhr	15.3. 19 Uhr

Im Februar hat zur Standbeobachtungszeit (1. um 22 Uhr MEZ) der Orion seine höchste Position überschritten. Man erkennt in diesem Sternbild unterhalb der Gürtelsterne eine Sterngruppe mit einem nebligen Fleckchen. Dies ist der berühmte Orionnebel, ein Gasnebel, in dem neue Sterne entstehen. Die beiden hellsten Sterne des Orions, Rigel (rechts unten) und Beteigeuze (links oben), sind Riesensterne von ganz unterschiedlicher Natur. Der bläuliche Rigel ist 60-mal größer als die Sonne und strahlt so viel Energie ab wie 41000 Sonnen. Seine Oberfläche ist mit 12300 Kelvin Oberflächentemperatur auch wesentlich heißer als die unseres Zentralgestirns, dessen Oberfläche 5800 K heiß ist. Sein Abstand zur Sonne beträgt etwa 770 Lichtjahre.

Der rötliche Stern Beteigeuze ist mit einer Oberflächentemperatur von 3450 K kühler als die Sonne, hat aber einen ungefähr tausendmal größeren Durchmesser. In ihren Inneren hätten die Umlaufbahnen aller inneren Planeten Platz.

Beteigeuze strahlt etwa 55000-mal so viel Energie wie die Sonne ab und ist ca. 640 Lichtjahre von ihr entfernt.

Das Sternbild Zwillinge steht jetzt kurz vor der Kulmination, während der Stier diese schon hinter sich gebracht hat, wie auch das Sternbild Fuhrmann.

Tief im Süden erreichen die ersten Sterne des Großen Hundes ihren höchsten Stand. Westlich von diesen erkennt man den Hasen, der in der Mythologie eine Beute des Himmelsjägers Orion darstellt. Im Hasen befindet sich ein schon im Feldstecher trennbarer Doppelstern, Gamma (γ) Leporis. Seine beiden Komponenten haben eine Helligkeit von 3,6 mag und 6,1 mag und stehen 97" voneinander entfernt. Bei guten Sichtbedingungen kann man auch das Sternbild Taube knapp über dem Südhorizont erkennen.

Nördlich des Großen Hundes befindet sich das Sternbild Einhorn, welches nur aus lichtschwachen Sternen besteht. Dieses Sternbild hat im Unterschied zu vielen anderen in Mitteleuropa sichtbaren Sternbildern, wie der Orion und der Stier, seinen Ursprung nicht in der Antike, sondern wurde 1602 von den niederländischen Kartografen Petrus Plancius eingeführt. In diesem Sternbild gibt es einen für Amateurastronomen interessanten Dreifachstern, und zwar den Stern Beta (β) Monocerotis, der schon mit einem Fernrohr von 5 Zentimetern Objektivöffnung aufgelöst werden kann. Beta Monocerotis besteht aus einem 4,6 mag hellen Stern mit einem 5,3 mag hellen Begleiter in 3" Abstand. Ein weiterer Begleiter mit einer Helligkeit von 5,0 mag befindet sich in 7" Entfernung vom 4,6 mag hellem Hauptstern. Alle 3 Sterne dieses Systems liegen in etwa auf einer Linie.

Höher am Himmel, zwischen Einhorn und Zwillinge, findet man den Kleinen Hund mit dem hellen Fixstern Prokion.

Nordöstlich des Kleinen Hundes kann man an dunkleren Beobachtungsorten das lichtschwache Sternbild Krebs erkennen.

In westlicher Richtung sieht man den Widder und den im Untergang befindlichen Walfisch. Zwischen dem Widder und dem Horizont erblickt man bei dunklem Himmel die lichtschwachen Sterne der Fische, während das Gebiet zwischen Walfisch, Orion und Hase von dem ausgedehntem Eridanus ausgefüllt wird, der fast nur aus lichtschwachen Sternen besteht.

Weiter in nördlicher Richtung befinden sich noch einige Sterne des Pegasus über dem Horizont. Über diesen erkennt man das Sternbild Andromeda.

Im Osten ist jetzt das Sternbild Löwe komplett aufgegangen, auch die ersten Sterne des Tierkreissternbildes Jungfrau sind schon über dem Horizont erschienen, aber wegen des Horizontdunstes noch kaum zu sehen. Zwischen dem Kleinem Hund und dem Südosthorizont erkennt man den Kopf des Sternbildes Wasserschlange. Das Sternbild Wasserschlange ist das größte Sternbild des Himmels. Es besteht aber zum größten Teil aus Sternen der 4. Größenklasse und schwächer weshalb es von helleren Beobachtungsorten aus nur rudimentär erkannt werden kann. Es gibt nur einen Stern 2. Größe in dieser Konstellation, Alphard, der das hellste Objekt im Südosten darstellt. Alphard ist ein orangeroter Riesenstern mit 400-facher Sonnenleuchtkraft und 41-fachen Sonnendurchmesser in 180 Lichtjahren Entfernung.

Der Große Wagen, der aus den hellsten Sternen des Sternbildes Großer Bär besteht, gewinnt jetzt Höhe im Nordosten. Tief im Nordosten geht gerade der Bärenhüter auf. Allerdings ist sein hellster Stern, Arktur, noch unter dem Horizont und seine schon aufgegangenen Sterne sind im Horizontdunst kaum zu erkennen. Zwischen Bärenhüter und Großen Wagen kann man Chara, den mit 2,9 mag hellsten Stern der Jagdhunde erblicken. Alle anderen Sterne dieser Konstellation haben eine Helligkeit von 4 mag und weniger und sind nur an dunkleren Orten zu sehen.

Auch das „Haar der Berenike" ist inzwischen vollständig über dem ostnordöstlichen Horizont getreten, kann aber, da es nur aus Sternen 4. Größe und schwächer besteht, nur an dunkleren Orten gesichtet werden.

Astronomische Ereignisse

Datum	Uhrzeit	Ereignis	Elongation
1.2.2022	06:46:11	Neumond	-5,6°
1.2.2022	09:01:02	Mond 5,2° südlich Saturn	3,2°
2.2.2022	00:33:22	Mond 3° südlich Delta Capricorni	11,1°
2.2.2022	09:36:17	Vesta 4,8° nördlich Nunki	30,35°
2.2.2022	09:51:28	Mond in größter Südbreite	
2.2.2022	23:02:01	Mond 4,7° südlich Jupiter	22,5°
3.2.2022	23:13:47	Mond 4,3° südlich Neptun	35,1°
3.2.2022	23:29:59	Merkur stationär, dann rechtläufig	
4.2.2022	12:02:09	Mond 3,9° nördlich Pallas	41,55°
4.2.2022	16:10:48	Ceres 4,3° südlich der Plejaden	103,6°
4.2.2022	20:06:45	Saturn in Konjunktion zur Sonne	-51'
7.2.2022	05:05:07	Ceres im aufsteigenden Knoten	
7.2.2022	06:31:13	Mond 13,7° südlich Hamal	74,9°
7.2.2022	21:44:09	Mond 1,6° südlich Uranus	81,5°
8.2.2022	14:50:22	Erstes Viertel	
9.2.2022	07:18:16	Mond im aufsteigenden Knoten	
9.2.2022	09:31:31	Mond 4,9° südlich der Plejaden	98,7°
9.2.2022	10:36:21	Mond 49' südlich Ceres	99,3°
9.2.2022	14:43:28	Venus in größtem Glanz, -4,6 mag	

Datum	Uhrzeit	Ereignis	Elongation
10.2.2022	03:04:40	Venus 9,7° nördlich Nunki	38,1°
10.2.2022	09:21:28	Mond 5,8° nördlich Aldebaran	108,4°
11.2.2022	03:37:30	Mond im Apogäum	
11.2.2022	07:46:13	Mars 2,85° nördlich Nunki	39,6°
11.2.2022	09:20:41	Mond 4,15° südlich Elnath	120,1°
12.2.2022	08:07:35	Mond 3° nördlich Eta Geminorum	130,1°
12.2.2022	10:36:52	Merkur 2,9° nördlich Pluto	25,8°
12.2.2022	10:53:48	Juno 3,3° nördlich Beta Capricorni	19,8°
12.2.2022	10:57:57	Mond 3° nördlich Mü Geminorum	131,8°
12.2.2022	16:59:24	Mond 9,5° nördlich Alhena	134,8°
12.2.2022	20:35:56	Mond 57' nördlich Epsilon Geminorum	136°
13.2.2022	02:01:19	Venus 6,6° nördlich Mars	39,7°
13.2.2022	18:42:15	Mond 6,6° südlich Kastor	144,3°
13.2.2022	21:00:16	Venus in größter Nordbreite	
14.2.2022	01:12:27	Mond 3° südlich Pollux	147,6°
15.2.2022	02:02:47	Mond 2,7° nördlich M44	160,1°
16.2.2022	15:48:05	Mond in größter Nordbreite	
16.2.2022	17:36:38	Mond 4,3° nördlich Regulus	175,45°
16.2.2022	17:56:47	Vollmond	
16.2.2022	22:18:30	Merkur in größter westlicher Elongation	26,3°
18.2.2022	06:00:45	Merkur 4,65° südlich Beta Capricorni	25,6°
18.2.2022	14:52:50	Merkur im absteigenden Knoten	
19.2.2022	21:46:43	Mond 29' nördlich Porrima	140,7°
20.2.2022	19:33:02	Mond 4,8° nördlich Spika	127,9°
21.2.2022	03:14:19	Merkur 8,3° südlich Juno	25°
22.2.2022	13:47:47	Mond 8' südlich Zuben-el-dschenubi	108,4°
23.2.2022	07:43:54	Mond im absteigenden Knoten	
23.2.2022	20:25:56	Mond 2,1° südlich Akrab	91,3°
23.2.2022	23:32:36	Letztes Viertel	
24.2.2022	06:54:13	Mond 2,5° nördlich Antares	85,55°
26.2.2022	15:44:04	Mond 48' südlich Nunki	55,4°
26.2.2022	23:01:50	Mond im Perigäum	
27.2.2022	06:41:27	Mond 9,7° südlich Venus	44,6°
27.2.2022	10:05:10	Mond 4,5° südlich Mars	43,9°
27.2.2022	11:55:28	Mond 5,9° südlich Vesta	42,85°
27.2.2022	16:01:21	Mond 3,2° südlich Pluto	41,3°
27.2.2022	22:59:18	Mond 9,9° südlich Beta Capricorni	35,2°
28.2.2022	08:24:52	Mond 13,8° südlich Juno	29,1°
28.2.2022	21:34:33	Mond 4,15° südlich Merkur	23,8°
28.2.2022	23:49:56	Merkur im Aphel	

Planeten

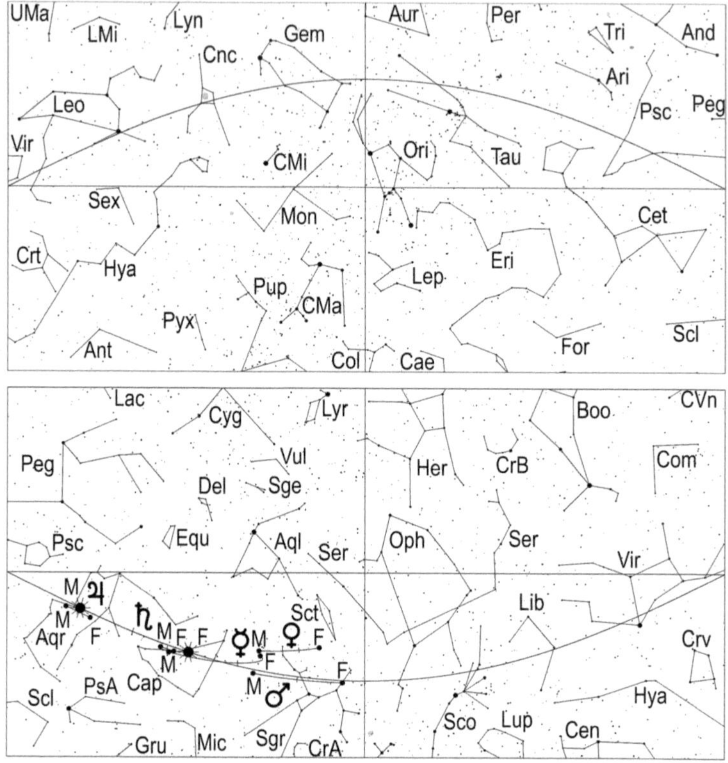

Merkur erreicht am 16. mit 26,3° seine größte westliche Elongation zur Sonne. Sie fällt dieses Mal so groß aus, weil Merkur am 28. sein Aphel durchläuft. Eigentlich sollte dies eine günstige Morgensichtbarkeit bedeuten, doch weil die morgendliche Ekliptik im Februar einen ziemlich flachen Winkel zum Horizont einnimmt, erfolgt der Aufgang des innersten Planeten schon in der fortgeschrittenen Dämmerung, so dass keine Morgensichtbarkeit erfolgt. Allerdings wird der Winkel, den die Ekliptik zum Horizont einnimmt, steiler je mehr man sich dem Äquator nähert, so dass sich die Merkursichtbarkeit mit abnehmender nördlicher Breite verbessert.
Aus diesem Grund wird man Merkur nördlich des 50. Breitengrades im Februar nicht ohne optische Hilfsmittel sehen können, während dies südlich davon um den 9. Februar gelingen kann. So erfolgt der Aufgang des 0,2 mag hellen Merkur an diesem Tag für einen Ort auf dem 49. Breitengrad um 6:28 Uhr MEZ, während die Sonne um 7:43 Uhr MEZ über dem Horizont erscheint. 20 bis 30 Minuten nach seinem Aufgang kann man ggf. mit Hilfe eines Fernglases versuchen, nach den innersten Planeten tief im Südwesten Ausschau zu halten.

Für Orte, die auf dem 46. Breitengrad liegen, ergibt sich für den 9. ein
Merkuraufgang von 6:18 Uhr MEZ und ein Sonnenaufgang von 7:36 Uhr MEZ. Hier
lohnt es sich vom 4. bis zum 16. gegen 6.45 Uhr MEZ den flinken Planeten
aufzusuchen, dessen Helligkeit von 0,7 mag am 4. auf 0,1 mag am 12. anwächst. Im
Fernrohr zeigt sich Merkur am 9. als zu 44 % beleuchtete Sichel mit 7,9"
Durchmesser. In den folgenden Tagen nimmt sein Scheibchendurchmesser ab und
sein beleuchteter Teil zu. Die Halbphase wird am 11. erreicht.

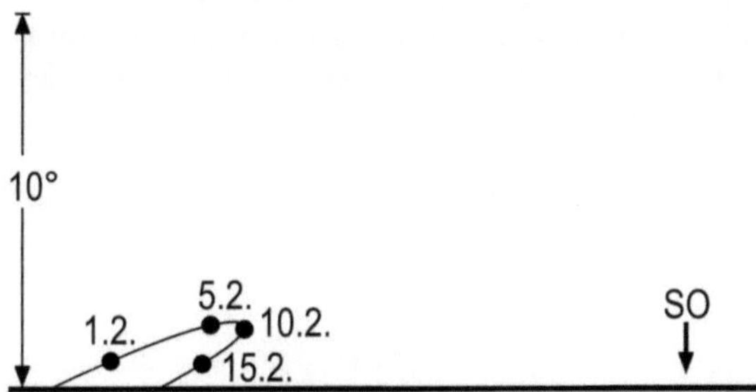

Position des Planeten Merkur am Morgenhimmel, 1 Stunde vor Sonnenaufgang

Venus ist strahlender Morgenstern und geht am 1. um 5.43 Uhr MEZ, am 15. um
5.11 Uhr MEZ und am 28. um 4.57 Uhr MEZ auf. Da sich der Sonnenaufgang im
gleichen Zeitraum von 7.58 Uhr MEZ auf 7.10 Uhr MEZ verfrüht, bleibt ihre
Sichtbarkeitsdauer in etwa konstant. Sie bewegt sich rechtläufig durch die östlichen
Gebiete des Sternbildes Schütze und wird am 13. von dem ungefähr hundertmal
lichtschwächeren Mars in 6,6° südlichem Abstand überholt. Am 9. erreicht Venus mit
-4,6 mag ihre größte Helligkeit und ist bei klarem Himmel sogar noch nach
Sonnenaufgang freiäugig zu sehen. Im Fernrohr präsentiert sich unser innerer
Nachbarplanet als Sichel, die am 1. zu 15 % beleuchtet ist und einem Durchmesser
von 49" aufweist. Am 28. Ist die Venussichel bei einem Scheibchendurchmesser von
31,9" zu 37 % illuminiert ist.

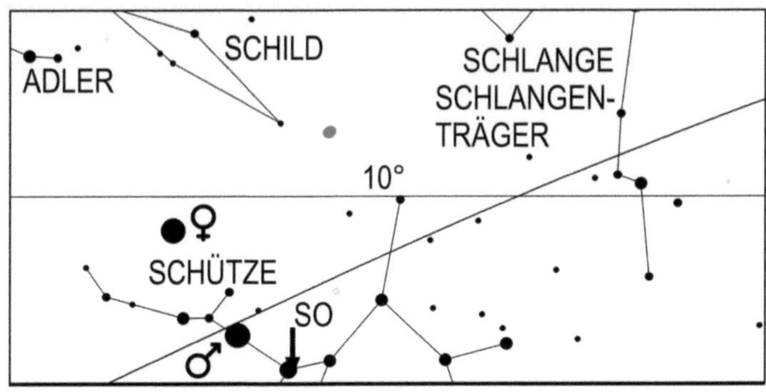

Venus und Mars am 13.2.2022 um 6.15 Uhr MEZ

Mars bewegt sich wie die Venus durch das Sternbild Schütze, allerdings einige Grad südlicher als diese, so dass er nicht nur wegen seiner geringeren Helligkeit weniger gut als Venus beobachtet werden kann. Der rote Planet, dessen Helligkeit im Laufe des Monats von 1,4 mag auf 1,3 mag ansteigt, geht am 1. um 6.05 Uhr MEZ, am 15. um 5.51 Uhr MEZ und am 28. um 5.33 Uhr MEZ auf. Mit einem Scheibchendurchmesser von 4,3" am Monatsanfang und von 4,7" am Monatsende ist er für Fernrohrbeobachtungen uninteressant. Am 11. passiert er Nunki in 2,85° nördlichem Abstand, am 13. zieht er, wie schon bei „Venus" erwähnt, 6,6° südlich an dieser vorbei und am 27. erkennt man die abnehmende Mondsichel in der Nähe des roten Planeten.

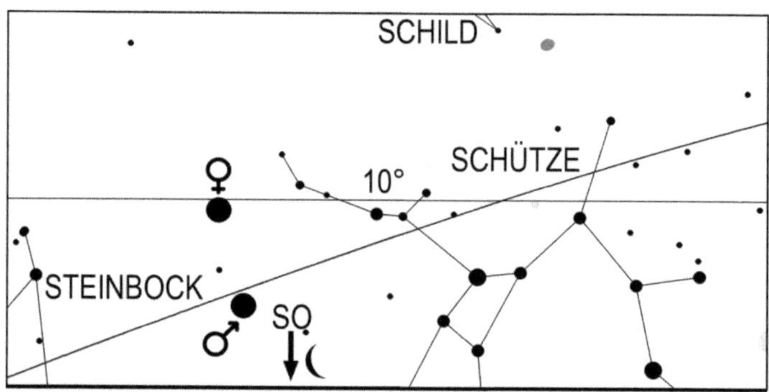

Mond, Venus und Mars am 27.2.2022 um 6.10 Uhr MEZ

Jupiter verabschiedet sich im Februar vom Abendhimmel. Am 1. geht der -2,0 mag helle Riesenplanet um 19.31 Uhr MEZ und am 15. um 18.54 Uhr MEZ unter. Der letzte Tag, an dem eine Sichtung gelingen könnte, ist der 19. Jupiter versinkt an diesem Tag um 18.43 Uhr MEZ – nur 54 Minuten nach der Sonne – unter dem Horizont.
Am Abend des 2. erblickt man die dünne, zunehmende Mondsichel nahe Jupiter.

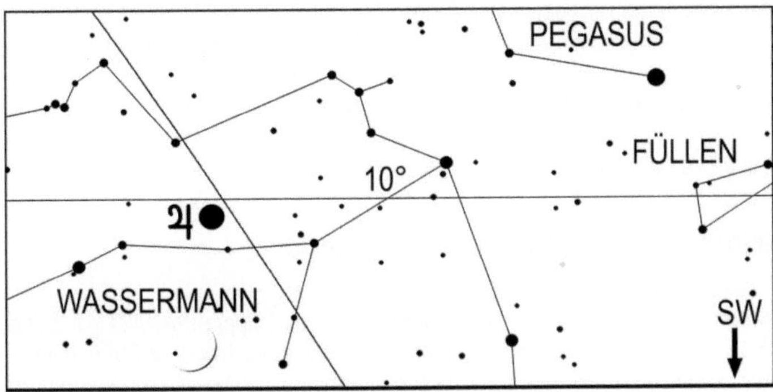

Mond und Jupiter am 2.2.2022 um 18.20 Uhr MEZ

Saturn steht am 4. in Konjunktion zur Sonne und kann im Februar nicht beobachtet werden.

Uranus kann am frühen Abendhimmel, nach Ende der Dämmerung mit einem Fernglas im Sternbild Widder (Aufsuchkarte, Seite 167) aufgesucht werden, wenn sich auch der Untergang des 5,8 mag hellen Planeten von 1.31 Uhr MEZ am Monatsersten auf 23.44 Uhr MEZ am Monatsletzten verfrüht.

Neptun, dessen Helligkeit im Laufe des Monats von 7,9 mag auf 8,0 mag sinkt, kann höchstens noch in der ersten Monatshälfte mit einem größeren Fernrohr gegen Ende der Abenddämmerung in südwestlicherer Richtung im Sternbild Wassermann aufgesucht werden (Aufsuchkarte, Seite 134). Sein Untergang erfolgt am 1. um 20.49 Uhr MEZ, am 15. um 19.56 Uhr MEZ und am Monatsletzten um 19.08 Uhr MEZ.

Klein- und Zwergplaneten

Ceres, rechtläufig im Stier zwischen den Plejaden und Hyaden (Aufsuchkarte, Seite 36), kann am besten zum Ende der Abenddämmerung mit einem Fernrohr oder lichtstarken Feldstecher aufgesucht werden. Der Zwergplanet, dessen Helligkeit im Laufe des Monats von 8,3 mag auf 8,6 mag zurückgeht, kulminiert am 1. um 19.24 Uhr MEZ und am 28. um 17.58 Uhr MEZ. Sein Untergang erfolgt am Monatsanfang um 3.11 Uhr MEZ und am Monatsende um 1.58 Uhr MEZ.

Pallas bewegt sich durch die nordwestlichen Gebiete des Walfisches (Aufsuchkarte, Seite 37) und kann bei guter Horizontsicht vielleicht noch in der ersten Monatshälfte mit einem größeren Fernrohr (ab 8–10 Zentimeter Objektivöffnung) aufgesucht werden. Der Kleinplanet, dessen Helligkeit leicht von 10,0 mag auf 9,8 mag steigt, versinkt am 1. um 20.48 Uhr MEZ, am 15. um 20.18 Uhr MEZ und am 28. um 19.51 Uhr MEZ unter dem Horizont.

In der zweiten Monatshälfte steht Pallas somit, wenn es ausreichend dunkel ist, um sie aufzustöbern, nicht mehr in ausreichender Höhe über dem Horizont.

Juno kann im Februar nicht beobachtet werden.

Vesta ist im Februar ebenfalls nicht zu sehen.

Periodische Sternschnuppenströme

Der Februar ist der Monat mit der geringsten Sternschnuppenaktivität. Im Zeitraum vom 15.2. und 10.3. sind die Delta-Leoniden aktiv, ein schwacher Strom langsamer Meteore, der am Abend des 23. sein Maximum mit ca. 1 Meteor pro Stunde erreicht. Der abnehmende Halbmond erscheint erst in den frühen Morgenstunden des folgenden Tages über dem Horizont und dürfte bei der Beobachtung nur wenig stören.

Sonnenuntergang und Dämmerung

	Astr. Anf.	Naut. Anf.	Bürg. Anf.	Aufgang	Kulm.	Untergang	Bürg. Ende	Naut. Ende	Astr. Ende	Zeitgl.
1.2.2022	6:06	6:44	7:23	7:58	12:38	17:18	17:53	18:32	19:10	13m27s
2.2.2022	6:05	6:43	7:22	7:56	12:38	17:20	17:55	18:33	19:11	13m35s
3.2.2022	6:04	6:41	7:20	7:55	12:38	17:22	17:56	18:35	19:13	13m42s
4.2.2022	6:02	6:40	7:19	7:53	12:38	17:23	17:58	18:36	19:14	13m48s
5.2.2022	6:01	6:39	7:17	7:52	12:38	17:25	17:59	18:38	19:16	13m54s
6.2.2022	6:00	6:37	7:16	7:50	12:38	17:27	18:01	18:39	19:17	13m59s
7.2.2022	5:59	6:36	7:15	7:49	12:38	17:29	18:03	18:41	19:19	14m03s
8.2.2022	5:57	6:34	7:13	7:47	12:38	17:30	18:04	18:42	19:20	14m06s
9.2.2022	5:56	6:33	7:11	7:45	12:38	17:32	18:06	18:44	19:22	14m08s
10.2.2022	5:54	6:31	7:10	7:44	12:38	17:34	18:07	18:46	19:23	14m10s
11.2.2022	5:53	6:30	7:08	7:42	12:38	17:36	18:09	18:47	19:25	14m10s
12.2.2022	5:51	6:28	7:07	7:40	12:38	17:37	18:11	18:49	19:27	14m10s
13.2.2022	5:50	6:27	7:05	7:39	12:38	17:39	18:12	18:50	19:28	14m09s
14.2.2022	5:48	6:25	7:03	7:37	12:38	17:41	18:14	18:52	19:30	14m08s
15.2.2022	5:46	6:23	7:01	7:35	12:38	17:42	18:15	18:53	19:31	14m05s
16.2.2022	5:45	6:22	7:00	7:33	12:38	17:44	18:17	18:55	19:33	14m02s
17.2.2022	5:43	6:20	6:58	7:31	12:38	17:46	18:19	18:57	19:34	13m59s
18.2.2022	5:41	6:18	6:56	7:29	12:38	17:48	18:20	18:58	19:36	13m54s
19.2.2022	5:40	6:16	6:54	7:28	12:38	17:49	18:22	19:00	19:38	13m49s
20.2.2022	5:38	6:15	6:52	7:26	12:38	17:51	18:24	19:01	19:39	13m43s
21.2.2022	5:36	6:13	6:51	7:24	12:38	17:53	18:25	19:03	19:41	13m36s
22.2.2022	5:34	6:11	6:49	7:22	12:37	17:54	18:27	19:05	19:42	13m29s
23.2.2022	5:32	6:09	6:47	7:20	12:37	17:56	18:28	19:06	19:44	13m22s
24.2.2022	5:30	6:07	6:45	7:18	12:37	17:58	18:30	19:08	19:46	13m13s
25.2.2022	5:29	6:06	6:43	7:16	12:37	17:59	18:32	19:10	19:47	13m04s
26.2.2022	5:27	6:04	6:41	7:14	12:37	18:01	18:33	19:11	19:49	12m55s

	Astr. Anf.	Naut. Anf.	Bürg. Anf.	Auf-gang	Kulm.	Unter-gang	Bürg. Ende	Naut. Ende	Astr. Ende	Zeitgl.
27.2.2022	5:25	6:02	6:39	7:12	12:37	18:03	18:35	19:13	19:50	12m45s
28.2.2022	5:23	6:00	6:37	7:10	12:37	18:04	18:37	19:14	19:52	12m34s

Mondlauf

	Rektaszension	Deklination	Elong.	Phase	mag	Auf-gang	Kulm.	Unter-gang
1.2.2022	20h47m21,8s	-23°12'37"	6,1°	0 ●	-4,7	8:40	12:58	17:25
2.2.2022	21h46m31,8s	-19°09'00"	10,9°	0,01	-5,1	9:08	13:53	18:50
3.2.2022	22h41m26,7s	-14°06'10"	23,5°	0,04	-6,3	9:30	14:44	20:11
4.2.2022	23h32m33,4s	-8°29'13"	36,2°	0,1	-7,3	9:47	15:31	21:29
5.2.2022	0h20m47,2s	-2°39'34"	48,5°	0,17	-8,1	10:03	16:16	22:43
6.2.2022	1h07m12,8s	3°05'48"	60,4°	0,25	-8,8	10:18	16:59	23:55
7.2.2022	1h52m53,8s	8°33'41"	71,9°	0,35	-9,3	10:34	17:42	
8.2.2022	2h38m48,2s	13°33'15"	83,2°	0,44 ☽	-9,8	10:52	18:26	1:06
9.2.2022	3h25m44,8s	17°54'55"	94,2°	0,54	-10,2	11:13	19:11	2:15
10.2.2022	4h14m19,6s	21°29'19"	105,0°	0,63	-10,6	11:40	19:59	3:24
11.2.2022	5h04m49,5s	24°07'08"	115,8°	0,72	-10,9	12:13	20:48	4:29
12.2.2022	5h57m07,8s	25°39'32"	126,5°	0,8	-11,2	12:57	21:39	5:30
13.2.2022	6h50m42,1s	25°59'29"	137,4°	0,87	-11,5	13:52	22:31	6:20
14.2.2022	7h44m40,7s	25°03'13"	148,3°	0,92	-11,9	14:56	23:21	7:02
15.2.2022	8h38m07,8s	22°51'36"	159,3°	0,97	-12,2	16:06		7:35
16.2.2022	9h30m20,2s	19°30'21"	170,0°	0,99 ○	-12,5	17:20	0:11	8:00
17.2.2022	10h20m59,1s	15°09'12"	174,2°	1	-12,6	18:34	0:59	8:21
18.2.2022	11h10m12,0s	10°00'49"	164,4°	0,98	-12,4	19:50	1:45	8:38
19.2.2022	11h58m29,3s	4°19'34"	152,6°	0,94	-12,1	21:06	2:30	8:54
20.2.2022	12h46m37,4s	-1°39'07"	140,5°	0,89	-11,7	22:23	3:15	9:10
21.2.2022	13h35m33,1s	-7°38'56"	128,1°	0,81	-11,4	23:42	4:02	9:27
22.2.2022	14h26m17,2s	-13°22'22"	115,5°	0,72	-11,1		4:50	9:46
23.2.2022	15h19m46,3s	-18°30'21"	102,7°	0,61 ☾	-10,7	1:04	5:42	10:09
24.2.2022	16h16m38,7s	-22°42'21"	89,8°	0,5	-10,2	2:27	6:38	10:41
25.2.2022	17h16m55,5s	-25°37'38"	76,7°	0,39	-9,7	3:47	7:38	11:24
26.2.2022	18h19m43,0s	-26°58'37"	63,5°	0,28	-9,0	4:58	8:40	12:22
27.2.2022	19h23m15,8s	-26°35'37"	50,2°	0,18	-8,3	5:55	9:42	13:35
28.2.2022	20h25m29,3s	-24°30'29"	36,9°	0,1	-7,4	6:37	10:43	14:56

Jupitermond-Ereignisse

Datum	Uhrzeit (MEZ)	Mond	Erscheinung	Phase
3.2.2022	17:50:39	Ganymed	Durchgang	Ende
7.2.2022	17:59:40	Europa	Verfinsterung	Ende

März

Sternenhimmel

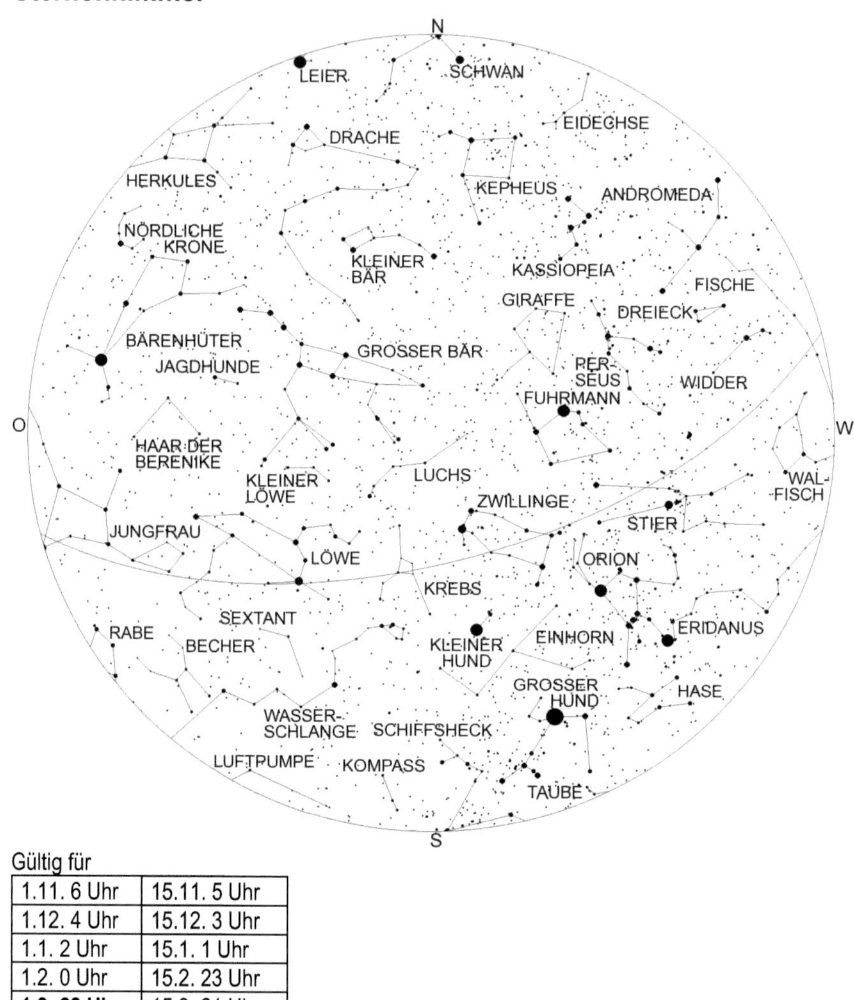

Gültig für

1.11. 6 Uhr	15.11. 5 Uhr
1.12. 4 Uhr	15.12. 3 Uhr
1.1. 2 Uhr	15.1. 1 Uhr
1.2. 0 Uhr	15.2. 23 Uhr
1.3. 22 Uhr	15.3. 21 Uhr
1.4. 20 Uhr	15.4. 19 Uhr

Die Wintersternbilder stehen noch alle über dem Horizont, sind aber jetzt fast alle im westlichen Teil des Himmels versammelt. Der Kleine Hund mit Prokion und die Zwillingssterne Kastor und Pollux erreichen jetzt ihren höchsten Stand. Das lichtschwache Sternbild Krebs steht kurz vor der Kulmination und der Löwe hoch im Südosten. Südlich des Krebses erkennt man den Kopf der Wasserschlange und den hellsten Stern dieses Sternbildes, Alphard, was auf Arabisch der „Alleinstehende" heißt, weil er der einzig helle Stern in diesem Gebiet ist. Im Südosten erkennt man unter dem Löwen die lichtschwachen Sterne von Wasserschlange, Becher und Sextant, während im Osten die Jungfrau schon zum größten Teil über den Horizont erschienen ist. Im Nordosten erblickt man einen hellen, orangefarbenen Stern. Es ist Arktur, der hellste Stern im Bärenhüter, der auch der vierthellste Stern des Himmels ist. Inzwischen ist dieses Sternbild genauso wie die Nördliche Krone vollständig über dem Horizont erschienen. Der Große Bär strebt jetzt immer höher in den Himmel, während sein Gegenstück, die Kassiopeia immer tiefer sinkt.

Astronomische Ereignisse

Datum	Uhrzeit	Ereignis	Elongation
1.3.2022	00:24:48	Mond 4,8° südlich Saturn	21,6°
1.3.2022	09:26:11	Mond 3,6° südlich Delta Capricorni	17,1°
1.3.2022	14:41:56	Mond in größter Südbreite	
2.3.2022	13:35:25	Merkur 42' südlich Saturn	22,95°
2.3.2022	16:10:50	Mars 1,4° südlich Vesta	44,5°
2.3.2022	18:34:53	Neumond	-5,2°
2.3.2022	20:38:53	Mond 4,6° südlich Jupiter	2,3°
3.3.2022	08:57:25	Mond 4,75° südlich Neptun	9,6°
3.3.2022	16:15:52	Mars 59' nördlich Pluto	45°
4.3.2022	05:06:55	Pluto 2,4° südlich Vesta	45,2°
4.3.2022	20:16:32	Mond 7,2° nördlich Pallas	24,6°
5.3.2022	04:13:30	Venus 5,7° nördlich Pluto	45,6°
5.3.2022	15:06:08	Jupiter in Konjunktion zur Sonne	-59'
6.3.2022	06:02:17	Merkur 48' nördlich Delta Capricorni	21,6°
6.3.2022	09:55:35	Venus 3,3° nördlich Vesta	45,8°
6.3.2022	16:17:35	Mond 13,1° südlich Hamal	47,5°
7.3.2022	06:24:09	Mond 1,8° südlich Uranus	54,6°
8.3.2022	09:29:08	Mond im aufsteigenden Knoten	
8.3.2022	19:19:08	Mond 4,1° südlich der Plejaden	71,25°
9.3.2022	07:27:50	Mond 1,15° südlich Ceres	77,3°
9.3.2022	18:02:12	Mond 6,6° nördlich Aldebaran	81°
10.3.2022	08:43:10	Mars 5,7° südlich Beta Capricorni	45,55°
10.3.2022	11:45:31	Erstes Viertel	
10.3.2022	17:08:51	Mond 3,4° südlich Elnath	92,6°
10.3.2022	19:01:16	Venus 1,5° südlich Beta Capricorni	46°
11.3.2022	00:04:49	Mond im Apogäum	
11.3.2022	14:39:02	Mond 3,5° nördlich Eta Geminorum	102,7°
11.3.2022	19:23:20	Mond 3,8° nördlich Mü Geminorum	104,3°
12.3.2022	03:09:31	Mond 9,6° nördlich Alhena	107,3°

Datum	Uhrzeit	Ereignis	Elongation
12.3.2022	05:33:47	Mond 43' nördlich Epsilon Geminorum	108,6°
12.3.2022	15:27:20	Venus 4° nördlich Mars	46,4°
13.3.2022	04:45:11	Mond 6,7° südlich Kastor	117,5°
13.3.2022	08:37:15	Mond 3,2° südlich Pollux	120,6°
13.3.2022	12:50:22	Neptun in Konjunktion zur Sonne	-1,1°
14.3.2022	09:32:28	Mond 2,5° nördlich M44	133°
14.3.2022	10:11:55	Vesta 4,55° südlich Beta Capricorni	49,6°
15.3.2022	19:08:58	Mond in größter Nordbreite	
16.3.2022	04:11:24	Mond 4° nördlich Regulus	152,9°
18.3.2022	08:17:40	Vollmond	
19.3.2022	07:30:52	Mond 15' südlich Porrima	167,8°
19.3.2022	12:06:04	Vesta im absteigenden Knoten	
20.3.2022	04:01:08	Mond 4,1° nördlich Spika	155,3°
20.3.2022	10:31:51	Venus in größter westlicher Elongation	46,6°
20.3.2022	16:33:45	Frühlingsanfang	
20.3.2022	23:17:19	Merkur 1,3° südlich Jupiter	11,7°
21.3.2022	05:40:48	Merkur in größter Südbreite	
21.3.2022	18:07:05	Mond 1,15' nördlich Zuben-el-dschenubi	135,7°
22.3.2022	09:10:03	Mond im absteigenden Knoten	
23.3.2022	01:50:34	Mond 2,7° südlich Akrab	118,35°
23.3.2022	13:10:27	Mond 2,5° nördlich Antares	112,7°
23.3.2022	13:23:14	Merkur 1° südlich Neptun	9,7°
24.3.2022	01:16:22	Mond im Perigäum	
25.3.2022	06:37:24	Letztes Viertel	
25.3.2022	16:21:37	Ceres 7,3° nördlich Aldebaran	65,25°
25.3.2022	20:06:18	Mond 50' südlich Nunki	82,4°
26.3.2022	21:39:47	Mond 3,3° südlich Pluto	67,9°
27.3.2022	04:20:07	Venus 6,3° südlich Juno	44,9°
27.3.2022	04:36:20	Mond 10,6° südlich Beta Capricorni	62,2°
27.3.2022	16:57:36	Mond 5,3° südlich Vesta	57,4°
28.3.2022	02:42:13	Mond 4,9° südlich Mars	51°
28.3.2022	09:14:24	Mond 14° südlich Juno	45,6°
28.3.2022	11:23:02	Mond 7,5° südlich Venus	46,4°
28.3.2022	13:42:17	Mond 5,05° südlich Saturn	46,1°
28.3.2022	18:14:02	Mond 3,1° südlich Delta Capricorni	44,2°
28.3.2022	18:23:46	Mond in größter Südbreite	
29.3.2022	14:16:23	Venus 2,2° nördlich Saturn	46,3°
30.3.2022	16:50:02	Mond 4,4° südlich Jupiter	19°
30.3.2022	21:02:22	Mond 4,2° südlich Neptun	16,6°

Planeten

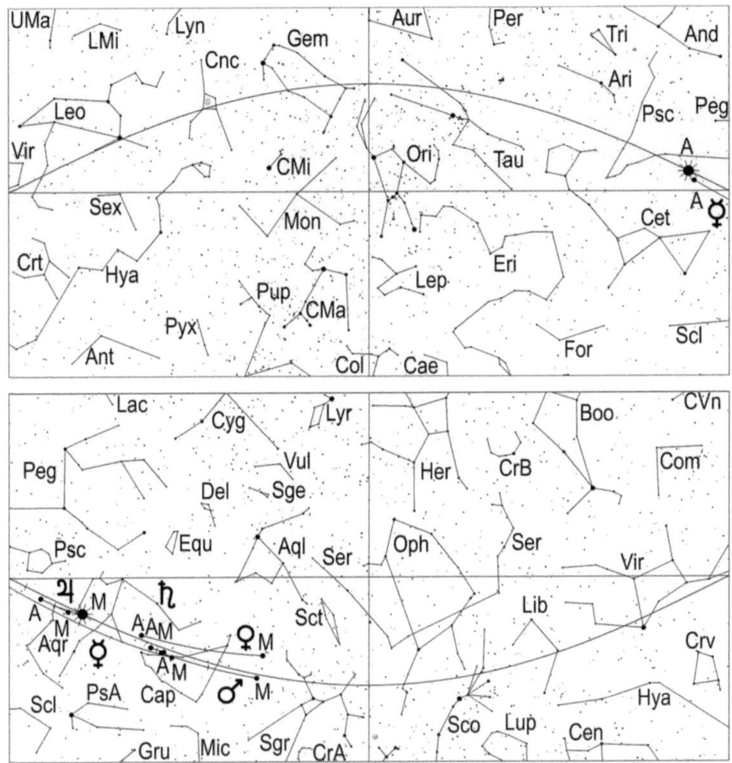

Merkur strebt seiner oberen Konjunktion entgegen und ist zumindest in unseren Breiten nicht zu sehen.

Venus ist Morgenstern und erreicht am 20. ihre größte östliche Elongation mit 46,6°. Sie wechselt zum Monatsbeginn vom Schützen in den Steinbock und durchläuft diesen im Laufe des Monats, wobei sie auch die nordwestlichen Ausläufer des Wassermanns durchquert. Unser innerer Nachbarplanet, dessen Helligkeit im Laufe des Monats von -4,6 mag auf -4,3 mag zurückgeht, erscheint am 1. um 4.57 Uhr MEZ, am 15. um 4.47 Uhr MEZ und am 31. um 4.32 Uhr MEZ (5.32 Uhr MESZ) über dem Horizont. Am 12. passiert sie Mars in 4° nördlichem Abstand und am 29. zieht sie 2,2° nördlich an Saturn vorbei.
Im Fernrohr präsentiert sich Venus zu Monatsbeginn als zu 38 % beleuchtete Sichel mit einem Scheibchendurchmesser von 31,5", am 21. erreicht sie die Halbphase

(Dichotomie) mit einem Durchmesser von 24,4" und am Monatsletzten hat ihr zu 55 % beleuchtetes Scheibchen einen Durchmesser von 21,9".

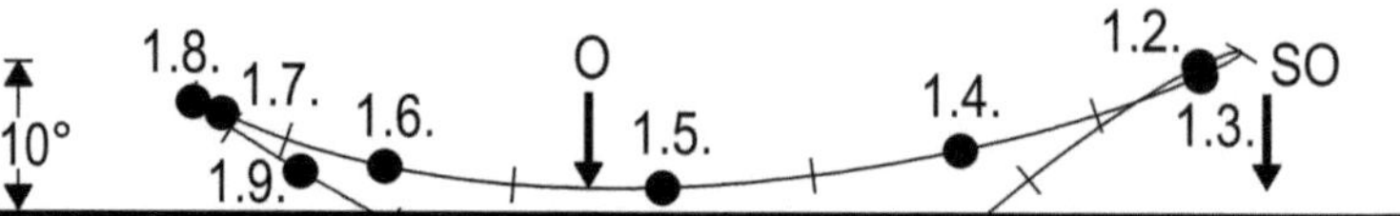

Position des Planeten Venus am Morgenhimmel, 1 Stunde vor Sonnenaufgang

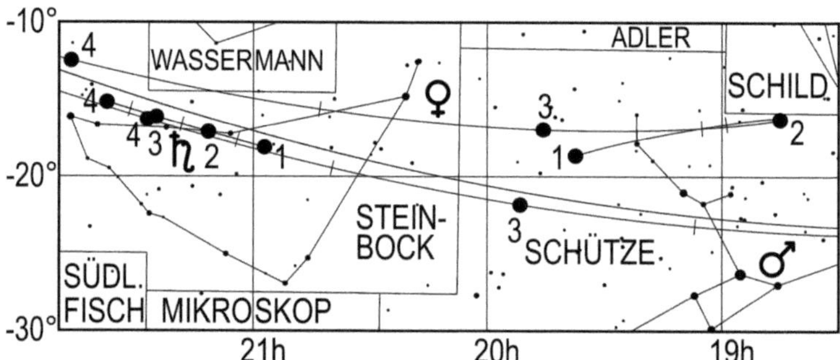

Lauf des Planeten Venus von Januar bis April 2022, des Planeten Mars von Februar 2022 bis April 2022 und des Planeten Saturn von Januar bis April 2022.. Die Zahl gibt die Position zum 1. des entsprechenden Monats an, also 3 die Position am 1.3.

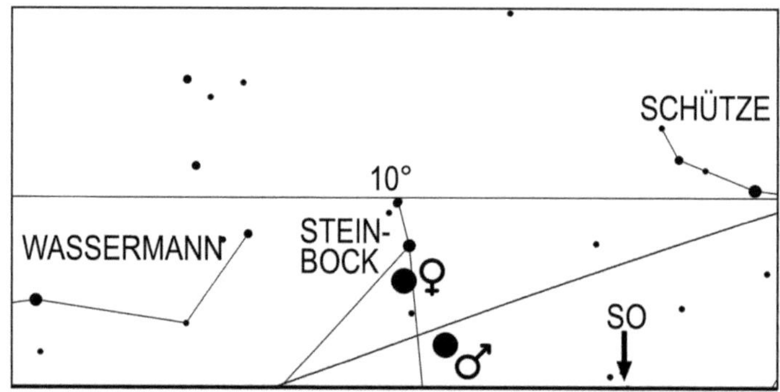

Anblick der Konjunktion zwischen Venus und Mars am 12.3.2022 um 5.30 Uhr MEZ

Mars wandert einige Grad südlich der ungefähr hundertmal helleren Venus vom Schützen in den Steinbock und kann zu Beginn der Morgendämmerung tief im Südosten beobachtet werden. Der rote Planet, dessen Helligkeit im Laufe des Monats leicht von 1,3 mag auf 1,1 mag anwächst, geht am 1. um 5.33 Uhr MEZ, am

54

15. um 5.07 Uhr MEZ und am 31. um 4.34 Uhr MEZ (5.34 Uhr MESZ) auf. Mars, der wie schon erwähnt am 12. von Venus in 4° nördlichem Abstand überholt wird, ist mit einem Scheibchendurchmesser von 4,7" am Monatsanfang und 5,2" am Monatsende noch kein interessantes Objekt für Fernrohrbeobachter.
Am Morgen des 28. befindet sich der abnehmende Mond in der Nähe der Planeten Venus, Mars und Saturn.

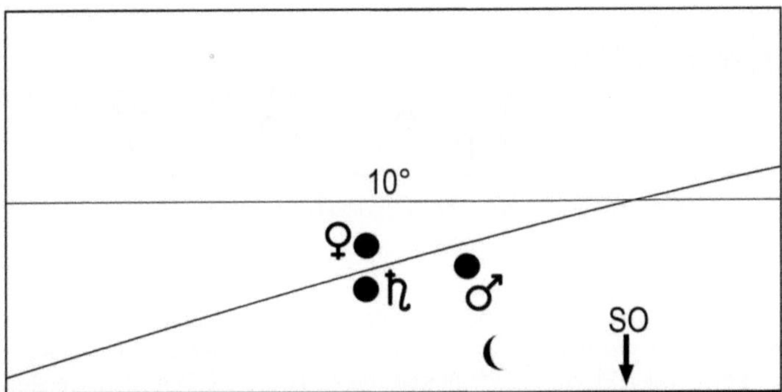

Mond, Venus, Mars und Saturn in der Morgendämmerung des 28.3.2022 um 5.30 Uhr MEZ (6.30 Uhr MESZ)

Jupiter steht am 5. in Konjunktion zur Sonne und ist in diesem Monat nicht zu sehen.

Saturn taucht am 28. am Morgenhimmel auf. Der 0,8 mag helle Ringplanet geht an diesem Tag um 4.51 Uhr MEZ (5.51 Uhr MESZ) auf. Etwa eine Viertelstunde später sollte es möglich sein, ihn in der beginnenden Morgendämmerung tief im Südosten zu erkennen. Als Aufsuchhilfe kann die helle Venus, die über dem Ringplaneten steht, dienen. Am 29. wird Saturn von Venus in 2,2° nördlichen Abstand passiert. Bis zum 31. verfrüht sich der Aufgang des Ringplaneten auf 4.39 Uhr MEZ (5.39 Uhr MESZ).

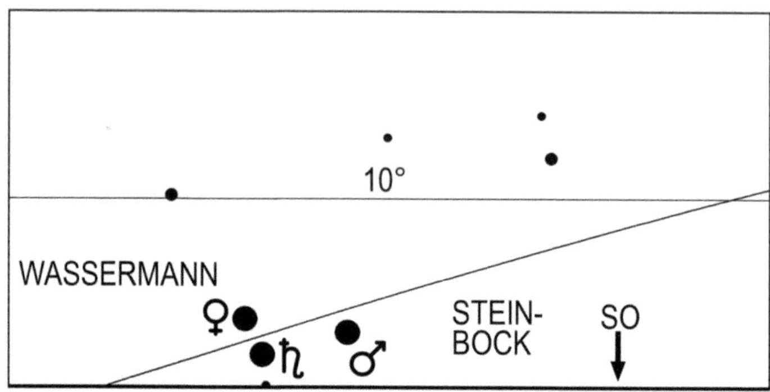

Anblick der Konjunktion zwischen Venus und Saturn am 29.3.2022 um 5 Uhr MEZ (6 Uhr MESZ)

Uranus kann gegen Ende der Abenddämmerung mit einem Fernrohr (Aufsuchkarte, Seite 167) tief im Westen im Sternbild Widder aufgesucht werden. Der Untergang des 5,8 mag hellen Planeten verfrüht sich von 23.41 Uhr MEZ am Monatsersten, auf 22.48 Uhr MEZ zur Monatsmitte und auf 21.50 Uhr MEZ (22.50 Uhr MESZ) am Monatsende.

Neptun steht am 13. in Konjunktion zur Sonne und ist nicht beobachtbar.

Klein- und Zwergplaneten

Ceres wandert rechtläufig im Stier nördlich der Hyaden (Aufsuchkarte, Seite 36). Der Zwergplanet, dessen Helligkeit im Laufe des Monats von 8,6 mag auf 8,8 mag zurückgeht, versinkt am 1. um 1.55 Uhr MEZ, am 15. um 1.24 Uhr MEZ und am 31. um 0.50 Uhr MEZ (1.50 Uhr MESZ) unter dem Horizont. Ceres kann am besten zum Ende der Abenddämmerung beobachtet werden.

Pallas kann im März nicht beobachtet werden.

Juno läuft durch die nordöstlichen Gebiete des Sternbildes Wassermann und ist immer noch unbeobachtbar. Der 10,8 mag helle Kleinplanet erscheint am 31. um 3.49 Uhr MEZ (4.49 Uhr MESZ) über dem Horizont, doch kann er bis zu seinem Verblassen in der Morgendämmerung keine ausreichende Höhe über dem Horizont gewinnen, welche eine erfolgreiche Suche mit einem größeren Fernrohr gestattet.

Vesta wandert durch das Sternbild Steinbock und ist ebenfalls noch unbeobachtbar. Der 7,8 mag helle Kleinplanet geht am Monatsletzten um 4.05 Uhr MEZ (5.05 Uhr MESZ) auf. Bis Vesta eine für eine erfolgreiche Suche mit einem Fernrohr nötige Höhe über dem Horizont erreicht hat, ist sie längst in der Morgendämmerung verblasst.

Periodische Sternschnuppenströme

Der März gehört zu den Monaten mit der geringsten Aktivität an Meteoren. Vom 22.3. bis zum 26.4. sind die Alpha-Virginiden aktiv, die am 18.4. ein schwach ausgeprägtes Maximum erreichen. Es sind nur wenige, recht langsame Sternschnuppen zu erwarten.

Sonnenuntergang und Dämmerung

	Astr. Anf.	Naut. Anf.	Bürg. Anf.	Auf-gang	Kulm.	Unter-gang	Bürg. Ende	Naut. Ende	Astr. Ende	Zeitgl.
1.3.2022	5:21	5:58	6:35	7:08	12:36	18:06	18:38	19:16	19:54	12m23s
2.3.2022	5:18	5:56	6:33	7:06	12:36	18:07	18:40	19:18	19:55	12m12s
3.3.2022	5:16	5:54	6:31	7:04	12:36	18:09	18:41	19:19	19:57	12m00s
4.3.2022	5:14	5:52	6:29	7:01	12:36	18:11	18:43	19:21	19:59	11m47s
5.3.2022	5:12	5:50	6:27	6:59	12:36	18:12	18:45	19:23	20:00	11m34s
6.3.2022	5:10	5:48	6:25	6:57	12:35	18:14	18:46	19:24	20:02	11m21s
7.3.2022	5:08	5:46	6:23	6:55	12:35	18:16	18:48	19:26	20:04	11m07s
8.3.2022	5:06	5:44	6:21	6:53	12:35	18:17	18:50	19:27	20:05	10m52s
9.3.2022	5:03	5:42	6:18	6:51	12:35	18:19	18:51	19:29	20:07	10m38s
10.3.2022	5:01	5:39	6:16	6:49	12:34	18:21	18:53	19:31	20:09	10m23s
11.3.2022	4:59	5:37	6:14	6:46	12:34	18:22	18:55	19:32	20:10	10m07s
12.3.2022	4:57	5:35	6:12	6:44	12:34	18:24	18:56	19:34	20:12	9m51s
13.3.2022	4:54	5:33	6:10	6:42	12:34	18:25	18:58	19:36	20:14	9m35s
14.3.2022	4:52	5:31	6:08	6:40	12:33	18:27	18:59	19:37	20:16	9m19s
15.3.2022	4:50	5:29	6:06	6:38	12:33	18:29	19:01	19:39	20:17	9m02s
16.3.2022	4:47	5:26	6:04	6:36	12:33	18:30	19:03	19:41	20:19	8m45s
17.3.2022	4:45	5:24	6:02	6:33	12:32	18:32	19:04	19:42	20:21	8m28s
18.3.2022	4:42	5:22	5:59	6:31	12:32	18:33	19:06	19:44	20:23	8m11s
19.3.2022	4:40	5:19	5:57	6:29	12:32	18:35	19:08	19:46	20:25	7m54s
20.3.2022	4:37	5:17	5:55	6:27	12:32	18:37	19:09	19:47	20:26	7m36s
21.3.2022	4:35	5:15	5:53	6:25	12:31	18:38	19:11	19:49	20:28	7m18s
22.3.2022	4:33	5:13	5:51	6:23	12:31	18:40	19:12	19:51	20:30	7m00s
23.3.2022	4:30	5:10	5:49	6:20	12:31	18:41	19:14	19:52	20:32	6m42s
24.3.2022	4:28	5:08	5:46	6:18	12:30	18:43	19:16	19:54	20:34	6m24s
25.3.2022	4:25	5:06	5:44	6:16	12:30	18:45	19:17	19:56	20:36	6m06s
26.3.2022	4:23	5:03	5:42	6:14	12:30	18:46	19:19	19:58	20:38	5m48s
27.3.2022	4:20	5:01	5:40	6:12	12:29	18:48	19:21	19:59	20:40	5m30s
28.3.2022	4:17	4:58	5:37	6:10	12:29	18:49	19:22	20:01	20:42	5m12s
29.3.2022	4:15	4:56	5:35	6:07	12:29	18:51	19:24	20:03	20:44	4m54s
30.3.2022	4:12	4:54	5:33	6:05	12:28	18:53	19:26	20:04	20:46	4m36s
31.3.2022	4:10	4:51	5:31	6:03	12:28	18:54	19:27	20:06	20:48	4m18s

Mondlauf

	Rektaszension	Deklination	Elong.	Phase	mag	Auf-gang	Kulm.	Unter-gang
1.3.2022	21h24m46,3s	-20°56'26"	23,8°	0,04	-6,3	7:08	11:39	16:21
2.3.2022	22h20m23,7s	-16°14'09"	11,3°	0,01 ●	-5,1	7:32	12:31	17:44
3.3.2022	23h12m29,8s	-10°46'49"	5,5°	0	-4,5	7:50	13:20	19:04
4.3.2022	0h01m45,3s	-4°56'28"	16,1°	0,02	-5,6	8:06	14:06	20:20
5.3.2022	0h49m05,6s	0°57'49"	28,1°	0,06	-6,6	8:22	14:50	21:35
6.3.2022	1h35m28,5s	6°40'09"	40,0°	0,12	-7,5	8:37	15:34	22:47
7.3.2022	2h21m48,7s	11°57'19"	51,5°	0,19	-8,2	8:54	16:19	23:59
8.3.2022	3h08m53,0s	16°38'06"	62,8°	0,27	-8,9	9:14	17:04	
9.3.2022	3h57m17,2s	20°32'27"	73,8°	0,36	-9,4	9:38	17:51	1:10
10.3.2022	4h47m21,0s	23°31'08"	84,7°	0,45 ☽	-9,8	10:09	18:40	2:17
11.3.2022	5h39m03,7s	25°25'49"	95,5°	0,55	-10,2	10:49	19:31	3:20
12.3.2022	6h32m02,4s	26°09'40"	106,3°	0,64	-10,6	11:39	20:22	4:14
13.3.2022	7h25m35,9s	25°38'33"	117,2°	0,73	-11,0	12:39	21:13	5:00
14.3.2022	8h18m56,2s	23°51'52"	128,3°	0,81	-11,3	13:47	22:02	5:35
15.3.2022	9h11m22,8s	20°53'01"	139,5°	0,88	-11,6	15:00	22:51	6:03
16.3.2022	10h02m34,3s	16°49'14"	151,0°	0,94	-12,0	16:15	23:38	6:25
17.3.2022	10h52m32,7s	11°51'01"	162,7°	0,98	-12,3	17:32		6:43
18.3.2022	11h41m41,9s	6°11'31"	173,8°	1 ○	-12,6	18:49	0:24	7:00
19.3.2022	12h30m42,9s	0°06'14"	171,0°	0,99	-12,6	20:07	1:10	7:16
20.3.2022	13h20m27,8s	-6°07'11"	158,8°	0,97	-12,3	21:29	1:57	7:32
21.3.2022	14h11m53,3s	-12°09'03"	146,1°	0,92	-11,9	22:52	2:46	7:51
22.3.2022	15h05m52,2s	-17°37'56"	133,0°	0,84	-11,6		3:38	8:13
23.3.2022	16h02m59,4s	-22°11'26"	119,9°	0,75	-11,2	0:16	4:33	8:41
24.3.2022	17h03m13,9s	-25°28'06"	106,8°	0,64	-10,8	1:39	5:32	9:21
25.3.2022	18h05m43,6s	-27°10'40"	93,6°	0,53 ☾	-10,3	2:52	6:34	10:13
26.3.2022	19h08m48,7s	-27°10'08"	80,5°	0,42	-9,8	3:53	7:35	11:21
27.3.2022	20h10m32,8s	-25°28'21"	67,5°	0,31	-9,2	4:38	8:35	12:38
28.3.2022	21h09m24,7s	-22°17'17"	54,5°	0,21	-8,5	5:11	9:31	14:01
29.3.2022	22h04m44,0s	-17°55'26"	41,7°	0,13	-7,7	5:36	10:23	15:23
30.3.2022	22h56m38,0s	-12°43'32"	29,0°	0,06	-6,7	5:55	11:12	16:42
31.3.2022	23h45m45,5s	-7°01'48"	16,7°	0,02	-5,6	6:12	11:58	17:59

April

Sternenhimmel

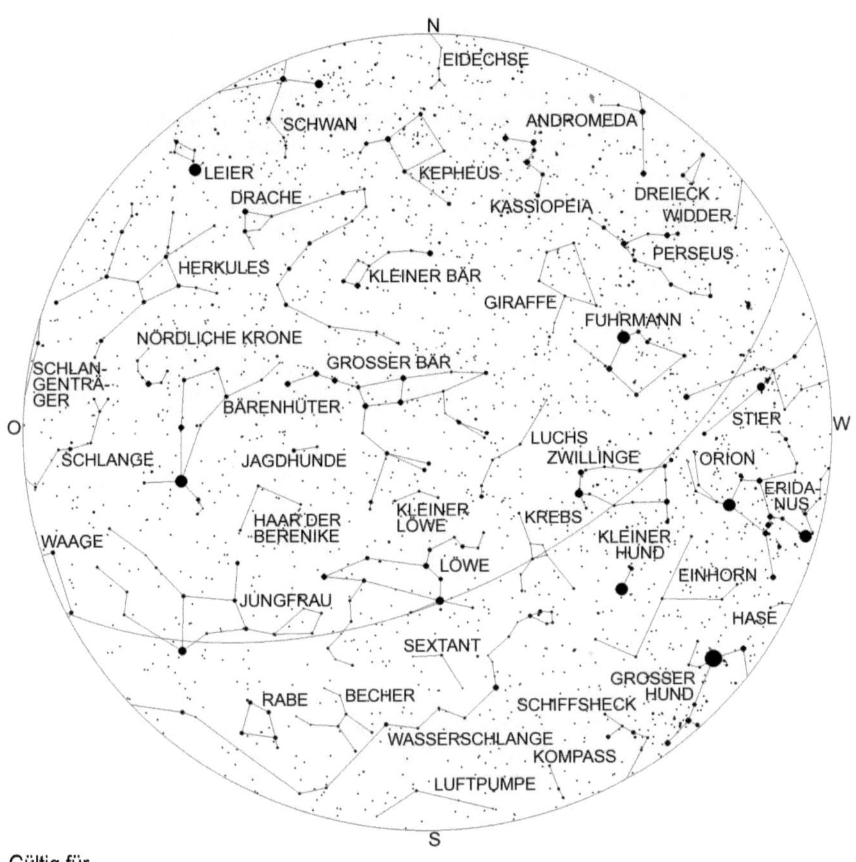

Gültig für

1.12. 6 Uhr	15.12. 5 Uhr
1.1. 4 Uhr	15.1. 3 Uhr
1.2. 2 Uhr	15.2. 1 Uhr
1.3. 0 Uhr	15.3. 23 Uhr
1.4. 22 Uhr	15.4. 21 Uhr

Die Wintersternbilder verschwinden jetzt vom Himmel, wenn auch das aus den Sternen Kapella, Aldebaran, Rigel, Sirius, Prokion und Pollux gebildete Wintersechseck noch vollständig über dem Horizont steht. Der Hase ist schon fast vollständig verschwunden, der Stier und der Große Hund werden ihm bald folgen. Der Orion ist noch vollständig tief im Südwesten zu sehen. In der gleichen Richtung, aber höher, sind die Zwillinge zu finden.

Im Süden erreicht jetzt der Löwe seinen höchsten Stand. Südlich des Löwen findet man die lichtschwachen Sternbilder Sextant, Becher, Wasserschlange und bei guter Horizontsicht auch das Sternbild Luftpumpe. Bemerkenswert ist, dass der Kopf der Wasserschlange schon in südwestlicher Richtung zu finden ist, während ihr Schwanz noch nicht aufgegangen ist. Im Südosten ist jetzt das Sternbild Jungfrau mit seinem hellen Hauptstern Spika über dem Horizont erschienen. Für Fernrohrbeobachter ist in diesem Sternbild der Stern Porrima (Gamma Virginis) von besonderem Interesse, denn er ist ein Doppelstern, der aus zwei fast gleich hellen weißlichen Sternen besteht, die einander in 169 Jahren umkreisen, wobei der gegenseitige Winkelabstand beider Sterne zwischen 0,4" und 6,2" schwankt. Dies hat zur Folge, dass er zeitweise nur mit großen Fernrohren aufgelöst werden kann. Zuletzt war dies von 1995 bis 2015 der Fall. In diesem Jahr beträgt der Winkelabstand beider Komponenten wieder 2,9" was eine Trennung schon mit Fernrohren ab 5 cm Objektivöffnung ermöglicht. Südlich der Jungfrau erkennt man vier Sterne dritter Größe, die das Sternbild Rabe formen.

Nördlich der Jungfrau befinden sich der Bärenhüter mit seinem hellen Stern Arktur und die Nördliche Krone. Arktur bildet zusammen mit Regulus im Löwen und Spika in der Jungfrau die markante Sternfigur des Frühlingsdreiecks. Zwischen Löwen und Bärenhüter liegt das Sternbild Haar der Berenike. In diesem Sternbild existiert eine auffällige Konzentration von Fixsternen vierter Größe und schwächer, welche einen offenen Sternhaufen bilden, der ca. 290 Lichtjahre entfernt ist und nach der lateinischen Bezeichnung des Sternbildes, Coma Berenices, Coma-Berenices-Sternhaufen heißt.

Oberhalb des Löwen ist das kleine Sternbild des Kleinen Löwen zu finden, über dem – hoch im Zenit – der Große Bär steht. Der zweitöstlichste helle Stern dieses Sternbildes, Mizar ist besonders interessant, denn er ist ein Mehrfachsternsystem. Schon mit bloßem Auge ist bei guten Sichtbedingungen neben diesem ein Stern 4. Größe, Alkor genannt, zu sehen, wobei immer noch nicht endgültig geklärt ist, ob er ein Hintergrundstern ist oder gravitativ an Mizar gekoppelt ist. Im Fernrohr erkennt man, dass Mizar selbst doppelt ist. Beide Sterne sind wiederum Doppelsterne, was aber nur durch Spektralanalyse nachweisbar ist.

Frühlingssternbilder

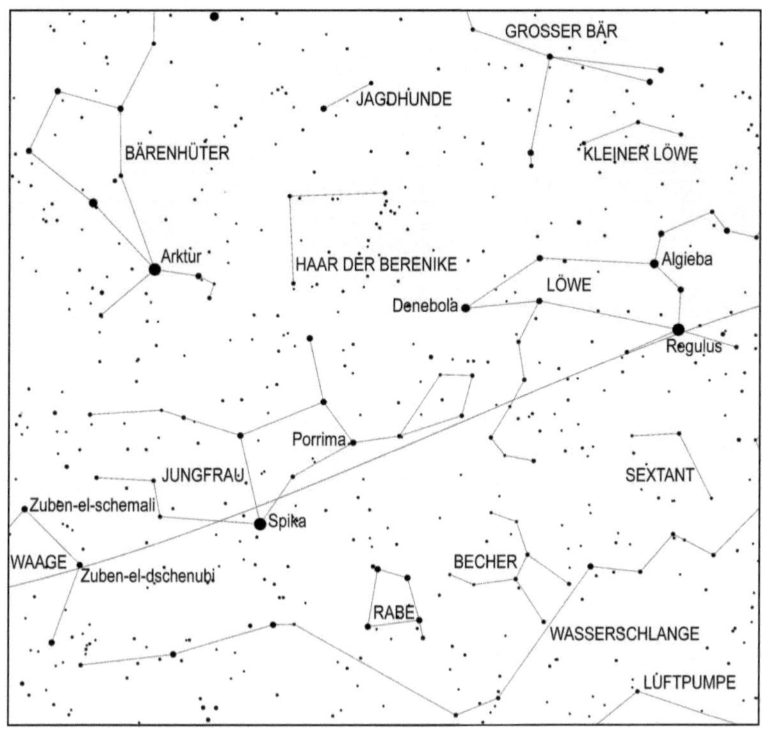

Astronomische Ereignisse

Datum	Uhrzeit	Ereignis	Elongation
1.4.2022	01:00:36	Venus 3,7° nördlich Delta Capricorni	46,2°
1.4.2022	01:07:43	Mond 3,3° südlich Merkur	2,4°
1.4.2022	07:24:26	Neumond	-4,3°
2.4.2022	01:56:37	Mond 9,8° nördlich Pallas	9,7°
3.4.2022	00:11:01	Merkur in oberer Konjunktion zur Sonne	-1°
3.4.2022	01:09:37	Mond 13,2° südlich Hamal	20,4°
3.4.2022	19:40:27	Mond 59' südlich Uranus	28,8°
4.4.2022	13:11:37	Saturn 8,7° südlich Juno	49,9°
4.4.2022	14:03:12	Mond im aufsteigenden Knoten	
4.4.2022	23:05:28	Mars 19' südlich Saturn	52,7°
5.4.2022	03:11:21	Mond 4,4° südlich der Plejaden	44,1°

Datum	Uhrzeit	Ereignis	Elongation
5.4.2022	06:07:15	Mars 9° südlich Juno	50,3°
6.4.2022	02:41:36	Mond 6,4° nördlich Aldebaran	54°
6.4.2022	09:05:39	Mond 59' südlich Ceres	58,45°
7.4.2022	02:26:25	Mond 3,6° südlich Elnath	65,5°
7.4.2022	15:33:25	Mars 1,4° nördlich Delta Capricorni	53,5°
7.4.2022	19:58:28	Mond im Apogäum	
8.4.2022	00:57:50	Mond 3,6° nördlich Eta Geminorum	75,5°
8.4.2022	04:01:30	Mond 3,5° nördlich Mü Geminorum	77,2°
8.4.2022	09:15:49	Mond 9,7° nördlich Alhena	80,3°
8.4.2022	11:50:06	Mond 1,1° nördlich Epsilon Geminorum	81,6°
9.4.2022	01:22:34	Merkur 14° nördlich Pallas	6,6°
9.4.2022	07:21:50	Merkur im aufsteigenden Knoten	
9.4.2022	07:47:40	Erstes Viertel	
9.4.2022	10:56:35	Mond 6,4° südlich Kastor	91°
9.4.2022	16:00:21	Mond 2,55° südlich Pollux	93,7°
10.4.2022	05:43:54	Juno 10,4° nördlich Delta Capricorni	53,3°
10.4.2022	17:18:09	Mond 3,2° nördlich M44	105,85°
10.4.2022	22:22:31	Venus im absteigenden Knoten	
11.4.2022	12:15:48	Pallas in Konjunktion zur Sonne	-13,3°
12.4.2022	01:25:22	Mond in größter Nordbreite	
12.4.2022	11:21:52	Mond 4,35° nördlich Regulus	126°
12.4.2022	21:41:00	Jupiter 6,5' nördlich Neptun	28,9°
13.4.2022	09:59:45	Merkur 9,8° südlich Hamal	11,2°
13.4.2022	23:27:36	Merkur im Perihel	
15.4.2022	14:36:09	Mond 19' nördlich Porrima	164,5°
16.4.2022	12:17:34	Mond 4,4° nördlich Spika	175,6°
16.4.2022	19:55:03	Vollmond	
18.4.2022	03:30:14	Mond 40' südlich Zuben-el-dschenubi	162,5°
18.4.2022	14:44:52	Merkur 2,1° nördlich Uranus	15,3°
18.4.2022	14:59:28	Mond im absteigenden Knoten	
19.4.2022	10:39:34	Mond 2,8° südlich Akrab	145,25°
19.4.2022	16:33:00	Mond im Perigäum	
19.4.2022	18:18:45	Mond 2,7° nördlich Antares	139,35°
22.4.2022	00:58:57	Mond 1,4° südlich Nunki	109,1°
23.4.2022	03:00:46	Mond 3,8° südlich Pluto	94,3°
23.4.2022	11:55:56	Mond 10,4° südlich Beta Capricorni	88,9°
23.4.2022	12:56:27	Letztes Viertel	
24.4.2022	04:49:49	Merkur in größter Nordbreite	
24.4.2022	18:33:39	Mond 4,5° südlich Vesta	72,9°
24.4.2022	21:28:34	Mond 5,1° südlich Saturn	70,7°
24.4.2022	22:10:07	Mond 3,5° südlich Delta Capricorni	70,8°
24.4.2022	22:33:58	Mond in größter Südbreite	
25.4.2022	07:55:34	Mond 14,1° südlich Juno	62,5°

Datum	Uhrzeit	Ereignis	Elongation
25.4.2022	22:32:27	Mond 4,6° südlich Mars	57,5°
27.4.2022	01:40:29	Mond 4,7° südlich Venus	43,2°
27.4.2022	02:51:06	Ceres 2,7° südlich Elnath	46°
27.4.2022	03:07:27	Mond 4,7° südlich Neptun	42,4°
27.4.2022	09:11:39	Mond 4,5° südlich Jupiter	39,9°
27.4.2022	20:14:56	Venus 32" südlich Neptun	43,1°
29.4.2022	00:10:35	Pallas 26,2° südlich Hamal	10°
29.4.2022	09:08:43	Merkur in größter östlicher Elongation	20,6°
29.4.2022	23:25:58	Merkur 1,4° südlich der Plejaden	20,6°
30.4.2022	07:19:26	Mond 13,3° südlich Hamal	6,95°
30.4.2022	08:44:04	Mond 13,1° nördlich Pallas	6,35°
30.4.2022	19:43:16	Venus 15' südlich Jupiter	42,5°
30.4.2022	21:28:07	Neumond	-1,7°
30.4.2022	21:42:36	Partielle Sonnenfinsternis, in Mitteleuropa nicht sichtbar	
30.4.2022	21:52:58	Pluto stationär, dann rückläufig	

Planeten

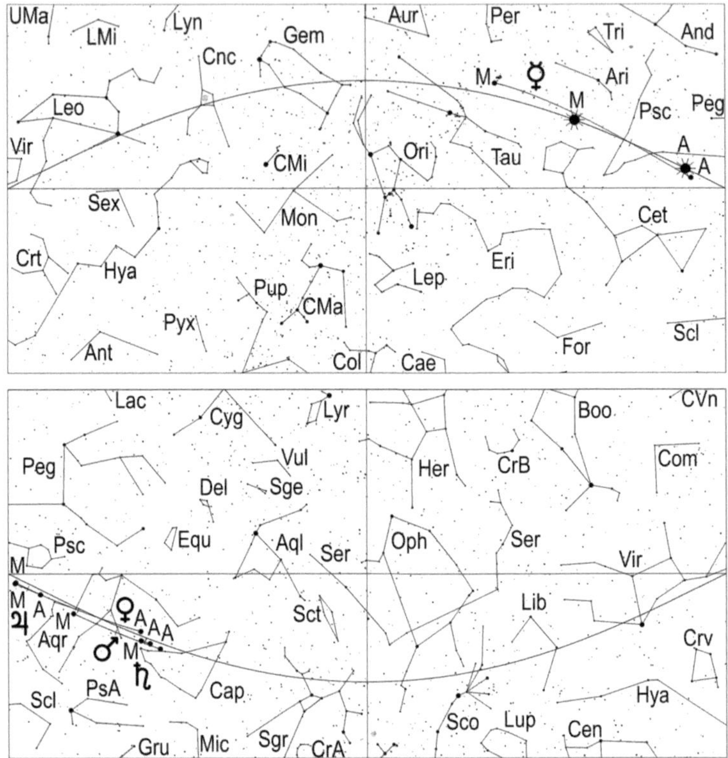

Merkur steht am 3. in oberer Konjunktion zur Sonne und gewinnt rasch östlichen
Abstand zur Sonne. Bereits am 12. dürfte es möglich sein, den flinken Planeten in
der Abenddämmerung zu sichten. An diesem Tag geht der -1,4 mag helle Planet um
20.13 Uhr MEZ (21.13 Uhr MESZ) unter, etwa ab 19.45 Uhr MEZ (20.45 Uhr MESZ)
wird er in der Dämmerung sichtbar.
Merkur verbessert in den nächsten Tagen rasch seine Sichtbarkeit: am 15. versinkt
er um 20.37 Uhr MEZ (21.37 Uhr MESZ) unter dem Horizont, am 20. erfolgt dies um
21.12 Uhr MEZ (22.12 Uhr MESZ) und am 30. um 21.47 Uhr MEZ (22.47 Uhr
MESZ), während seine Helligkeit von -1,2 mag am 15., auf -0,7 mag am 20. und auf
0,5 mag am 30. absinkt.
Am 13. durchläuft Merkur seinen sonnennächsten Bahnpunkt (Perihel) und am 29.
erreicht er seine größte östliche Elongation mit 20,6°.
Im Fernrohr zeigt sich der flinke Planet am 12. als 5,5" großes, zu 90 % beleuchtetes
Scheibchen. Am 20. hat Merkur einen Durchmesser von 6,3" und ist zu 66 %

beleuchtet. Die Halbphase (Dichotomie) wird am 25. erreicht und am Monatsletzten präsentiert sich der flinke Planet als zu 33 % beleuchtete Sichel mit 8,2" Durchmesser.

Merkur durchwandert während seiner Abendsichtbarkeit zuerst das Sternbild Widder, wo er am 18. den lichtschwachen Planeten Uranus in 2,1° nördlichen Abstand passiert, was allerdings selbst mit einem Fernrohr nicht einfach zu beobachten sein dürfte und stößt im letzten Monatsdrittel in das Sternbild Stier vor, wo er am 29. die Plejaden 1,4° südlich passiert, was ohne Fernglas nicht beobachtbar ist.

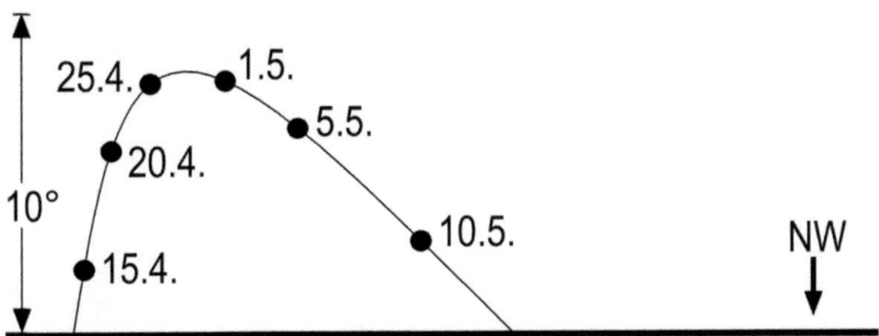

Position des Planeten Merkur am Abendhimmel, 1 Stunde nach Sonnenuntergang

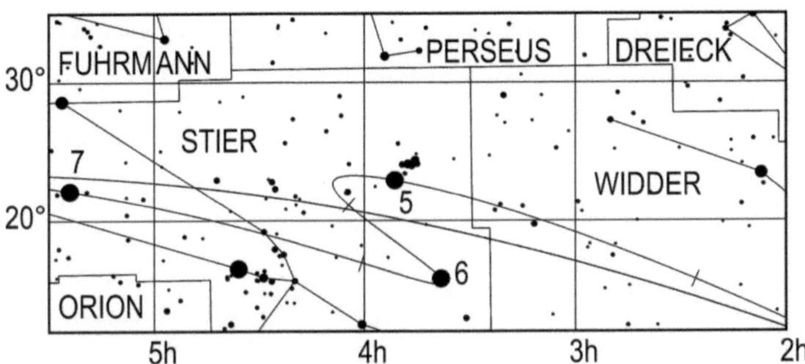

Lauf des Planeten Merkur von April bis Juli 2022. Die Zahl gibt die Position zum 1. des entsprechenden Monats an, also 5 die Position am 1.5.

Venus ist weiterhin Morgenstern. Sie durchwandert das Sternbild Wassermann und dringt in das Sternbild Fische vor, wo sie am Monatsletzten in Konjunktion mit Jupiter kommt. Venus, deren Helligkeit im Laufe des Monats von -4,3 mag auf -4,1 mag zurückgeht, steigt am 1. um 4.31 Uhr MEZ (5.31 Uhr MESZ) – 90 Minuten vor der Sonne, am 15. um 4.14 Uhr MEZ (5.14 Uhr MESZ) – 78 Minuten vor der Sonne – und am 30. um 3.52 Uhr MEZ (4.52 Uhr MESZ) – 70 Minuten vor der Sonne – über dem Horizont.

Im Fernrohr zeigt sich Venus am 1. als zu 55 % beleuchtetes Scheibchen mit 21,7" Durchmesser. Bis zum Monatsende nimmt der Durchmesser des Venusscheibchens auf 16,8" ab, während der beleuchtete Teil auf 67 % anwächst.
Am 27. zieht der abnehmende Mond südlich an Venus vorbei. Am selben Tag befindet sich der Morgenstern nur 32" südlich von Neptun, was aber nicht beobachtbar ist und am Abend des 30. steht unser innerer Nachbarplanet 15' südlich von Jupiter.
Da Venus zu diesem Zeitpunkt unter dem Horizont steht, ist der beste Zeitpunkt dieses Treffen zu beobachten, der 1. Mai, doch sind schon am Morgen des 30. beide Planeten relativ nahe zusammen.

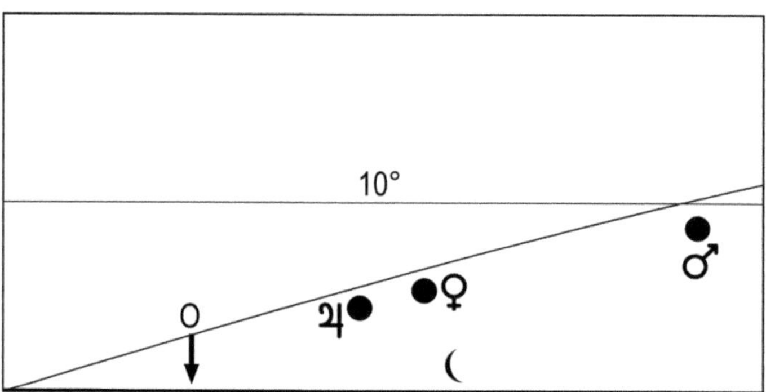

Mond, Venus, Mars und Jupiter in der Morgendämmerung am
27.4.2022 um 4.30 Uhr MEZ (5.30 Uhr MESZ)

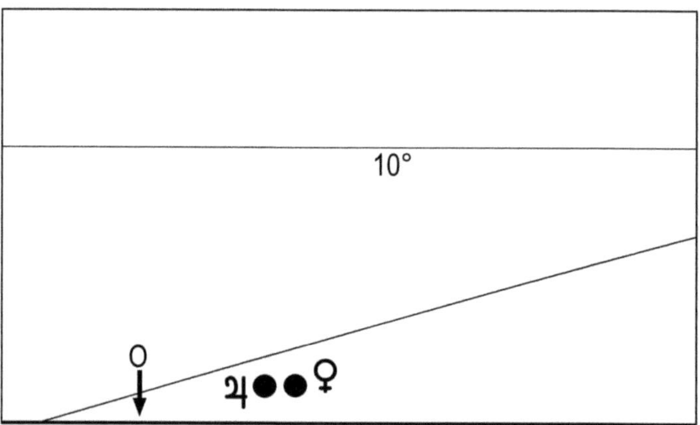

Anblick der Konjunktion zwischen Venus und Jupiter in der Morgendämmerung am
30.4.2022 um 4 Uhr MEZ (5 Uhr MESZ)

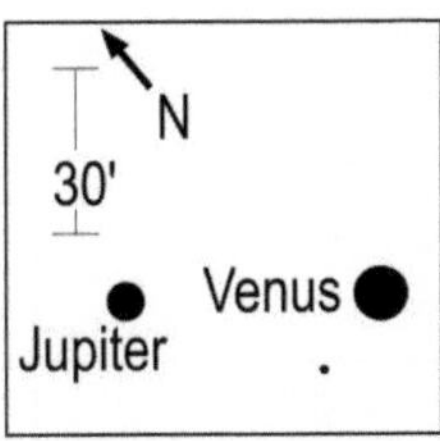

Anblick der Konjunktion zwischen Venus und Jupiter im Feldstecher in der Morgendämmerung am 30.4.2022 um 4 Uhr MEZ (5 Uhr MESZ)

Mars wandert im April vom Steinbock in den Wassermann und kann am Morgenhimmel in der beginnenden Dämmerung beobachtet werden. Er geht am 1. um 4.32 Uhr MEZ (5.32 Uhr MESZ), am 15. um 4 Uhr MEZ (5 Uhr MESZ) und am 30. um 3.24 Uhr MEZ (4.24 Uhr MESZ) auf.
Der rote Planet, der am 4. Saturn in 19' südlichem Abstand passiert, hat zu Monatsbeginn eine Helligkeit von 1,1 mag, welche im Laufe des Monats auf 0,9 mag ansteigt. Sein Scheibchen wächst im gleichen Zeitraum von 5,2" auf 5,8", womit er immer noch uninteressant für Fernrohrbeobachter ist.

Jupiter wandert vom Wassermann in die Fische und zieht am 12. 6,5' nördlich an Neptun vorbei, was aber nicht beobachtet werden kann. Nach zweimonatiger Unsichtbarkeit taucht der größte Planet unseres Sonnensystems am 20. am Morgenhimmel auf. An diesem Tag erscheint der -2,1 mag helle Riesenplanet um 4.26 Uhr MEZ (5.26 Uhr MESZ) über dem Horizont und dürfte bei guten Sichtbedingungen etwa eine Viertelstunde später in der Morgendämmerung tief im Osten sichtbar werden. Bis zum Monatsletzten, an dem er mit Venus in Konjunktion steht, verfrüht sich sein Aufgang auf 3.51 Uhr MEZ (4.51 Uhr MESZ).

Saturn, rechtläufig im Ostteil des Steinbocks, verlagert seinen Aufgang von 4.36 Uhr MEZ (5.36 Uhr MESZ) am 1., auf 3.44 Uhr MEZ (4.44 Uhr MESZ) am 15. und auf 2.47 Uhr MEZ (3.47 Uhr MESZ) am 30. Sein Scheibchen nimmt im Laufe des Monats leicht von 15,8" auf 16,5" zu, während seine Helligkeit den ganzen Monat über 0,8 mag beträgt. Im Fernrohr erkennt man gut seinen Ring, dessen Öffnung im April leicht von 14° auf 13° abnimmt. Am Abend des 4. wandert, wie schon erwähnt, Mars 19' südlich am Ringplaneten vorbei, was man, da zu diesem Zeitpunkt beide Planeten nicht zu sehen sind erst am Morgen des 5. beobachten kann. Am Morgen des 25. ist der Mond in der Nähe des Ringplaneten zu finden.

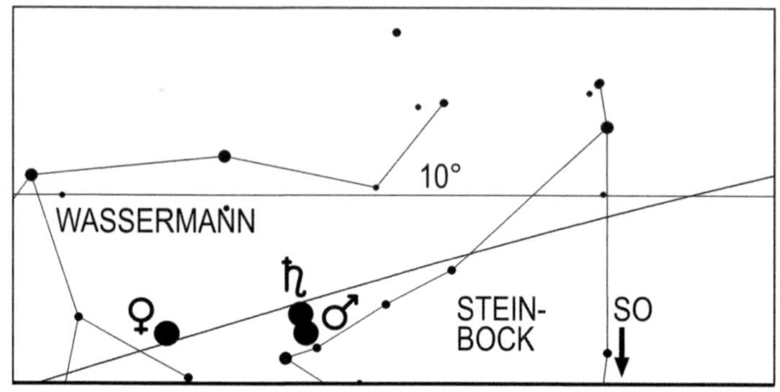

Anblick der Konjunktion zwischen Mars und Saturn am 5.4.2022 um 4.45 Uhr MEZ
(5.45 Uhr MESZ)

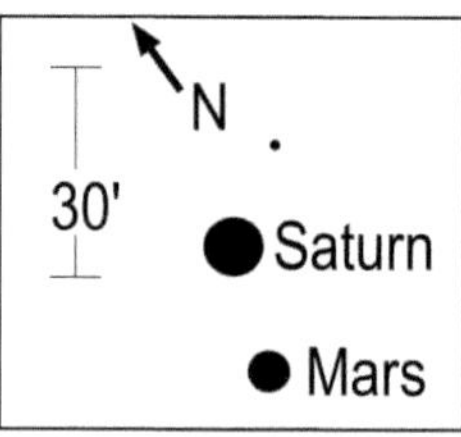

Anblick der Konjunktion zwischen Mars und Saturn im Feldstecher am 5.4.2022 um
4.45 Uhr MEZ (5.45 Uhr MESZ)

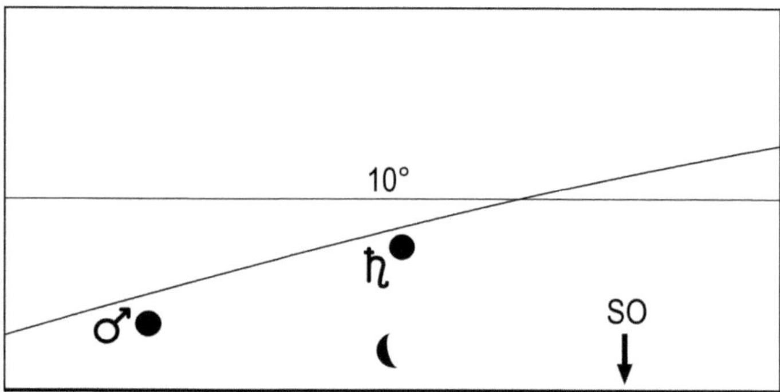

Mond, Mars und Saturn am 25.4.2022 um 4 Uhr MEZ (5 Uhr MESZ)

Uranus im Sternbild Widder kann vielleicht noch in der ersten Monatshälfte bei
guten Sichtbedingungen mit einem Fernrohr gegen Ende der Abenddämmerung

aufgesucht werden (Aufsuchkarte, Seite 167). Am 1. versinkt der 5,8 mag helle
Planet um 21.46 Uhr MEZ (22.46 Uhr MESZ) und am 15. um 20.55 Uhr MEZ (21.55
Uhr MESZ) unter dem Horizont. Bis etwa eine halbe Stunde vorher kann man
versuchen, mit einem Fernrohr nach Uranus tief im Nordwesten Ausschau zu halten.
Der letzte Tag, um nach Uranus mit einer möglichen Aussicht auf Erfolg zu suchen,
ist der 18. An diesem Tag kann Merkur, der 2,1° nördlich des grünlichen Planeten
steht, als Aufsuchhilfe für Uranus, der um 20.44 Uhr MEZ (21.44 Uhr MESZ) unter
dem Horizont verschwindet, dienen.

Neptun hat noch einen zu geringen Winkelabstand von der Sonne, um beobachtet
werden zu können.

Klein- und Zwergplaneten

Ceres durchwandert das Sternbild Stier und kann nach Ende der Abenddämmerung
mit einem Fernrohr aufgesucht werden (Aufsuchkarte, Seite 36). Der Kleinplanet,
dessen Helligkeit im Laufe des Monats von 8,8 mag auf 8,9 mag sinkt, geht am 1.
um 0.48 Uhr MEZ (1.48 Uhr MESZ), am 15. um 0.21 Uhr MEZ (1.21 Uhr MESZ) und
am 30. um 23.49 Uhr MEZ (0.49 Uhr MESZ) unter.

Pallas ist zur Zeit unsichtbar, denn sie steht am 11. in Konjunktion zur Sonne.

Juno durchwandert das Sternbild Wassermann und erscheint am 15. um 3.03 Uhr
MEZ (4.03 Uhr MESZ) und am 30. um 2.15 Uhr MEZ (3.15 Uhr MESZ) über dem
Horizont. Ihre Helligkeit steigt leicht von 10,8 mag auf 10,6 mag.
Besitzer größerer Fernrohre (ab 15 Zentimeter Objektivöffnung) können gegen
Monatsende zu Beginn der Morgendämmerung versuchen, Juno aufzusuchen, ohne
allerdings größere Aussichten auf Erfolg zu haben (Aufsuchkarte, Seite 70).

Vesta, deren Helligkeit im Laufe des Monats von 7,8 mag auf 7,6 mag anwächst,
durchwandert das Sternbild Steinbock und geht am 1. um 4.03 Uhr MEZ (5.03 Uhr
MESZ), am 15. um 3.26 Uhr MEZ (4.26 Uhr MESZ) und am 30. um 2.44 Uhr MEZ
(3.44 Uhr MESZ) auf.
Besitzer größerer Fernrohre können am Monatsende versuchen, Vesta in der
beginnenden Morgendämmerung aufzusuchen, doch ist sehr fraglich, ob dies
erfolgreich gelingen kann (Aufsuchkarte, Seite 120).

Pluto, im Ostteil des Schützen, setzt am 30. zu seiner Oppositionsschleife an,
weshalb er in diesem Monat erwähnt wird. Er ist mit einer Helligkeit von 14,4 mag
nur in Fernrohren mit mindestens 30 cm Objektivdurchmesser sichtbar
(Aufsuchkarte, Seite 107).

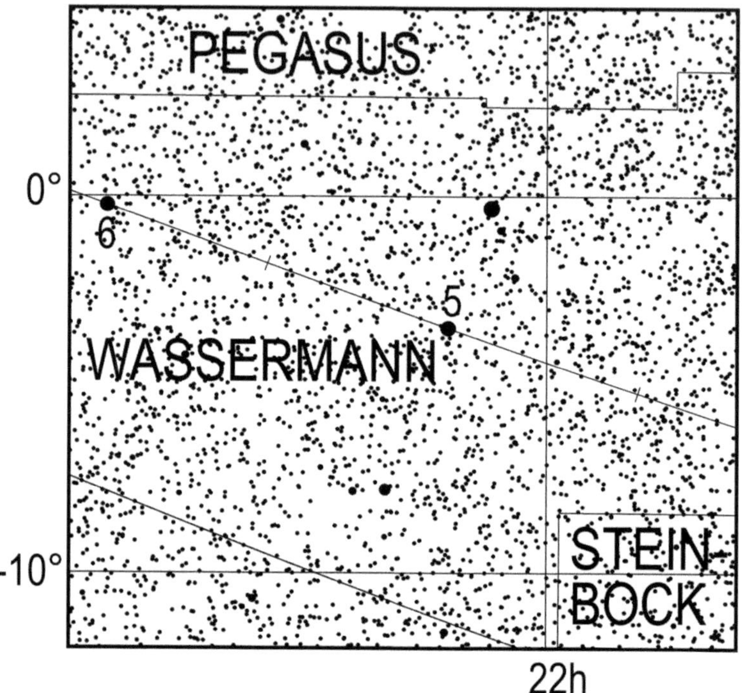

Lauf des Kleinplaneten Juno von April 2022 bis Juni 2022. Die Zahl gibt die Position zum 1. des entsprechenden Monats an, also 5 die Position am 1.5.

Periodische Sternschnuppenströme

Vom 16. bis zum 25. sind die Lyriden, ein Schwarm schnellerer Meteore unter denen sich auch hellere Exemplare befinden, aktiv. Sie erreichen ihr Maximum am 22. um 23 Uhr MEZ.

Beobachter, für die zu dieser Zeit der Radiant im Zenit steht, können 13 Meteore pro Stunde sichten. In Mitteleuropa ist allerdings zur Maximumszeit wegen der geringen Radiantenhöhe nur ein Lyriden-Meteor pro Stunde sichtbar.

Da der Radiant im weiteren Verlauf der Nacht höher steigt, nimmt die Zahl der pro Stunde sichtbaren Meteore trotz sinkender Fallraten zu. Für mitteleuropäische Beobachter dürfte die höchste Fallrate der Lyriden am 23. um 4 Uhr MEZ mit 8 Meteoren pro Stunde erreicht sein.

Bei ihrer Beobachtung kann das Licht des abnehmenden Mondes, der etwa drei Stunden nach Mitternacht aufgeht, stören. Zwischen dem 1. und dem 8. kann man die Kappa-Serpentiden beobachten, schnellere Meteore mit einer maximalen Rate von 2 Stück pro Stunde. Sie erreichen ihr Maximum am 5. um 22 Uhr MEZ. Der zunehmende Mond kann unter Umständen ihre Beobachtung in der ersten

Nachthälfte beeinträchtigen.

Bis zum 26. sind Meteore des schwachen Stroms der Alpha-Virginiden zu sehen, der am 18. sein Maximum mit bis zu 2 Meteoren pro Stunde erreicht. Allerdings stört in diesem Jahr der noch fast volle Mond, der sich nicht sehr weit vom Radianten entfernt, im Sternbild Waage, aufhält, in hohem Maße die Beobachtungen.
Ab dem 19. erscheinen die ersten Eta-Aquariden am Morgenhimmel.

Sonnenuntergang und Dämmerung

	Astr. Anf.	Naut. Anf.	Bürg. Anf.	Aufgang	Kulm.	Untergang	Bürg. Ende	Naut. Ende	Astr. Ende	Zeitgl.
1.4.2022	4:07	4:49	5:29	6:01	12:28	18:56	19:29	20:08	20:50	4m00s
2.4.2022	4:05	4:46	5:26	5:59	12:28	18:57	19:31	20:10	20:52	3m42s
3.4.2022	4:02	4:44	5:24	5:57	12:27	18:59	19:32	20:12	20:54	3m25s
4.4.2022	3:59	4:42	5:22	5:55	12:27	19:00	19:34	20:13	20:56	3m07s
5.4.2022	3:57	4:39	5:20	5:53	12:27	19:02	19:36	20:15	20:59	2m50s
6.4.2022	3:54	4:37	5:17	5:50	12:26	19:04	19:37	20:17	21:01	2m33s
7.4.2022	3:51	4:34	5:15	5:48	12:26	19:05	19:39	20:19	21:03	2m16s
8.4.2022	3:49	4:32	5:13	5:46	12:26	19:07	19:40	20:21	21:05	1m59s
9.4.2022	3:46	4:30	5:11	5:44	12:26	19:08	19:42	20:23	21:07	1m43s
10.4.2022	3:43	4:27	5:08	5:42	12:25	19:10	19:44	20:24	21:10	1m27s
11.4.2022	3:40	4:25	5:06	5:40	12:25	19:12	19:45	20:26	21:12	1m11s
12.4.2022	3:38	4:22	5:04	5:38	12:25	19:13	19:47	20:28	21:14	0m55s
13.4.2022	3:35	4:20	5:02	5:36	12:25	19:15	19:49	20:30	21:17	0m39s
14.4.2022	3:32	4:18	5:00	5:34	12:24	19:16	19:50	20:32	21:19	0m24s
15.4.2022	3:29	4:15	4:57	5:32	12:24	19:18	19:52	20:34	21:21	0m09s
16.4.2022	3:26	4:13	4:55	5:30	12:24	19:19	19:54	20:36	21:24	-0m04s
17.4.2022	3:24	4:10	4:53	5:28	12:24	19:21	19:55	20:38	21:26	-0m18s
18.4.2022	3:21	4:08	4:51	5:26	12:23	19:23	19:57	20:40	21:29	-0m32s
19.4.2022	3:18	4:06	4:49	5:24	12:23	19:24	19:59	20:42	21:31	-0m46s
20.4.2022	3:15	4:03	4:46	5:22	12:23	19:26	20:00	20:44	21:34	-0m59s
21.4.2022	3:12	4:01	4:44	5:20	12:23	19:27	20:02	20:46	21:36	-1m11s
22.4.2022	3:09	3:59	4:42	5:18	12:23	19:29	20:04	20:48	21:39	-1m23s
23.4.2022	3:06	3:56	4:40	5:16	12:22	19:31	20:06	20:50	21:41	-1m35s
24.4.2022	3:03	3:54	4:38	5:14	12:22	19:32	20:07	20:52	21:44	-1m46s
25.4.2022	3:00	3:52	4:36	5:12	12:22	19:34	20:09	20:54	21:47	-1m57s
26.4.2022	2:57	3:49	4:34	5:10	12:22	19:35	20:11	20:56	21:49	-2m07s
27.4.2022	2:54	3:47	4:32	5:08	12:22	19:37	20:12	20:58	21:52	-2m16s
28.4.2022	2:51	3:45	4:30	5:06	12:22	19:38	20:14	21:00	21:55	-2m26s
29.4.2022	2:48	3:42	4:28	5:04	12:21	19:40	20:16	21:02	21:57	-2m34s
30.4.2022	2:45	3:40	4:26	5:02	12:21	19:41	20:17	21:04	22:00	-2m42s

Mondlauf

	Rektaszension	Deklination	Elong.	Phase	mag	Aufgang	Kulm.	Untergang
1.4.2022	0h32m59,3s	-1°08'33"	5,3°	0 ●	-4,4	6:27	12:43	19:14
2.4.2022	1h19m15,6s	4°39'59"	8,7°	0,01	-4,8	6:42	13:27	20:27
3.4.2022	2h05m27,2s	10°09'29"	20,1°	0,03	-5,9	6:58	14:11	21:41

	Rektaszension	Deklination	Elong.	Phase	mag	Auf- gang	Kulm.	Unter- gang
4.4.2022	2h52m19,6s	15°07'10"	31,6°	0,07	-6,8	7:16	14:56	22:53
5.4.2022	3h40m27,4s	19°21'30"	42,8°	0,13	-7,6	7:38	15:43	
6.4.2022	4h30m09,7s	22°42'07"	53,8°	0,2	-8,3	8:06	16:32	0:03
7.4.2022	5h21m26,2s	25°00'06"	64,8°	0,29	-8,9	8:42	17:22	1:09
8.4.2022	6h13m55,4s	26°08'30"	75,6°	0,38	-9,4	9:28	18:13	2:07
9.4.2022	7h06m58,7s	26°03'08"	86,5°	0,47 ☽	-9,9	10:23	19:04	2:56
10.4.2022	7h59m51,1s	24°43'10"	97,4°	0,56	-10,3	11:28	19:53	3:35
11.4.2022	8h51m54,3s	22°11'11"	108,5°	0,66	-10,7	12:39	20:42	4:05
12.4.2022	9h42m47,7s	18°32'48"	119,9°	0,75	-11,1	13:53	21:29	4:28
13.4.2022	10h32m33,4s	13°56'09"	131,5°	0,83	-11,4	15:08	22:15	4:48
14.4.2022	11h21m34,6s	8°31'38"	143,6°	0,9	-11,8	16:24	23:01	5:05
15.4.2022	12h10m32,1s	2°32'06"	156,0°	0,96	-12,1	17:43	23:48	5:21
16.4.2022	13h00m18,7s	-3°46'34"	168,7°	0,99 ○	-12,5	19:05		5:37
17.4.2022	13h51m54,4s	-10°05'02"	176,9°	1	-12,7	20:29	0:36	5:54
18.4.2022	14h46m17,1s	-16°00'13"	164,4°	0,98	-12,4	21:56	1:28	6:15
19.4.2022	15h44m08,1s	-21°06'15"	150,9°	0,94	-12,1	23:23	2:24	6:41
20.4.2022	16h45m30,9s	-24°57'09"	137,3°	0,87	-11,7		3:24	7:17
21.4.2022	17h49m30,3s	-27°11'19"	123,7°	0,78	-11,3	0:43	4:26	8:06
22.4.2022	18h54m13,4s	-27°37'00"	110,3°	0,67	-10,9	1:50	5:29	9:11
23.4.2022	19h57m25,3s	-26°15'41"	97,1°	0,56 ☾	-10,4	2:40	6:30	10:26
24.4.2022	20h57m20,7s	-23°20'44"	84,0°	0,45	-9,9	3:16	7:28	11:48
25.4.2022	21h53m14,1s	-19°12'11"	71,2°	0,34	-9,3	3:43	8:20	13:10
26.4.2022	22h45m15,9s	-14°11'35"	58,7°	0,24	-8,7	4:02	9:09	14:28
27.4.2022	23h34m10,7s	-8°38'49"	46,3°	0,16	-7,9	4:19	9:55	15:45
28.4.2022	0h20m57,7s	-2°51'12"	34,2°	0,09	-7,1	4:34	10:39	16:59
29.4.2022	1h06m38,2s	2°56'09"	22,2°	0,04	-6,1	4:48	11:22	18:12
30.4.2022	1h52m09,1s	8°29'41"	10,5°	0,01 ●	-4,9	5:04	12:06	19:25

Finsternisse

Am 30.4.2022 kann in den südlichen Gebieten Südamerikas, dem Südpazifik und angrenzenden Teilen der Antarktis eine partielle Sonnenfinsternis beobachtet werden. Diese Finsternis, welche in Europa nicht zu sehen ist, erreicht ihre größte Phase mit einer Größe von 0.6389 zwischen der Antarktis und der Südspitze Südamerikas bei 62°6' südlicher Breite und 71°30' westlicher Länge.

Mai

Sternenhimmel

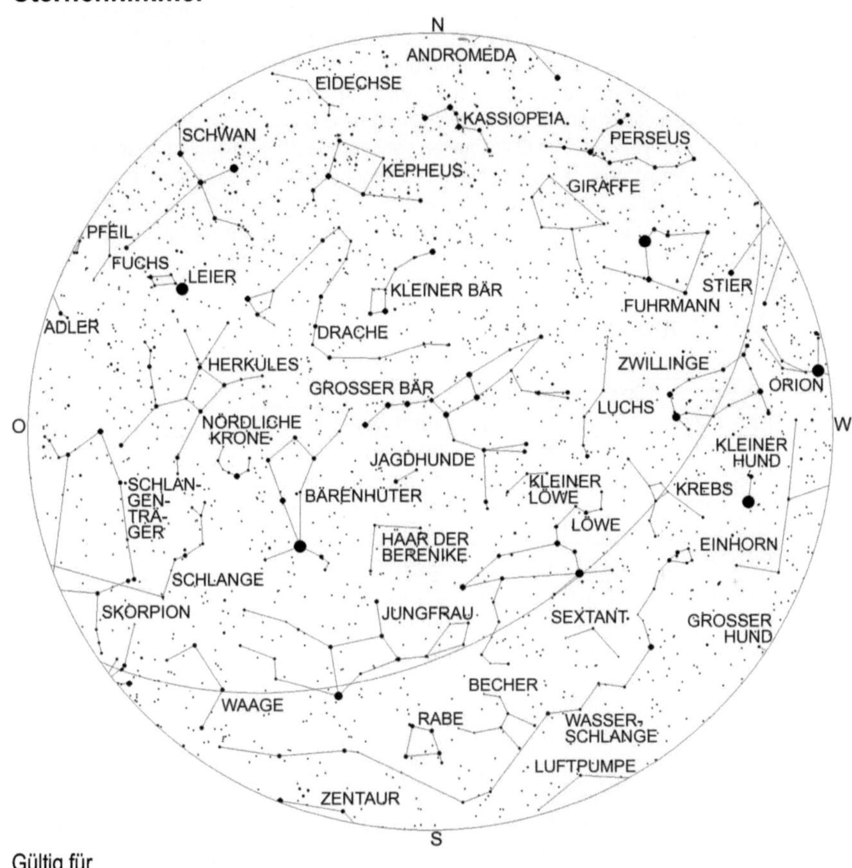

Gültig für

1.1. 6 Uhr	15.1. 5 Uhr
1.2. 4 Uhr	15.2. 3 Uhr
1.3. 2 Uhr	15.3. 2 Uhr
1.4. 0 Uhr	15.4. 23 Uhr
1.5. 22 Uhr	15.5. 21 Uhr

Die Wintersternbilder sind fast vollständig verschwunden. Nur noch der Fuhrmann, die Zwillinge, der Krebs und der Kleine Hund sind noch vollständig zu sehen.
Tief im Süden erstreckt sich das riesige, aber unauffällige Sternbild Wasserschlange fast über den gesamten Himmel von Südost bis Südwest. Über dieser sind die Sternbilder Rabe, Becher und Sextant zu sehen. Allerdings hat von diesen nur der Rabe hellere Sterne. Halbhoch im Südwesten ist der Löwe zu finden, während gerade die Jungfrau kulminiert. Nordnordöstlich von dieser ist das Sternbild Bärenhüter mit dem orangerotem Stern Arktur zu sehen. Östlich des Bärenhüters erkennt man das Halbrund der Nördlichen Krone und das wenig charakteristische Sternbild des Herkules. Im Ostsüdosten geht gerade der Schlangenträger auf. Etwas höher ist der vordere Teil der Schlange zu sehen. Im Südosten erkennt man das Sternbild Waage, dessen Hauptstern, Zuben-el-dschenubi, fast genau auf der Ekliptik liegt. Er ist ein weiter Doppelstern und schon in einem Fernglas problemlos auflösbar.

Astronomische Ereignisse

Datum	Uhrzeit	Ereignis	Elongation
1.5.2022	02:38:10	Saturn 40' nördlich Vesta	76,4°
1.5.2022	04:10:17	Mond 1,4° südlich Uranus	3,8°
1.5.2022	10:53:58	Vesta 1° nördlich Delta Capricorni	76,85°
1.5.2022	20:52:00	Mond im aufsteigenden Knoten	
2.5.2022	09:52:56	Mond 4,2° südlich der Plejaden	17,4°
2.5.2022	16:03:04	Mond 2,2° südlich Merkur	19,5°
3.5.2022	08:45:52	Mond 6,5° nördlich Aldebaran	27,7°
3.5.2022	14:47:04	Saturn 1,7° nördlich Delta Capricorni	78,7°
4.5.2022	08:11:49	Mond 3,5° südlich Elnath	38,9°
4.5.2022	15:20:00	Mond 20' südlich Ceres	41,6°
5.5.2022	06:37:53	Mond 3,55° nördlich Eta Geminorum	49°
5.5.2022	08:19:01	Uranus in Konjunktion zur Sonne	-21,5'
5.5.2022	09:54:31	Mond 3,8° nördlich Mü Geminorum	50,65°
5.5.2022	13:23:30	Mond im Apogäum	
5.5.2022	18:23:19	Mond 10,2° nördlich Alhena	53,6°
5.5.2022	21:45:28	Mond 1,25° nördlich Epsilon Geminorum	54,9°
6.5.2022	20:35:54	Mond 6,2° südlich Kastor	64,7°
7.5.2022	01:30:23	Mond 2,9° südlich Pollux	67,2°
8.5.2022	02:52:05	Mond 2,75° nördlich M44	79,3°
9.5.2022	01:21:20	Erstes Viertel	
9.5.2022	09:19:11	Mond in größter Nordbreite	
9.5.2022	21:15:08	Mond 4,5° nördlich Regulus	99,3°
10.5.2022	23:46:42	Merkur stationär, dann rückläufig	
13.5.2022	02:40:22	Mond bedeckt Porrima (Gam Vir), siehe Seite 209	138,1°
13.5.2022	22:31:41	Mond 4,25° nördlich Spika	149,4°
15.5.2022	11:39:29	Venus im Aphel	

Datum	Uhrzeit	Ereignis	Elongation
15.5.2022	12:39:18	Mond 8,6' südlich Zuben-el-dschenubi	170,75°
16.5.2022	00:27:22	Mond im absteigenden Knoten	
16.5.2022	02:31:03	Totale Mondfinsternis, Eintritt Halbschatten	
16.5.2022	03:27:44	Totale Mondfinsternis, Eintritt Kernschatten	
16.5.2022	04:28:41	Totale Mondfinsternis, Beginn Totalität	
16.5.2022	05:11:16	Totale Mondfinsternis, Maximale Phase, Größe: 1,417	
16.5.2022	05:14:09	Vollmond	
16.5.2022	05:53:51	Totale Mondfinsternis, Ende Totalität	
16.5.2022	06:54:48	Totale Mondfinsternis, Austritt Kernschatten	
16.5.2022	07:51:29	Totale Mondfinsternis, Austritt Halbschatten	
16.5.2022	18:03:45	Mond 2,6° südlich Akrab	171,7°
17.5.2022	05:14:52	Mond 2,1° nördlich Antares	165,5°
17.5.2022	14:08:23	Merkur im absteigenden Knoten	
17.5.2022	16:41:44	Mond im Perigäum	
18.5.2022	00:14:29	Mars 34' südlich Neptun	62,05°
19.5.2022	10:27:46	Mond 1,2° südlich Nunki	135,6°
20.5.2022	11:28:40	Mond 3,4° südlich Pluto	120,9°
20.5.2022	17:14:24	Mond 10,2° südlich Beta Capricorni	115,2°
21.5.2022	20:18:27	Merkur in unterer Konjunktion zur Sonne	-1,2°
22.5.2022	03:51:02	Mond 3,85° südlich Delta Capricorni	97,2°
22.5.2022	04:08:48	Mond in größter Südbreite	
22.5.2022	05:29:04	Mond 5,4° südlich Saturn	96°
22.5.2022	17:55:05	Mond 3,1° südlich Vesta	90,15°
22.5.2022	19:43:07	Letztes Viertel	
23.5.2022	04:50:47	Mond 13,9° südlich Juno	80°
24.5.2022	04:44:35	Ceres 4,2° nördlich Eta Geminorum	30,8°
24.5.2022	12:07:53	Mond 4,2° südlich Neptun	68,2°
24.5.2022	20:21:53	Mond 3,45° südlich Mars	63,75°
25.5.2022	00:00:10	Mond 4,2° südlich Jupiter	61,2°
25.5.2022	00:06:20	Merkur 6,3° südlich der Plejaden	5,3°
25.5.2022	16:24:56	Uranus 17,5° nördlich Pallas	18,5°
26.5.2022	01:44:24	Mars in größter Südbreite	
27.5.2022	02:32:21	Mond 1,2° südlich Venus	37,6°
27.5.2022	15:54:26	Mond 12,8° südlich Hamal	29,9°
27.5.2022	23:05:28	Merkur im Aphel	
28.5.2022	12:22:17	Ceres 4,3° nördlich Mü Geminorum	28,5°
28.5.2022	15:54:11	Mond 39' südlich Uranus	21,2°
28.5.2022	18:17:29	Mond 17,2° nördlich Pallas	20,3°
29.5.2022	01:00:49	Mars 38' südlich Jupiter	64,4°
29.5.2022	03:32:22	Mond im aufsteigenden Knoten	
29.5.2022	14:44:58	Mond 3,4° nördlich Merkur	10,5°
29.5.2022	18:39:14	Mond 4° südlich der Plejaden	8,9°

Datum	Uhrzeit	Ereignis	Elongation
30.5.2022	12:30:17	Neumond	1,1°
30.5.2022	17:49:35	Mond 6,8° nördlich Aldebaran	2,2°
31.5.2022	17:04:37	Mond 3,2° südlich Elnath	12,7°
31.5.2022	18:26:31	Venus 12,7° südlich Hamal	33,6°

Planeten

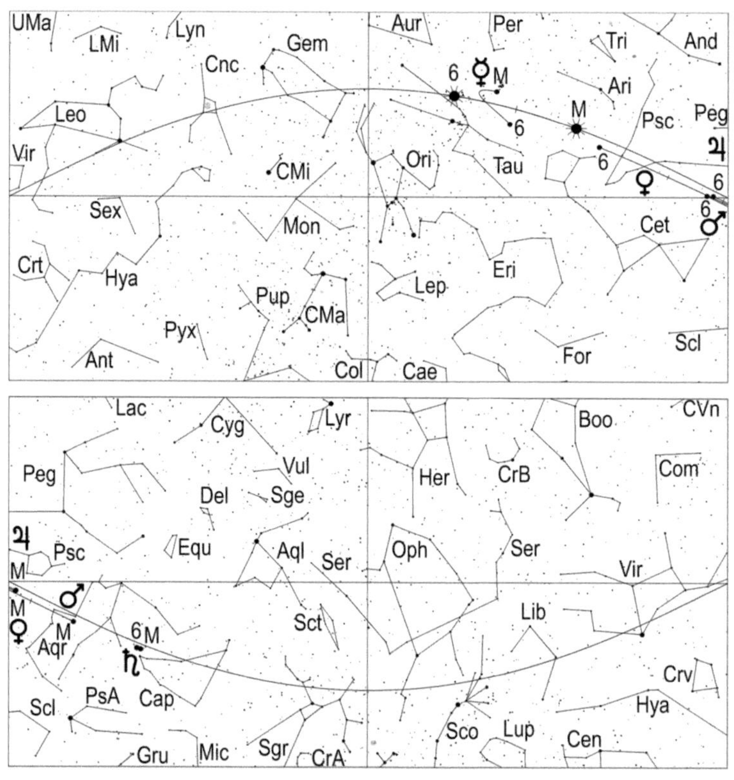

Merkur kann noch bis zum 6. am Abendhimmel beobachtet werden. Am 1. versinkt
der 0,7 mag helle Planet um 21.48 Uhr MEZ (22.48 Uhr MESZ) unter dem Horizont.
Am 6. geht der nur noch 1,6 mag helle Merkur um 21.41 Uhr MEZ (22.41 Uhr MESZ)
unter. Der flinke Planet wird zwischen 20.15 Uhr MEZ (21.15 Uhr MESZ) und 20.45
Uhr MEZ (21.45 Uhr MESZ) in der Abenddämmerung sichtbar.
Im Fernrohr zeigt sich der innerste Planet am 1. als eine zu 31 % beleuchtete Sichel
mit 8,4" Durchmesser und am 6. als zu 18 % beleuchtete Sichel mit 9,6" Durchmesser. Die zunehmende Mondsichel steht am Abend des 2. in der Nähe von Merkur.

Nach dem 6. ist Merkur nicht mehr zu sehen. Er setzt am 10. zu seiner Konjunktionsschleife an und befindet sich am 21. in unterer Konjunktion zur Sonne, bei der er 1,2° südlich an dieser vorbeizieht.

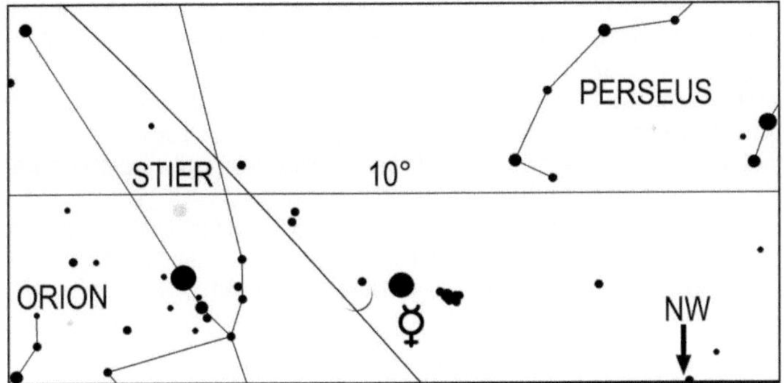

Mond und Merkur in der Abenddämmerung des 2. um 21 Uhr MEZ (22 Uhr MESZ)

Venus durchwandert das Sternbild Fische, wobei sie auch die nordwestlichen Teile des Sternbildes Walfisch durchquert und am 5. den Himmelsäquator in Richtung Norden überquert. Sie ist weiterhin Morgenstern und erscheint am 1., an dem sie sich in der Nähe des Riesenplaneten Jupiter aufhält, um 3.49 Uhr MEZ (4.49 Uhr MESZ) – 72 Minuten vor der Sonne, am 15. um 3.26 Uhr MEZ (4.26 Uhr MESZ) – 72 Minuten vor der Sonne und am 31. um 3 Uhr MEZ (4 Uhr MESZ) – 80 Minuten vor der Sonne – über dem Horizont.
Das Venusscheibchen wird im Laufe des Monats weiter kleiner und rundlicher: am 1. hat es einen Durchmesser von 16,7" und ist zu 68 % beleuchtet, am 31. misst es 13,7" bei einem Beleuchtungsgrad von 73 %.
Am Morgen des 27. zieht der Mond 1,2° südlich an Venus vorbei, was man am Morgenhimmel sehen kann.

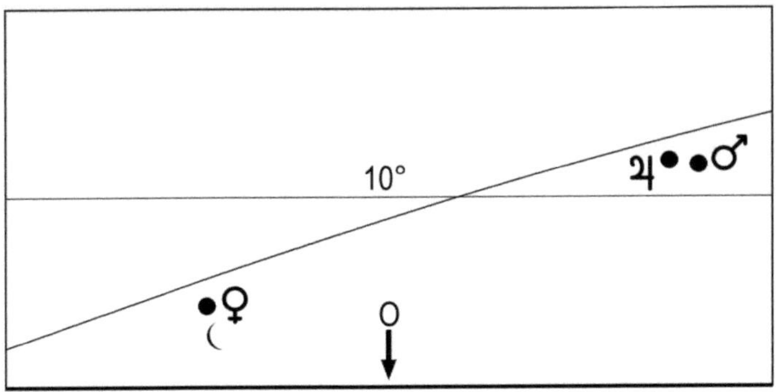

Mond, Venus, Mars und Jupiter in der Morgendämmerung des 27. um 3.30 Uhr MEZ (4.30 Uhr MESZ).

Mars wandert vom Wassermann in die Fische und überquert am 30. den Himmelsäquator in nördlicher Richtung. Er erscheint am 1. um 3.22 Uhr MEZ (4.22 Uhr MESZ), am 15. um 2.46 Uhr MEZ (3.46 Uhr MESZ) und am 31. um 2.07 Uhr MEZ (3.07 Uhr MESZ) über dem Horizont.

Der rote Planet, dessen Helligkeit im Laufe des Monats von 0,9 mag auf 0,7 mag anwächst, zieht am 18. 34' südlich an Neptun und am 29. 38' südlich an Jupiter vorbei. Während erste Konjunktion nicht beobachtbar sein dürfte, bietet letztere einen schönen Anblick am Morgenhimmel.

Obwohl sein Scheibchendurchmesser im Mai von 5,8" auf 6,4" ansteigt, ist Mars im Mai noch nicht interessant für Fernrohrbeobachtungen. Am Morgen des 25. findet man den abnehmenden Mond nahe der Planeten Mars und Jupiter.

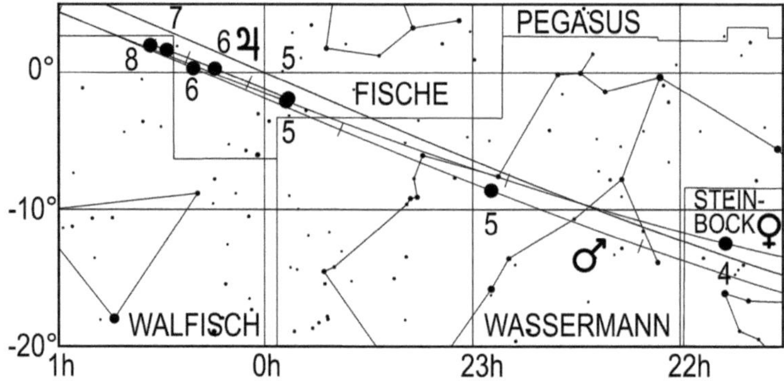

Lauf des Planeten Venus von März bis Mai 2022, des Planeten Mars von April 2022 bis Juni 2022 und des Planeten Jupiter von Mai bis August 2022. Die Zahl gibt die Position zum 1. des entsprechenden Monats an, also 5 die Position am 1.5.

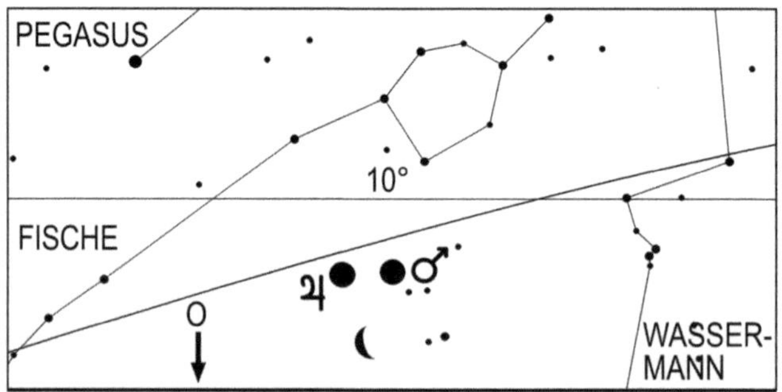

Mond, Mars und Jupiter am 25.5.2022 um 3 Uhr MEZ (4 Uhr MESZ)

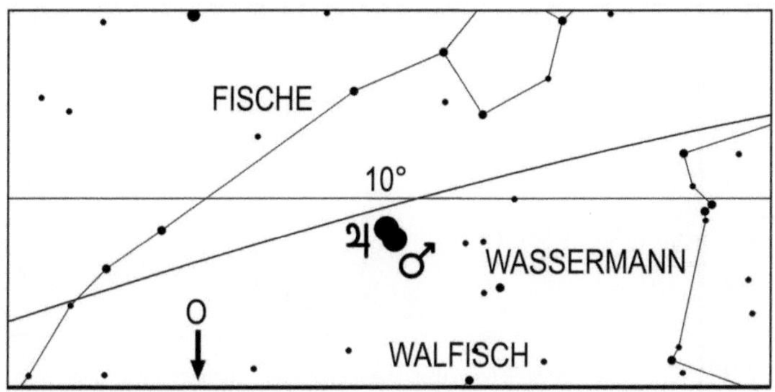

Anblick der Konjunktion zwischen Mars und Jupiter am 29.5.2022 um 3 Uhr MEZ (4 Uhr MESZ)

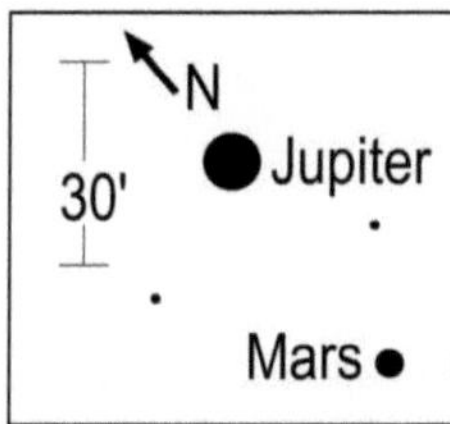

Anblick der Konjunktion zwischen Mars und Jupiter im Feldstecher am 29.5.2022 um 3 Uhr MEZ (4 Uhr MESZ)

Jupiter, durchwandert die westlichen Gebiete des Sternbildes Fische und überquert den Himmelsäquator am 25. in nördlicher Richtung. Er erscheint am 1. um 3.47 Uhr MEZ (4.47 Uhr MESZ), am 15. um 2.57 Uhr MEZ (3.57 Uhr MESZ) und am 31. um 2 Uhr MEZ (3 Uhr MESZ) über dem Horizont. Mit einer Helligkeit, die im Laufe des Monats von –2,1 mag auf –2,2 mag ansteigt, ist er nach Mond und Venus das hellste Objekt am Nachthimmel. Sein Winkeldurchmesser nimmt im Laufe des Monats von 34,8" auf 37,2" zu. Am Morgen des 1. findet man Jupiter sehr nahe bei Venus, was man gut in der Morgendämmerung beobachten kann und am 29. zieht, wie schon erwähnt, Mars am größten Planeten unseres Sonnensystems vorbei.

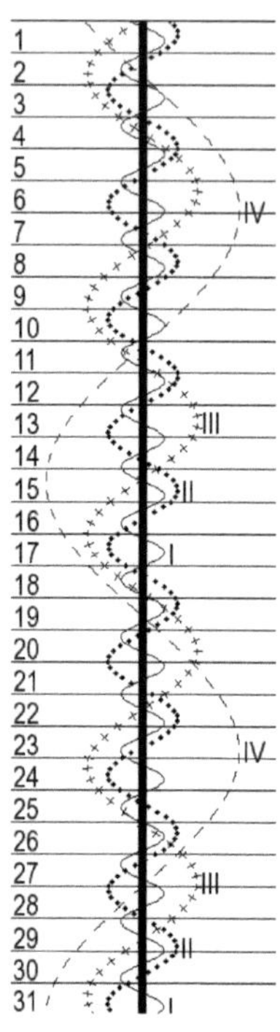

Stellung der 4
hellen Jupiter-
monde im
Mai 2022

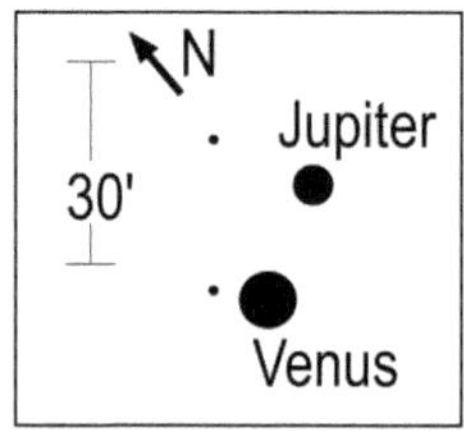

Anblick des Zusammentreffens der Planeten Venus und Jupiter in der Morgendämmerung am 1.5.2022 um 4 Uhr MEZ (5 Uhr MESZ)

Anblick des Zusammentreffens der Planeten Venus und Jupiter im Feldstecher in der Morgendämmerung am 1.5.2022 um 4 Uhr MEZ (5 Uhr MESZ)

Saturn, im Ostteil des Sternbildes Steinbock geht am 1. um 2.43 Uhr MEZ (3.43 Uhr MESZ), am 15. um 1.50 Uhr MEZ (2.50 Uhr MESZ) und am 31. um 0.48 Uhr MEZ (1.48 Uhr MESZ) auf. Seine Helligkeit steigt im Mai von 0,8 mag auf 0,7 mag an, während sein Scheibchendurchmesser in diesem Monat leicht von 16,5" auf 17,4" anwächst. Im Fernrohr ist sein Ring, dessen Öffnungswinkel im Laufe des Monats von 13° auf 12° abnimmt, gut zu sehen.

Am 3. zieht Saturn 1,7° nördlich an Delta Capricorni vorbei und am Morgen des 22. erblickt man den Mond südlich des Ringplaneten.

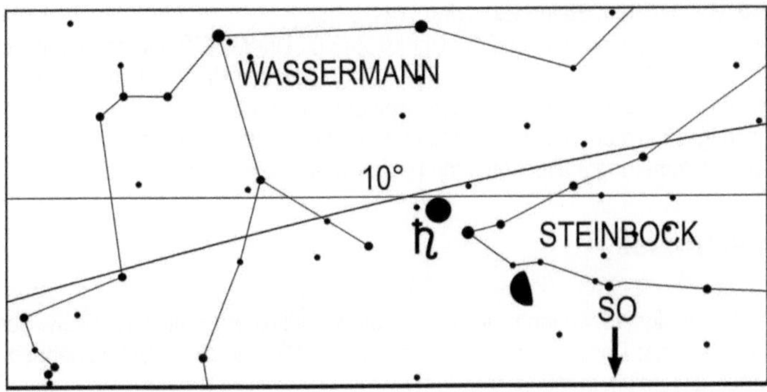

Mond und Saturn am Morgen des 22.5.2022 um 2.30 Uhr MEZ (3.30 Uhr MESZ)

Uranus steht am 5. in Konjunktion zur Sonne und kann in diesem Monat nicht beobachtet werden.

Neptun ist ebenfalls unbeobachtbar. Er geht am Monatsletzten um 1.45 Uhr MEZ (2.45 Uhr MESZ) auf, was ihn aber kaum die Möglichkeit verschafft, bis zum Beginn der Morgendämmerung ausreichend Höhe zu gewinnen, um erfolgreich mit einem Fernrohr aufgesucht werden zu können. Auch die Konjunktion mit Mars am 18., bei der Neptun 34' nördlich vom roten Planeten steht, dürfte unbeobachtbar bleiben.

Klein- und Zwergplaneten

Ceres kann noch in der ersten Monatshälfte mit einem Fernrohr im Sternbild Stier aufgesucht werden (Aufsuchkarte, Seite 36). Der 8,9 mag helle Zwergplanet versinkt am 1. um 23.47 Uhr MEZ (0.47 Uhr MESZ), am 15. um 23.21 Uhr MEZ (0.21 Uhr MESZ) und am 31. um 22.49 Uhr MEZ (23.49 Uhr MESZ) unter dem Horizont. In der zweiten Monatshälfte hat Ceres, wenn es für eine erfolgreiche Suche ausreichend dunkel ist, nicht mehr die nötige Höhe über dem Horizont.

Pallas kann im Mai nicht beobachtet werden.

Juno, deren Helligkeit im Laufe des Monats von 10,6 mag auf 10,2 mag ansteigt, erscheint am 1. um 2.12 Uhr MEZ (3.12 Uhr MESZ), am 15. um 1.27 Uhr MEZ (2.27 Uhr MESZ) und am 31. um 0.37 Uhr MEZ (1.37 Uhr MESZ) über dem Horizont. Der Kleinplanet, der durch das Sternbild Wassermann wandert, kann in der zweiten Monatshälfte mit einem größeren Fernrohr (ab 15 Zentimeter Objektivöffnung) zu Beginn der Morgendämmerung aufgesucht werden, ist aber wegen seiner geringen Helligkeit und seiner geringen Höhe über dem Horizont ein schwieriges Objekt (Aufsuchkarten, Seite 70 und Seite 135).

Vesta wandert vom Steinbock in den Wassermann und geht am 1. um 2.41 Uhr MEZ (3.41 Uhr MESZ), am 15. um 2.01 Uhr MEZ (3.01 Uhr MESZ) und am 31. um 1.14 Uhr MEZ (2.14 Uhr MESZ) auf. Der Kleinplanet, dessen Helligkeit im Mai von 7,6 mag auf 7,2 mag anwächst, ist wegen seiner geringen Höhe über dem Horizont ein schwieriges Fernrohrobjekt, welches man am besten zu Beginn der Morgendämmerung aufsuchen kann (Aufsuchkarte, Seite 120).

Finsternisse

Am Morgen des 16. ereignet sich eine totale Mondfinsternis mit einer Größe von 1,417 und einer Dauer der totalen Phase von 85 Minuten. Sie nimmt folgenden Verlauf (alle Zeiten in MEZ)

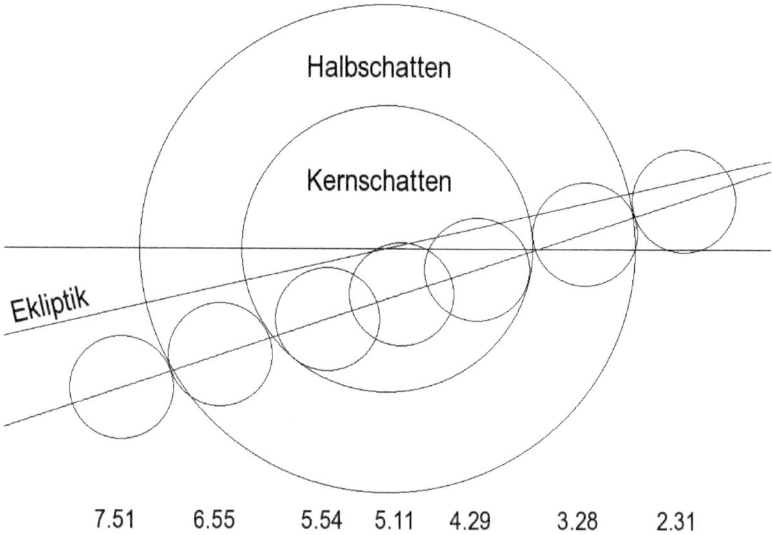

Monduntergang für verschiedene Orte im deutschsprachigen Raum am 16.5.2022 (alle Zeiten in MEZ)

Berlin	Bern	Dresden	Frankfurt	Hamburg	Hannover
4:11	4:57	4:16	4:40	4:20	4:27

Köln	Leipzig	München	Nürnberg	Stuttgart	Wien
4:44	4:20	4:36	4:33	4:43	4:16

Der Mond geht – je nach Beobachtungsort – für Beobachter in Mitteleuropa während der fortgeschrittenen, partiellen Phase bzw. der beginnenden totalen Phase unter. Somit ist von dieser Mondfinsternis in Mitteleuropa nur der Anfang zu sehen.

Periodische Sternschnuppenströme

Bis zum 28. sind die Eta-Aquariden aktiv, die am 7. um 21 Uhr MEZ ihr Maximum erreichen. Die Eta-Aquariden sind Reste des Halleyschen Kometen. In unseren Breiten können von den sehr schnellen Eta-Aquariden bis zu 2 Meteore pro Stunde beobachtet werden, in südlichen Breiten bis zu fünfzehnmal mehr. Der beste Zeitpunkt für ihre Beobachtung in Mitteleuropa ist der 8. um 4 Uhr MEZ. Der zunehmende Mond versinkt an diesem Tag etwa zwei Stunden nach Mitternacht unter dem Horizont und stört deshalb nicht.
Vom 6. bis zum 12. ist der eher schwache Strom der Eta-Lyriden aktiv, der am 8. sein Maximum mit bis zu 1,5 Meteoren pro Stunde erreicht.
Der zunehmende Mond, der kurz vor dem Ersten Viertel steht, kann in der ersten Nachthälfte bei ihrer Beobachtung stören.

Sonnenuntergang und Dämmerung

	Astr. Anf.	Naut. Anf.	Bürg. Anf.	Auf- gang	Kulm.	Unter- gang	Bürg. Ende	Naut. Ende	Astr. Ende	Zeitgl.
1.5.2022	2:42	3:38	4:24	5:01	12:21	19:43	20:19	21:07	22:03	-2m50s
2.5.2022	2:38	3:35	4:22	4:59	12:21	19:44	20:21	21:09	22:06	-2m57s
3.5.2022	2:35	3:33	4:20	4:57	12:21	19:46	20:23	21:11	22:09	-3m03s
4.5.2022	2:32	3:31	4:18	4:55	12:21	19:47	20:24	21:13	22:12	-3m09s
5.5.2022	2:29	3:29	4:16	4:54	12:21	19:49	20:26	21:15	22:15	-3m15s
6.5.2022	2:26	3:26	4:14	4:52	12:21	19:50	20:28	21:17	22:18	-3m20s
7.5.2022	2:22	3:24	4:13	4:50	12:21	19:52	20:29	21:19	22:21	-3m24s
8.5.2022	2:19	3:22	4:11	4:49	12:21	19:53	20:31	21:21	22:24	-3m28s
9.5.2022	2:16	3:20	4:09	4:47	12:20	19:55	20:33	21:23	22:27	-3m31s
10.5.2022	2:13	3:17	4:07	4:46	12:20	19:56	20:34	21:26	22:30	-3m34s
11.5.2022	2:09	3:15	4:06	4:44	12:20	19:58	20:36	21:28	22:34	-3m36s
12.5.2022	2:06	3:13	4:04	4:42	12:20	19:59	20:38	21:30	22:37	-3m37s
13.5.2022	2:03	3:11	4:02	4:41	12:20	20:01	20:39	21:32	22:41	-3m38s
14.5.2022	2:00	3:09	4:01	4:40	12:20	20:02	20:41	21:34	22:44	-3m39s
15.5.2022	1:56	3:07	3:59	4:38	12:20	20:03	20:43	21:36	22:48	-3m39s
16.5.2022	1:53	3:05	3:57	4:37	12:20	20:05	20:44	21:38	22:51	-3m38s
17.5.2022	1:49	3:03	3:56	4:35	12:20	20:06	20:46	21:40	22:55	-3m37s
18.5.2022	1:45	3:01	3:54	4:34	12:20	20:07	20:48	21:42	22:59	-3m35s
19.5.2022	1:42	2:59	3:53	4:33	12:21	20:09	20:49	21:44	23:03	-3m32s
20.5.2022	1:38	2:57	3:52	4:32	12:21	20:10	20:51	21:46	23:07	-3m29s
21.5.2022	1:34	2:55	3:50	4:30	12:21	20:11	20:52	21:48	23:11	-3m26s
22.5.2022	1:30	2:53	3:49	4:29	12:21	20:13	20:54	21:50	23:15	-3m22s
23.5.2022	1:26	2:51	3:47	4:28	12:21	20:14	20:55	21:52	23:20	-3m17s
24.5.2022	1:22	2:49	3:46	4:27	12:21	20:15	20:57	21:54	23:25	-3m12s
25.5.2022	1:17	2:48	3:45	4:26	12:21	20:16	20:58	21:56	23:30	-3m07s
26.5.2022	1:13	2:46	3:44	4:25	12:21	20:18	21:00	21:58	23:35	-3m00s
27.5.2022	1:08	2:44	3:43	4:24	12:21	20:19	21:01	21:59	23:40	-2m54s
28.5.2022	1:02	2:43	3:41	4:23	12:21	20:20	21:02	22:01	23:47	-2m46s
29.5.2022	0:56	2:41	3:40	4:22	12:21	20:21	21:04	22:03	23:54	-2m39s
30.5.2022	0:49	2:39	3:39	4:21	12:22	20:22	21:05	22:05		-2m31s

	Astr. Anf.	Naut. Anf.	Bürg. Anf.	Auf- gang	Kulm.	Unter- gang	Bürg. Ende	Naut. Ende	Astr. Ende	Zeitgl.
31.5.2022	0:40	2:38	3:38	4:20	12:22	20:23	21:06	22:06	0:03	-2m22s

Mondlauf

	Rektaszension	Deklination	Elong.	Phase	Mag	Auf- gang	Kulm.	Unter- gang
1.5.2022	2h38m19,4s	13°36'43"	1,5°	0	-3,9	5:21	12:51	20:37
2.5.2022	3h25m46,8s	18°05'12"	12,5°	0,01	-5,1	5:41	13:37	21:48
3.5.2022	4h14m53,1s	21°43'50"	23,6°	0,04	-6,1	6:06	14:25	22:56
4.5.2022	5h05m39,5s	24°22'29"	34,7°	0,09	-7,0	6:38	15:15	23:58
5.5.2022	5h57m44,4s	25°53'13"	45,6°	0,15	-7,8	7:20	16:06	
6.5.2022	6h50m27,2s	26°11'12"	56,4°	0,22	-8,4	8:12	16:56	0:51
7.5.2022	7h42m58,7s	25°15'19"	67,3°	0,31	-9,0	9:13	17:46	1:34
8.5.2022	8h34m36,3s	23°08'11"	78,3°	0,4	-9,5	10:21	18:34	2:06
9.5.2022	9h24m55,7s	19°55'16"	89,4°	0,5 ☽	-10,0	11:33	19:21	2:32
10.5.2022	10h13m56,3s	15°43'59"	100,7°	0,59	-10,4	12:46	20:06	2:52
11.5.2022	11h02m00,7s	10°43'06"	112,4°	0,69	-10,8	14:00	20:51	3:10
12.5.2022	11h49m49,9s	5°02'41"	124,4°	0,78	-11,2	15:17	21:36	3:26
13.5.2022	12h38m19,3s	-1°04'58"	136,9°	0,86	-11,6	16:35	22:24	3:41
14.5.2022	13h28m34,1s	-7°24'14"	149,9°	0,93	-12,0	17:58	23:14	3:57
15.5.2022	14h21m43,2s	-13°34'48"	163,3°	0,98	-12,4	19:26		4:16
16.5.2022	15h18m46,8s	-19°11'02"	177,0°	1 ○	-12,8	20:55	0:09	4:39
17.5.2022	16h20m13,4s	-23°43'28"	169,1°	0,99	-12,6	22:22	1:08	5:11
18.5.2022	17h25m28,7s	-26°43'22"	155,0°	0,95	-12,2	23:38	2:11	5:56
19.5.2022	18h32m39,2s	-27°50'30"	141,0°	0,89	-11,8		3:17	6:56
20.5.2022	19h38m59,7s	-27°00'08"	127,2°	0,8	-11,4	0:36	4:21	8:11
21.5.2022	20h42m01,6s	-24°24'17"	113,7°	0,7	-11,0	1:18	5:22	9:34
22.5.2022	21h40m26,7s	-20°25'39"	100,6°	0,59 ☾	-10,5	1:48	6:17	10:57
23.5.2022	22h34m12,8s	-15°29'40"	87,7°	0,48	-10,0	2:10	7:08	12:17
24.5.2022	23h24m06,6s	-9°59'11"	75,3°	0,37	-9,5	2:27	7:54	13:35
25.5.2022	0h11m15,0s	-4°12'54"	63,1°	0,27	-8,9	2:42	8:38	14:49
26.5.2022	0h56m48,0s	1°34'06"	51,2°	0,19	-8,2	2:57	9:21	16:01
27.5.2022	1h41m50,6s	7°09'05"	39,6°	0,12	-7,4	3:11	10:04	17:13
28.5.2022	2h27m19,2s	12°20'25"	28,1°	0,06	-6,5	3:27	10:48	18:24
29.5.2022	3h13m58,4s	16°56'52"	16,8°	0,02	-5,5	3:46	11:33	19:36
30.5.2022	4h02m17,2s	20°47'21"	5,8°	0 ●	-4,4	4:09	12:20	20:45
31.5.2022	4h52m23,5s	23°41'19"	5,6°	0	-4,3	4:38	13:09	21:50

Jupitermond-Ereignisse

Datum	Uhrzeit (MEZ)	Mond	Erscheinung	Phase
8.5.2022	04:05:28	Ganymed	Durchgang	Ende
9.5.2022	04:02:58	Io	Schattenvorübergang	Ende
15.5.2022	03:59:01	Ganymed	Schattenvorübergang	Ende
16.5.2022	03:41:53	Io	Schattenvorübergang	Anfang
18.5.2022	03:27:02	Europa	Verfinsterung	Anfang

Datum	Uhrzeit (MEZ)	Mond	Erscheinung	Phase
20.5.2022	03:29:51	Europa	Durchgang	Ende
25.5.2022	03:31:10	Io	Durchgang	Ende
27.5.2022	03:38:23	Europa	Durchgang	Anfang
27.5.2022	03:46:19	Europa	Schattenvorübergang	Ende

Juni

Sternenhimmel

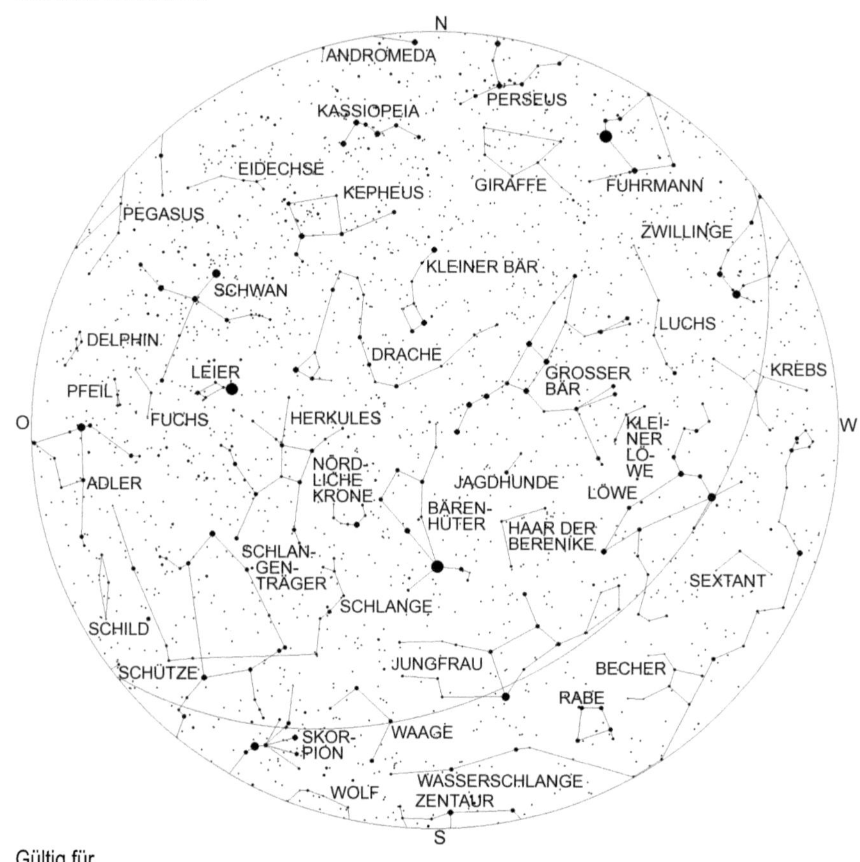

Gültig für

1.2. 6 Uhr	15.2. 5 Uhr
1.3. 4 Uhr	15.3. 3 Uhr
1.4. 2 Uhr	15.4. 1 Uhr
1.5. 0 Uhr	15.5. 23 Uhr
1.6. 22 Uhr	15.6. 21 Uhr

Jetzt sind die Nächte am kürzesten. Zu unserer Standardbeobachtungszeit, am
Monatsersten um 22 Uhr MEZ, ist immer noch eine Restdämmerung im Nordwesten
vorhanden, wenngleich es ausreichend dunkel ist, um die Sternbilder zu beobachten
und zu identifizieren. In allen Gebieten nördlich von 48,5° nördlicher Breite wird es
zum Zeitpunkt der Sommersonnenwende überhaupt nicht richtig dunkel, wenn dies
auch erst nördlich des 52. Breitengrades auffallen dürfte.
Der helle Stern Arktur im Bärenhüter ist hoch im Süden zu finden. Unterhalb von
diesem findet man die Jungfrau mit Spika. Auch der Kopf des Skorpions mit Antares
ist tief im Südosten beobachtbar. Oberhalb von diesem ist der Schlangenträger mit
der Schlange zu sehen. Tief im Osten erkennt man einen hellen Stern – es ist Atair –
der Hauptstern des Adlers. Höher im Osten ist ein noch hellerer Stern sichtbar, es ist
Wega, der hellste Stern des kleinen Sternbildes Leier und der fünfthellste Stern des
Himmels. Weiter nordöstlich erblickt man das kreuzförmige Sternbild Schwan,
dessen hellster Stern Deneb zusammen mit Wega und Atair das sogenannte
Sommerdreieck bildet. Zwischen Leier und Bärenhüter befinden sich die Sternbilder
Herkules und Nördliche Krone. Auf der westlichen Himmelshälfte findet man den
Löwen, den Kopf der Wasserschlange, den Krebs und das untergehende Sternbild
Zwillinge. Tief im Süden kann man bei klarem Himmel die nördlichsten Sterne des
Wolfs und des Zentauren sehen.

Astronomische Ereignisse

Datum	Uhrzeit	Ereignis	Elongation
1.6.2022	14:13:36	Mond 4° nördlich Eta Geminorum	22,7°
1.6.2022	18:56:13	Mond 3,9° nördlich Mü Geminorum	24,4°
1.6.2022	22:33:55	Mond 36' südlich Ceres	26,1°
2.6.2022	00:54:05	Mond 9,7° nördlich Alhena	27,4°
2.6.2022	02:02:20	Mond im Apogäum	
2.6.2022	03:06:52	Mond 57' nördlich Epsilon Geminorum	28,75°
3.6.2022	01:27:07	Merkur stationär, dann rechtläufig	
3.6.2022	02:35:44	Mond 6,55° südlich Kastor	39,2°
3.6.2022	06:26:50	Mond 2,85° südlich Pollux	41,3°
4.6.2022	07:53:41	Mond 2,95° nördlich M44	53,2°
5.6.2022	06:28:45	Ceres 10,4° nördlich Alhena	24,4°
5.6.2022	15:03:49	Saturn stationär, dann rückläufig	
5.6.2022	16:10:33	Mond in größter Nordbreite	
6.6.2022	04:28:48	Mond 4,2° nördlich Regulus	73,3°
6.6.2022	18:44:43	Venus in größter Südbreite	
7.6.2022	15:48:28	Erstes Viertel	
8.6.2022	13:38:23	Ceres 1,6° nördlich Epsilon Geminorum	22,6°
9.6.2022	10:08:32	Mond 15' nördlich Porrima	111,8°
10.6.2022	08:24:33	Mond 4,4° nördlich Spika	123,1°
11.6.2022	11:49:06	Merkur 8,2° südlich der Plejaden	20,6°
11.6.2022	14:16:59	Venus 1,6° südlich Uranus	33,8°

Datum	Uhrzeit	Ereignis	Elongation
12.6.2022	00:05:44	Mond 42' südlich Zuben-el-dschenubi	144,4°
12.6.2022	10:41:16	Mond im absteigenden Knoten	
13.6.2022	06:47:27	Mond 2,9° südlich Akrab	161,2°
13.6.2022	14:14:52	Mond 2,65° nördlich Antares	166,7°
14.6.2022	12:51:46	Vollmond	
15.6.2022	00:23:18	Mond im Perigäum	
15.6.2022	18:12:26	Mond 1,2° südlich Nunki	161,45°
16.6.2022	15:54:59	Merkur in größter westlicher Elongation	23,2°
16.6.2022	18:00:54	Mond 3,3° südlich Pluto	147,4°
17.6.2022	01:44:37	Mond 10,7° südlich Beta Capricorni	141,3°
17.6.2022	04:56:22	Merkur in größter Südbreite	
18.6.2022	10:59:23	Mond in größter Südbreite	
18.6.2022	13:02:33	Mond 3,15° südlich Delta Capricorni	123,4°
18.6.2022	14:02:48	Mond 4,7° südlich Saturn	122,2°
19.6.2022	14:04:54	Mond 53' südlich Vesta	110,3°
20.6.2022	00:02:13	Mond 13,2° südlich Juno	99,2°
20.6.2022	13:24:14	Venus 18,8° nördlich Pallas	32,2°
20.6.2022	17:56:34	Mond 4,15° südlich Neptun	93,9°
21.6.2022	04:10:49	Letztes Viertel	
21.6.2022	10:14:19	Sommeranfang	
21.6.2022	14:02:15	Mars im Perihel	
21.6.2022	15:33:36	Mond 3,2° südlich Jupiter	83,7°
22.6.2022	06:10:34	Venus 5,85° südlich der Plejaden	30,7°
22.6.2022	19:22:31	Mond 1,7° südlich Mars	70,2°
23.6.2022	15:17:36	Merkur 3° nördlich Aldebaran	21,7°
23.6.2022	20:20:08	Mond 13,1° südlich Hamal	55°
24.6.2022	22:43:40	Mond 57,5' südlich Uranus	45,9°
25.6.2022	02:55:59	Pallas 25,2° südlich der Plejaden	33,45°
25.6.2022	08:20:04	Mond im aufsteigenden Knoten	
25.6.2022	22:59:53	Mond 4,3° südlich der Plejaden	34,2°
25.6.2022	23:35:23	Mond 21° nördlich Pallas	34,6°
26.6.2022	08:36:18	Mond 2,2° nördlich Venus	30,4°
26.6.2022	22:37:56	Mond 6,4° nördlich Aldebaran	24,3°
27.6.2022	08:27:30	Mond 3,4° nördlich Merkur	19,4°
27.6.2022	22:26:31	Mond 3,6° südlich Elnath	13,65°
28.6.2022	21:05:46	Mond 3,5° nördlich Eta Geminorum	3,5°
29.6.2022	00:00:15	Mond 3,5° nördlich Mü Geminorum	1,8°
29.6.2022	00:14:25	Neptun stationär, dann rückläufig	
29.6.2022	03:52:14	Neumond	2,85°
29.6.2022	05:25:41	Mond 9,8° nördlich Alhena	3,3°
29.6.2022	07:08:50	Mond im Apogäum	
29.6.2022	08:20:22	Mond 1,3° nördlich Epsilon Geminorum	3,4°
30.6.2022	03:41:13	Mond 40' südlich Ceres	11,8°

Datum	Uhrzeit	Ereignis	Elongation
30.6.2022	07:17:31	Mond 6,3° südlich Kastor	13,7°
30.6.2022	13:15:49	Mond 2,55° südlich Pollux	15,8°

Planeten

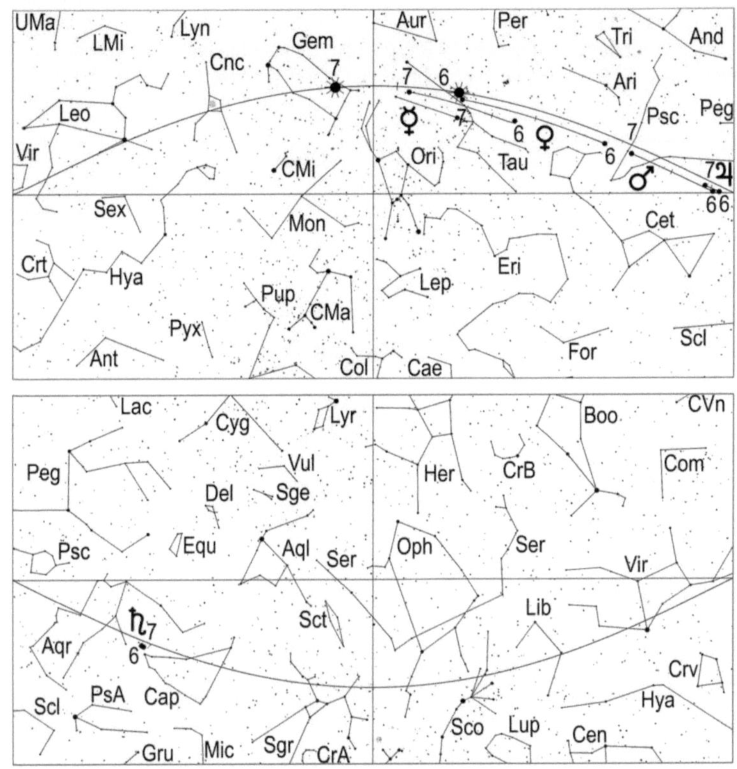

Merkur erreicht am 16. seine größte westliche Elongation mit 23,2°. Allerdings kommt es in unseren Breiten zu keiner Morgensichtbarkeit, denn am Tag der Elongation geht der 0,6 mag helle Merkur um 3.20 Uhr MEZ (4.20 Uhr MESZ) auf, die Sonne folgt ihm um 4.14 MEZ (5.14 Uhr MESZ). Bis Merkur ausreichend an Höhe gewonnen hat, um in der Morgendämmerung zu erscheinen, ist diese schon so weit fortgeschritten, dass er in ihr nicht mehr mit bloßem Auge erkannt werden kann. Südlich des 42. Breitengrades indes kann Merkur in der zweiten Monatshälfte am Morgenhimmel beobachtet werden.

Venus ist weiterhin Morgenstern und wandert vom Widder in den Stier. Hierbei zieht sie am 11. 1,6° südlich an Uranus und am 22. 5,85° südlich an den Plejaden vorbei. Während erstere Konjunktion unbeobachtbar sein dürfte, kann letztere mit einem Feldstecher in der Morgendämmerung gesehen werden. Venus, deren Helligkeit im Juni leicht von -4,0 mag auf -3,9 mag zurückgeht, erscheint am 1. um 2.59 Uhr MEZ (3.59 Uhr MESZ), am 15. um 2.40 Uhr MEZ (3.40 Uhr MESZ) und am 30. um 2.30 Uhr MEZ (3.30 Uhr MESZ) über dem Horizont.

Im Fernrohr erkennt man, dass der Morgenstern weiter kleiner und rundlicher wird: am 1. hat ihr Scheibchen einen Durchmesser von 13,7" und ist zu 73 % beleuchtet, am 30. beträgt der Durchmesser 11,9" bei einem Beleuchtungsgrad von 86 %. Am Morgen des 26. findet man den abnehmenden Mond nahe Venus.

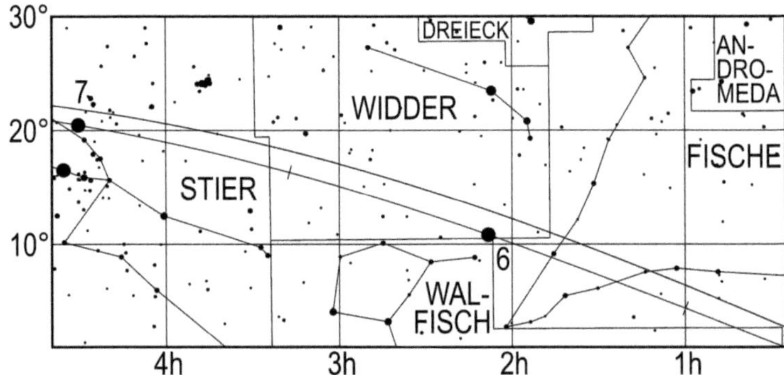

Lauf des Planeten Venus von Mai bis Juli 2022. Die Zahl gibt die Position zum 1. des entsprechenden Monats an, also 6 die Position am 1.6.

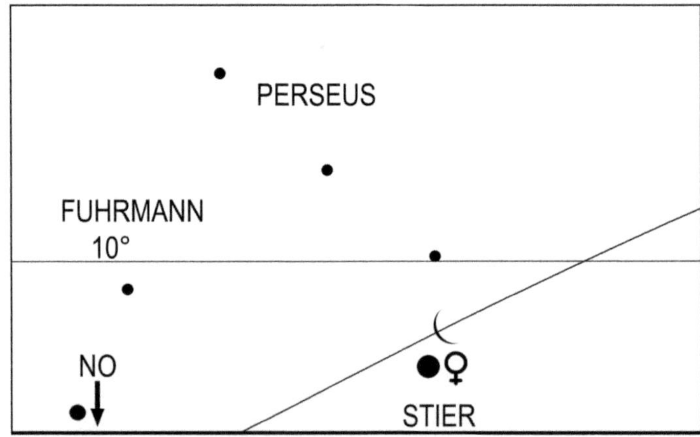

Mond und Venus in der Morgendämmerung am 26.6.2022 um 3 Uhr MEZ (4 Uhr MESZ).

Mars durchwandert rechtläufig das Sternbild Fische, wobei er auch die nordwestlichen Teile des Sternbildes Walfisch durchwandert und verbessert seine Sichtbarkeit am Morgenhimmel. Der rote Planet erscheint am 1. um 2.02 Uhr MEZ (3.02 Uhr MESZ), am 15. um 1.26 Uhr MEZ (2.26 Uhr MESZ) und am 30. um 0.47 Uhr MEZ (1.47 Uhr MESZ) über dem Horizont.

Seine Helligkeit steigt im Laufe des Monats von 0,7 mag auf 0,5 mag und sein Scheibchen wächst von 6,4" auf 7,2". Noch ist Mars, der im Fernrohr eine Phase wie der Mond 3 Tage vor Vollmond zeigt, kein lohnendes Objekt für Fernrohrbeobachter. Am 21. wandert Mars durch das Perihel seiner Bahn, wobei seine Entfernung zur Sonne 206640829 km beträgt. Zwei Tage später sieht man am Morgenhimmel den abnehmenden Mond in der Nachbarschaft des roten Planeten.

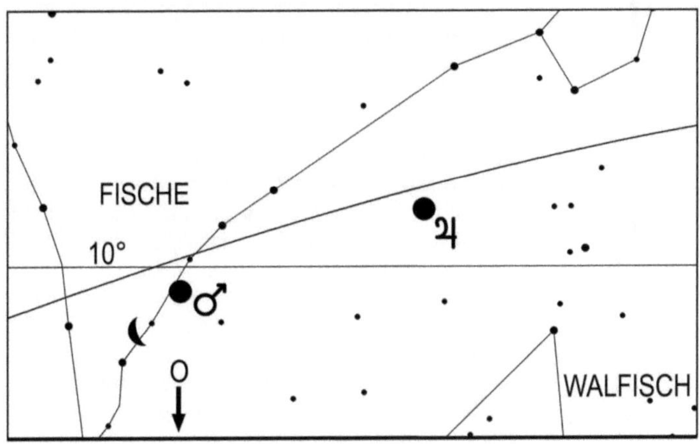

Mond, Mars und Jupiter am 23.6.2022 um 2 Uhr MEZ (3 Uhr MESZ)

Jupiter wandert durch das Sternbild Fische und überschreitet am Monatsende die Grenze zum Sternbild Walfisch. Der größte Planet unseres Sonnensystems geht am 1. um 1.56 Uhr MEZ (2.56 Uhr MESZ), am 15. um 1.05 Uhr MEZ (2.05 Uhr MESZ) und am 30. um 0.09 Uhr MEZ (1.09 Uhr MESZ) auf. In diesem Monat steigt seine Helligkeit leicht von −2,2 mag auf −2,4 mag an und sein Scheibchendurchmesser wächst von 37,3" auf 40,6". Am Morgen des 22. sieht man den abnehmenden Mond zwischen Mars und Jupiter.

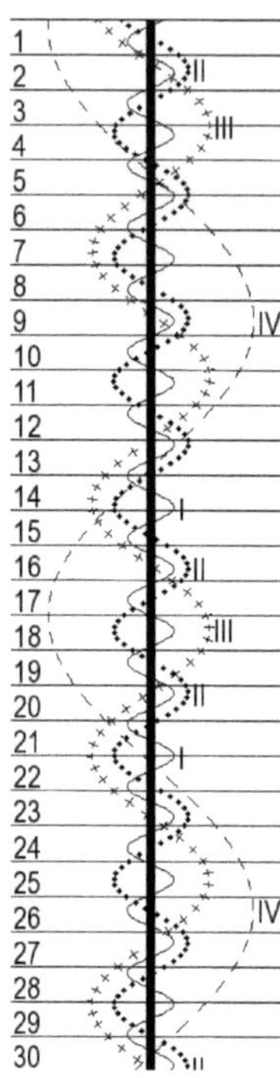

Stellung der 4
hellen Jupiter-
monde im
Juni 2022

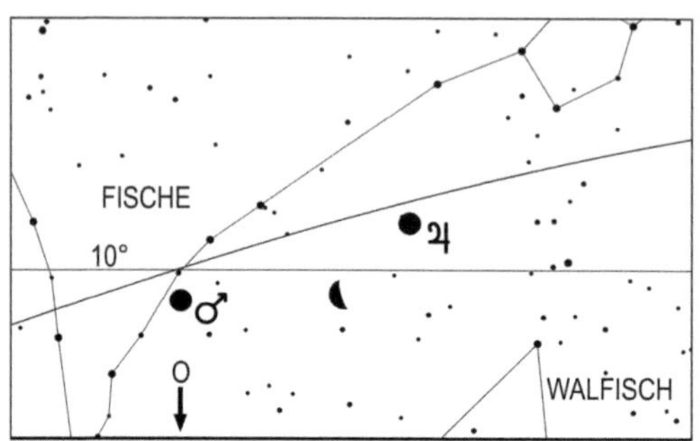

Mond, Mars und Jupiter am Morgen des 22.6.2022 um 2 Uhr MEZ (3 Uhr MESZ)

Saturn im Ostteil des Steinbocks setzt am 5. zur Oppositionsschleife an und überschreitet den Horizont am 1. um 0.44 Uhr MEZ (1.44 Uhr MESZ), am 15. um 23.45 Uhr MEZ (0.45 Uhr MESZ) und am Monatsletzten um 22.45 Uhr MEZ (23.45 Uhr MESZ). Seine Helligkeit steigt im Juni leicht von 0,7 mag auf 0,6 mag. Schon in kleinen Fernrohren ist sein Ring zu erkennen, dessen Öffnung in diesem Monat von 12° auf 13° zunimmt.

Im Laufe des Monats nimmt der Scheibchendurchmesser von Saturn leicht von 17,4" auf 18,2" zu. Am 18. läuft der Mond 4,7° südlich an Saturn vorbei.

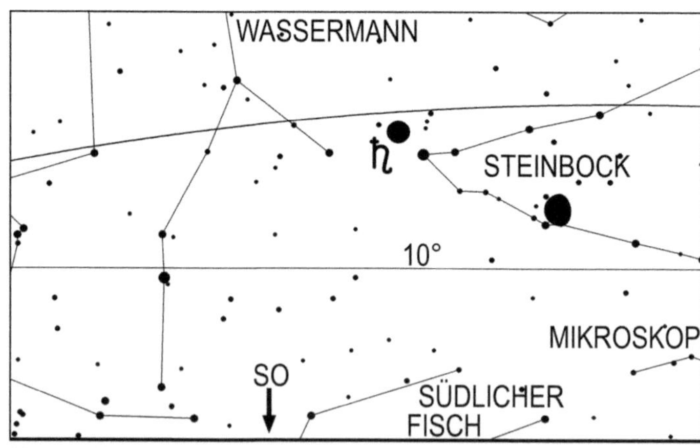

Mond und Saturn am Morgen des 18.6.2022 um 2 Uhr MEZ (3 Uhr MESZ)

Uranus kann gegen Monatsende mit einem Fernrohr im Sternbild Widder aufgesucht werden (Aufsuchkarte, Seite 167). Sein Aufgang erfolgt am 25. um 1.44 Uhr MEZ (2.44 Uhr MESZ) und am Monatsletzten um 1.25 Uhr MEZ (2.25 Uhr MESZ). Etwa eine dreiviertel Stunde nach seinem Aufgang lohnt es sich, nach den 5,8 mag hellen Planeten, in der beginnenden Dämmerung Ausschau zu halten.
Die Konjunktion mit Venus am 11., bei der unser innerer Nachbarplanet 1,6° südlich an Uranus vorbeizieht, dürfte unbeobachtbar bleiben.

Neptun im Sternbild Fische, kann am Morgenhimmel in der beginnenden Morgendämmerung mit einem Fernrohr aufgesucht werden (Aufsuchkarte, Seite 134), wenn dies auch in der ersten Monatshälfte noch sehr schwierig sein dürfte. Der 7,9 mag helle Neptun überschreitet den Horizont am 1. um 1.41 Uhr MEZ (2.41 Uhr MESZ), am 15. um 0.46 Uhr MEZ (1.46 Uhr MESZ) und am Monatsletzten schon um 23.44 Uhr MEZ (0.44 Uhr MESZ). Am 29. wird der sonnenfernste Planet stationär und setzt zu seiner Oppositionsschleife an.

Klein- und Zwergplaneten

Ceres kann im Juni nicht beobachtet werden.

Pallas kann in diesem Monat ebenfalls nicht beobachtet werden.

Juno wandert vom Wassermann in die Fische und verschiebt ihren Aufgang in die erste Nachthälfte: am 1. geht der Kleinplanet um 0.30 Uhr MEZ (1.30 Uhr MESZ), am 15. um 23.39 Uhr MEZ (0.39 Uhr MESZ) und am 30. um 22.47 Uhr MEZ (23.47 Uhr MESZ) auf. Juno, deren Helligkeit im Juni von 10,2 mag auf 9,7 mag ansteigt, kann am besten zu Beginn der Morgendämmerung mit einem größeren Fernrohr (ab 10-15 Zentimeter Objektivöffnung) aufgesucht werden (Aufsuchkarte, Seite 135.

Vesta wandert durch den Wassermann und geht am 1. um 1.10 Uhr MEZ (2.10 Uhr MESZ), am 15. um 0.27 Uhr MEZ (1.27 Uhr MESZ) und am 30. um 23.35 Uhr MEZ (0.35 Uhr MESZ) auf. Der Planetoid, dessen Helligkeit im Laufe des Monats von 7,2 mag auf 6,8 mag ansteigt, kann am besten zu Beginn der Abenddämmerung mit einem Feldstecher aufgesucht werden (Aufsuchkarte, Seite 120).

Periodische Sternschnuppenströme

Vom 11. bis zum 21. kann man die Juni-Lyriden beobachten, die ihr Maximum am 16. um 18 Uhr MEZ erreichen. Mitteleuropäische Beobachter werden allerdings erst am 17. um 0.30 Uhr MEZ die größte Zahl an Juni-Lyriden sichten. Allerdings tritt auch dann höchstens 1 Meteor pro Stunde auf.
Da nur zwei Tage zuvor Vollmond war, ist die Beobachtung dieses Meteorstroms in hohem Maße durch den Mond gestört.

Während des ganzen Monats sind die ziemlich langsam fliegenden Meteore
der Scorpius-Sagittariiden zu registrieren, welche am 14. ihr Maximum erreichen. Da
an diesem Tag Vollmond ist, ist auch ihre Beobachtung durch den Mond stark
beeinträchtigt.
Zwischen dem 22.6 und dem 2.7. sind die Juni-Bootiden aktiv, die ihr Maximum am
26. um 16 Uhr MEZ erreichen. Es sind bis zu 2, langsame Meteore pro Stunde zu
erwarten, doch können höhere Fallraten nicht gänzlich ausgeschlossen werden.
Die Juni-Bootiden sind Reste des Kometen 7P/Pons-Winnecke.
Der Mond erscheint am 26. erst in den frühen Morgenstunden und hat auch schon
stark abgenommen, so dass sein Licht bei der Beobachtung kaum stören dürfte.

Sonnenuntergang und Dämmerung

	Astr. Anf.	Naut. Anf.	Bürg. Anf.	Aufgang	Kulm.	Untergang	Bürg. Ende	Naut. Ende	Astr. Ende	Zeitgl.
1.6.2022	----	2:37	3:37	4:20	12:22	20:24	21:07	22:08	----	-2m13s
2.6.2022	----	2:35	3:37	4:19	12:22	20:25	21:09	22:10	----	-2m04s
3.6.2022	----	2:34	3:36	4:18	12:22	20:26	21:10	22:11	----	-1m54s
4.6.2022	----	2:33	3:35	4:18	12:22	20:27	21:11	22:13	----	-1m44s
5.6.2022	----	2:32	3:34	4:17	12:23	20:28	21:12	22:14	----	-1m34s
6.6.2022	----	2:31	3:34	4:17	12:23	20:29	21:13	22:15	----	-1m23s
7.6.2022	----	2:30	3:33	4:16	12:23	20:30	21:14	22:17	----	-1m12s
8.6.2022	----	2:29	3:32	4:16	12:23	20:30	21:15	22:18	----	-1m01s
9.6.2022	----	2:28	3:32	4:15	12:23	20:31	21:16	22:19	----	-0m49s
10.6.2022	----	2:27	3:31	4:15	12:24	20:32	21:16	22:20	----	-0m38s
11.6.2022	----	2:26	3:31	4:15	12:24	20:33	21:17	22:21	----	-0m26s
12.6.2022	----	2:26	3:31	4:14	12:24	20:33	21:18	22:22	----	-0m13s
13.6.2022	----	2:25	3:30	4:14	12:24	20:34	21:19	22:23	----	-0m01s
14.6.2022	----	2:25	3:30	4:14	12:24	20:34	21:19	22:24	----	0m10s
15.6.2022	----	2:24	3:30	4:14	12:25	20:35	21:20	22:25	----	0m23s
16.6.2022	----	2:24	3:30	4:14	12:25	20:35	21:20	22:25	----	0m36s
17.6.2022	----	2:24	3:30	4:14	12:25	20:36	21:21	22:26	----	0m49s
18.6.2022	----	2:24	3:30	4:14	12:25	20:36	21:21	22:26	----	1m02s
19.6.2022	----	2:24	3:30	4:14	12:25	20:36	21:21	22:27	----	1m15s
20.6.2022	----	2:24	3:30	4:14	12:26	20:37	21:22	22:27	----	1m28s
21.6.2022	----	2:24	3:30	4:14	12:26	20:37	21:22	22:27	----	1m41s
22.6.2022	----	2:24	3:30	4:15	12:26	20:37	21:22	22:27	----	1m54s
23.6.2022	----	2:25	3:31	4:15	12:26	20:37	21:22	22:27	----	2m07s
24.6.2022	----	2:25	3:31	4:15	12:27	20:37	21:22	22:27	----	2m20s
25.6.2022	----	2:25	3:31	4:16	12:27	20:37	21:22	22:27	----	2m33s
26.6.2022	----	2:26	3:32	4:16	12:27	20:37	21:22	22:27	----	2m45s
27.6.2022	----	2:27	3:32	4:16	12:27	20:37	21:22	22:27	----	2m58s
28.6.2022	----	2:27	3:33	4:17	12:27	20:37	21:22	22:26	----	3m11s
29.6.2022	----	2:28	3:34	4:17	12:28	20:37	21:22	22:26	----	3m23s
30.6.2022	----	2:29	3:34	4:18	12:28	20:37	21:21	22:25	----	3m35s

Mondlauf

	Rektaszension	Deklination	Elong.	Phase	mag	Auf-gang	Kulm.	Unter-gang
1.6.2022	5h44m00,4s	25°29'51"	16,4°	0,02	-5,4	5:17	14:00	22:46
2.6.2022	6h36m27,7s	26°06'56"	27,3°	0,06	-6,4	6:05	14:51	23:32
3.6.2022	7h28m52,1s	25°30'35"	38,1°	0,11	-7,3	7:03	15:41	
4.6.2022	8h20m22,9s	23°43'01"	49,0°	0,17	-8,0	8:08	16:29	0:07
5.6.2022	9h10m26,5s	20°49'58"	60,0°	0,25	-8,6	9:18	17:16	0:35
6.6.2022	9h58m54,6s	16°59'17"	71,1°	0,34	-9,2	10:29	18:00	0:57
7.6.2022	10h46m04,1s	12°19'49"	82,4°	0,43 ☽	-9,7	11:42	18:44	1:15
8.6.2022	11h32m32,4s	7°00'52"	94,0°	0,53	-10,2	12:55	19:28	1:31
9.6.2022	12h19m12,9s	1°12'35"	106,0°	0,64	-10,7	14:10	20:13	1:46
10.6.2022	13h07m11,0s	-4°53'01"	118,4°	0,74	-11,1	15:30	21:00	2:01
11.6.2022	13h57m40,8s	-11°00'31"	131,3°	0,83	-11,5	16:53	21:52	2:18
12.6.2022	14h51m57,4s	-16°49'09"	144,6°	0,91	-11,9	18:20	22:48	2:38
13.6.2022	15h51m00,5s	-21°52'08"	158,3°	0,97	-12,3	19:50	23:50	3:05
14.6.2022	16h55m02,3s	-25°38'27"	172,1°	1 ○	-12,6	21:13		3:43
15.6.2022	18h02m51,6s	-27°39'08"	172,6°	1	-12,7	22:22	0:53	4:36
16.6.2022	19h11m48,2s	-27°37'23"	158,7°	0,97	-12,3	23:13	2:03	5:47
17.6.2022	20h18m39,8s	-25°35'52"	144,7°	0,91	-11,9	23:48	3:08	7:10
18.6.2022	21h21m06,6s	-21°54'57"	130,9°	0,83	-11,5		4:07	8:37
19.6.2022	22h18m22,0s	-17°03'29"	117,6°	0,73	-11,1	0:14	5:02	10:02
20.6.2022	23h10m54,6s	-11°29'43"	104,6°	0,63	-10,6	0:33	5:51	11:22
21.6.2022	23h59m50,6s	-5°36'54"	92,1°	0,52 ☾	-10,2	0:50	6:37	12:38
22.6.2022	0h46m26,8s	0°17'09"	80,0°	0,41	-9,7	1:04	7:21	13:52
23.6.2022	1h31m56,1s	5°58'48"	68,3°	0,31	-9,1	1:19	8:03	15:04
24.6.2022	2h17m23,0s	11°16'40"	56,8°	0,23	-8,5	1:34	8:47	16:15
25.6.2022	3h03m40,2s	16°00'27"	45,5°	0,15	-7,8	1:52	9:31	17:27
26.6.2022	3h51m25,3s	20°00'03"	34,5°	0,09	-7,0	2:13	10:17	18:36
27.6.2022	4h40m55,8s	23°05'32"	23,6°	0,04	-6,1	2:40	11:06	19:42
28.6.2022	5h32m03,9s	25°07'51"	12,9°	0,01	-5,1	3:16	11:56	20:40
29.6.2022	6h24m16,2s	26°00'13"	4,0°	0 ●	-4,1	4:01	12:47	21:30
30.6.2022	7h16m40,6s	25°39'29"	10,0°	0,01	-4,8	4:56	13:37	22:09

Jupitermond-Ereignisse

Datum	Uhrzeit (MEZ)	Mond	Erscheinung	Phase
1.6.2022	03:14:47	Io	Durchgang	Anfang
2.6.2022	02:49:47	Io	Bedeckung	Ende
3.6.2022	03:42:47	Europa	Schattenvorübergang	Anfang
5.6.2022	03:07:28	Europa	Bedeckung	Ende
8.6.2022	03:51:44	Io	Schattenvorübergang	Anfang
9.6.2022	02:46:33	Ganymed	Verfinsterung	Anfang
12.6.2022	03:08:35	Europa	Verfinsterung	Ende
12.6.2022	03:14:20	Europa	Bedeckung	Anfang
16.6.2022	03:05:53	Io	Verfinsterung	Anfang
17.6.2022	02:28:44	Io	Schattenvorübergang	Ende
17.6.2022	03:50:13	Io	Durchgang	Ende

Datum	Uhrzeit (MEZ)	Mond	Erscheinung	Phase
19.6.2022	03:05:21	Europa	Verfinsterung	Anfang
20.6.2022	02:35:32	Ganymed	Durchgang	Anfang
21.6.2022	03:36:36	Europa	Durchgang	Ende
24.6.2022	02:07:52	Io	Schattenvorübergang	Anfang
24.6.2022	03:31:58	Io	Durchgang	Anfang
25.6.2022	03:06:11	Io	Bedeckung	Ende
28.6.2022	03:28:25	Europa	Schattenvorübergang	Ende
28.6.2022	03:42:17	Europa	Durchgang	Anfang
30.6.2022	01:02:41	Kallisto	Schattenvorübergang	Ende

Juli

Sternenhimmel

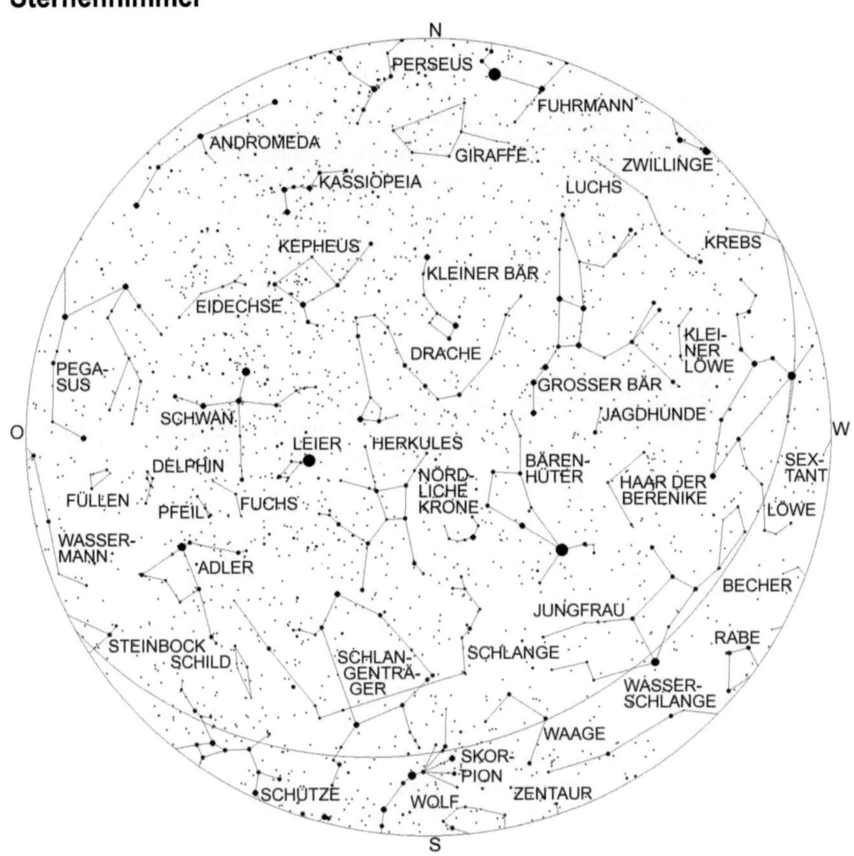

Gültig für

1.3. 6 Uhr	15.3. 5 Uhr
1.4. 4 Uhr	15.4. 3 Uhr
1.5. 2 Uhr	15.5. 1 Uhr
1.6. 0 Uhr	15.6. 23 Uhr
1.7. 22 Uhr	15.7. 21 Uhr

Zur Standardbeobachtungszeit, den Monatsersten um 22 Uhr MEZ, ist im Nordwesten immer noch eine Restdämmerung zu sehen und in den nördlichen Teilen Deutschlands wird es in der ersten Monatshälfte überhaupt nicht vollständig dunkel, doch ist es zu dieser Zeit dunkel genug, um die wichtigsten Sternbilder zu sehen und zu bestimmen.

Tief im Süden steht der Skorpion mit seinem hellen Stern Antares, der zu den größten Sternen überhaupt gehört. Im Skorpion befinden sich mehrere Doppelsterne, die schon mit kleinen Fernrohren getrennt werden können. Einer ist der Scherenstern Akrab, der schon mit Teleskopen ab 5 cm Öffnung aufgelöst werden kann. Er besteht aus den 2,6 mag hellen Hauptstern und einen 4,9 mag hellen Begleiter. Sowohl der Hauptstern als auch der Begleiter sind ihrerseits enge Doppelsterne, deren Auflösung nur mit sehr großen Fernrohren gelingt. Zumindest einer der Sterne, die das Hauptsternsystem bilden und ein Stern des Begleiters sind ebenfalls doppelt, so dass Akrab ein System aus 6, möglicherweise 7 Sternen darstellt.

Der nur knapp östlich von Akrab gelegene Stern Jabbah ist sogar schon im Feldstecher trennbar und besteht aus einem 4,0 mag hellen Hauptstern mit einem 6,3 mag hellem Begleiter in 41" Abstand. In einem Fernrohr ab 6 cm Öffnung erkennt man, dass der Begleiter seinerseits wieder doppelt ist und aus 2 Sternen in 2,4" Abstand besteht. Ein Fernrohr ab 15 cm Öffnung zeigt, dass auch der Hauptstern ein Doppelstern ist, der sich aus einem 4,2 mag und einem 6,6 mag hellen Stern in 1,3" Abstand zusammensetzt.

Beide Komponenten des Hauptsterns sind ihrerseits wieder Doppelsterne, was nur durch Spektralanalyse festgestellt werden kann. Möglicherweise trifft dies auch auf die schwächere Komponente des Begleiters zu.

Jabbah ist somit – wie Akrab – ein System aus 6 vielleicht sogar 7 Sternen.

Östlich des Skorpions, im Südsüdosten geht gerade das Sternbild Schütze auf. Westlich des Skorpions befindet sich die Waage. Nordwestlich davon findet man die Tierkreissternbilder Jungfrau und Löwe, die bald unter dem Horizont versinken werden.

Das Areal nördlich des Skorpions wird von den Sternbildern Schlange und Schlangenträger eingenommen. Erstere ist das einzige Sternbild, welches aus zwei nicht zusammenhängenden Teilen besteht.

Nördlich des Schlangenträgers steht das wenig charakteristische Sternbild Herkules, dessen südöstlichster heller Stern, Ras Algheti (Alpha Herculis), ein schon in Fernrohren ab 5 cm Öffnung auflösbarer Doppelstern ist. Er besteht aus dem orangeroten Hauptstern, dessen Helligkeit zwischen 2,7 mag und 4,0 mag schwankt und einem 5,4 mag hellem, weißlichem Begleiter in 4,8" Abstand und zeigt im Fernrohr einen schönen Farbkontrast.

Weitere Beobachtungsobjekte im Herkules für Fernrohrbesitzer sind die Kugelsternhaufen M13 und M92, die mit einer Helligkeit von 5,8 mag bzw. 6,3 mag schon im Feldstecher aufgesucht werden können. Westlich des Herkules erkennt man das Halbrund der Nördlichen Krone und den Bärenhüter mit Arktur.

Hoch im Südosten findet man die Sternbilder Schwan, Leier und Adler, deren hellste Sterne Wega, Deneb und Atair das Sommerdreieck bilden. In der Leier finden sich einige interessante Beobachtungsobjekte: als Erstes ist hiervon der Vierfachstern

Epsilon (ε) Lyrae zu nennen, der sich nordöstlich von Wega befindet. Seine beiden Hauptkomponenten, welche 3,45' auseinander stehen, können unter guten Sichtbedingungen schon mit bloßem Auge, auf jeden Fall aber in einem Fernglas getrennt werden. Bei Beobachtung mit einem Fernrohr ab 6 Zentimeter Objektivöffnung erkennt man, dass beide Hauptkomponenten ihrerseits Doppelsterne mit Winkelabständen von 2,3" und 2,7" sind. Wählt man eine ca. 150-fache Vergrößerung kann man alle 4 Sterne gleichzeitig sehen.
Ein weiterer Doppelstern, dessen Hauptkomponente zu den bekanntesten bedeckungsveränderlichen Sternen gehört, ist Beta (β) Lyrae. Er wird auf Seite 283 ausführlich beschrieben und kann schon mit einem Fernglas getrennt werden. Zeta (ζ) Lyrae, der aus einem 4,3 mag und einem 5,6 mag hellem Stern in 44" Abstand besteht, ist ein ebenfalls im Feldstecher auflösbarer Doppelstern. Das Sternbild Schwan liegt direkt in der Milchstraße und zeigt im Fernglas eine enorme Sternenfülle.

Sommersternbilder

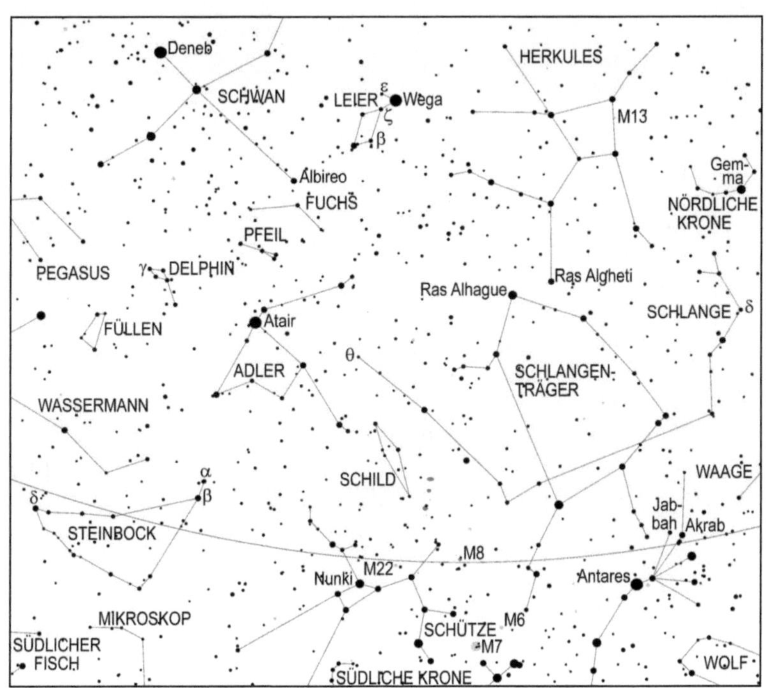

Astronomische Ereignisse

Datum	Uhrzeit	Ereignis	Elongation
1.7.2022	07:12:26	Merkur 6,4° südlich Elnath	16,9°
1.7.2022	15:11:02	Mond 3,1° nördlich M44	27,3°
2.7.2022	00:29:53	Venus 4,2° nördlich Aldebaran	29,5°
2.7.2022	20:02:11	Mond in größter Nordbreite	
3.7.2022	09:07:55	Mond 4,45° nördlich Regulus	47,3°
4.7.2022	08:04:51	Erde im Aphel (Abstand Erde-Sonne: 152099845 km)	
4.7.2022	18:04:59	Ceres 5,85° südlich Kastor	9,8°
6.7.2022	06:37:20	Merkur im aufsteigenden Knoten	
6.7.2022	18:37:51	Mond 11' südlich Porrima	85,8°
7.7.2022	03:14:15	Erstes Viertel	
7.7.2022	04:08:34	Merkur 1,05° nördlich Eta Geminorum	11,3°
7.7.2022	15:43:11	Mond 4,3° nördlich Spika	97,1°
8.7.2022	01:52:07	Merkur 1,15° nördlich Mü Geminorum	10,3°
9.7.2022	01:14:18	Saturn 1,5° nördlich Delta Capricorni	142,5°
9.7.2022	08:44:21	Mond 19' südlich Zuben-el-dschenubi	118,3°
9.7.2022	16:36:13	Merkur 7,4° nördlich Alhena	8,5°
9.7.2022	18:12:23	Mond im absteigenden Knoten	
10.7.2022	05:22:38	Ceres 2,3° südlich Pollux	7,5°
10.7.2022	08:59:06	Merkur 1,4° südlich Epsilon Geminorum	7,8°
10.7.2022	14:56:28	Mond 2,7° südlich Akrab	135,2°
10.7.2022	15:27:30	Mars 12,5° südlich Hamal	70,7°
10.7.2022	22:42:56	Merkur im Perihel	
11.7.2022	02:23:50	Mond 2° nördlich Antares	140,9°
11.7.2022	21:33:54	Venus 6,3° südlich Elnath	27°
13.7.2022	06:57:27	Mond 1,1° südlich Nunki	170,6°
13.7.2022	10:05:03	Mond im Perigäum	
13.7.2022	19:37:38	Vollmond	
14.7.2022	02:10:29	Vesta stationär, dann rückläufig	
14.7.2022	05:26:37	Mond 3,3° südlich Pluto	172,6°
14.7.2022	12:43:44	Mond 10,1° südlich Beta Capricorni	166,9°
15.7.2022	18:01:12	Mond in größter Südbreite	
15.7.2022	19:14:50	Merkur 8,8° südlich Kastor	1,9°
15.7.2022	20:10:29	Mond 5° südlich Saturn	149,3°
15.7.2022	20:45:01	Mond 3,6° südlich Delta Capricorni	149,35°
16.7.2022	20:37:55	Merkur in oberer Konjunktion zur Sonne	1,5°
16.7.2022	22:55:36	Merkur 5,2° südlich Pollux	1,5°
17.7.2022	01:35:51	Mond 1,2° nördlich Vesta	134,4°
17.7.2022	17:10:39	Mond 11,6° südlich Juno	121,4°
18.7.2022	00:52:18	Mond 4,3° südlich Neptun	120°
18.7.2022	18:50:39	Merkur 3,1° südlich Ceres	2,8°
19.7.2022	00:51:42	Mond 3,25° südlich Jupiter	107,8°

Datum	Uhrzeit	Ereignis	Elongation
20.7.2022	02:36:39	Plutoopposition	
20.7.2022	15:18:37	Letztes Viertel	
21.7.2022	01:32:37	Mond 13° südlich Hamal	80,45°
21.7.2022	04:05:21	Merkur in größter Nordbreite	
21.7.2022	04:43:51	Venus 21' nördlich Eta Geminorum	24,7°
21.7.2022	18:06:25	Mond 18' nördlich Mars	77,55°
21.7.2022	21:06:57	Pallas 18,9° südlich Aldebaran	49,2°
21.7.2022	23:47:54	Ceres in Konjunktion zur Sonne	4,75°
22.7.2022	07:18:02	Mond bedeckt Uranus, siehe Seite 217	71°
22.7.2022	10:32:24	Mond im aufsteigenden Knoten	
22.7.2022	17:43:17	Venus 21' nördlich Mü Geminorum	24,3°
23.7.2022	04:13:58	Merkur 14' nördlich M44	7,4°
23.7.2022	04:20:09	Mond 4° südlich der Plejaden	60,1°
24.7.2022	03:25:01	Mond 6,6° nördlich Aldebaran	50,2°
24.7.2022	05:42:11	Mond 26,15° nördlich Pallas	49,3°
25.7.2022	02:57:50	Mond 3,4° südlich Elnath	39,5°
25.7.2022	12:48:31	Venus 6,4° nördlich Alhena	23,6°
26.7.2022	01:25:21	Mond 3,6° nördlich Eta Geminorum	29,3°
26.7.2022	04:44:30	Mond 3,8° nördlich Mü Geminorum	27,6°
26.7.2022	11:51:20	Mond im Apogäum	
26.7.2022	13:17:13	Mond 10,15° nördlich Alhena	25°
26.7.2022	16:28:46	Mond 3,6° nördlich Venus	23,3°
26.7.2022	16:35:34	Mond 1,2° nördlich Epsilon Geminorum	23,5°
26.7.2022	17:35:28	Venus 2,4° südlich Epsilon Geminorum	23,3°
27.7.2022	15:27:44	Mond 6,3° südlich Kastor	13,5°
27.7.2022	20:17:56	Mond 3° südlich Pollux	11,3°
28.7.2022	11:30:19	Mond 30' südlich Ceres	5,45°
28.7.2022	18:55:00	Neumond	4,1°
28.7.2022	21:42:32	Mond 2,5° nördlich M44	2,3°
29.7.2022	12:46:23	Jupiter stationär, dann rückläufig	
29.7.2022	21:30:00	Mond in größter Nordbreite	
29.7.2022	22:59:32	Mond 2,7° nördlich Merkur	13,5°
30.7.2022	17:00:39	Mond 4,1° nördlich Regulus	21,6°
31.7.2022	17:26:29	Juno stationär, dann rückläufig	

Planeten

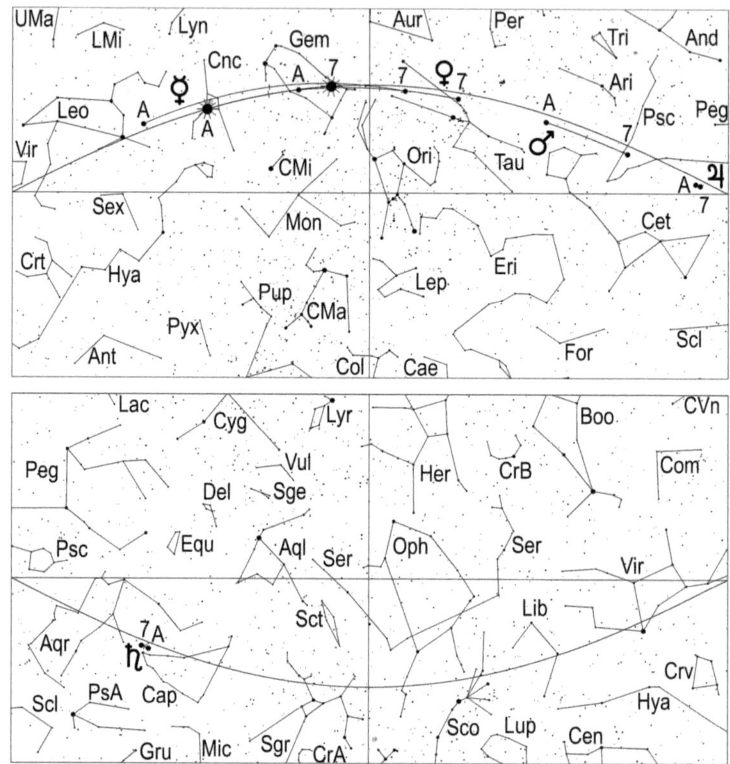

Merkur steht am 16. in oberer Konjunktion zur Sonne und kann im Juli nicht beobachtet werden.

Venus ist weiterhin Morgenstern und durchwandert die Sternbilder Stier und Zwillinge. Unser innerer Nachbarplanet, dessen Helligkeit -3,9 mag beträgt, geht am 1. um 2.30 Uhr MEZ (3.30 Uhr MESZ) – 109 Minuten vor der Sonne, am 15. um 2.33 Uhr MEZ (3.33 Uhr MESZ) – 118 Minuten vor der Sonne und am 31. um 2.55 Uhr MEZ (3.55 Uhr MESZ) – 117 Minuten vor der Sonne auf.
Am 2. wandert Venus 4,2° nördlich an Aldebaran und am 11. 6,3° südlich an Elnath vorbei. Am Morgen des 21. findet man Venus 21' nördlich von Eta Geminorum und am nächsten Tag 21' nördlich von Mü Geminorum, was im Feldstecher einen reizvollen Anblick bietet. Alhena wird von Venus am 25. in 6,4° nördlichem Abstand und Epsilon Geminorum am 26. in 2,4° südlichem Abstand passiert.

Im Fernrohr zeigt sich Venus am 1. als zu 86 % beleuchtetes Scheibchen mit 11,9"
Durchmesser und am 31. als zu 92 % beleuchtetes Scheibchen mit 10,7"
Durchmesser.
Am Morgen des 26. findet man den abnehmenden Mond in der Nähe des
Morgensterns.

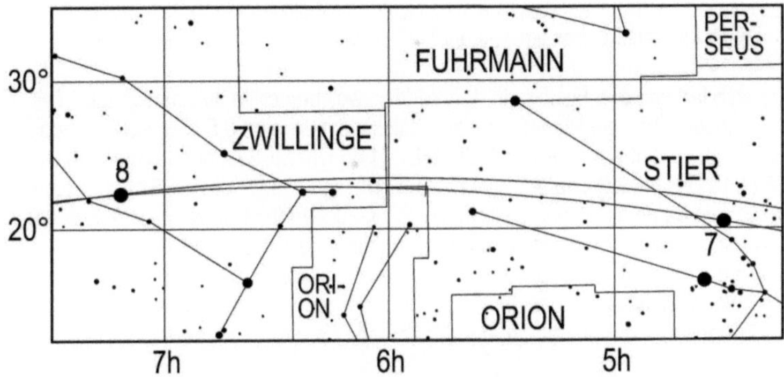

Lauf des Planeten Venus von Juni bis August 2022. Die Zahl gibt die Position zum 1.
des entsprechenden Monats an, also 8 die Position am 1.8.

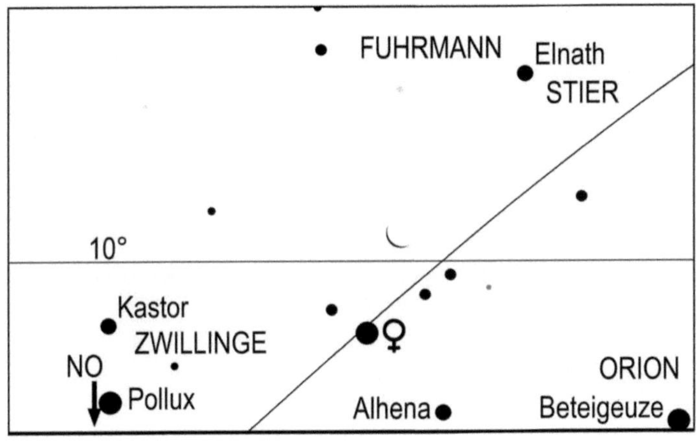

Mond und Venus am Morgen des 26.7.2022 um 3.30 Uhr MEZ (4.30 Uhr MESZ)

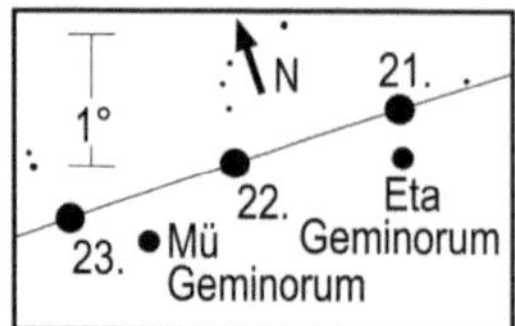

Stellung der Venus bei Eta Geminorum und Mü Geminorum am 21., 22. und 23. Juli.
Der Kreis zeigt ihre Position um 3.30 Uhr MEZ (4.30 Uhr MESZ) am jeweiligen Tag.

Mars wandert von den Fischen in den Widder, welchen er im Juli zum großen Teil durchwandert. Der rote Planet, dessen Helligkeit im Juli von 0,5 mag auf 0,2 mag zunimmt, erscheint am 1. um 0.45 Uhr MEZ (1.45 Uhr MESZ), am 15. um 0.10 Uhr MEZ (1.10 Uhr MESZ) und am 31. um 23.29 Uhr MEZ (0.29 Uhr MESZ) über dem Horizont. Im Laufe des Monats nimmt sein Scheibchendurchmesser von 7,2" auf 8,2" zu, womit er für Fernrohrbeobachtungen langsam interessant wird.
Im Fernrohr erkennt man, dass Mars nicht kreisrund erscheint, sondern nur zu etwa 85 % beleuchtet ist und somit den Mond etwa 3 Tage vor Vollmond ähnelt.
Am 22. sieht man den abnehmenden Mond nahe dem roten Planeten.

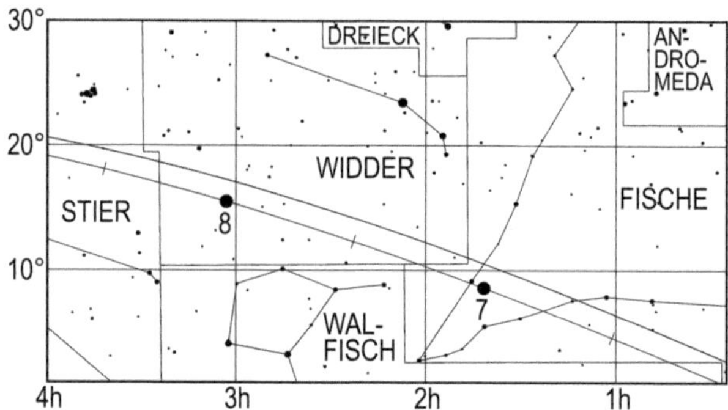

Lauf des Planeten Mars von Juni bis August 2022. Die Zahl gibt die Position zum 1. des entsprechenden Monats an, also 8 die Position am 1.8.

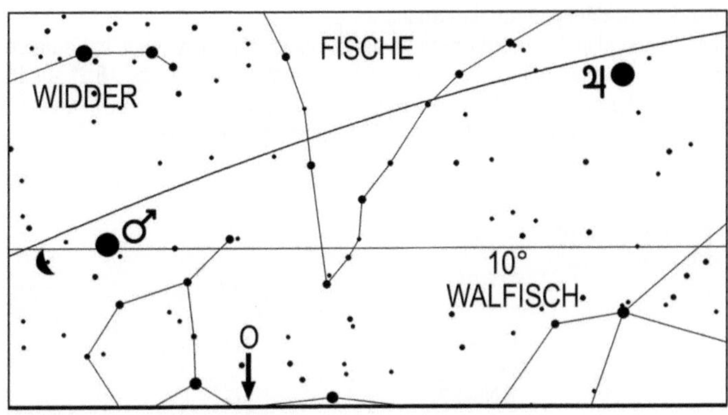

Mond, Mars und Jupiter am 22.7.2022 um 1 Uhr MEZ (2 Uhr MESZ)

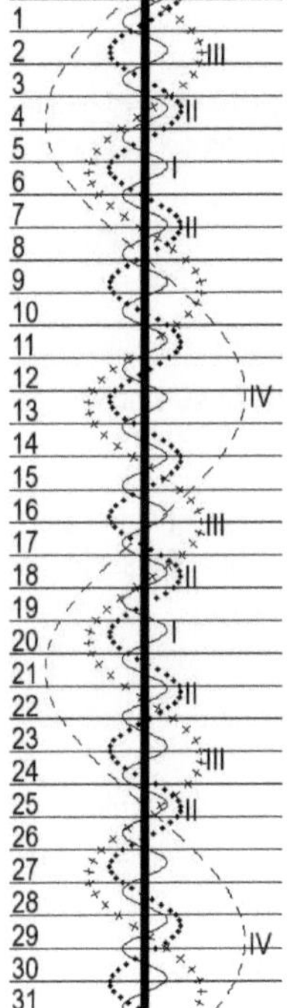

Stellung der 4
hellen Jupiter-
monde im Juli
2022

Jupiter, in den nordwestlichen Ausläufern des Sternbildes Walfisch, setzt am 29. zu seiner Oppositionsschleife an. Er geht am 1. um 0.05 Uhr MEZ (1.05 Uhr MESZ), am 15. um 23.09 Uhr MEZ (0.09 Uhr MESZ) und am 31. um 22.07 Uhr MEZ (23.07 Uhr MESZ) auf, womit er sich anschickt, in die erste Nachthälfte vorzustoßen. Am 1. beträgt seine Helligkeit -2,4 mag und sein Durchmesser 40,8". Bis zum Monatsende steigt seine Helligkeit auf -2,7 mag und sein Durchmesser auf 45", womit er zu einem interessanten Objekt für Fernrohrbeobachtungen wird.

Am Morgen des 19. zieht der Mond 3,25° südlich am größten Planeten unseres Sonnensystems vorbei.

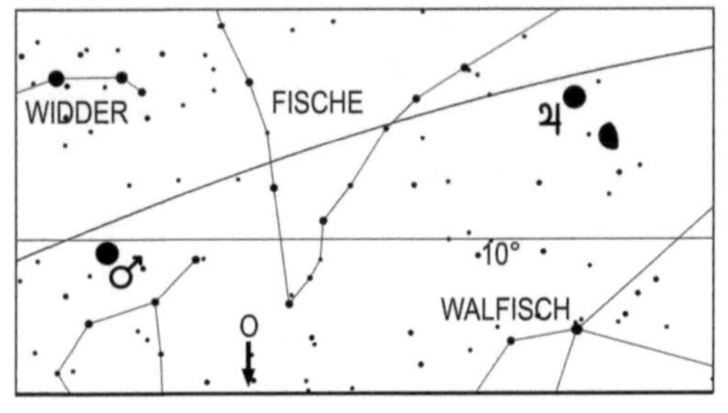

Mond, Mars und Jupiter am 19.7.2022 um 1 Uhr MEZ (2 Uhr MESZ)

Saturn strebt seiner Opposition entgegen und geht am 1. um 22.41 Uhr MEZ (23.41 Uhr MESZ), am 15. um 21.45 Uhr MEZ (22.45 Uhr MESZ) und am 31. um 20.40 Uhr MEZ (21.40 Uhr MESZ) auf.

Er wandert rückläufig durch den Steinbock und passiert hierbei am 9. den Stern
Delta Capricorni in 1,5° nördlichem Abstand. Seine Helligkeit steigt im Laufe des
Monats von 0,6 mag auf 0,4 mag und sein Scheibchen wächst von 18,2" auf 18,8".
Im Fernrohr kann sehr deutlich sein Ring gesehen werden, dessen Öffnungswinkel
13° beträgt. Am 15. wandert der Mond 5° südlich an Saturn vorbei.

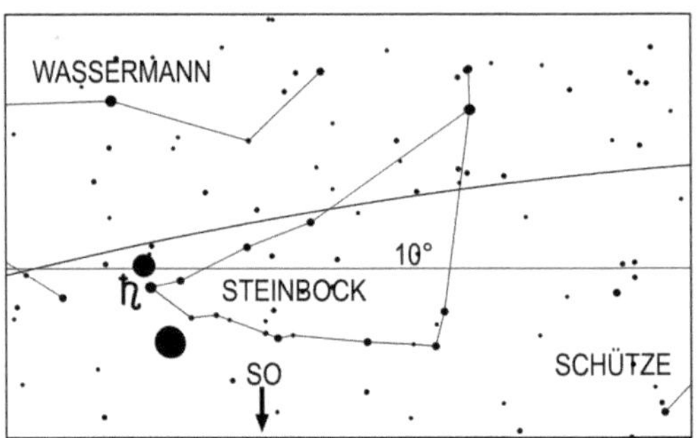

Mond und Saturn am 15.7.2022 um 23 Uhr MEZ (24 Uhr MESZ)

Uranus, rechtläufig im Sternbild Widder, erscheint am 1. um 1.21 Uhr MEZ (2.21 Uhr
MESZ), am 15. um 0.27 Uhr MEZ (1.27 Uhr MESZ) und am 31. um 23.22 Uhr MEZ
(0.22 Uhr MESZ) über dem Horizont. Kurz vor Einbruch der Morgendämmerung
kann der 5,8 mag helle Planet aufgesucht werden. Im ersten Monatsdrittel dürfte
dies nur mit einem Fernrohr gelingen, in der zweiten Monatshälfte ist schon ein
Feldstecher ausreichend (Aufsuchkarte, Seite 167).

Neptun, rückläufig im Sternbild Fische, geht am Monatsersten um 23.40 Uhr MEZ
(0.40 Uhr MESZ), zur Monatsmitte um 22.44 Uhr MEZ (23.44 Uhr MESZ) und am
Monatsende bereits um 21.42 Uhr (22.42 Uhr MESZ) auf. Der lichtschwache Planet,
dessen Helligkeit im Laufe des Monats von 7,9 mag auf 7,8 mag ansteigt, kann am
besten kurz vor Einbruch der Morgendämmerung mit einem Fernrohr aufgesucht
werden. (Aufsuchkarte, Seite 134)

Klein- und Zwergplaneten

Ceres steht am 21. in Konjunktion zur Sonne und ist im Juli nicht zu beobachten.

Pallas kann im Juli nicht beobachtet werden.

Juno im Sternbild Fische setzt am 31. zu ihrer Oppositionsschleife an. Der
Kleinplanet, dessen Helligkeit im Juli von 9,7 mag auf 9,0 mag ansteigt, geht am 1.
um 22.43 Uhr MEZ (23.43 Uhr MESZ), am 15. um 21.54 Uhr MEZ (22.54 Uhr MESZ)
und am 31. um 20.55 Uhr MEZ (21.55 Uhr MESZ) auf. Juno kann am besten kurz
vor Beginn der Morgendämmerung mit einem Fernrohr aufgesucht werden
(Aufsuchkarte, Seite 135).

106

Vesta wird am 14. stationär und bewegt sich anschließend rückläufig durch den Wassermann. Sie verfrüht ihren Aufgang im Laufe des Monats von 23.31 Uhr MEZ (0.31 Uhr MESZ) am 1., auf 22.43 Uhr MEZ (23.43 Uhr MESZ) am 15. und auf 21.46 Uhr MEZ (22.46 Uhr MESZ) am 31. Mit einer Helligkeit, die im Laufe des Monats von 6,8 mag auf 6,2 mag ansteigt, ist sie ein Feldstecherobjekt, welches am besten zu Beginn der Morgendämmerung aufgesucht werden kann (Aufsuchkarte, Seite 120).

Pluto erreicht am 20. seine Opposition. Da seine Helligkeit nur 14,3 mag beträgt, ist zur Beobachtung ein Fernrohr von mindestens 30 cm Durchmesser nötig. Er befindet sich im Ostteil des Sternbildes Schütze und kann mit geeigneten Geräten zwischen April und Oktober aufgesucht werden.

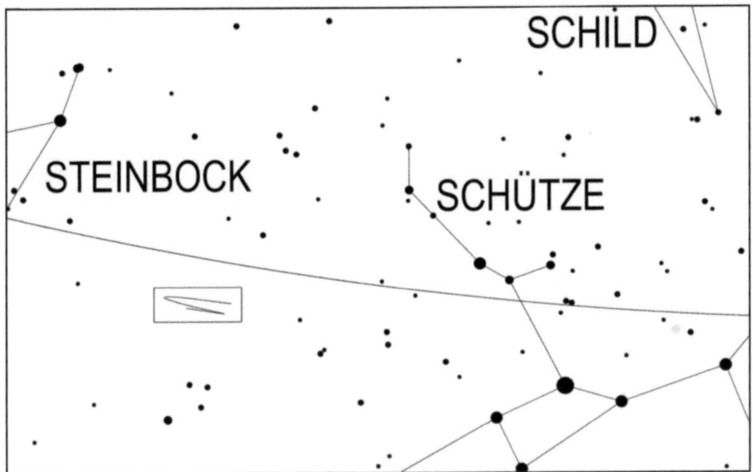

Übersichtskarte zum Aufsuchen des Zwergplaneten Pluto. Die nächste Sternkarte zeigt vergrößert den rechteckigen Ausschnitt

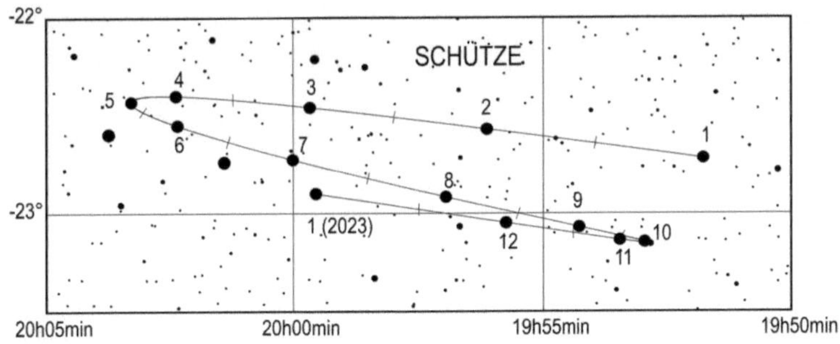

Lauf des Zwergplaneten Pluto im Jahr 2022. Die Zahl gibt die Position zum 1. des entsprechenden Monats an, also 4 die Position am 1.4.

Periodische Sternschnuppenströme

Am 29. um 3 Uhr MEZ erreicht der Meteorstrom der Juli-Aquariden mit bis zu 18
Meteoren pro Stunde sein Maximum. Allerdings dürften Beobachter in Mitteleuropa
wegen des horizontnahen Radianten höchstens 1 Meteor pro Stunde sehen.
Die Juli-Aquariden sind vom 12.7. bis zum 23.8. aktiv. Sie haben ihren Radianten in
der Nähe des Sterns Delta Aquarii, weshalb sie auch als Delta-Aquariden bezeichnet
werden.
Da am 28. Neumond ist, treten keine mondbedingten Störungen auf.
Am 30. um 3 Uhr MEZ haben die Delta-Cassiopeiiden ihre höchste Fallrate, wobei
bis zu 6 Meteore pro Stunde zu erwarten sind. Nur einen Tag später, am 31. um 2
Uhr MEZ tritt das Maximum der Alpha-Capricorniden ein, welche allerdings
höchstens einen Meteor pro Stunde liefern.
Ab dem 17. tauchen die ersten Perseiden auf.

Sonnenuntergang und Dämmerung

	Astr. Anf.	Naut. Anf.	Bürg. Anf.	Auf- gang	Kulm.	Unter- gang	Bürg. Ende	Naut. Ende	Astr. Ende	Zeitgl.
1.7.2022	----	2:30	3:35	4:19	12:28	20:36	21:21	22:25	----	3m47s
2.7.2022	----	2:31	3:36	4:19	12:28	20:36	21:20	22:24	----	3m59s
3.7.2022	----	2:32	3:37	4:20	12:28	20:36	21:20	22:23	----	4m10s
4.7.2022	----	2:33	3:37	4:21	12:28	20:35	21:19	22:22	----	4m21s
5.7.2022	----	2:35	3:38	4:22	12:29	20:35	21:19	22:21	----	4m32s
6.7.2022	----	2:36	3:39	4:22	12:29	20:34	21:18	22:20	----	4m42s
7.7.2022	----	2:37	3:40	4:23	12:29	20:34	21:18	22:19	----	4m52s
8.7.2022	----	2:39	3:41	4:24	12:29	20:33	21:17	22:18	----	5m02s
9.7.2022	----	2:40	3:42	4:25	12:29	20:33	21:16	22:17	----	5m11s
10.7.2022	----	2:42	3:43	4:26	12:29	20:32	21:15	22:15	----	5m20s
11.7.2022	----	2:43	3:45	4:27	12:30	20:31	21:14	22:14	----	5m28s
12.7.2022	----	2:45	3:46	4:28	12:30	20:30	21:13	22:13	----	5m36s
13.7.2022	0:50	2:47	3:47	4:29	12:30	20:29	21:12	22:11	0:10	5m43s
14.7.2022	0:59	2:48	3:48	4:30	12:30	20:29	21:11	22:10	23:55	5m50s
15.7.2022	1:06	2:50	3:49	4:31	12:30	20:28	21:10	22:08	23:49	5m57s
16.7.2022	1:12	2:52	3:51	4:32	12:30	20:27	21:09	22:07	23:44	6m03s
17.7.2022	1:18	2:54	3:52	4:33	12:30	20:26	21:08	22:05	23:39	6m08s
18.7.2022	1:23	2:56	3:53	4:35	12:30	20:25	21:06	22:03	23:34	6m13s
19.7.2022	1:28	2:58	3:55	4:36	12:30	20:24	21:05	22:02	23:30	6m17s
20.7.2022	1:32	3:00	3:56	4:37	12:30	20:23	21:04	22:00	23:25	6m21s
21.7.2022	1:36	3:01	3:58	4:38	12:30	20:21	21:02	21:58	23:21	6m24s
22.7.2022	1:41	3:03	3:59	4:40	12:31	20:20	21:01	21:56	23:17	6m27s
23.7.2022	1:45	3:05	4:00	4:41	12:31	20:19	21:00	21:54	23:13	6m29s
24.7.2022	1:49	3:07	4:02	4:42	12:31	20:18	20:58	21:53	23:09	6m31s
25.7.2022	1:52	3:09	4:03	4:43	12:31	20:16	20:57	21:51	23:06	6m32s
26.7.2022	1:56	3:11	4:05	4:45	12:31	20:15	20:55	21:49	23:02	6m33s
27.7.2022	2:00	3:13	4:06	4:46	12:31	20:14	20:53	21:47	22:58	6m33s

	Astr. Anf.	Naut. Anf.	Bürg. Anf.	Auf-gang	Kulm.	Unter-gang	Bürg. Ende	Naut. Ende	Astr. Ende	Zeitgl.
28.7.2022	2:03	3:15	4:08	4:48	12:31	20:12	20:52	21:45	22:55	6m32s
29.7.2022	2:07	3:17	4:09	4:49	12:31	20:11	20:50	21:42	22:51	6m31s
30.7.2022	2:10	3:20	4:11	4:50	12:30	20:10	20:48	21:40	22:48	6m29s
31.7.2022	2:13	3:22	4:13	4:52	12:30	20:08	20:47	21:38	22:44	6m26s

Mondlauf

	Rektaszension	Deklination	Elong.	Phase	mag	Auf-gang	Kulm.	Unter-gang
1.7.2022	8h08m21,3s	24°06'57"	20,6°	0,03	-5,8	6:00	14:26	22:38
2.7.2022	8h58m35,7s	21°27'58"	31,4°	0,07	-6,8	7:08	15:13	23:02
3.7.2022	9h47m05,0s	17°50'46"	42,4°	0,13	-7,6	8:19	15:58	23:21
4.7.2022	10h33m56,6s	13°24'57"	53,5°	0,2	-8,3	9:30	16:42	23:37
5.7.2022	11h19m40,1s	8°20'31"	64,8°	0,29	-8,9	10:42	17:24	23:52
6.7.2022	12h05m02,7s	2°47'34"	76,4°	0,38	-9,5	11:54	18:08	
7.7.2022	12h51m04,5s	-3°03'10"	88,4°	0,49 ◗	-10,0	13:09	18:52	0:06
8.7.2022	13h38m55,5s	-8°59'12"	100,7°	0,59	-10,5	14:28	19:40	0:21
9.7.2022	14h29m52,2s	-14°44'35"	113,4°	0,7	-10,9	15:51	20:32	0:39
10.7.2022	15h25m08,1s	-19°58'17"	126,5°	0,8	-11,4	17:18	21:30	1:02
11.7.2022	16h25m32,0s	-24°13'37"	140,1°	0,88	-11,8	18:44	22:33	1:34
12.7.2022	17h30m52,6s	-27°00'51"	153,9°	0,95	-12,2	20:00	23:40	2:18
13.7.2022	18h39m26,6s	-27°54'37"	167,7°	0,99 ○	-12,5	21:00		3:20
14.7.2022	19h48m12,6s	-26°44'06"	174,8°	1	-12,7	21:43	0:47	4:38
15.7.2022	20h54m05,9s	-23°38'43"	162,4°	0,98	-12,4	22:13	1:50	6:06
16.7.2022	21h55m15,7s	-19°03'49"	148,8°	0,93	-12,0	22:36	2:49	7:35
17.7.2022	22h51m24,2s	-13°30'45"	135,3°	0,86	-11,6	22:54	3:42	9:01
18.7.2022	23h43m16,7s	-7°28'30"	122,3°	0,77	-11,2	23:10	4:30	10:21
19.7.2022	0h32m05,3s	-1°20'14"	109,7°	0,67	-10,8	23:25	5:16	11:38
20.7.2022	1h19m06,2s	4°36'39"	97,5°	0,57 ◖	-10,3	23:40	6:01	12:52
21.7.2022	2h05m29,0s	10°09'00"	85,8°	0,46	-9,9	23:57	6:44	14:05
22.7.2022	2h52m12,7s	15°06'03"	74,4°	0,36	-9,4		7:29	15:17
23.7.2022	3h40m01,6s	19°18'14"	63,2°	0,28	-8,8	0:17	8:15	16:27
24.7.2022	4h29m21,7s	22°36'26"	52,2°	0,19	-8,2	0:42	9:02	17:35
25.7.2022	5h20m15,3s	24°52'15"	41,4°	0,12	-7,5	1:15	9:52	18:35
26.7.2022	6h12m18,8s	25°58'56"	30,6°	0,07	-6,7	1:57	10:43	19:28
27.7.2022	7h04m46,9s	25°52'38"	20,0°	0,03	-5,8	2:50	11:33	20:09
28.7.2022	7h56m45,4s	24°33'36"	9,8°	0,01 ●	-4,8	3:51	12:23	20:42
29.7.2022	8h47m27,0s	22°06'16"	5,4°	0	-4,3	4:59	13:11	21:07
30.7.2022	9h36m24,9s	18°38'29"	14,3°	0,02	-5,3	6:10	13:57	21:27
31.7.2022	10h23m37,3s	14°20'11"	25,1°	0,05	-6,3	7:22	14:41	21:44

Jupitermond-Ereignisse

Datum	Uhrzeit (MEZ)	Mond	Erscheinung	Phase
2.7.2022	01:22:29	Io	Verfinsterung	Anfang

Datum	Uhrzeit (MEZ)	Mond	Erscheinung	Phase
3.7.2022	00:44:46	Io	Schattenvorübergang	Ende
3.7.2022	02:07:30	Io	Durchgang	Ende
5.7.2022	03:26:28	Europa	Schattenvorübergang	Anfang
7.7.2022	00:25:20	Europa	Bedeckung	Anfang
7.7.2022	02:55:29	Europa	Bedeckung	Ende
8.7.2022	00:36:05	Ganymed	Bedeckung	Anfang
8.7.2022	03:18:22	Ganymed	Bedeckung	Ende
9.7.2022	03:16:29	Io	Verfinsterung	Anfang
10.7.2022	00:24:05	Io	Schattenvorübergang	Anfang
10.7.2022	01:47:33	Io	Durchgang	Anfang
10.7.2022	02:38:38	Io	Schattenvorübergang	Ende
10.7.2022	04:00:20	Io	Durchgang	Ende
11.7.2022	01:20:46	Io	Bedeckung	Ende
14.7.2022	00:10:27	Europa	Verfinsterung	Anfang
14.7.2022	02:47:50	Europa	Verfinsterung	Ende
14.7.2022	02:58:28	Europa	Bedeckung	Anfang
15.7.2022	01:55:05	Ganymed	Verfinsterung	Ende
16.7.2022	00:34:44	Europa	Durchgang	Ende
17.7.2022	02:18:03	Io	Schattenvorübergang	Anfang
17.7.2022	03:39:31	Io	Durchgang	Anfang
18.7.2022	03:12:13	Io	Bedeckung	Ende
19.7.2022	00:19:56	Io	Durchgang	Ende
21.7.2022	02:46:35	Europa	Verfinsterung	Anfang
22.7.2022	02:51:34	Ganymed	Verfinsterung	Anfang
23.7.2022	00:32:29	Europa	Schattenvorübergang	Ende
23.7.2022	00:35:59	Europa	Durchgang	Anfang
23.7.2022	03:03:22	Europa	Durchgang	Ende
24.7.2022	04:12:05	Io	Schattenvorübergang	Anfang
25.7.2022	01:32:52	Io	Verfinsterung	Anfang
25.7.2022	03:09:36	Kallisto	Verfinsterung	Anfang
25.7.2022	23:57:59	Io	Durchgang	Anfang
26.7.2022	00:53:04	Ganymed	Durchgang	Ende
26.7.2022	00:55:05	Io	Schattenvorübergang	Ende
26.7.2022	02:10:25	Io	Durchgang	Ende
26.7.2022	23:30:00	Io	Bedeckung	Ende
30.7.2022	00:31:55	Europa	Schattenvorübergang	Anfang
30.7.2022	03:03:06	Europa	Durchgang	Anfang
30.7.2022	03:07:36	Europa	Schattenvorübergang	Ende
31.7.2022	23:39:12	Europa	Bedeckung	Ende

August

Sternenhimmel

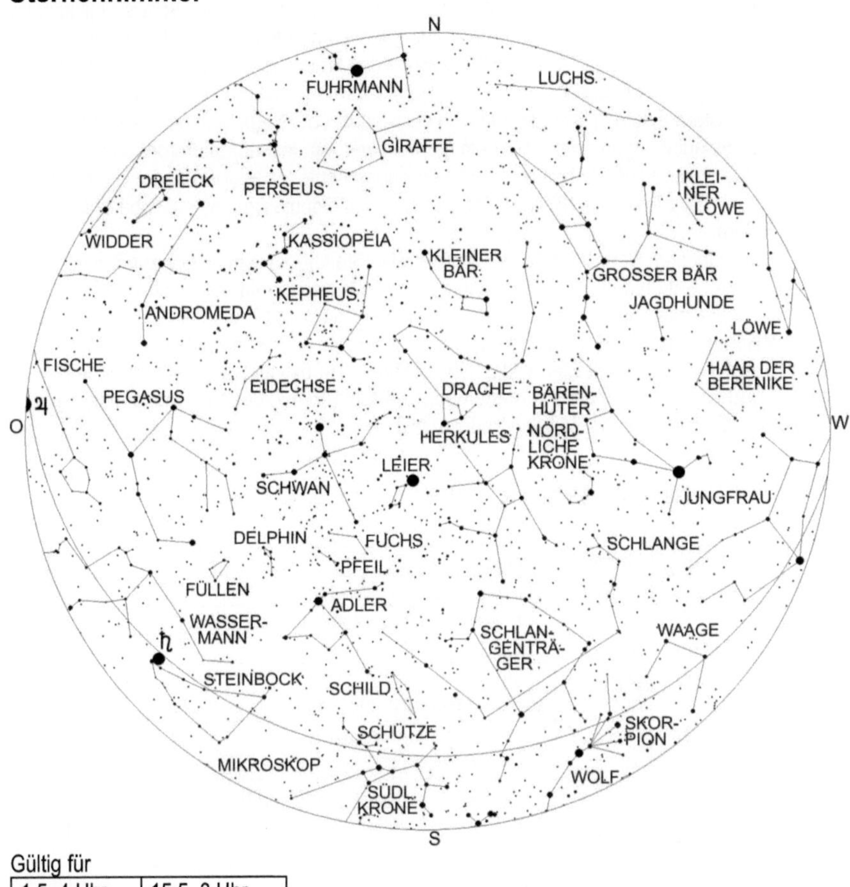

Gültig für

1.5. 4 Uhr	15.5. 3 Uhr
1.6. 2 Uhr	15.6. 1 Uhr
1.7. 0 Uhr	15.7. 23 Uhr
1.8. 22 Uhr	15.8. 21 Uhr

Tief im Süden ist jetzt das Sternbild Schütze zu sehen. Für Fernrohrbeobachter ist
dieses Sternbild sehr interessant, denn es gibt hier zahlreiche Nebel, wie den
Lagunennebel und helle Sternhaufen. Im Westen verschwinden gerade die Jungfrau

111

und der Löwe. Höher im Westen erkennt man Arktur im Bärenhüter und die
Nördliche Krone.

Oberhalb des Skorpions und des Schützens sind die ausgedehnten Sternbilder
Schlange und Schlangenträger sowie der Adler mit seinem hellen Hauptstern Atair
zu finden. Hoch im Süden sieht man die Leier mit Wega und den Schwan mit seinem
Hauptstern Deneb. In beiden Sternbildern gibt es bemerkenswerte Doppelsterne:
Albireo im Schwan, der das südliche Ende des kreuzförmigen Sternbildes bildet, ist
ein schon im Feldstecher trennbarer Doppelstern mit schönen orange-blau Kontrast.
Der Stern Epsilon (ε) Lyrae, der sich nordöstlich von Wega befindet, kann bei guten
Sichtbedingungen schon freiäugig getrennt werden. In einem Fernrohr ab ca. 6 cm-
Durchmesser erkennt man, dass beide Komponenten wiederum Doppelsterne sind.
Auch der Stern Beta (β) Lyrae ist ein schon mit einem Fernglas auflösbarer Doppel-
stern.

Im Südosten ist das lichtschwache Sternbild Steinbock, in dem sich zur Zeit der
Planet Saturn aufhält, aufgegangen. Auch Teile der ebenfalls lichtschwachen
Tierkreissternbilder Wassermann und Fische sind bereits zu sehen.

Höher über dem Horizont erkennt man die Sternbilder Andromeda und Pegasus,
zwei typische Herbststernbilder. Das bekannte Herbstviereck, gebildet aus dem
südwestlichsten Stern der Andromeda und drei Sternen des Pegasus erinnert jetzt
an ein himmlisches Vorfahrtstraßenschild.

Astronomische Ereignisse

Datum	Uhrzeit	Ereignis	Elongation
1.8.2022	10:25:40	Mars 1,4° südlich Uranus	80,45°
2.8.2022	01:41:46	Venus im aufsteigenden Knoten	
3.8.2022	01:24:11	Mond 34' südlich Porrima	59,8°
4.8.2022	00:12:37	Mond 3,6° nördlich Spika	71,2°
4.8.2022	06:09:03	Merkur 44' nördlich Regulus	18,1°
5.8.2022	09:58:28	Venus 10,1° südlich Kastor	20,8°
5.8.2022	12:06:39	Erstes Viertel	
5.8.2022	15:32:00	Mond 45' südlich Zuben-el-dschenubi	92,2°
5.8.2022	21:20:05	Mond im absteigenden Knoten	
7.8.2022	01:30:58	Mond 3,3° südlich Akrab	109°
7.8.2022	09:33:15	Mond 2,4° nördlich Antares	114,85°
7.8.2022	11:12:03	Venus 6,6° südlich Pollux	20,2°
7.8.2022	12:57:37	Ceres 3,7° nördlich M44	7,6°
9.8.2022	15:03:10	Mond 1,3° südlich Nunki	145,3°
10.8.2022	13:21:56	Mond 3,1° südlich Pluto	157,8°
10.8.2022	17:56:53	Mond im Perigäum	
10.8.2022	22:59:30	Mond 10,7° südlich Beta Capricorni	162,7°
12.8.2022	00:06:50	Mond in größter Südbreite	
12.8.2022	02:35:45	Vollmond	
12.8.2022	06:01:19	Mond 4,45° südlich Saturn	174,4°

Datum	Uhrzeit	Ereignis	Elongation
12.8.2022	09:20:54	Mond 2,9° südlich Delta Capricorni	173,7°
13.8.2022	08:07:44	Mond 4° nördlich Vesta	162,9°
13.8.2022	13:24:02	Merkur im absteigenden Knoten	
14.8.2022	04:04:34	Mond 9,6° südlich Juno	148,3°
14.8.2022	11:43:10	Mond 3,6° südlich Neptun	146,7°
14.8.2022	18:12:26	Saturnopposition	
15.8.2022	00:03:11	Saturn in Erdnähe (Abstand Erde-Saturn: 1324984009 km)	
15.8.2022	11:42:17	Mond 2,3° südlich Jupiter	134,4°
17.8.2022	11:57:50	Mond 12,3° südlich Hamal	106,3°
18.8.2022	03:28:03	Venus 56' südlich M44	17,4°
18.8.2022	12:09:12	Mond im aufsteigenden Knoten	
18.8.2022	16:07:24	Mond 11' südlich Uranus	96,8°
18.8.2022	19:25:17	Mars 5,7° südlich der Plejaden	85,5°
19.8.2022	05:36:07	Letztes Viertel	
19.8.2022	13:34:37	Mond 3,6° südlich der Plejaden	86,2°
19.8.2022	14:23:28	Mond 2,1° nördlich Mars	86,6°
19.8.2022	15:46:24	Pallas 34,4° südlich Elnath	63,9°
20.8.2022	12:35:53	Mond 7,1° nördlich Aldebaran	76,35°
21.8.2022	11:47:27	Mond 2,9° südlich Elnath	65,6°
21.8.2022	13:25:18	Mond 31,8° nördlich Pallas	65°
22.8.2022	08:55:31	Mond 4,2° nördlich Eta Geminorum	55,5°
22.8.2022	13:37:07	Mond 4,1° nördlich Mü Geminorum	53,8°
22.8.2022	19:33:35	Mond 9,9° nördlich Alhena	50,6°
22.8.2022	21:46:09	Mond 1,1° nördlich Epsilon Geminorum	49,5°
23.8.2022	21:12:44	Mond 6,5° südlich Kastor	39,2°
23.8.2022	22:20:59	Merkur im Aphel	
24.8.2022	01:03:01	Mond 2,8° südlich Pollux	37°
24.8.2022	13:41:29	Venus 5° südlich Ceres	15,7°
24.8.2022	16:04:10	Uranus stationär, dann rückläufig	
25.8.2022	02:24:09	Mond 2,8° nördlich M44	24,4°
25.8.2022	11:44:48	Vestaopposition	
25.8.2022	20:41:34	Mond 1,6° südlich Ceres	17,8°
25.8.2022	22:20:56	Mond 3,4° nördlich Venus	15,4°
25.8.2022	22:45:03	Mond in größter Nordbreite	
26.8.2022	22:51:06	Mond 3,8° nördlich Regulus	3,5°
27.8.2022	09:17:07	Neumond	4,4°
27.8.2022	17:06:00	Merkur in größter östlicher Elongation	27,3°
29.8.2022	10:51:52	Mond 6,2° nördlich Merkur	24,9°
30.8.2022	05:19:31	Mond 21' südlich Porrima	33,7°
31.8.2022	04:14:56	Mond 3,8° nördlich Spika	45°

Planeten

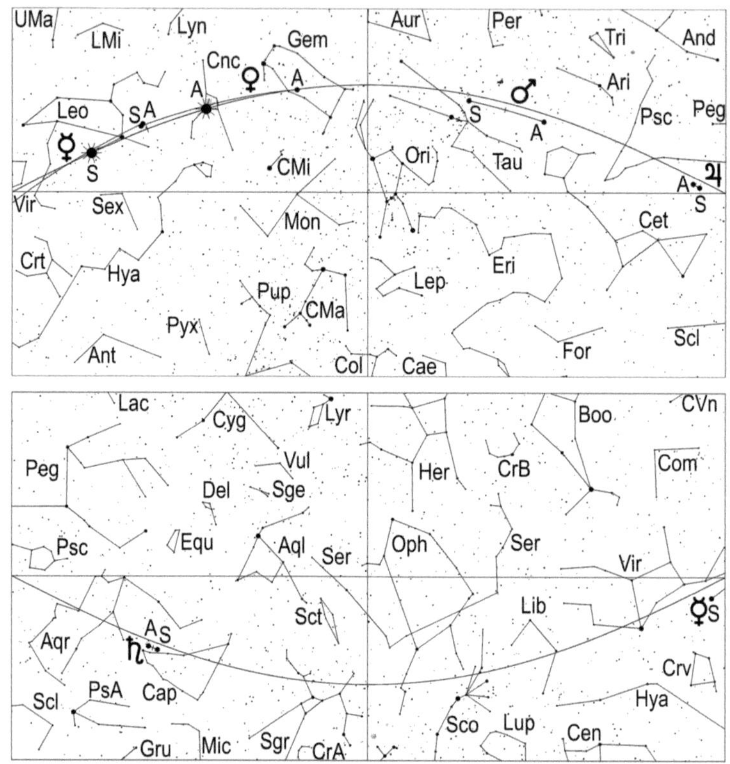

Merkur erreicht am 27. seine größte östliche Elongation mit 27,3°. Trotz dieses großen Abstandes kann der flinke Planet in Mitteleuropa nicht freiäugig beobachtet werden, da, wenn der 0,3 mag helle Planet an diesem Tag um 19.53 Uhr MEZ (20.53 Uhr MESZ) untergeht noch helle Dämmerung herrscht, weil die Sonne erst um 19.19 Uhr MEZ (20.19 Uhr MESZ) unter dem Horizont verschwunden ist. Südlich des 38. Breitengrades kann man Merkur in diesem Monat am Abendhimmel mit bloßem Auge sehen.

Venus ist weiterhin Morgenstern und geht am 1. um 2.57 Uhr MEZ (3.57 Uhr MESZ), am 15. um 3.31 Uhr MEZ (4.31 Uhr MESZ) und am 31. um 4.16 Uhr MEZ (5.16 Uhr MESZ) auf.
Die -3,9 mag helle Venus wandert im August von den Zwillingen in den Krebs, wobei sie am 5. Kastor 10,9° südlich, am 7. Pollux 6,6° südlich und am 18. den Sternhaufen M44 56' südlich passiert.

Im Laufe des Monats nimmt der beleuchtete Anteil des Venusscheibchens von 93 % auf 97 % zu, während ihr Scheibchendurchmesser von 10,7" auf 10,1" abnimmt. Am Morgen des 26. erblickt man die dünne abnehmende Mondsichel nahe Venus.

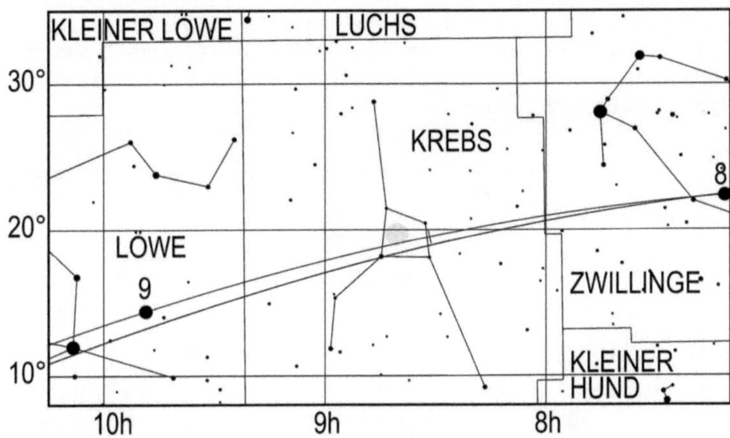

Lauf des Planeten Venus von Juli bis September 2022. Die Zahl gibt die Position zum 1. des entsprechenden Monats an, also 9 die Position am 1.9.

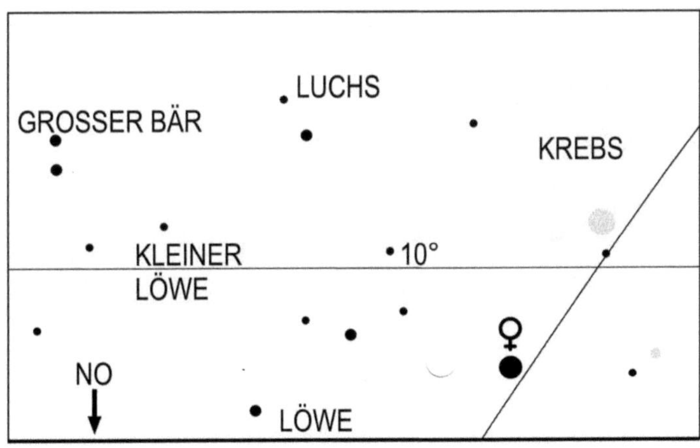

Mond und Venus am 26.8.2022 in der Morgendämmerung um 4.30 Uhr MEZ (5.30 Uhr MESZ)

Mars wandert vom Widder in den Stier und verbessert zunehmend seine Sichtbarkeit. Der rote Planet geht am 1. um 23.26 Uhr MEZ (0.26 Uhr MESZ), am 15. um 22.53 Uhr MEZ (23.53 Uhr MESZ) und am 31. um 22.16 Uhr MEZ (23.16 Uhr MESZ) auf. Gleichzeitig steigt seine Helligkeit von 0,2 mag am Monatsbeginn auf

-0,1 mag am Monatsende, womit er dann – von Sirius abgesehen – alle Fixsterne an Helligkeit übertrifft. Für Fernrohrbeobachter wird Mars ebenfalls interessant, denn sein Scheibchendurchmesser nimmt im August von 8,3" auf 9,8" zu, was das Erkennen von Details verbessert.

Am 1. passiert Mars den schwachen Planeten Uranus in 1,4° südlichem Abstand, was eine günstige Gelegenheit bietet, diesen Planeten aufzusuchen und am 18. zieht der rote Planet 5,7° südlich an den Plejaden vorbei. Mars seinerseits wird am 19. vom abnehmenden Mond in 2,1° nördlichem Abstand passiert, was man am Morgenhimmel beobachten kann.

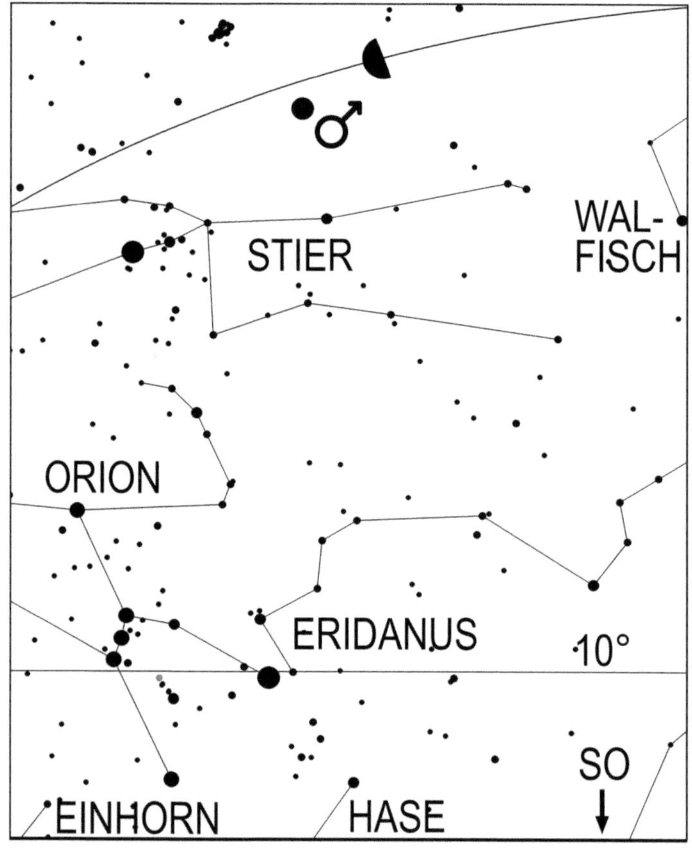

Mond und Mars am 19.8.2022 in der Morgendämmerung um 3.30 Uhr MEZ (4.30 Uhr MESZ)

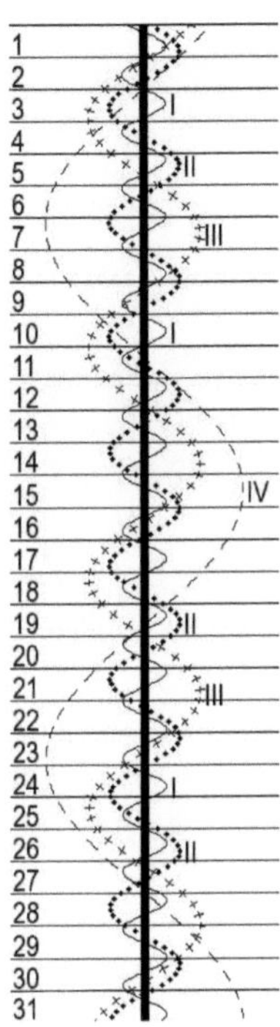

Stellung der 4 hellen Jupiter-monde im August 2022

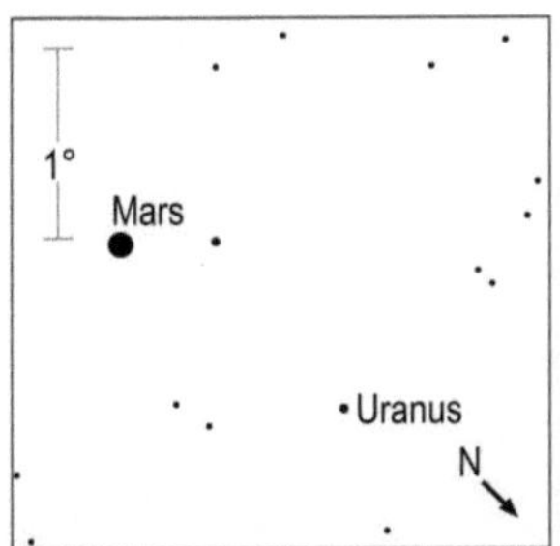

Anblick der Konjunktion zwischen Mars und Uranus am 1.8.2022 um 3 Uhr MEZ (4 Uhr MESZ) im umkehrenden Fernrohr

Jupiter, rückläufig in den nordwestlichen Gebieten des Sternbildes Walfisch, wird immer mehr zum Planeten der ganzen Nacht. Der Riesenplanet, dessen Helligkeit im Laufe des Monats von -2,7 mag auf -2,9 mag ansteigt, geht am 1. um 22.03 Uhr MEZ (23.03 Uhr MESZ), am 15. um 21.07 Uhr MEZ (22.07 Uhr MESZ) und am 31. um 20.02 Uhr MEZ (21.02 Uhr MESZ) auf. Sein Scheibchen-durchmesser steigt im August von 45" auf 48,7" an. Er ist ein interessantes Objekt für Fernrohrbeobachtungen, wofür die frühen Morgenstunden die beste Zeit sind, weil er dann seine höchste Position am Himmel mit einer Höhe von etwa 40° über dem Horizont erreicht.

Am 15. zieht der abnehmende Mond 2,3° südlich an Jupiter vorbei.

Saturn erreicht am 14. seine Opposition und kann die ganze Nacht über beobachtet werden. Er wandert rückläufig durch den Steinbock und hat am Oppositionstag eine Helligkeit von 0,3 mag und einen Scheibchendurchmesser von 18,8". Im Fernrohr kann man gut seinen Ring, dessen Öffnungswinkel am Tag der Opposition 14° beträgt, erkennen. Allerdings kann es wegen seiner geringen Höhe über dem Horizont, welche maximal 25° beträgt, Probleme mit der Luftunruhe geben.

Knapp 6 Stunden nach seiner Opposition erreicht Saturn seine geringste Entfernung zur Erde mit 1324984009 km. Ein Lichtstrahl braucht für diese Entfernung fast 74 Minuten.

Am Monatsende versinkt der Ringplanet in der zunehmenden Morgendämmerung um 4.06 Uhr MEZ (5.06 Uhr MESZ) unter dem Horizont.

Am Morgen des 12. wandert der Vollmond 4,45° südlich an Saturn vorbei.

117

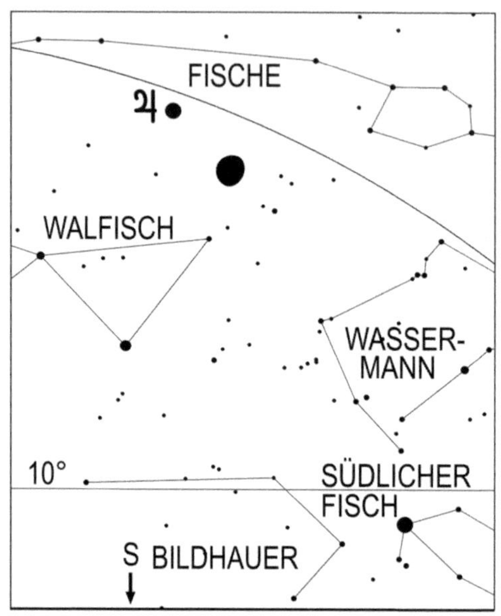

Mond und Jupiter am 15.8.2022 in der Morgendämmerung um 3.30 Uhr MEZ (4.30 Uhr MESZ)

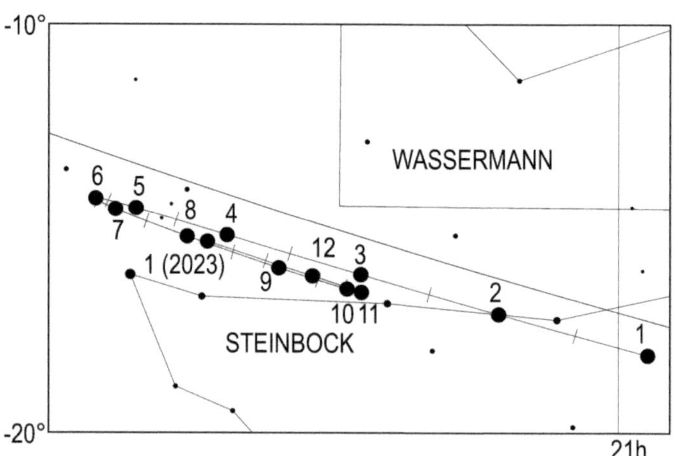

Lauf des Planeten Saturn im Jahr 2022. Die Zahl gibt die Position zum 1. des entsprechenden Monats an, also 4 die Position am 1.4.

118

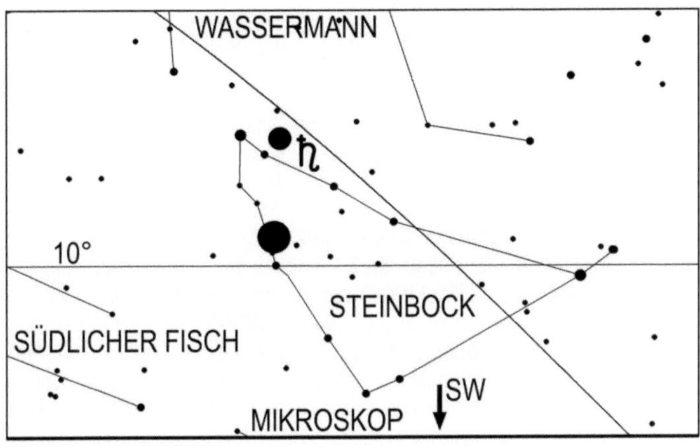

Mond und Saturn am 12.8.2022 um 3 Uhr MEZ (4 Uhr MESZ)

Uranus setzt am 24. im Sternbild Widder zu seiner Oppositionsschleife an und geht am 1. um 23.18 Uhr MEZ (0.18 Uhr MESZ), am 15. um 22.23 Uhr MEZ (23.23 Uhr MESZ) und am 31. bereits um 21.21 Uhr MEZ (22.21 Uhr MESZ) auf. Der grünliche Planet, dessen Helligkeit im August leicht von 5,8 mag auf 5,7 mag ansteigt, kann am besten unmittelbar vor Beginn der Morgendämmerung, mit einem Fernglas oder Fernrohr aufgesucht werden (Aufsuchkarte, Seite 167).
Am 1. bietet seine Konjunktion mit Mars eine gute Gelegenheit nach Uranus Ausschau zu halten.

Neptun wandert rückläufig vom Sternbild Fische in das Sternbild Wassermann, und verlagert seinen Aufgang im Laufe des Monats von 21.38 Uhr MEZ (22.38 Uhr MESZ) am 1., auf 20.42 Uhr MEZ (21.42 Uhr MESZ) am 15. und auf 19.39 Uhr MEZ (20.39 Uhr MESZ) am Monatsletzten. Er erreicht seine Kulmination am Monatsersten um 3.29 Uhr (4.29 Uhr MESZ) und am Monatsletzten um 1.29 Uhr MEZ (2.29 Uhr MESZ). Der ohne optische Hilfsmittel nicht sichtbare Planet hat eine Helligkeit von 7,8 mag und kann am leichtesten zur Kulminationszeit beobachtet werden (Aufsuchkarte, Seite 134).

Klein- und Zwergplaneten

Ceres ist weiterhin unbeobachtbar.

Pallas kann am Monatsende bei guter Horizontsicht mit einem Fernrohr im südöstlichen Teil des Sternbildes Orion aufgesucht werden (Aufsuchkarte, Seite 185). Der 9,1 mag helle Kleinplanet erscheint am 31. um 2.11 Uhr MEZ (3.11 Uhr MESZ) über dem Horizont. Eine Stunde später kann man bei guter Horizontsicht versuchen, Pallas aufzustöbern.

Juno, rückläufig im Sternbild Fische, geht am 1. um 20.51 Uhr MEZ (21.51 Uhr MESZ), am 15. um 20 Uhr MEZ (21 Uhr MESZ) und am 31. um 19 Uhr MEZ (20 Uhr MESZ) auf. Der Kleinplanet, dessen Helligkeit im Laufe des Monats von 9,0 mag auf 8,1 mag anwächst, kann – am besten in der zweiten Nachthälfte – mit einem Fernrohr oder einem lichtstarken Feldstecher aufgesucht werden (Aufsuchkarte, Seite 135).

Vesta erreicht am 25. ihre Opposition im Sternbild Wassermann. Der Kleinplanet, dessen Helligkeit bis zur Opposition von 6,1 mag auf 5,8 mag ansteigt, erscheint am 1. um 21.42 Uhr MEZ (22.42 Uhr MESZ), am 15. um 20.48 Uhr MEZ (21.48 Uhr MESZ) und am 31. um 19.43 Uhr MEZ (20.43 Uhr MESZ) über dem Horizont. Prinzipiell ist Vesta zur Oppositionszeit mit bloßem Auge als schwacher Stern erkennbar, doch wird man wegen ihrer geringen Höhe von maximal 20° über dem Horizont wahrscheinlich mindestens ein Fernglas brauchen, um Vesta zu erkennen.

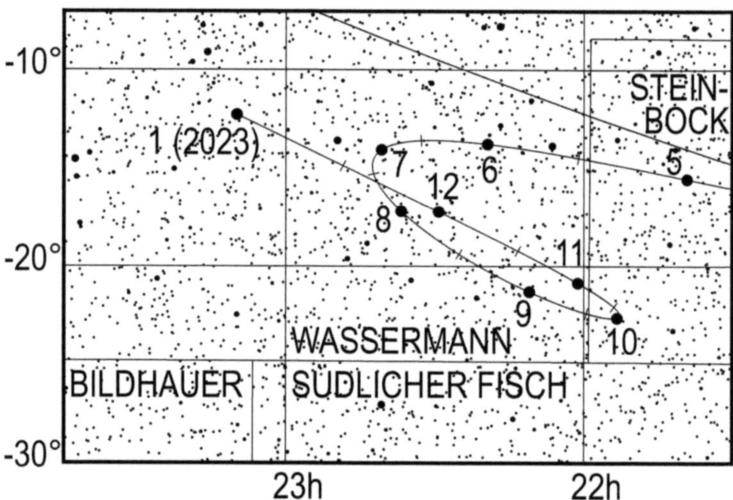

Lauf des Kleinplaneten Vesta von April 2022 bis Januar 2023 Die Zahl gibt die Position zum 1. des entsprechenden Monats an, also 8 die Position am 1.8.

Periodische Sternschnuppenströme

Am 13. um 8 Uhr MEZ erreichen die Perseiden ihr Maximum. Beobachter, die zu dieser Zeit Nacht haben und den Radianten im Zenit sehen, können bis zu 85 Meteore pro Stunde beobachten. Für mitteleuropäische Beobachter erreichen die Perseiden am 13. um 5 Uhr MEZ mit 14 Meteoren pro Stunde die größte Fallrate. Leider stört bei ihrer Beobachtung hochgradig der Mond, denn am 12. ist Vollmond.

Bis zum 23. sind noch die Juli-Aquariden aktiv, welche am 9. kurz nach Mitternacht ein Nebenmaximum mit einer Sternschnuppe pro Stunde erreichen. Der schon recht volle Mond bereitet bei ihrer Beobachtung bis in die zweite Nachthälfte hinein Probleme.

Vom 3. bis zum 25. kann man die Kappa-Cygniden beobachten, welche am 18. um 13 Uhr MEZ ihr Maximum mit bis zu.2 Meteoren pro Stunde erreichen. Die beste Zeit für ihre Beobachtung ist der 18. um 23 Uhr MEZ, weil dann der Radiant seine größte Höhe erreicht und fast im Zenit steht, doch wird man, weil das Maximum dieses Stroms nicht sehr ausgeprägt ist, auch am Vor- und Folgetag zu dieser Zeit fast die maximale Fallrate erkennen. Der abnehmende Mond geht am 18. in den späten Abendstunden auf und kann die Beobachtungen stören.

Ab dem 25. ist der schwache Meteorstrom der Alpha-Aurigiden zu sehen.

.

Sonnenuntergang und Dämmerung

	Astr. Anf.	Naut. Anf.	Bürg. Anf.	Auf- gang	Kulm.	Unter- gang	Bürg. Ende	Naut. Ende	Astr. Ende	Zeitgl.
1.8.2022	2:17	3:24	4:14	4:53	12:30	20:07	20:45	21:36	22:41	6m23s
2.8.2022	2:20	3:26	4:16	4:55	12:30	20:05	20:43	21:34	22:38	6m20s
3.8.2022	2:23	3:28	4:17	4:56	12:30	20:03	20:41	21:32	22:34	6m15s
4.8.2022	2:26	3:30	4:19	4:57	12:30	20:02	20:40	21:29	22:31	6m10s
5.8.2022	2:29	3:32	4:21	4:59	12:30	20:00	20:38	21:27	22:28	6m05s
6.8.2022	2:32	3:34	4:22	5:00	12:30	19:59	20:36	21:25	22:25	5m58s
7.8.2022	2:35	3:36	4:24	5:02	12:30	19:57	20:34	21:23	22:21	5m52s
8.8.2022	2:38	3:38	4:26	5:03	12:30	19:55	20:32	21:20	22:18	5m44s
9.8.2022	2:41	3:40	4:27	5:05	12:30	19:54	20:30	21:18	22:15	5m36s
10.8.2022	2:44	3:42	4:29	5:06	12:29	19:52	20:28	21:16	22:12	5m27s
11.8.2022	2:47	3:44	4:31	5:08	12:29	19:50	20:26	21:13	22:09	5m18s
12.8.2022	2:50	3:46	4:32	5:09	12:29	19:48	20:24	21:11	22:06	5m08s
13.8.2022	2:53	3:48	4:34	5:11	12:29	19:47	20:22	21:09	22:03	4m58s
14.8.2022	2:55	3:50	4:36	5:12	12:29	19:45	20:20	21:06	22:00	4m47s
15.8.2022	2:58	3:52	4:37	5:14	12:29	19:43	20:18	21:04	21:57	4m36s
16.8.2022	3:01	3:54	4:39	5:15	12:28	19:41	20:16	21:01	21:54	4m24s
17.8.2022	3:03	3:56	4:41	5:17	12:28	19:39	20:14	20:59	21:51	4m11s
18.8.2022	3:06	3:58	4:42	5:18	12:28	19:37	20:12	20:57	21:48	3m58s
19.8.2022	3:09	4:00	4:44	5:20	12:28	19:35	20:10	20:54	21:45	3m45s
20.8.2022	3:11	4:01	4:45	5:21	12:27	19:33	20:08	20:52	21:42	3m31s
21.8.2022	3:14	4:03	4:47	5:23	12:27	19:31	20:06	20:49	21:39	3m16s
22.8.2022	3:16	4:05	4:49	5:24	12:27	19:29	20:04	20:47	21:36	3m02s
23.8.2022	3:19	4:07	4:50	5:26	12:27	19:27	20:02	20:44	21:33	2m46s
24.8.2022	3:21	4:09	4:52	5:27	12:26	19:25	19:59	20:42	21:30	2m31s
25.8.2022	3:23	4:11	4:54	5:29	12:26	19:23	19:57	20:40	21:27	2m14s
26.8.2022	3:26	4:13	4:55	5:30	12:26	19:21	19:55	20:37	21:25	1m58s
27.8.2022	3:28	4:15	4:57	5:32	12:26	19:19	19:53	20:35	21:22	1m41s
28.8.2022	3:30	4:16	4:59	5:33	12:25	19:17	19:51	20:32	21:19	1m24s
29.8.2022	3:33	4:18	5:00	5:35	12:25	19:15	19:49	20:30	21:16	1m06s
30.8.2022	3:35	4:20	5:02	5:36	12:25	19:13	19:47	20:27	21:13	0m48s

	Astr. Anf.	Naut. Anf.	Bürg. Anf.	Auf- gang	Kulm.	Unter- gang	Bürg. Ende	Naut. Ende	Astr. Ende	Zeitgl.
31.8.2022	3:37	4:22	5:04	5:38	12:24	19:11	19:44	20:25	21:10	0m29s

Mondlauf

	Rektaszension	Deklination	Elong.	Phase		mag	Auf- gang	Kulm.	Unter- gang
1.8.2022	11h09m25,1s	9°22'13"	36,3°	0,1		-7,2	8:33	15:24	21:59
2.8.2022	11h54m27,3s	3°55'40"	47,8°	0,16		-8,0	9:45	16:06	22:12
3.8.2022	12h39m36,5s	-1°48'13"	59,4°	0,25		-8,7	10:58	16:49	22:27
4.8.2022	13h25m54,7s	-7°37'22"	71,4°	0,34		-9,3	12:13	17:35	22:43
5.8.2022	14h14m31,6s	-13°17'50"	83,7°	0,45 ☽		-9,9	13:33	18:24	23:04
6.8.2022	15h06m37,9s	-18°32'23"	96,3°	0,56		-10,4	14:55	19:17	23:30
7.8.2022	16h03m12,8s	-22°59'34"	109,3°	0,67		-10,8	16:19	20:16	
8.8.2022	17h04m38,8s	-26°14'05"	122,6°	0,77		-11,3	17:39	21:19	0:07
9.8.2022	18h10m10,2s	-27°50'40"	136,2°	0,86		-11,7	18:45	22:25	0:59
10.8.2022	19h17m39,8s	-27°31'30"	150,0°	0,93		-12,1	19:35	23:30	2:08
11.8.2022	20h24m16,1s	-25°14'09"	163,7°	0,98		-12,4	20:10		3:33
12.8.2022	21h27m35,1s	-21°13'39"	174,8°	1 ○		-12,7	20:36	0:31	5:02
13.8.2022	22h26m30,3s	-15°56'52"	166,7°	0,99		-12,5	20:57	1:27	6:30
14.8.2022	23h21m09,7s	-9°54'17"	153,7°	0,95		-12,1	21:14	2:19	7:56
15.8.2022	0h12m25,7s	-3°33'38"	140,7°	0,89		-11,7	21:29	3:07	9:16
16.8.2022	1h01m27,2s	2°42'28"	128,1°	0,81		-11,4	21:44	3:53	10:33
17.8.2022	1h49m22,9s	8°36'40"	115,9°	0,72		-11,0	22:01	4:38	11:49
18.8.2022	2h37m13,4s	13°55'32"	104,1°	0,62		-10,6	22:20	5:23	13:03
19.8.2022	3h25m46,2s	18°28'14"	92,6°	0,52 ☾		-10,1	22:43	6:10	14:15
20.8.2022	4h15m31,6s	22°05'30"	81,5°	0,43		-9,7	23:14	6:57	15:25
21.8.2022	5h06m38,4s	24°39'20"	70,5°	0,33		-9,2	23:52	7:47	16:29
22.8.2022	5h58m50,6s	26°03'24"	59,7°	0,25		-8,6		8:37	17:25
23.8.2022	6h51m30,9s	26°13'53"	48,9°	0,17		-8,0	0:41	9:28	18:09
24.8.2022	7h43m50,4s	25°10'28"	38,1°	0,11		-7,3	1:41	10:18	18:45
25.8.2022	8h35m02,9s	22°56'39"	27,3°	0,06		-6,4	2:47	11:07	19:12
26.8.2022	9h24m38,8s	19°39'24"	16,5°	0,02		-5,5	3:58	11:54	19:34
27.8.2022	10h12m30,6s	15°28'06"	6,6°	0 ●		-4,5	5:10	12:39	19:51
28.8.2022	10h58m53,3s	10°33'40"	8,4°	0,01		-4,7	6:22	13:22	20:06
29.8.2022	11h44m19,5s	5°07'45"	19,1°	0,03		-5,8	7:36	14:05	20:20
30.8.2022	12h29m35,1s	-0°37'22"	30,6°	0,07		-6,8	8:49	14:49	20:34
31.8.2022	13h15m35,2s	-6°28'44"	42,5°	0,13		-7,7	10:04	15:33	20:49

Jupitermond-Ereignisse

Datum	Uhrzeit (MEZ)	Mond	Erscheinung	Phase
1.8.2022	03:26:50	Io	Verfinsterung	Anfang
1.8.2022	23:57:14	Ganymed	Schattenvorübergang	Ende
2.8.2022	00:34:46	Io	Schattenvorübergang	Anfang

Datum	Uhrzeit (MEZ)	Mond	Erscheinung	Phase
2.8.2022	01:47:30	Io	Durchgang	Anfang
2.8.2022	02:00:29	Ganymed	Durchgang	Anfang
2.8.2022	02:49:11	Io	Schattenvorübergang	Ende
2.8.2022	03:59:48	Io	Durchgang	Ende
2.8.2022	04:32:49	Ganymed	Durchgang	Ende
3.8.2022	01:18:55	Io	Bedeckung	Ende
6.8.2022	03:07:26	Europa	Schattenvorübergang	Anfang
8.8.2022	02:04:06	Europa	Bedeckung	Ende
9.8.2022	00:56:54	Ganymed	Schattenvorübergang	Anfang
9.8.2022	02:29:00	Io	Schattenvorübergang	Anfang
9.8.2022	03:35:55	Io	Durchgang	Anfang
9.8.2022	03:56:59	Ganymed	Schattenvorübergang	Ende
9.8.2022	04:43:22	Io	Schattenvorübergang	Ende
9.8.2022	23:49:22	Io	Verfinsterung	Anfang
10.8.2022	03:06:43	Io	Bedeckung	Ende
10.8.2022	22:27:24	Kallisto	Verfinsterung	Ende
10.8.2022	23:11:52	Io	Schattenvorübergang	Ende
11.8.2022	00:14:58	Io	Durchgang	Ende
14.8.2022	23:54:16	Europa	Verfinsterung	Anfang
15.8.2022	04:26:51	Europa	Bedeckung	Ende
16.8.2022	04:23:19	Io	Schattenvorübergang	Anfang
16.8.2022	23:25:17	Europa	Durchgang	Ende
17.8.2022	01:43:25	Io	Verfinsterung	Anfang
17.8.2022	04:53:29	Io	Bedeckung	Ende
17.8.2022	22:51:52	Io	Schattenvorübergang	Anfang
17.8.2022	23:49:53	Io	Durchgang	Anfang
18.8.2022	01:06:10	Io	Schattenvorübergang	Ende
18.8.2022	02:02:00	Io	Durchgang	Ende
18.8.2022	23:20:00	Io	Bedeckung	Ende
19.8.2022	21:54:56	Ganymed	Verfinsterung	Ende
19.8.2022	22:49:53	Ganymed	Bedeckung	Anfang
20.8.2022	01:19:45	Ganymed	Bedeckung	Ende
22.8.2022	02:31:20	Europa	Verfinsterung	Anfang
23.8.2022	21:35:53	Europa	Schattenvorübergang	Anfang
23.8.2022	23:18:57	Europa	Durchgang	Anfang
24.8.2022	00:09:49	Europa	Schattenvorübergang	Ende
24.8.2022	01:43:47	Europa	Durchgang	Ende
24.8.2022	03:37:30	Io	Verfinsterung	Anfang
25.8.2022	00:46:21	Io	Schattenvorübergang	Anfang
25.8.2022	01:35:59	Io	Durchgang	Anfang
25.8.2022	03:00:37	Io	Schattenvorübergang	Ende
25.8.2022	03:48:04	Io	Durchgang	Ende
25.8.2022	22:06:01	Io	Verfinsterung	Anfang
26.8.2022	01:05:33	Io	Bedeckung	Ende
26.8.2022	21:29:18	Io	Schattenvorübergang	Ende
26.8.2022	22:14:31	Io	Durchgang	Ende
26.8.2022	22:56:49	Ganymed	Verfinsterung	Anfang
27.8.2022	01:54:27	Ganymed	Verfinsterung	Ende

Datum	Uhrzeit (MEZ)	Mond	Erscheinung	Phase
27.8.2022	02:15:09	Ganymed	Bedeckung	Anfang
27.8.2022	04:44:31	Ganymed	Bedeckung	Ende
29.8.2022	05:08:33	Europa	Verfinsterung	Anfang
31.8.2022	00:11:15	Europa	Schattenvorübergang	Anfang
31.8.2022	01:35:46	Europa	Durchgang	Anfang
31.8.2022	02:44:42	Europa	Schattenvorübergang	Ende
31.8.2022	04:00:29	Europa	Durchgang	Ende

September

Sternenhimmel

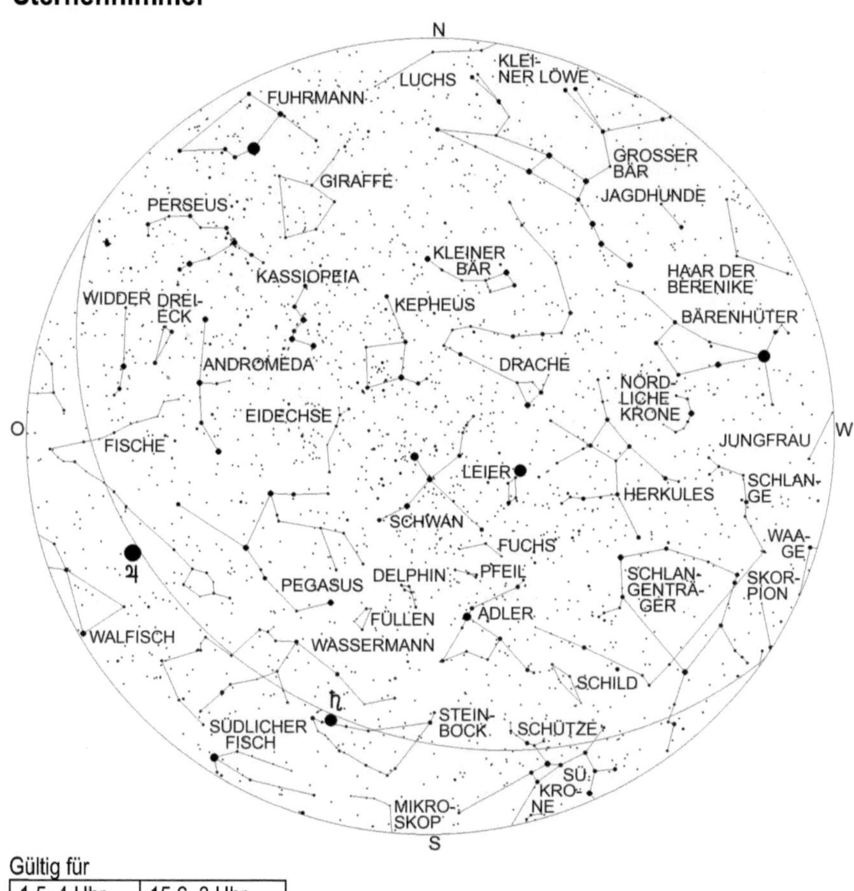

Gültig für

1.5. 4 Uhr	15.6. 3 Uhr
1.6. 2 Uhr	15.7. 1 Uhr
1.8. 0 Uhr	15.8. 23 Uhr
1.9. 22 Uhr	15.9. 21 Uhr
1.10. 20 Uhr	15.10. 19 Uhr

Die Sternbilder Waage, Skorpion und Jungfrau sind fast vollständig verschwunden
und der Schlangenträger steht zusammen mit der Schlange über dem
Südwesthorizont. Im Südsüdwesten erkennt man das Sternbild Schütze. Östlich
davon, kurz vor der Kulmination, befindet sich das Sternbild Steinbock. Es besteht

125

nur aus schwachen Sternen, doch sieht man in diesem Jahr ein helles Gestirn in dieser Konstellation und zwar den Planeten Saturn.

Im Südosten und Osten erblickt man die nur aus lichtschwachen Sternen bestehenden Sternbilder Wassermann und Fische. Letzteres setzt sich nur aus Sternen mit einer maximalen Helligkeit von 4 mag zusammen, während der Wassermann über einige Sterne 3. Größe verfügt.

Allerdings sieht man in diesem Jahr im Sternbild Fische einen „Stern", der heller ist als alle Fixsterne und zwar den Planeten Jupiter.

Hoch am Himmel erblickt man den Schwan, durch den die Milchstraße verläuft, welche sich im Feldstecher als ein echtes „Sternenmeer" präsentiert. Der südlichste helle Stern des Schwans, Albireo, ist einer der schönsten Doppelsterne des Himmels. Er kann schon in einem Feldstecher aufgelöst werden. Albireo besteht aus einem orangerotem, 3,1 mag hellen Stern, der von einem 5,1 mag hellen, blauen Stern in 34" Abstand begleitet wird. Es ist bis heute nicht zweifelsfrei geklärt, ob beide Sterne einander umkreisen oder nur zufällig in der gleichen Richtung stehen.

Östlich des Schwans findet man den Pegasus und das Sternbild Andromeda. In diesem Sternbild gibt es neben den schon mit bloßem Auge als schwaches Nebelfleckchen sichtbaren Andromedanebel den Doppelstern Alamak, der schon in kleinen Fernrohren aufgelöst werden kann und aus einem orangefarbenen Hauptstern mit blauem Begleiter besteht.

Zwischen dem Horizont und dem Sternbild Andromeda erkennt man das Tierkreissternbild Widder und das kleine Sternbild Dreieck. Tief im Nordosten bemerkt man, dass der Fuhrmann und der Perseus wieder höher steigen – erste Vorboten des Winters.

Astronomische Ereignisse

Datum	Uhrzeit	Ereignis	Elongation
1.9.2022	22:00:31	Mond im absteigenden Knoten	
1.9.2022	23:13:37	Mond 1,25° südlich Zuben-el-dschenubi	65,9°
3.9.2022	06:25:26	Mond 3,1° südlich Akrab	82,8°
3.9.2022	15:53:06	Mond 1,7° nördlich Antares	88,7°
3.9.2022	19:07:51	Erstes Viertel	
4.9.2022	21:23:02	Venus im Perihel	
5.9.2022	02:20:29	Venus 47' nördlich Regulus	12,4°
6.9.2022	01:06:36	Mond 1,55° südlich Nunki	119°
6.9.2022	22:07:05	Mond 3,6° südlich Pluto	131,15°
7.9.2022	08:27:28	Mond 10,2° südlich Beta Capricorni	137,1°
7.9.2022	18:50:47	Mond im Perigäum	
8.9.2022	05:36:45	Mond in größter Südbreite	
8.9.2022	11:21:07	Mond 4,5° südlich Saturn	152,4°
8.9.2022	17:07:05	Mond 3,5° südlich Delta Capricorni	156°
9.9.2022	01:56:26	Mars 4,3° nördlich Aldebaran	95,6°
9.9.2022	07:42:50	Mond 4,8° nördlich Vesta	159,7°
9.9.2022	20:47:33	Merkur stationär, dann rückläufig	

Datum	Uhrzeit	Ereignis	Elongation
10.9.2022	05:22:22	Junoopposition	
10.9.2022	07:41:58	Mond 6,5° südlich Juno	174,5°
10.9.2022	10:59:03	Vollmond	
10.9.2022	18:42:46	Mond 4,1° südlich Neptun	173,25°
11.9.2022	15:37:27	Mond 2,7° südlich Jupiter	163,1°
13.9.2022	04:11:58	Merkur in größter Südbreite	
13.9.2022	18:59:31	Mond 12,6° südlich Hamal	132,2°
14.9.2022	16:06:02	Mond im aufsteigenden Knoten	
14.9.2022	22:47:21	Mond bedeckt Uranus, siehe Seite 224	123,3°
15.9.2022	19:48:01	Mond 3,7° südlich der Plejaden	112,55°
16.9.2022	03:35:37	Neptun in Erdnähe (Abstand Erde-Neptun: 4324855460 km)	
16.9.2022	18:50:48	Mond 6,9° nördlich Aldebaran	102,8°
16.9.2022	23:28:07	Neptunopposition	
17.9.2022	01:40:11	Mond 3° nördlich Mars	99,3°
17.9.2022	18:19:43	Mond 3,1° südlich Elnath	91,9°
17.9.2022	22:52:04	Letztes Viertel	
18.9.2022	16:28:19	Mond 38° nördlich Pallas	82,3°
18.9.2022	16:52:40	Mond 3,9° nördlich Eta Geminorum	82°
18.9.2022	19:42:32	Mond 3,9° nördlich Mü Geminorum	80,2°
19.9.2022	01:22:27	Mond 10,3° nördlich Alhena	76,75°
19.9.2022	04:38:26	Mond 1,8° nördlich Epsilon Geminorum	76°
19.9.2022	11:25:17	Pallas 34,2° südlich Eta Geminorum	82,7°
19.9.2022	15:44:59	Mond im Apogäum	
20.9.2022	03:16:15	Mond 5,9° südlich Kastor	65,7°
20.9.2022	09:44:49	Mond 2,3° südlich Pollux	63,5°
20.9.2022	14:36:18	Juno im absteigenden Knoten	
21.9.2022	11:30:36	Mond 3,1° nördlich M44	50,9°
22.9.2022	02:15:54	Mond in größter Nordbreite	
23.9.2022	02:03:35	Herbstanfang	
23.9.2022	03:26:19	Mond 2,2° südlich Ceres	32,4°
23.9.2022	04:36:40	Mond 4,4° nördlich Regulus	30°
23.9.2022	07:51:02	Merkur in unterer Konjunktion zur Sonne	-2,9°
24.9.2022	12:24:52	Ceres 6,6° nördlich Regulus	31,3°
25.9.2022	04:47:39	Mond 2,3° nördlich Venus	7,4°
25.9.2022	07:22:36	Pallas 35,6° südlich Mü Geminorum	85,8°
25.9.2022	08:16:28	Mond 6,2° nördlich Merkur	4,7°
25.9.2022	22:54:35	Neumond	2,6°
26.9.2022	02:15:16	Merkur 3,8° südlich Venus	5,9°
26.9.2022	03:48:16	Jupiter in Erdnähe (Abstand Erde-Jupiter: 591295490 km)	
26.9.2022	12:56:57	Mond 42' südlich Porrima	7,6°
26.9.2022	13:45:05	Venus in größter Nordbreite	

Datum	Uhrzeit	Ereignis	Elongation
26.9.2022	20:32:57	Jupiteropposition	
27.9.2022	09:58:30	Mond 3,7° nördlich Spika	18,6°
29.9.2022	00:29:49	Mond im absteigenden Knoten	
29.9.2022	03:32:22	Mond 59' südlich Zuben-el-dschenubi	39,4°
30.9.2022	10:58:58	Mond 3,4° südlich Akrab	56,3°
30.9.2022	22:59:02	Mond 1,55° nördlich Antares	62,15°

Planeten

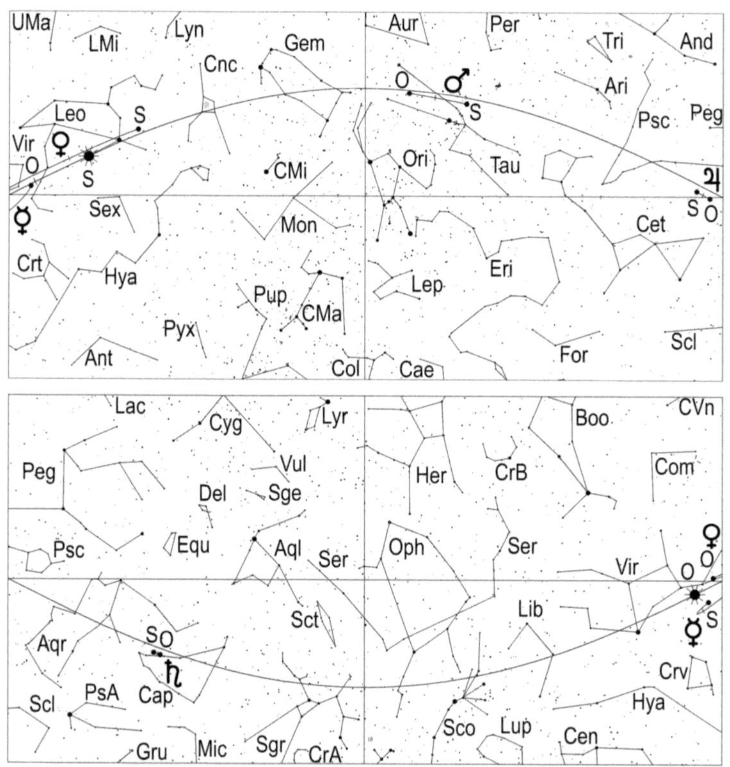

Merkur setzt am 9. zu seiner Konjunktionsschleife an und steht am 23. in unterer Konjunktion zur Sonne. Der flinke Planet ist zumindest in unseren Breiten im September nicht zu sehen.

Venus beendet in diesem Monat ihre Morgensichtbarkeit. Der -3,9 mag helle Morgenstern geht am 1. um 4.19 Uhr MEZ (5.19 Uhr MESZ) – 80 Minuten vor der

Sonne, am 15. um 5.02 Uhr MEZ (6.02 Uhr MESZ) – 58 Minuten vor der Sonne und am 30. um 5.47 Uhr MEZ (6.47 Uhr MESZ) – 35 Minuten vor der Sonne auf.
Im letzten Monatsdrittel benötigt es schon eine sehr gute Horizontsicht, um Venus kurz vor Sonnenaufgang tief über dem Osthorizont zu sichten.
Unser innerer Nachbarplanet passiert am 5. den Fixstern Regulus in 47' nördlichem Abstand. Dieses Ereignis kann nicht ohne optische Hilfsmittel beobachtet werden, weil, wenn Venus und Regulus aufgegangen sind, die Morgendämmerung schon zu hell ist. um Regulus freiäugig erkennen zu können.
Am 26. zieht Venus 3,8° nördlich an Merkur vorbei. Da der innerste Planet des Sonnensystems an diesem Tag nur eine Helligkeit von 3,8 mag hat, dürfte es selbst mit optischen Hilfsmitteln nicht gelingen, ihn in der hellen Morgendämmerung kurz vor Sonnenaufgang aufzustöbern.
Im Fernrohr sieht man, dass der Scheibchendurchmesser von unseren inneren Nachbarplaneten von 10,1" auf 9,8" abnimmt und ihr beleuchteter Anteil von 97 % auf 99,5 % zunimmt.

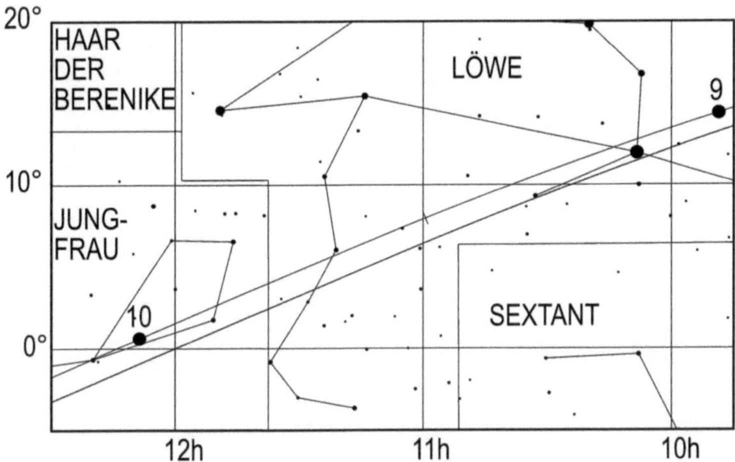

Lauf des Planeten Venus von August bis Oktober 2022. Die Zahl gibt die Position zum 1. des entsprechenden Monats an, also 10 die Position am 1.10.

Mars, rechtläufig im Sternbild Stier, verlagert seinen Aufgang immer mehr in die Abendstunden. Am 1. erscheint unser äußerer Nachbarplanet um 22.13 Uhr MEZ (23.13 Uhr MESZ) über dem Horizont, am 15. erfolgt dies um 21.40 Uhr MEZ (22.40 Uhr MESZ) und am 30. um 21 Uhr MEZ (22 Uhr MESZ). Am 9. passiert der rote Planet, dessen Helligkeit im Laufe des Monats von -0,1 mag auf -0,6 mag ansteigt, Aldebaran in 4,3° nördlichem Abstand. Sein Scheibchen wächst im Laufe des Septembers von 9,8" auf 11,9", womit er jetzt für Fernrohrbeobachtungen interessant wird.

Die beste Zeit hierfür sind die frühen Morgenstunden, weil Mars dann seine größte Höhe von über 60° über dem Horizont erreicht, so dass es dann die geringsten Probleme mit der Luftunruhe gibt.
Zu Monatsbeginn ist der rote Planet zu 85 % und am Monatsende zu 87 % beleuchtet, so dass sein Scheibchen eine Form wie der Mond 3 Tage vor Vollmond hat.
Am Morgen des 17. wandert der abnehmende Mond 3° nördlich an Mars vorbei.

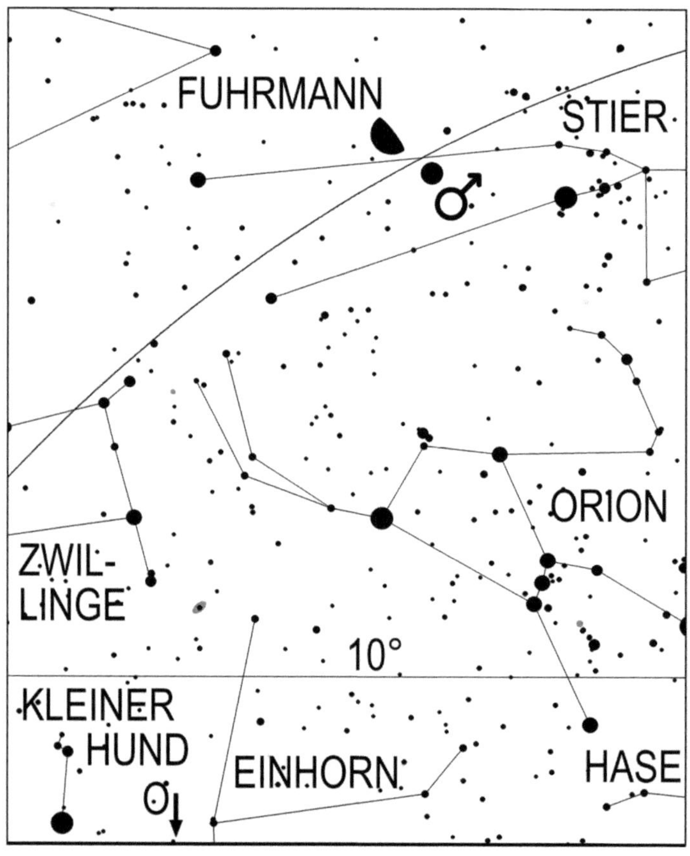

Mond und Mars am 17.9.2022 um 2 Uhr MEZ (3 Uhr MESZ)

Jupiter wechselt am Monatsanfang vom Sternbild Walfisch in das Sternbild Fische und setzt seine rückläufige Bewegung in diesen fort. Der Riesenplanet erreicht am 26. seine Opposition zur Sonne und überquert am gleichen Tag den Himmelsäquator in südlicher Richtung. Er verfrüht seinen Aufgang von 19.58 Uhr MEZ (20.58 Uhr

MESZ) am 1., auf 19.01 Uhr MEZ (20.01 Uhr MESZ) am 15. und auf 17.58 Uhr MEZ (18.58 Uhr MESZ) am Monatsletzten.

Am Tag der Opposition ist Jupiter 591295470 km von der Erde entfernt. Dies ist fast der kleinstmögliche Abstand des Riesenplaneten zur Erde. Grund hierfür ist der Umstand, dass Jupiter am 20.1.2023 sein Perihel erreichen wird. Deshalb ist die diesjährige Jupiteropposition für Beobachter sehr günstig. Allerdings fallen die Unterschiede zwischen Perihel- und Apheloppositionen wegen der geringeren Bahnexzentrizität von Jupiter geringer aus als beim Planeten Mars. Ein Lichtstrahl ist am Tag der Opposition fast 33 Minuten lang vom Jupiter zur Erde unterwegs.

Der Durchmesser des -2,9 mag hellen Jupiter nimmt im Laufe des Monats bis zur Opposition von 48,7" auf 49,8" zu. Fernrohrbeobachter können neben Details auf seiner Oberfläche auch den Tanz seiner vier größten Monde um ihn herum verfolgen.

Am Abend des 11. findet man den noch fast vollen Mond nahe Jupiter.

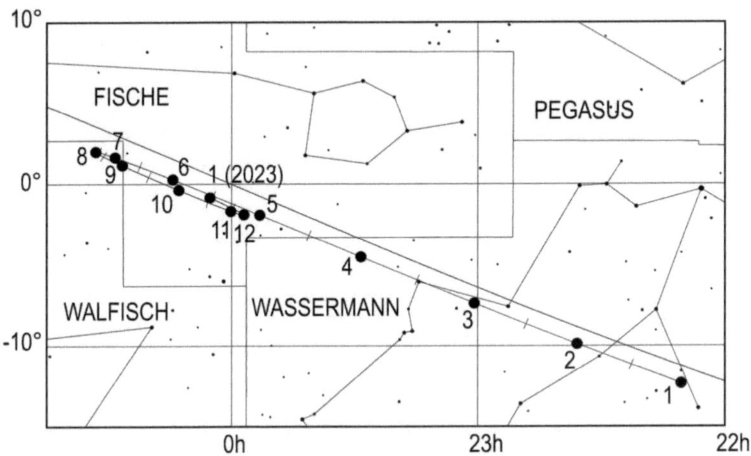

Lauf des Planeten Jupiter im Jahr 2022. Die Zahl gibt die Position zum 1. des entsprechenden Monats an, also 4 die Position am 1.4.

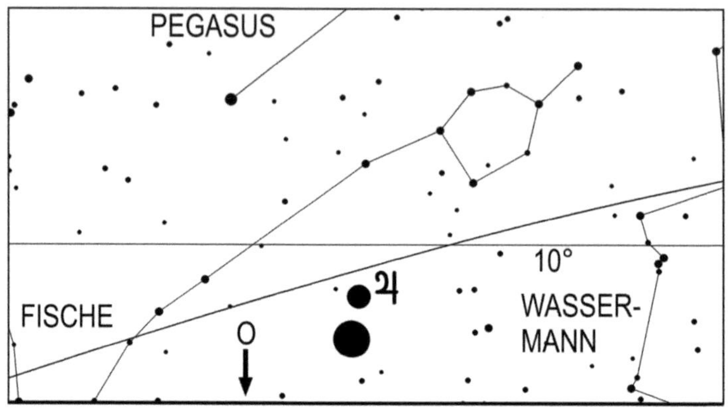

Mond und Jupiter am 11.9.2022 um 20 Uhr MEZ (21 Uhr MESZ)

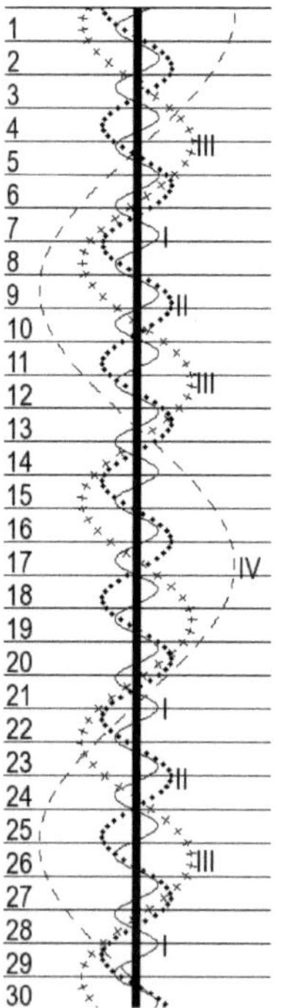

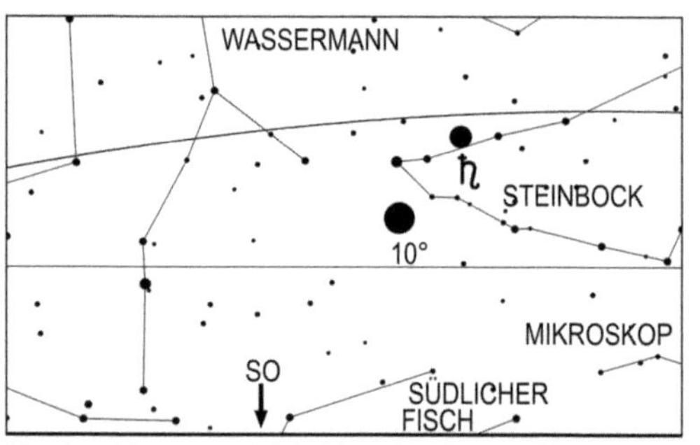

Saturn, rückläufig im Sternbild Steinbock, geht am Monatsersten um 4.01 Uhr MEZ (5.01 Uhr MESZ), zur Monatsmitte um 3.01 Uhr MEZ (4.01 Uhr MESZ) und am Monatsletzten um 1.58 Uhr MEZ (2.58 Uhr MESZ) unter. Seine Helligkeit geht im Laufe des Monats von 0,3 mag auf 0,5 mag und sein Scheibchendurchmesser von 18,7" auf 18,2" zurück. Der Öffnungswinkel des Saturnrings wächst im September leicht von 14° auf 15° an.
Am Abend des 8. findet man der Mond südöstlich des Ringplaneten.

Mond und Saturn am 8.9.2022 um 20.30 Uhr MEZ (21.30 Uhr MESZ)

Stellung der 4 hellen Jupiter-
monde im September 2022

Uranus, rückläufig im Sternbild Widder, verlagert seinen Aufgang in die frühen Abendstunden. Er geht am 1. um 21.17 Uhr MEZ (22.17 Uhr MESZ), am 15. um 20.21 Uhr MEZ (21.21 Uhr MESZ) und am 30. um 19.21 Uhr MEZ (20.21 Uhr MESZ) auf und erreicht seine höchste Position am 1. um 4.49 Uhr MEZ (5.49 Uhr MESZ), am 15. um 3.53 Uhr MEZ (4.53 Uhr MESZ) und am 30. um 2.53 Uhr MEZ (3.53 Uhr MESZ). Der 5,7 mag helle Uranus kann jetzt gut mit einem Fernglas oder Fernrohr aufgesucht werden, vielleicht ist sogar bei klarem Himmel eine freiäugige Beobachtung möglich (Aufsuchkarte, Seite 167).

Am Abend des 14. kann man etwa von 22.20 Uhr MEZ (23.20 Uhr MESZ) bis 23.25 Uhr MEZ (0.25 Uhr MESZ des 15.) mit einem Fernrohr beobachten, wie der Mond Uranus bedeckt (genaue Kontaktzeiten für verschiedene Orte im deutschsprachigen Raum findet man auf Seite 224). Da der Eintritt am hellen und der Austritt am dunklen Mondrand erfolgt, ist die Beobachtung des Austritts einfacher.

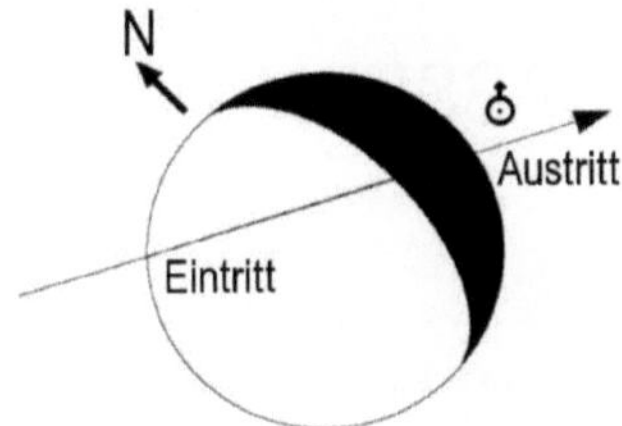

Ablauf der Bedeckung von Uranus durch den Mond am Abend des 14.
Der beleuchtete Teil des Mondes ist weiß, der unbeleuchtete Teil schwarz dargestellt.

Neptun steht am 16. im Sternbild Wassermann in Opposition zur Sonne. Der 7,8 mag helle Planet kann am besten um Mitternacht beobachtet werden, wofür mindestens ein Fernglas nötig ist.

Er erscheint im Feldstecher als Stern und zeigt sich in größeren Fernrohren als ein kleines, bläuliches Scheibchen mit 2,3" Durchmesser (Aufsuchkarte, Seite 134).

Am Tag der Opposition erreicht Neptun auch seine geringste Entfernung zur Erde. Sie beträgt 4324855460 km. Ein Lichtstrahl braucht für diese Strecke etwas mehr als 4 Stunden.

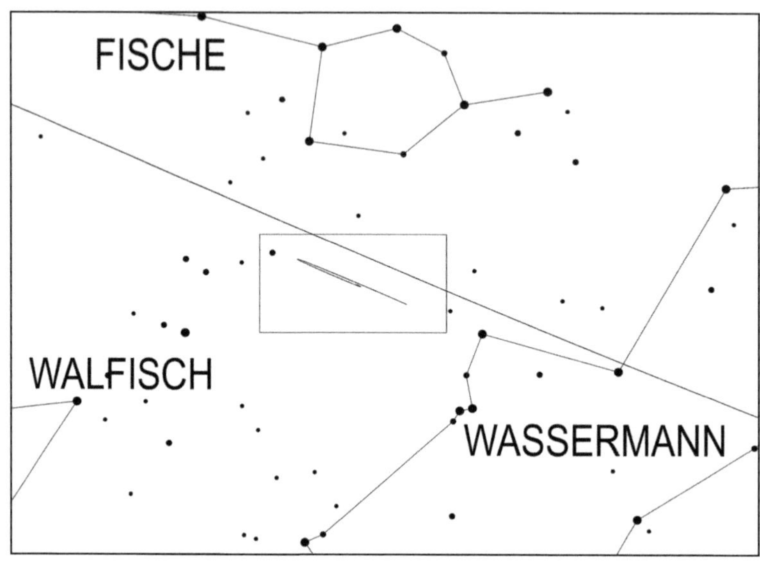

Übersichtskarte zum Aufsuchen des Planeten Neptun. Die nächste Sternkarte zeigt vergrößert den rechteckigen Ausschnitt.

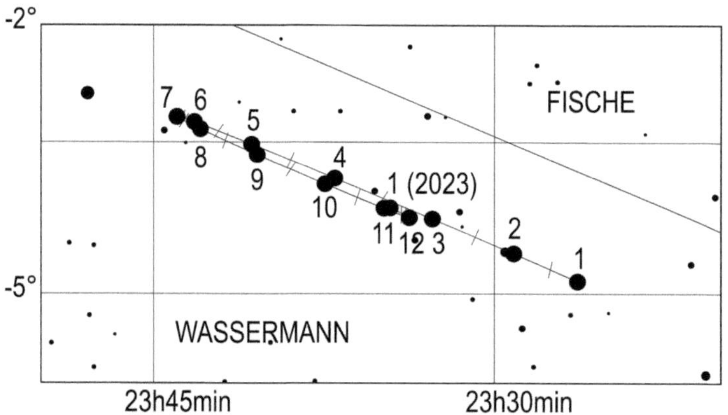

Lauf des Planeten Neptun im Jahr 2022. Die Zahl gibt die Position zum 1. des entsprechenden Monats an, also 4 die Position am 1.4.

Klein- und Zwergplaneten

Ceres kann in der zweiten Monatshälfte mit einem Fernrohr am Morgenhimmel im Sternbild Löwe aufgesucht werden (Aufsuchkarte, Seite 184). Der 8,8 mag helle Zwergplanet geht am 20. um 2.49 Uhr MEZ (3.49 Uhr MESZ) und am Monatsende

134

um 2.34 Uhr MEZ (3.34 Uhr MESZ) auf. Etwa eine Stunde später kann man versuchen, ihn am Morgenhimmel aufzustöbern.

Pallas wandert vom Orion durch das Einhorn in den Großen Hund. Der Kleinplanet, dessen Helligkeit im September von 9,1 mag auf 8,8 mag ansteigt, geht am 1. um 2.09 Uhr MEZ (3.09 Uhr MESZ), am 15. um 1.50 Uhr MEZ (2.50 Uhr MESZ) und am 30. um 1.30 Uhr MEZ (2.30 Uhr MESZ) auf.
Pallas kann am besten zu Beginn der Morgendämmerung aufgesucht werden (Aufsuchkarte, Seite 185).

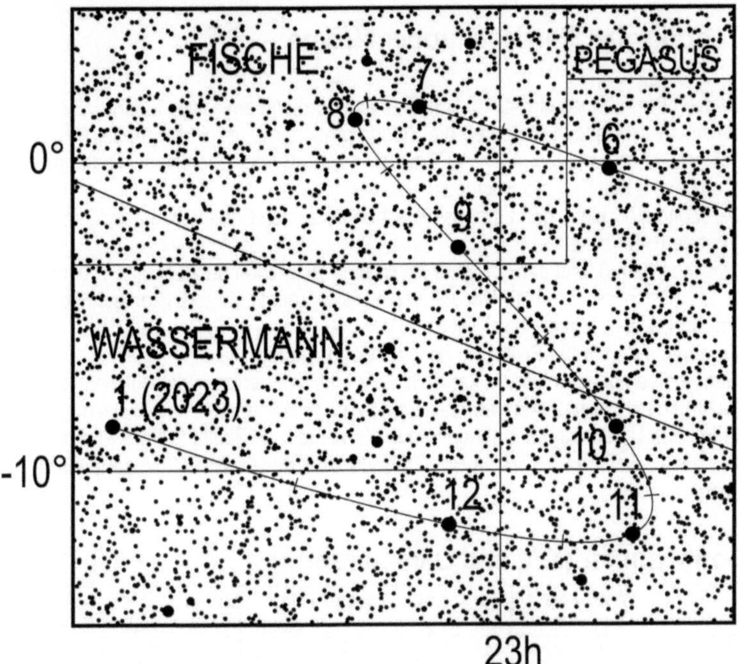

Lauf des Kleinplaneten Juno von Mai 2022 bis Januar 2023. Die Zahl gibt die Position zum 1. des entsprechenden Monats an, also 9 die Position am 1.9.

Juno erreicht am 10. ihre Opposition zur Sonne. Der Kleinplanet, dessen Helligkeit vom Monatsbeginn bis zum Oppositionstag von 8,1 mag auf 7,9 mag ansteigt, wandert von den Fischen in den Wassermann und kann schon mit einem Feldstecher – am besten gegen Mitternacht – aufgesucht werden.
Bis zum Monatsende geht die Helligkeit von Juno auf 8,3 mag zurück und ihr Untergang verfrüht sich auf 3.59 Uhr MEZ (4.59 Uhr MESZ) – 35 Minuten vor Beginn der astronomischen Dämmerung.

135

Vesta wandert rückläufig vom Wassermann in den Steinbock und versinkt am 1. um 4.09 Uhr MEZ (5.09 Uhr MESZ), am 15. um 2.57 Uhr MEZ (3.57 Uhr MESZ) und am 30. um 1.50 Uhr MEZ (2.50 Uhr MESZ) unter dem Horizont.

Der Kleinplanet, dessen Helligkeit im September von 6,0 mag auf 6,7 mag zurückgeht, kann am besten zum Zeitpunkt seiner Kulmination, bei der er eine Höhe von nur 18° über dem Horizont erreicht, mit einem Feldstecher aufgesucht werden (Aufsuchkarte, Seite 120). Die Kulmination von Vesta erfolgt am 1. um 23.53 Uhr MEZ (0.53 Uhr MESZ), am 15. um 22.47 Uhr MEZ (23.47 Uhr MESZ) und am 30. um 21.42 Uhr MEZ (22.42 Uhr MESZ).

Periodische Sternschnuppenströme

Bis zum 5. sind noch die Alpha-Aurigiden aktiv, welche am 1. um 13 Uhr MEZ ihr Maximum mit bis zu 4 Meteoren pro Stunde erreichen. Für mitteleuropäische Beobachter ist am 1. um 4 Uhr MEZ die beste Sichtbarkeitszeit, doch sind auch dann höchstens 2 Meteore pro Stunde zu erwarten.

Der Mond stört nicht, denn er versinkt schon kurz nach Ende der Abenddämmerung unter dem Horizont.

Zwischen dem 5. und dem 21. sind die Epsilon-Perseiden beobachtbar. Dieser Strom erreicht am 8. um 17 Uhr MEZ sein Maximum mit bis zu 3 Sternschnuppen pro Stunde. Der Mond – zwei Tage vor Vollmond – bereitet bis in die frühen Morgenstunden große Probleme bei ihrer Beobachtung.

Während des ganzen Monats kann man die Pisciden beobachten, welche am 20. ihr Maximum mit bis zu 2 Meteoren pro Stunde erreichen. In der zweiten Nachthälfte kann unter Umständen der abnehmende Mond bei ihrer Sichtung Probleme bereiten. Ab dem 10. tauchen die ersten Nord-Tauriden auf, denen am 20. die ersten Delta-Aurigiden folgen.

Sonnenuntergang und Dämmerung

	Astr. Anf.	Naut. Anf.	Bürg. Anf.	Aufgang	Kulm.	Untergang	Bürg. Ende	Naut. Ende	Astr. Ende	Zeitgl.
1.9.2022	3:39	4:24	5:05	5:39	12:24	19:08	19:42	20:23	21:07	0m11s
2.9.2022	3:41	4:25	5:07	5:41	12:24	19:06	19:40	20:20	21:05	-0m07s
3.9.2022	3:43	4:27	5:08	5:42	12:23	19:04	19:38	20:18	21:02	-0m27s
4.9.2022	3:46	4:29	5:10	5:44	12:23	19:02	19:35	20:15	20:59	-0m46s
5.9.2022	3:48	4:31	5:12	5:45	12:23	19:00	19:33	20:13	20:56	-1m06s
6.9.2022	3:50	4:33	5:13	5:46	12:22	18:58	19:31	20:10	20:54	-1m26s
7.9.2022	3:52	4:34	5:15	5:48	12:22	18:55	19:29	20:08	20:51	-1m47s
8.9.2022	3:54	4:36	5:16	5:49	12:22	18:53	19:26	20:06	20:48	-2m07s
9.9.2022	3:56	4:38	5:18	5:51	12:21	18:51	19:24	20:03	20:45	-2m28s
10.9.2022	3:58	4:40	5:19	5:52	12:21	18:49	19:22	20:01	20:43	-2m49s
11.9.2022	4:00	4:41	5:21	5:54	12:21	18:47	19:20	19:59	20:40	-3m10s
12.9.2022	4:01	4:43	5:23	5:55	12:20	18:44	19:17	19:56	20:37	-3m32s
13.9.2022	4:03	4:45	5:24	5:57	12:20	18:42	19:15	19:54	20:35	-3m53s
14.9.2022	4:05	4:46	5:26	5:58	12:20	18:40	19:13	19:52	20:32	-4m14s
15.9.2022	4:07	4:48	5:27	6:00	12:19	18:38	19:10	19:49	20:30	-4m36s

	Astr. Anf.	Naut. Anf.	Bürg. Anf.	Auf-gang	Kulm.	Unter-gang	Bürg. Ende	Naut. Ende	Astr. Ende	Zeitgl.
16.9.2022	4:09	4:50	5:29	6:01	12:19	18:35	19:08	19:47	20:27	-4m57s
17.9.2022	4:11	4:51	5:30	6:03	12:19	18:33	19:06	19:45	20:24	-5m19s
18.9.2022	4:13	4:53	5:32	6:04	12:18	18:31	19:04	19:42	20:22	-5m40s
19.9.2022	4:14	4:55	5:33	6:06	12:18	18:29	19:01	19:40	20:19	-6m01s
20.9.2022	4:16	4:56	5:35	6:07	12:17	18:27	18:59	19:38	20:17	-6m23s
21.9.2022	4:18	4:58	5:37	6:08	12:17	18:24	18:57	19:35	20:14	-6m44s
22.9.2022	4:20	5:00	5:38	6:10	12:17	18:22	18:55	19:33	20:12	-7m05s
23.9.2022	4:22	5:01	5:40	6:11	12:16	18:20	18:52	19:31	20:09	-7m27s
24.9.2022	4:23	5:03	5:41	6:13	12:16	18:18	18:50	19:28	20:07	-7m47s
25.9.2022	4:25	5:05	5:43	6:14	12:16	18:16	18:48	19:26	20:05	-8m08s
26.9.2022	4:27	5:06	5:44	6:16	12:15	18:13	18:46	19:24	20:02	-8m29s
27.9.2022	4:28	5:08	5:46	6:17	12:15	18:11	18:43	19:21	20:00	-8m50s
28.9.2022	4:30	5:09	5:47	6:19	12:15	18:09	18:41	19:19	19:58	-9m10s
29.9.2022	4:32	5:11	5:49	6:20	12:14	18:07	18:39	19:17	19:55	-9m30s
30.9.2022	4:34	5:13	5:50	6:22	12:14	18:05	18:37	19:15	19:53	-9m50s

Mondlauf

	Rektaszension	Deklination	Elong.	Phase	mag	Auf-gang	Kulm.	Unter-gang
1.9.2022	14h03m21,3s	-12°12'00"	54,7°	0,21	-8,4	11:22	16:21	21:08
2.9.2022	14h53m56,5s	-17°30'47"	67,1°	0,3	-9,1	12:43	17:12	21:31
3.9.2022	15h48m15,5s	-22°05'56"	79,7°	0,41 ☽	-9,7	14:05	18:08	22:03
4.9.2022	16h46m47,5s	-25°35'47"	92,6°	0,52	-10,3	15:25	19:08	22:47
5.9.2022	17h49m11,5s	-27°38'16"	105,8°	0,63	-10,7	16:34	20:11	23:49
6.9.2022	18h54m01,5s	-27°55'48"	119,1°	0,74	-11,2	17:29	21:14	
7.9.2022	19h59m02,3s	-26°21'18"	132,6°	0,84	-11,6	18:08	22:15	1:05
8.9.2022	21h02m00,1s	-23°01'39"	146,2°	0,92	-11,9	18:37	23:12	2:31
9.9.2022	22h01m31,8s	-18°15'53"	159,7°	0,97	-12,3	18:59		4:00
10.9.2022	22h57m20,0s	-12°29'53"	172,3°	1 ○	-12,6	19:17		5:26
11.9.2022	23h49m56,4s	-6°10'46"	171,8°	1	-12,6	19:33		6:49
12.9.2022	0h40m17,2s	0°16'33"	159,6°	0,97	-12,2	19:48	1:43	8:09
13.9.2022	1h29m25,1s	6°30'54"	147,1°	0,92	-11,9	20:04	2:29	9:27
14.9.2022	2h18m18,4s	12°14'56"	135,0°	0,85	-11,5	20:22	3:15	10:43
15.9.2022	3h07m44,4s	17°14'37"	123,2°	0,77	-11,2	20:43	4:02	11:59
16.9.2022	3h58m14,0s	21°18'33"	111,7°	0,68	-10,8	21:11	4:50	13:11
17.9.2022	4h49m57,5s	24°17'38"	100,5°	0,59 ☾	-10,4	21:47	5:39	14:18
18.9.2022	5h42m41,2s	26°05'14"	89,5°	0,5	-10,0	22:32	6:30	15:18
19.9.2022	6h35m50,6s	26°37'33"	78,6°	0,4	-9,5	23:28	7:21	16:07
20.9.2022	7h28m39,1s	25°54'17"	67,8°	0,31	-9,0		8:12	16:46
21.9.2022	8h20m22,6s	23°58'39"	56,9°	0,23	-8,5	0:32	9:01	17:16
22.9.2022	9h10m31,4s	20°56'54"	46,0°	0,15	-7,8	1:42	9:48	17:39
23.9.2022	9h58m57,6s	16°57'34"	34,8°	0,09	-7,1	2:54	10:34	17:57
24.9.2022	10h45m54,3s	12°10'41"	23,5°	0,04	-6,2	4:07	11:18	18:13
25.9.2022	11h31m52,0s	6°47'21"	12,1°	0,01 ●	-5,1	5:21	12:02	18:27
26.9.2022	12h17m34,1s	0°59'48"	3,4°	0	-4,2	6:35	12:46	18:41
27.9.2022	13h03m52,7s	-4°58'26"	12,9°	0,01	-5,2	7:51	13:30	18:56

	Rektaszension	Deklination	Elong.	Phase	mag	Auf-gang	Kulm.	Unter-gang
28.9.2022	13h51m45,3s	-10°52'05"	25,1°	0,05	-6,4	9:10	14:18	19:13
29.9.2022	14h42m10,2s	-16°23'39"	37,6°	0,1	-7,4	10:31	15:09	19:35
30.9.2022	15h35m56,9s	-21°13'24"	50,3°	0,18	-8,2	11:55	16:03	20:04

Jupitermond-Ereignisse

Datum	Uhrzeit (MEZ)	Mond	Erscheinung	Phase
1.9.2022	02:40:57	Io	Schattenvorübergang	Anfang
1.9.2022	03:21:14	Io	Durchgang	Anfang
1.9.2022	04:55:09	Io	Schattenvorübergang	Ende
1.9.2022	22:15:48	Europa	Bedeckung	Ende
2.9.2022	00:00:12	Io	Verfinsterung	Anfang
2.9.2022	02:50:17	Io	Bedeckung	Ende
2.9.2022	21:09:41	Io	Schattenvorübergang	Anfang
2.9.2022	21:47:29	Io	Durchgang	Anfang
2.9.2022	23:23:52	Io	Schattenvorübergang	Ende
2.9.2022	23:59:34	Io	Durchgang	Ende
3.9.2022	02:57:43	Ganymed	Verfinsterung	Anfang
3.9.2022	21:16:22	Io	Bedeckung	Ende
6.9.2022	21:51:43	Ganymed	Durchgang	Ende
7.9.2022	02:46:33	Europa	Schattenvorübergang	Anfang
7.9.2022	03:50:52	Europa	Durchgang	Anfang
7.9.2022	05:19:30	Europa	Schattenvorübergang	Ende
8.9.2022	04:35:41	Io	Schattenvorübergang	Anfang
8.9.2022	05:05:45	Io	Durchgang	Anfang
8.9.2022	21:05:14	Europa	Verfinsterung	Anfang
9.9.2022	00:32:36	Europa	Bedeckung	Ende
9.9.2022	01:54:28	Io	Verfinsterung	Anfang
9.9.2022	04:34:21	Io	Bedeckung	Ende
9.9.2022	23:04:27	Io	Schattenvorübergang	Anfang
9.9.2022	23:31:52	Io	Durchgang	Anfang
10.9.2022	01:18:35	Io	Schattenvorübergang	Ende
10.9.2022	01:44:00	Io	Durchgang	Ende
10.9.2022	20:23:03	Io	Verfinsterung	Anfang
10.9.2022	23:00:17	Io	Bedeckung	Ende
11.9.2022	20:10:00	Io	Durchgang	Ende
13.9.2022	21:05:52	Ganymed	Schattenvorübergang	Anfang
13.9.2022	22:40:11	Ganymed	Durchgang	Anfang
13.9.2022	23:59:46	Ganymed	Schattenvorübergang	Ende
14.9.2022	01:09:39	Ganymed	Durchgang	Ende
14.9.2022	05:21:52	Europa	Schattenvorübergang	Anfang
15.9.2022	23:43:03	Europa	Verfinsterung	Anfang
16.9.2022	02:48:24	Europa	Bedeckung	Ende
16.9.2022	03:48:50	Io	Verfinsterung	Anfang
17.9.2022	00:59:22	Io	Schattenvorübergang	Anfang
17.9.2022	01:15:47	Io	Durchgang	Anfang
17.9.2022	03:13:26	Io	Schattenvorübergang	Ende

Datum	Uhrzeit (MEZ)	Mond	Erscheinung	Phase
17.9.2022	03:28:01	Io	Durchgang	Ende
17.9.2022	21:11:48	Europa	Schattenvorübergang	Ende
17.9.2022	21:36:18	Europa	Durchgang	Ende
17.9.2022	22:17:27	Io	Verfinsterung	Anfang
18.9.2022	00:43:49	Io	Bedeckung	Ende
18.9.2022	19:28:05	Io	Schattenvorübergang	Anfang
18.9.2022	19:41:41	Io	Durchgang	Anfang
18.9.2022	21:42:08	Io	Schattenvorübergang	Ende
18.9.2022	21:53:57	Io	Durchgang	Ende
21.9.2022	01:07:28	Ganymed	Schattenvorübergang	Anfang
21.9.2022	01:54:58	Ganymed	Durchgang	Anfang
21.9.2022	04:00:04	Ganymed	Schattenvorübergang	Ende
21.9.2022	04:25:59	Ganymed	Durchgang	Ende
23.9.2022	02:21:05	Europa	Verfinsterung	Anfang
23.9.2022	05:03:41	Europa	Bedeckung	Ende
23.9.2022	05:43:18	Io	Verfinsterung	Anfang
24.9.2022	02:54:26	Io	Schattenvorübergang	Anfang
24.9.2022	02:59:29	Io	Durchgang	Anfang
24.9.2022	05:08:25	Io	Schattenvorübergang	Ende
24.9.2022	05:11:51	Io	Durchgang	Ende
24.9.2022	21:14:52	Europa	Schattenvorübergang	Anfang
24.9.2022	21:23:51	Europa	Durchgang	Anfang
24.9.2022	23:46:42	Europa	Schattenvorübergang	Ende
24.9.2022	23:49:25	Europa	Durchgang	Ende
25.9.2022	00:11:56	Io	Verfinsterung	Anfang
25.9.2022	02:27:10	Io	Bedeckung	Ende
25.9.2022	21:23:11	Io	Schattenvorübergang	Anfang
25.9.2022	21:25:21	Io	Durchgang	Anfang
25.9.2022	23:37:09	Io	Schattenvorübergang	Ende
25.9.2022	23:37:45	Io	Durchgang	Ende
26.9.2022	20:53:46	Io	Verfinsterung	Ende
28.9.2022	05:08:58	Ganymed	Durchgang	Anfang
28.9.2022	05:09:23	Ganymed	Schattenvorübergang	Anfang
30.9.2022	04:50:57	Europa	Bedeckung	Anfang

Oktober

Sternenhimmel

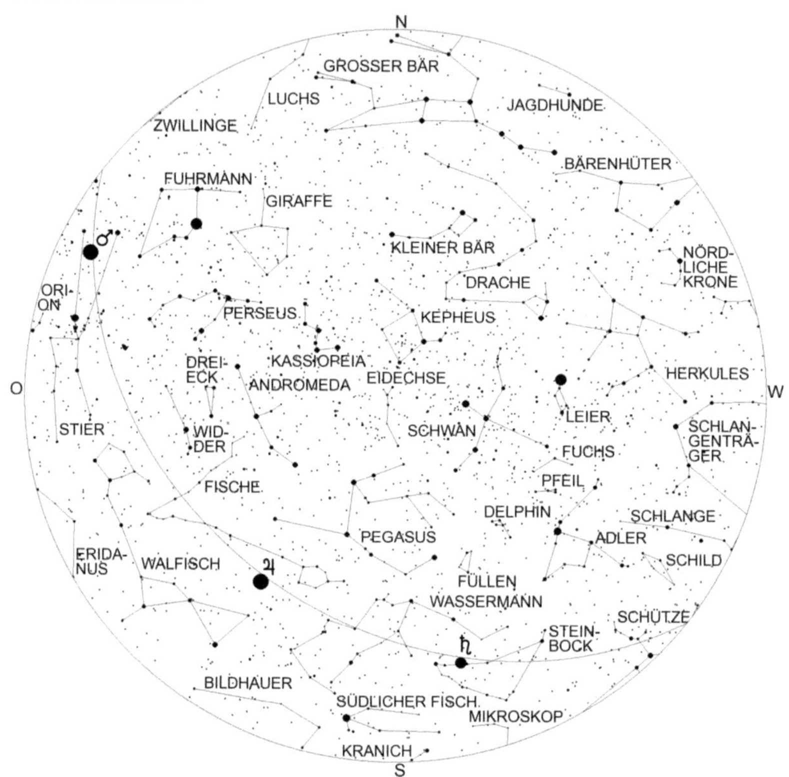

Gültig für

1.7. 4 Uhr	15.7. 3 Uhr
1.8. 2 Uhr	15.8. 1 Uhr
1.9. 0 Uhr	15.9. 23 Uhr
1.10. 22 Uhr	15.10. 21 Uhr
1.11. 20 Uhr	15.11. 19 Uhr
1.12. 18 Uhr	15.12. 17 Uhr

Der südliche Teil des Himmels wird von den Sternbildern Wassermann, Steinbock, Fische, Walfisch, Südlicher Fisch, Bildhauer und Mikroskop eingenommen, in denen es nur einen Stern erster Größe, Fomalhaut im Südlichen Fisch gibt, sowie zwei Sterne zweiter Größe, Menkar und Deneb Kaitos im Walfisch. Allerdings erkennt man in diesem Jahr einen sehr hellen „Stern" im Sternbild Fische, welches der Planet Jupiter ist und einen weniger hellen im Steinbock, welcher der Planet Saturn ist.

Über diesen Sternbildern erblickt man den Pegasus und die Andromeda, von der ein Stern, Sirrah, zusammen mit 3 Sternen des Pegasus das Herbstviereck bilden. Bei klarem Himmel kann man schon mit bloßem Auge den Andromedanebel, der auch als M31 bekannt ist, sehen. Man findet ihn leicht, wenn man den mittleren hellen Stern der Andromeda, Mirach, als Ausgangspunkt nimmt und der dort in nördliche Richtung abzweigenden Sternenkette folgt. Westlich des 2. und letzten Sterns dieser Kette sieht man ein kleines Nebelfleckchen mit einer Helligkeit von 3,5 mag – den Andromedanebel. Er ist mit einer Entfernung von 2,5 Millionen Lichtjahren das weiteste Objekt, welches man mit bloßem Auge sehen kann und ist eine der nächsten Galaxien.

Mit einem Durchmesser von 140000 Lichtjahren ist der Andromedanebel bedeutend größer als unser Milchstraßensystem. Wenn man den Andromedanebel mit einem Fernrohr, dass über einen sogenannten Sucher verfügt, aufsucht, wird man feststellen, dass er im Sucher auch nicht viel kleiner erscheint als bei starker Vergrößerung. Schuld daran ist der Umstand, dass derartige Nebel nicht wie der Mond und Planeten scharf umgrenzte Objekte mit hoher Leuchtdichte sind, sondern Objekte geringer Leuchtdichte mit unscharfer Umgrenzung. Eine starke Vergrößerung bewirkt bei derartigen Objekten, dass die Helligkeit über einen größeren Bereich des Gesichtsfeldes verteilt wird, was das Erkennen desselben erschweren bis unmöglich machen kann.

In der Andromeda befindet sich auch ein schöner Doppelstern, Alamak. Er besteht aus einem 2,3 mag hellem orangerotem Stern mit einem blauem 4,8 mag hellem Begleiter in 9,6" Abstand. Schon ein Fernrohr mit 5 cm Öffnung zeigt diesen Doppelstern mit seinem schönen Farbkontrast getrennt. Der Begleiter kann mit einem großen Fernrohr ebenfalls in 2 Sterne aufgelöst werden. Der hellere dieser Sterne ist wiederum ein Doppelstern, was aber nur spektroskopisch nachweisbar ist. Insgesamt ist Alamak also ein vierfaches Sternsystem.

Östlich der Andromeda findet man das Dreieck und den Widder, zwei kleine aber relativ markante Sternbilder. Im Dreieck befindet sich eine weitere Nachbargalaxie unserer Milchstraße, welche die Bezeichnung M33 trägt. M33 hat eine Helligkeit von 5,5 mag, was sie eigentlich zu einem leichten Beobachtungsobjekt machen müsste. Trotzdem ist diese Galaxie nicht leicht aufzufinden, weil sie über eine geringe Flächenhelligkeit verfügt. Bei Verwendung hoher Vergrößerung kann man M33 deshalb leicht übersehen, auch wenn ein großes Fernrohr eingesetzt wird. Im Gebiet zwischen Pegasus, Schwan und Adler, der schon deutlich im Südwesten steht, erblickt man die kleinen Sternbilder Füllen, Delphin, Pfeil und Fuchs, von denen nur Pfeil und Delphin über hellere Sterne verfügen.

Im Delphin befindet sich ein schöner Doppelstern, Gamma (γ) Delphini, der schon in Fernrohren mit 5 cm Objektivöffnung getrennt werden kann. Er besteht aus einem

4,3 mag hellem, orangerotem und einem 5,1 mag hellem, weißgelben Stern in 9"
Abstand. Beide Sterne umkreisen einander in 3249 Jahren. Die Entfernung von
Gamma Delphini zur Erde beträgt 101 Lichtjahre.

Im Südwesten versinken gerade der Schütze, die Schlange und der Schlangenträger
unter dem Horizont. Auch Arktur im Bärenhüter ist schon untergegangen, während
sich die Nördliche Krone noch über dem Horizont hält.

Im Osten kommen schon die ersten Wintersternbilder über den Horizont. So ist der
Stier, in dem sich in diesem Jahr der Planet Mars aufhält, welcher sich als
außergewöhnlich heller orangeroter „Stern" zeigt, schon komplett aufgegangen und
auch der Fuhrmann ist vollständig zu sehen. Bald werden auch die Zwillinge und der
Orion über dem Horizont erscheinen.

Herbststernbilder

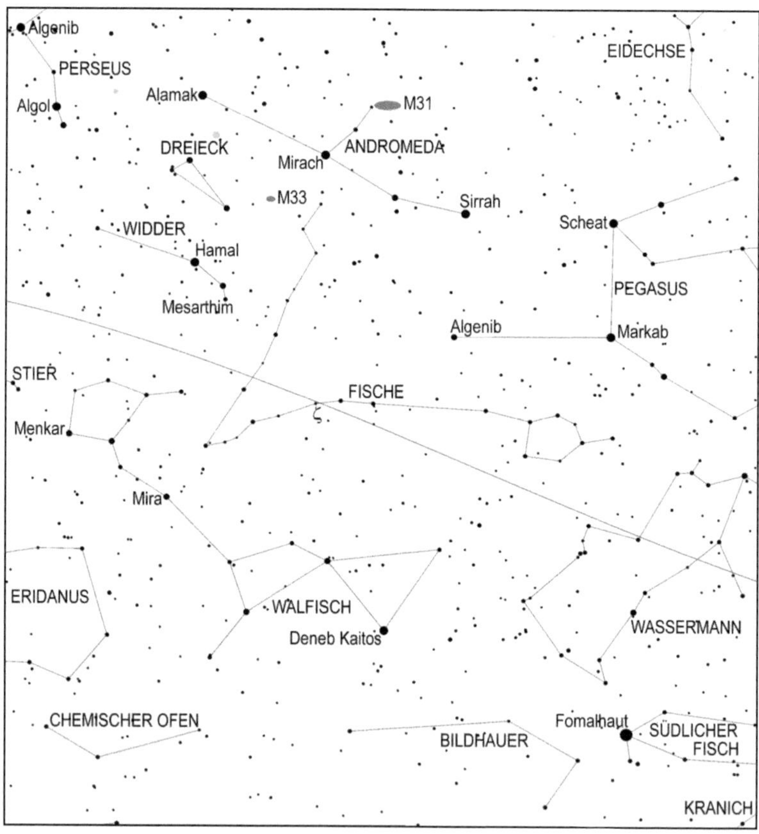

Astronomische Ereignisse

Datum	Uhrzeit	Ereignis	Elongation
1.10.2022	15:50:20	Merkur stationär, dann rechtläufig	
2.10.2022	05:52:59	Merkur im aufsteigenden Knoten	
3.10.2022	01:14:11	Erstes Viertel	
3.10.2022	06:07:49	Mond 1,4° südlich Nunki	92,6°
4.10.2022	04:38:51	Mond 3,2° südlich Pluto	104,5°
4.10.2022	13:42:01	Mond 10,8° südlich Beta Capricorni	110,5°
4.10.2022	16:52:18	Mond im Perigäum	
5.10.2022	10:31:22	Mond in größter Südbreite	
5.10.2022	15:45:22	Mond 5° südlich Saturn	124,7°
6.10.2022	03:04:31	Mond 3,2° südlich Delta Capricorni	129,8°
6.10.2022	09:03:53	Mond 4,05° nördlich Vesta	131,8°
6.10.2022	21:58:49	Merkur im Perihel	
6.10.2022	23:04:37	Pallas 32,4° südlich Alhena	91,2°
7.10.2022	08:05:03	Mond 3,4° südlich Juno	145,9°
8.10.2022	04:46:17	Mond 3,5° südlich Neptun	156,8°
8.10.2022	05:27:16	Venus 1,6° südlich Porrima	4,1°
8.10.2022	18:00:12	Mond 3,1° südlich Jupiter	164,8°
8.10.2022	18:54:01	Pluto stationär, dann rechtläufig	
8.10.2022	22:21:38	Merkur in größter westlicher Elongation	18°
9.10.2022	03:31:34	Mars 5,8° südlich Elnath	112,8°
9.10.2022	08:59:38	Pallas 8,5' nördlich Sirius	91,2°
9.10.2022	21:54:59	Vollmond	
10.10.2022	08:20:35	Vesta stationär, dann rechtläufig	
11.10.2022	06:42:10	Mond 11,9° südlich Hamal	157,7°
11.10.2022	23:04:56	Mond im aufsteigenden Knoten	
12.10.2022	08:56:49	Mond 21' nördlich Uranus	150,9°
13.10.2022	06:39:43	Mond 3° südlich der Plejaden	139,4°
14.10.2022	04:08:02	Mond 7,6° nördlich Aldebaran	129,55°
15.10.2022	02:06:36	Mond 2,5° südlich Elnath	118,6°
15.10.2022	06:00:22	Mond 3,3° nördlich Mars	117,6°
15.10.2022	23:16:02	Mond 4,3° nördlich Eta Geminorum	108,8°
16.10.2022	03:34:54	Mond 4,6° nördlich Mü Geminorum	107,1°
16.10.2022	11:48:16	Mond 10,4° nördlich Alhena	103,5°
16.10.2022	14:19:44	Mond 1,5° nördlich Epsilon Geminorum	102,9°
17.10.2022	03:21:10	Merkur in größter Nordbreite	
17.10.2022	11:20:17	Mond im Apogäum	
17.10.2022	13:32:50	Mond 6,1° südlich Kastor	92,6°
17.10.2022	16:02:21	Venus 3,5° nördlich Spika	1,8°
17.10.2022	17:34:38	Mond 2,65° südlich Pollux	90,3°
17.10.2022	18:15:10	Letztes Viertel	
18.10.2022	09:31:15	Merkur 53' südlich Porrima	14,3°

Datum	Uhrzeit	Ereignis	Elongation
18.10.2022	18:59:54	Mond 2,9° nördlich M44	77,8°
19.10.2022	08:47:55	Mond in größter Nordbreite	
20.10.2022	03:15:39	Mars im aufsteigenden Knoten	
20.10.2022	15:30:38	Mond 4° nördlich Regulus	57,05°
21.10.2022	15:02:19	Mond 4,2° südlich Ceres	47,4°
21.10.2022	23:08:50	Juno stationär, dann rechtläufig	
22.10.2022	22:16:02	Venus in oberer Konjunktion zur Sonne	1,05°
23.10.2022	09:29:42	Saturn stationär, dann rechtläufig	
23.10.2022	21:48:34	Mond 42' südlich Porrima	19,8°
24.10.2022	18:07:20	Mond 38,5' südlich Merkur	9,7°
24.10.2022	20:12:05	Mond 3,3° nördlich Spika	7,5°
25.10.2022	11:48:44	Neumond	22'
25.10.2022	12:01:19	Partielle Sonnenfinsternis, in Mitteleuropa sichtbar	
25.10.2022	12:29:17	Merkur 3,9° nördlich Spika	8,15°
25.10.2022	13:31:53	Mond 57' südlich Venus	1°
26.10.2022	07:15:55	Mond im absteigenden Knoten	
26.10.2022	10:36:33	Mond 1,3° südlich Zuben-el-dschenubi	12,4°
27.10.2022	19:52:46	Mond 3,8° südlich Akrab	29,2°
28.10.2022	03:56:14	Mond 1,9° nördlich Antares	35,2°
29.10.2022	16:21:18	Mond im Perigäum	
30.10.2022	10:23:00	Mond 1,8° südlich Nunki	65,7°
30.10.2022	11:53:50	Mars stationär, dann rückläufig	
31.10.2022	08:40:27	Mond 3,4° südlich Pluto	77,8°
31.10.2022	20:52:54	Mond 10,8° südlich Beta Capricorni	83,5°

Planeten

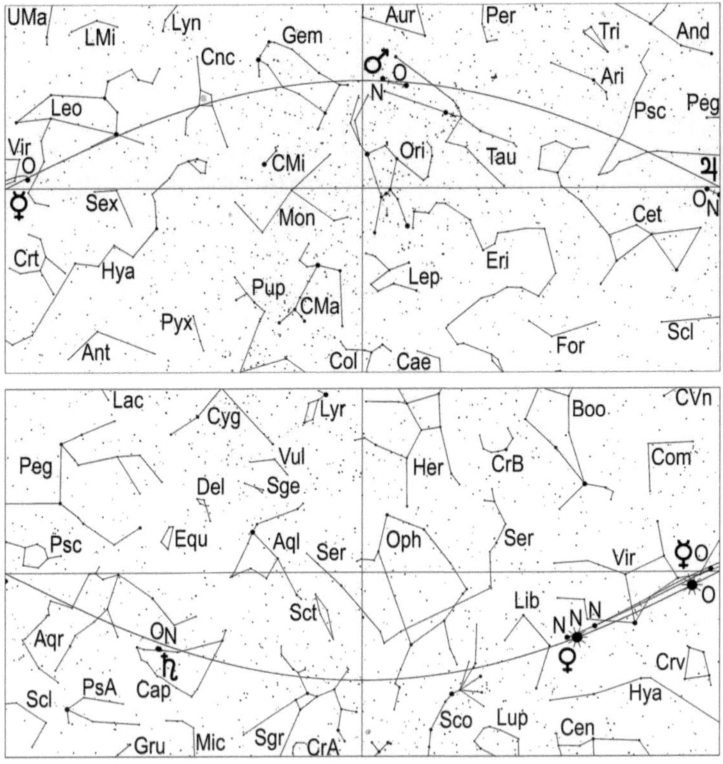

Merkur wird am 1. stationär und bewegt sich anschließend rechtläufig durch das Sternbild Jungfrau. Bereits am folgenden Tag kann Merkur am Morgenhimmel beobachtet werden. Der flinke, 1,0 mag helle Planet erscheint an diesem Tag um 5.05 Uhr MEZ (6.05 Uhr MESZ) über dem Horizont und dürfte bei klarem Himmel 30 Minuten später in der Morgendämmerung sichtbar werden. Im Fernrohr zeigt er sich als zu 21 % beleuchtete Sichel mit 8,6" Durchmesser. In den folgenden Tagen vergrößert sich sein Winkelabstand zur Sonne weiter, bis er am 8. seine größte westliche Elongation mit 18° erreicht. Sie hat diesen geringen Wert, weil Merkur am 6. sein Perihel durchläuft, doch kommt es, weil die Ekliptik am Morgenhimmel steil zum Horizont steht, doch zu einer guten Morgensichtbarkeit. Durch die Zunahme von Merkurs Elongation in der ersten Oktoberwoche verfrüht sich sein Aufgang bis zum 7. auf 4.52 Uhr MEZ (5.52 Uhr MESZ). Seine Helligkeit steigt bis zum Tag der größten westlichen Elongation auf -0,4 mag und sein Scheibchendurchmesser schrumpft auf 7,1". An diesem Tag zeigt sich Merkur auch zur Hälfte beleuchtet.

145

Nach der Elongation verspätet sich sein Aufgang auf 5.13 Uhr MEZ (6.13 Uhr MESZ) am 15. und auf 5.38 Uhr MEZ (6.38 Uhr MESZ) am 20., während seine Helligkeit auf -0,9 mag am 15. und auf -1,0 mag am 20. ansteigt. Etwa 15 Minuten nach seinem Aufgang wird der flinke Planet über dem Osthorizont sichtbar und verblasst etwa 45 – 60 Minuten später in der Morgendämmerung.

Am 18. passiert Merkur den Fixstern Porrima in 53' südlichen Abstand. Porrima dürfte in der Morgendämmerung nur im Fernglas sichtbar sein.

Nach dem 20. geht die Sichtbarkeitsdauer von Merkur am Morgenhimmel rapide zurück und der letzte Tag, um Merkur in der Morgendämmerung zu sichten, dürfte der 23. sein. An diesem Tag geht der -1,0 mag helle Merkur um 5.54 Uhr MEZ (6.54 Uhr MESZ) auf.

Im Fernrohr bemerkt man, dass der innerste Planet nach der größten westlichen Elongation kleiner und rundlicher wird: am 15. hat sein Scheibchen einen Durchmesser von 5,9" und ist zu 77 % beleuchtet, am 20. misst sein zu 88 % beleuchtetes Scheibchen 5,4" und am 23. beträgt der Durchmesser des zu 93 % beleuchteten Merkurscheibchen 5,2".

Nach dem 23. ist Merkur, der seiner oberen Konjunktion entgegenstrebt, welche er am 8.11. erreicht, nicht mehr zu sehen.

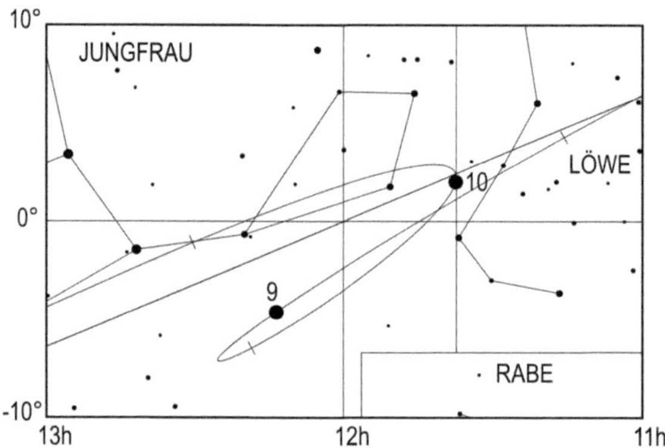

Lauf des Planeten Merkur von August bis Oktober 2022. Die Zahl gibt die Position zum 1. des entsprechenden Monats an, also 10 die Position am 1.10.

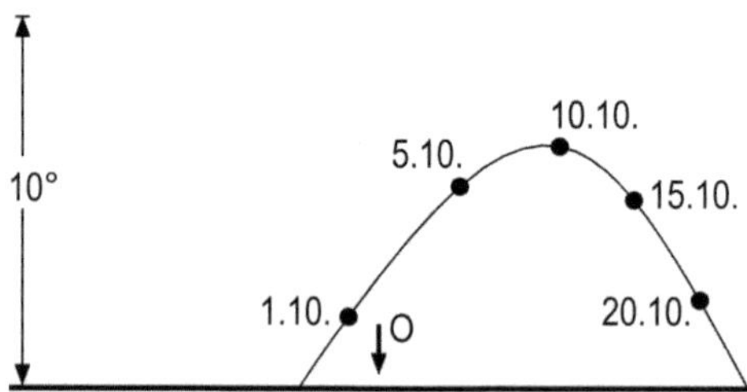

Position des Planeten Merkur am Morgenhimmel, 1 Stunde vor Sonnenaufgang

Venus beendet am 1. definitiv ihre Morgensichtbarkeit. Der -3,9 mag helle Planet
geht an diesem Tag um 5.50 Uhr MEZ (6.50 Uhr MESZ) – 34 Minuten vor der Sonne
– auf und kann bei exzellenter Horizontsicht – nach Möglichkeit unter Einsatz eines
Fernglases – 10 Minuten später aufgesucht werden. Im Fernrohr zeigt sich Venus an
diesem Tag bei einem Scheibchendurchmesser von 9,8" zu 99,5 % beleuchtet.
Nach dem 1. kann Venus, die am 22. in oberer Konjunktion zur Sonne steht, nicht
mehr beobachtet werden.

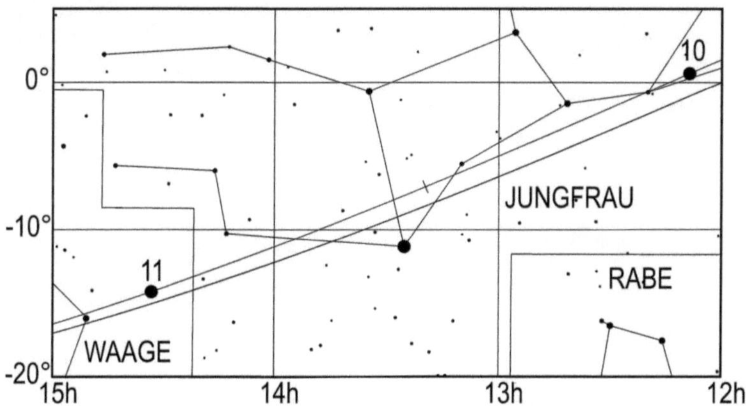

Lauf des Planeten Venus von September bis November 2022. Die Zahl gibt die Position
zum 1. des entsprechenden Monats an, also 10 die Position am 1.10.

Mars im Ostteil des Sternbildes Stier wird in diesem Monat immer mehr zum
Planeten der ersten Nachthälfte. Der rote Planet, der sich im Ostteil des Stieres
aufhält und am 30. zur Oppositionsschleife ansetzt, geht am 1. um 20.58 Uhr MEZ
(21.58 Uhr MESZ), am 15. um 20.14 Uhr MEZ (21.14 Uhr MESZ) und am 31. um
19.13 Uhr MEZ auf.
Helligkeit und Scheibchendurchmesser nehmen im Laufe des Monats von -0,6 mag
und 12" am Monatsanfang auf -1,2 mag und 15,1" am Monatsende zu. Er ist jetzt
zumindest für Besitzer größerer Fernrohre ein interessantes Beobachtungsobjekt.
Die beste Zeit für derartige Beobachtungen sind die frühen Morgenstunden, weil er
dann seine größte Höhe von über 60 Grad über dem Horizont erreicht, wodurch
weniger Probleme mit der Luftunruhe auftreten als bei geringerer Höhe über dem
Horizont.
Im Fernrohr erkennt man, dass Mars im Oktober voller wird: zu Monatsbeginn ist
sein Scheibchen zu 88 % beleuchtet und am Monatsende zu 94 %, womit er dann
eine Form hat wie der Mond 2 Tage vor Vollmond.
Am 9. passiert Mars Elnath in 5,8° südlichen Abstand und am 15. zieht der Mond
3,3° nördlich an Mars vorbei.

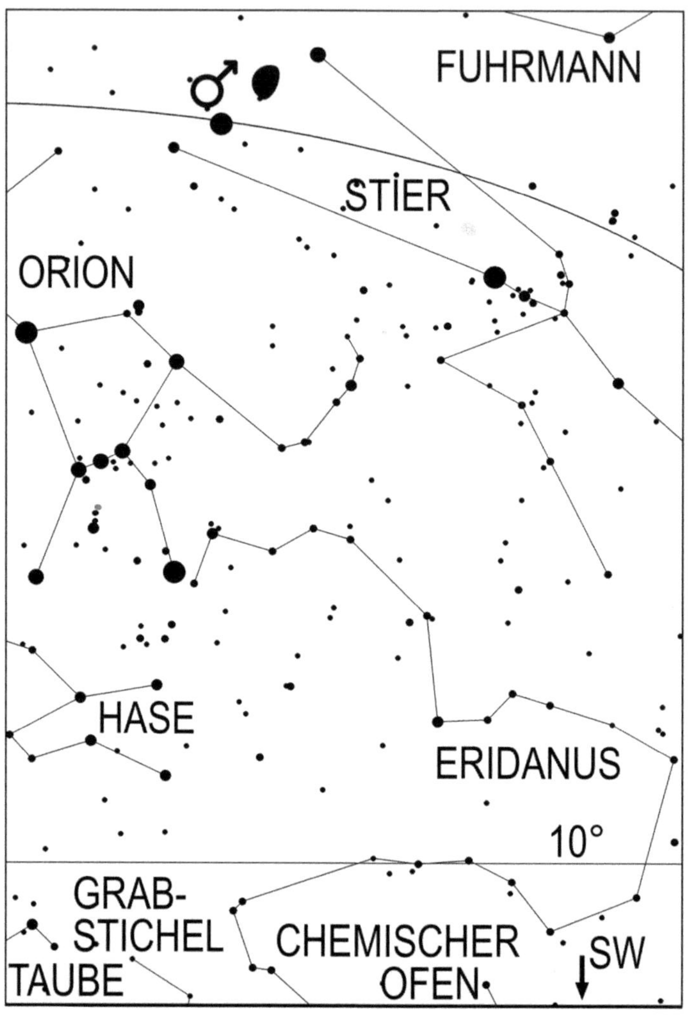

Mond und Mars am 15.10.2022 um 5 Uhr MEZ (6 Uhr MESZ)

Jupiter, rückläufig im Sternbild Fische, versinkt am 1. um 6.01 Uhr MEZ (7.01 Uhr MESZ), am 15. um 4.56 Uhr MEZ (5.56 Uhr MESZ) und am 31. um 3.45 Uhr MEZ unter dem Horizont. Seine Helligkeit sinkt im Laufe des Monats von –2,9 mag auf –2,8 mag und sein Scheibchendurchmesser von 49,8" auf 47,6". Er ist ein sehr

148

lohnendes Objekt für abendliche Fernrohrbeobachtungen. Am Abend des 8. wandert der Mond 3,1° südlich an Jupiter vorbei.

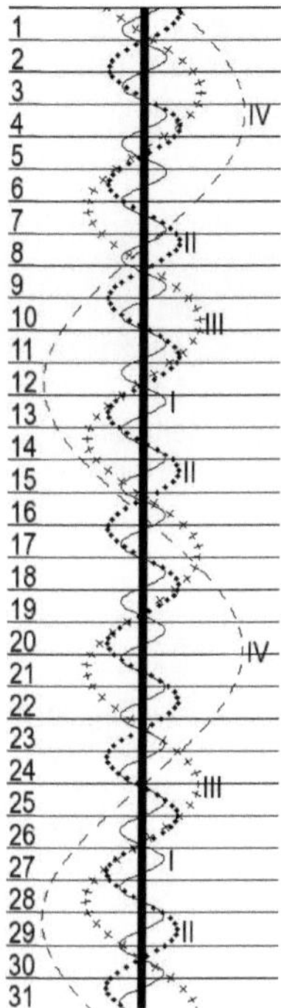

Stellung der 4 hellen Jupiter-monde im Oktober 2022

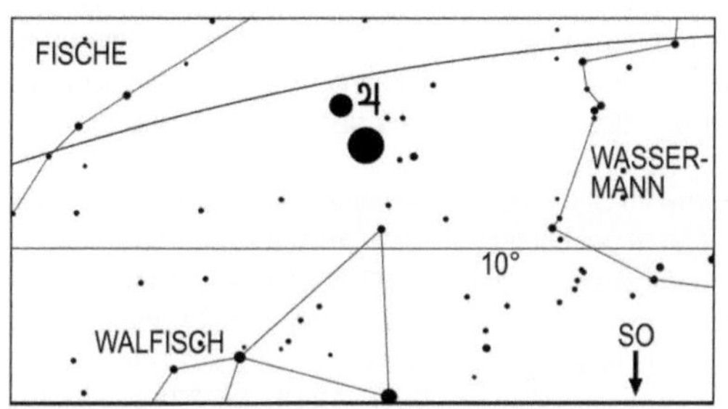

Mond, und Jupiter am 8.10.2022 um 19.30 Uhr MEZ (20.30 Uhr MESZ)

Saturn, im Sternbild Steinbock, beendet am 23. seine Oppositionsschleife und geht zu Monatsbeginn um 1.54 Uhr MEZ (2.54 Uhr MESZ), zur Monatsmitte um 0.57 Uhr MEZ (1.57 Uhr MESZ) und am Monatsende um 23.51 Uhr MEZ unter. Seine Helligkeit geht im Oktober von 0,5 mag auf 0,6 mag zurück und sein Scheibchendurchmesser schrumpft von 18,2" auf 17,3". Am Abend des 5. sieht man den Mond in der Nähe des Ringplaneten.

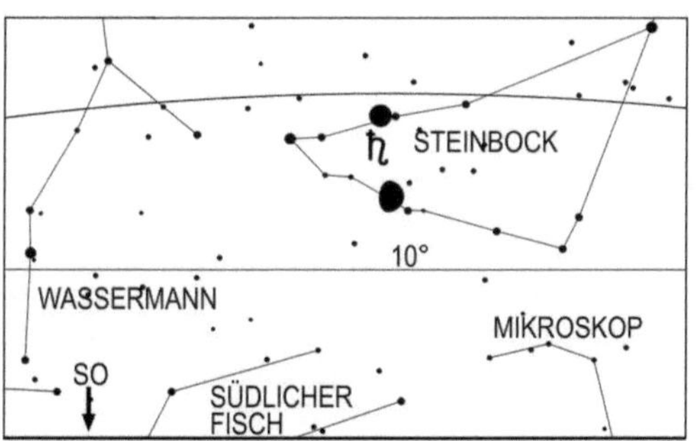

Mond und Saturn am 5.10.2022 um 19 Uhr MEZ (20 Uhr MESZ)

Uranus, rückläufig im Widder, strebt seiner Opposition entgegen. Der grünliche
Planet, dessen Helligkeit im Oktober von 5,7 mag auf 5,6 mag ansteigt, geht am 1.
um 19.17 Uhr MEZ (20.17 Uhr MESZ), am 15. um 18.21 Uhr MEZ (19.21 Uhr MESZ)
und am 31. um 17.17 Uhr MEZ (18.17 Uhr MESZ) auf und kann am besten in den
ersten Stunden nach Mitternacht beobachtet werden (Aufsuchkarte, Seite 167). Zur
Beobachtung genügt ein einfaches Fernglas, vielleicht ist er sogar bei klarem,
dunklem Himmel mit bloßem Auge als schwacher Stern erkennbar.

Neptun im Sternbild Wassermann, kann mit Hilfe eines Fernglases oder Fernrohres
am Abend beobachtet werden (Aufsuchkarte, Seite 134).
Zu Monatsbeginn erreicht der 7,8 mag helle Planet seinen höchsten Stand um 23.20
Uhr MEZ (0.20 Uhr MESZ) und geht um 5.09 Uhr MEZ (6.09 Uhr MESZ) unter. Zur
Monatsmitte erfolgt die Kulmination um 22.24 Uhr (23.24 Uhr MESZ) und der
Untergang um 4.12 Uhr MEZ (5.12 Uhr MESZ). Am Monatsende kulminiert Neptun
um 21.20 Uhr MEZ (22.20 Uhr MESZ) und versinkt um 3.08 Uhr MEZ (4.08 Uhr
MESZ) unter dem Horizont.

Klein- und Zwergplaneten

Ceres wandert durch das Sternbild Löwe und kann am Morgenhimmel zum Beginn
der Morgendämmerung mit einem Fernrohr beobachtet werden (Aufsuchkarte, Seite
184). Der Zwergplanet, dessen Helligkeit im Oktober leicht von 8,8 mag auf 8,7 mag
ansteigt, geht am 1. um 2.33 Uhr MEZ (3.33 Uhr MESZ), am 15. um 2.11 Uhr MEZ
(3.11 Uhr MESZ) und am 31. um 1.44 Uhr MEZ auf.

Pallas, deren Helligkeit im Laufe des Monats von 8,8 mag auf 8,4 mag zunimmt,
geht am 1. um 1.29 Uhr MEZ (2.29 Uhr MESZ), am 15. um 1.10 Uhr MEZ (2.10 Uhr
MESZ) und am 31. um 0.46 Uhr MEZ auf.
Der Kleinplanet durchwandert den Großen Hund (Aufsuchkarte, Seite 185) und zieht
am 9. nur 8,5' südlich an Sirius, den hellsten Stern des Himmels vorbei, was eine
gute Gelegenheit bietet, Pallas aufzusuchen.
Der beste Zeitpunkt, um nach Pallas zu suchen, ist kurz vor Beginn der
Morgendämmerung, weil sie dann ihren höchsten Stand über dem Horizont erreicht.
Leider beträgt dieser nur – je nach Ort und Tag – nur etwa 15° bis 25°, so dass der
Himmel für erfolgreiche Beobachtungen nicht zu trübe sein sollte.

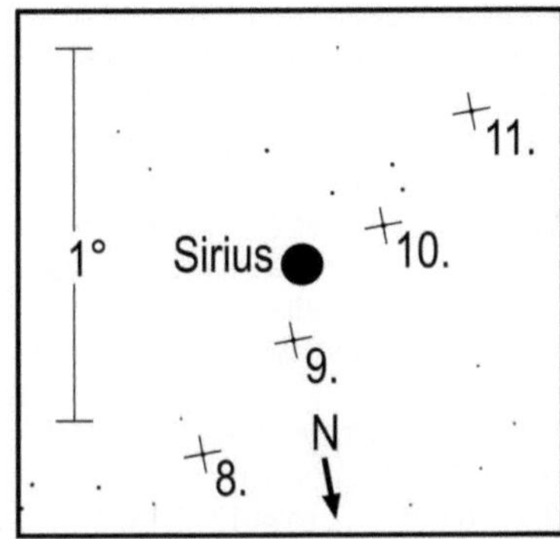

Anblick der Passage von Pallas an Sirius im umkehrenden Fernrohr im Oktober 2022. Der mit einem Kreuz markierte Punkt zeigt die Position von Pallas am jeweiligen Tag um 5 Uhr MEZ (6 Uhr MESZ)

Juno beendet am 21. ihre Oppositionsschleife und bewegt sich von da an rechtläufig durch das Sternbild Wassermann. Der Kleinplanet, dessen Helligkeit im Oktober von 8,3 mag auf 8,8 mag absinkt, versinkt am 1. um 3.54 Uhr MEZ (4.54 Uhr MESZ), am 15. um 2.44 Uhr MEZ (3.44 Uhr MESZ) und am 31. um 1.40 Uhr MEZ unter dem Horizont.
Sie kann am besten zum Zeitpunkt ihrer Kulmination, welche am 1. um 22.29 Uhr MEZ (23.29 Uhr MESZ), am 15. um 21.29 Uhr MEZ (22.29 Uhr MESZ) und am 31. um 20.28 Uhr MEZ erfolgt, mit einem Fernrohr oder einem lichtstarken Feldstecher aufgesucht werden (Aufsuchkarte, Seite 135).

Vesta, wird am 10. stationär und bewegt sich von diesem Zeitpunkt an wieder rechtläufig durch den Steinbock und wechselt kurz vor dem Ende des Monats in den Wassermann. Ihre Helligkeit geht im Laufe des Monats von 6,7 mag auf 7,3 mag zurück und ihr Untergang erfolgt 1. um 1.46 Uhr MEZ (2.46 Uhr MESZ), am 15. um 0.54 Uhr MEZ (1.54 Uhr MESZ) und am 31. um 0.05 Uhr MEZ.
Die beste Zeit, um Vesta aufsuchen ist die Zeit ihrer Kulmination: sie findet am 1. um 21.37 Uhr MEZ (22.37 Uhr MESZ), am 15. um 20.42 Uhr MEZ (21.42 Uhr MESZ) und am 31. um 19.47 Uhr MEZ statt (Aufsuchkarte, Seite 120).
Zur Beobachtung von Vesta ist ein Feldstecher ausreichend, doch sollte der Himmel nicht zu trübe sein, weil in diesem Monat der Kleinplanet für mitteleuropäische Beobachter nicht höher als 20° über dem Horizont steigt.

Pluto, im Ostteil des Schützen, beendet am 8. seine Oppositionsschleife, weshalb er in diesem Monat erwähnt wird. Er ist mit einer Helligkeit von 14,4 mag nur in Fernrohren mit mindestens 30 cm Durchmesser sichtbar (Aufsuchkarte, Seite 107).

Periodische Sternschnuppenströme

Vom 2. bis zum 16. kann man die Draconiden beobachten, die ihr Maximum am 9. um 3 Uhr MEZ erreichen. Ihre maximale Rate beträgt etwa 5 Meteore pro Stunde,

151

doch gab es in der Vergangenheit, wie 1933, Ausbrüche mit bis zu 10000 Meteoren pro Stunde. Am besten sind die Draconiden in den frühen Abendstunden zu sehen, weil dann ihr Radiant die größte Höhe über dem Horizont hat, doch ist ihre Beobachtung, weil der Radiant zirkumpolar ist, während der ganzen Nacht möglich. Leider ist in diesem Jahr am Tag des Maximums Vollmond.

Die Delta-Aurigiden erreichen am 4. um 16 Uhr MEZ ihr flaches Maximum mit bis zu 3 Meteoren pro Stunde. Sie können am besten in der zweiten Nachthälfte kurz vor Beginn der Morgendämmerung beobachtet werden und so dürfte der zunehmende Halbmond, der noch vor Mitternacht unter dem Horizont verschwindet, nicht stören. Die Delta-Aurigiden sind bis zum 18. aktiv.

Zwischen dem 2.10. und dem 7.11. treten die Orioniden auf, welche am 22. um 10 Uhr MEZ ihr Maximum mit bis zu 23 Meteoren pro Stunde erreichen. Mitteleuropäische Beobachter können am 22. um 5 Uhr MEZ etwa 12 Meteore von diesem Schwarm sichten. Die Orioniden gehören zu den sehr schnellen Meteoren. Am Tag ihres Maximums zeigt sich der Mond als dünne, abnehmende Sichel, welche erst in den frühen Morgenstunden aufgeht und bei der Beobachtung kaum stören dürfte.

Ein weiterer, allerdings schwacher Meteorstrom sind die Epsilon Geminiden, die zwischen dem 14. und dem 27. auftreten und ihr Maximum am 19. um 20 Uhr MEZ mit bis zu 3 Meteoren pro Stunde erreichen. Für mitteleuropäische Beobachter ist der beste Zeitpunkt ihrer Beobachtung der 20. um 5 Uhr MEZ, wobei etwa 2 Meteore pro Stunde zu erwarten sind. Der abnehmende Mond, welcher sich als dicke Sichel im Sternbild Löwe präsentiert, kann ihre Beobachtung unter Umständen beeinträchtigen.

Ferner erreichen die Süd-Tauriden am 11. ihr Maximum, wobei bis zu 3 Meteore pro Stunde gesichtet werden können. Der noch fast volle Mond im Nachbarsternbild Widder dürfte bei ihrer Beobachtung große Probleme bereiten.

Ab den 20. kann man die ersten Nord-Tauriden beobachten.

Sonnenuntergang und Dämmerung

	Astr. Anf.	Naut. Anf.	Bürg. Anf.	Auf-gang	Kulm.	Unter-gang	Bürg. Ende	Naut. Ende	Astr. Ende	Zeitgl.
1.10.2022	4:35	5:14	5:52	6:24	12:14	18:03	18:35	19:12	19:51	-10m09s
2.10.2022	4:37	5:16	5:53	6:25	12:13	18:01	18:32	19:10	19:49	-10m29s
3.10.2022	4:39	5:17	5:55	6:27	12:13	17:58	18:30	19:08	19:46	-10m48s
4.10.2022	4:40	5:19	5:56	6:28	12:13	17:56	18:28	19:06	19:44	-11m07s
5.10.2022	4:42	5:20	5:58	6:30	12:12	17:54	18:26	19:04	19:42	-11m25s
6.10.2022	4:44	5:22	5:59	6:31	12:12	17:52	18:24	19:01	19:40	-11m43s
7.10.2022	4:45	5:24	6:01	6:33	12:12	17:50	18:22	18:59	19:37	-12m01s
8.10.2022	4:47	5:25	6:02	6:34	12:12	17:48	18:20	18:57	19:35	-12m18s
9.10.2022	4:48	5:27	6:04	6:36	12:11	17:46	18:18	18:55	19:33	-12m35s
10.10.2022	4:50	5:28	6:05	6:38	12:11	17:44	18:16	18:53	19:31	-12m52s
11.10.2022	4:52	5:30	6:07	6:39	12:11	17:42	18:14	18:51	19:29	-13m08s
12.10.2022	4:53	5:31	6:08	6:41	12:10	17:40	18:12	18:49	19:27	-13m23s
13.10.2022	4:55	5:33	6:10	6:42	12:10	17:37	18:10	18:47	19:25	-13m38s
14.10.2022	4:56	5:34	6:11	6:44	12:10	17:35	18:08	18:45	19:23	-13m53s
15.10.2022	4:58	5:36	6:13	6:46	12:10	17:33	18:06	18:43	19:21	-14m07s

	Astr. Anf.	Naut. Anf.	Bürg. Anf.	Auf- gang	Kulm.	Unter- gang	Bürg. Ende	Naut. Ende	Astr. Ende	Zeitgl.
16.10.2022	5:00	5:37	6:14	6:47	12:10	17:31	18:04	18:41	19:19	-14m20s
17.10.2022	5:01	5:39	6:16	6:49	12:09	17:29	18:02	18:39	19:17	-14m33s
18.10.2022	5:03	5:40	6:17	6:50	12:09	17:27	18:00	18:37	19:15	-14m45s
19.10.2022	5:04	5:42	6:19	6:52	12:09	17:25	17:58	18:35	19:13	-14m56s
20.10.2022	5:06	5:43	6:21	6:54	12:09	17:23	17:56	18:33	19:11	-15m07s
21.10.2022	5:07	5:45	6:22	6:55	12:09	17:21	17:54	18:31	19:09	-15m18s
22.10.2022	5:09	5:46	6:24	6:57	12:08	17:19	17:52	18:30	19:07	-15m27s
23.10.2022	5:10	5:48	6:25	6:59	12:08	17:18	17:51	18:28	19:05	-15m36s
24.10.2022	5:12	5:49	6:27	7:00	12:08	17:16	17:49	18:26	19:04	-15m45s
25.10.2022	5:14	5:51	6:28	7:02	12:08	17:14	17:47	18:24	19:02	-15m52s
26.10.2022	5:15	5:52	6:30	7:04	12:08	17:12	17:45	18:23	19:00	-15m59s
27.10.2022	5:17	5:54	6:31	7:05	12:08	17:10	17:44	18:21	18:58	-16m05s
28.10.2022	5:18	5:55	6:33	7:07	12:08	17:08	17:42	18:19	18:57	-16m10s
29.10.2022	5:20	5:57	6:35	7:09	12:08	17:06	17:40	18:18	18:55	-16m15s
30.10.2022	5:21	5:58	6:36	7:10	12:08	17:05	17:38	18:16	18:54	-16m19s
31.10.2022	5:23	6:00	6:38	7:12	12:08	17:03	17:37	18:14	18:52	-16m22s

Mondlauf

	Rektaszension	Deklination	Elong.	Phase	mag	Auf- gang	Kulm.	Unter- gang
1.10.2022	16h33m31,1s	-24°59'56"	63,2°	0,27	-9,0	13:16	17:02	20:43
2.10.2022	17h34m34,2s	-27°22'27"	76,2°	0,38	-9,6	14:28	18:04	21:39
3.10.2022	18h37m50,9s	-28°04'46"	89,3°	0,5 ☽	-10,2	15:26	19:06	22:49
4.10.2022	19h41m23,0s	-26°59'55"	102,5°	0,61	-10,6	16:09	20:06	
5.10.2022	20h43m10,6s	-24°12'41"	115,7°	0,72	-11,1	16:40	21:03	0:10
6.10.2022	21h41m55,4s	-19°58'11"	128,9°	0,81	-11,5	17:03	21:56	1:36
7.10.2022	22h37m16,3s	-14°37'41"	142,1°	0,89	-11,8	17:22	22:46	3:01
8.10.2022	23h29m38,9s	-8°34'35"	155,2°	0,95	-12,2	17:38	23:33	4:24
9.10.2022	0h19m54,2s	-2°11'44"	168,0°	0,99 ○	-12,5	17:53		5:44
10.10.2022	1h09m02,0s	4°09'42"	177,5°	1	-12,7	18:08	0:19	7:03
11.10.2022	1h58m00,2s	10°10'45"	166,5°	0,99	-12,4	18:24	1:05	8:20
12.10.2022	2h47m37,2s	15°34'37"	154,5°	0,95	-12,1	18:44	1:52	9:38
13.10.2022	3h38m25,8s	20°06'54"	142,8°	0,9	-11,7	19:09	2:40	10:52
14.10.2022	4h30m37,2s	23°35'44"	131,3°	0,83	-11,4	19:41	3:30	12:04
15.10.2022	5h23m57,4s	25°52'22"	120,1°	0,75	-11,1	20:23	4:21	13:08
16.10.2022	6h17m48,8s	26°51'50"	109,1°	0,66	-10,7	21:15	5:12	14:02
17.10.2022	7h11m20,3s	26°33'21"	98,2°	0,57 ☾	-10,3	22:16	6:03	14:45
18.10.2022	8h03m42,6s	25°00'12"	87,4°	0,48	-9,9	23:24	6:53	15:18
19.10.2022	8h54m22,9s	22°18'47"	76,5°	0,38	-9,5		7:41	15:43
20.10.2022	9h43m11,6s	18°37'25"	65,5°	0,29	-9,0	0:35	8:27	16:02
21.10.2022	10h30m22,1s	14°05'25"	54,3°	0,21	-8,4	1:48	9:12	16:19
22.10.2022	11h16m26,4s	8°52'45"	42,8°	0,13	-7,7	3:00	9:55	16:33
23.10.2022	12h02m09,6s	3°10'12"	31,0°	0,07	-6,8	4:14	10:39	16:47
24.10.2022	12h48m25,9s	-2°49'53"	18,9°	0,03	-5,8	5:30	11:23	17:02
25.10.2022	13h36m15,1s	-8°52'52"	6,5°	0 ●	-4,6	6:49	12:10	17:18
26.10.2022	14h26m38,1s	-14°40'52"	6,5°	0	-4,6	8:11	13:01	17:38

	Rektaszension	Deklination	Elong.	Phase	mag	Auf-gang	Kulm.	Unter-gang
27.10.2022	15h20m28,0s	-19°52'44"	19,5°	0,03	-6,0	9:37	13:56	18:04
28.10.2022	16h18m13,5s	-24°04'51"	32,7°	0,08	-7,1	11:02	14:55	18:41
29.10.2022	17h19m36,8s	-26°53'56"	46,0°	0,15	-8,0	12:20	15:57	19:32
30.10.2022	18h23m19,3s	-28°01'53"	59,3°	0,25	-8,8	13:24	17:00	20:38
31.10.2022	19h27m14,5s	-27°21'01"	72,6°	0,35	-9,5	14:11	18:01	21:58

Finsternisse

Am 25.10.2022 kann in Europa (außer dem Südwesten der iberischen Halbinsel), Westsibirien, Zentralasien, den Nahen Osten, Indien und den nordöstlichen Teilen Afrikas eine partielle Sonnenfinsternis beobachtet werden. Diese Finsternis erreicht ihre größte Phase mit einer Größe von 0,8611 im Ural bei 61°36' nördlicher Breite und 77°24' östlicher Länge.

In Mitteleuropa ist diese Finsternis mit mäßigem Bedeckungsgrad am späten Vormittag sichtbar. **Bei der Beobachtung sind die auf Seite 22 erwähnten Vorsichtsmaßnahmen zur Sonnenbeobachtung unbedingt zu beachten!**

Die folgende Tabelle enthält den Zeitpunkt des Anfangs, den Zeitpunkt der größten Verfinsterung, den Bedeckungsgrad, also den Anteil der Sonnenfläche, der vom Mond zum Zeitpunkt der größten Verfinsterung bedeckt wird, die Größe und den Zeitpunkt des Endes für einige Städte in Deutschland. Auch findet man in ihr ein Bild, welches die Sonne zum Zeitpunkt der maximalen Verfinsterung zeigt. Es ist in der Spalte „Sonne zur Mitte" zu finden.

Ort	Anfang (MEZ)	Größte Verfin-sterung (MEZ)	Größe	Bedeckungs-grad	Sonne zur Mitte	Ende (MEZ)
Berlin	10:09:57	11:14:03	0,4378	0,3234		12:19:35
Bern	10:15:45	11:10:24	0,2770	0,1673		12:06:43
Dresden	10:11:29	11:15:23	0,4217	0,3067		12:20:41
Frankfurt	10:11:05	11:09:52	0,3450	0,2299		12:10:23
Hamburg	10:07:48	11:09:38	0,4130	0,2976		12:13:08
Hannover	10:08:48	11:09:52	0,3924	0,2766		12:12:38

Ort	Anfang (MEZ)	Größte Verfinsterung (MEZ)	Größe	Bedeckungs-grad	Sonne zur Mitte	Ende (MEZ)
Köln	10:09:46	11:07:22	0,3365	0,2218		12:06:48
Leipzig	10:10:42	11:13:34	0,4092	0,2937		12:17:57
München	10:14:21	11:14:47	0,3517	0,2364		12:16:46
Nürnberg	10:12:28	11:13:14	0,3654	0,2497		12:15:34
Stuttgart	10:12:58	11:11:19	0,3303	0,2159		12:11:20
Wien	10:15:50	11:20:57	0,4160	0,3008		12:27:13

Jupitermond-Ereignisse

Datum	Uhrzeit (MEZ)	Mond	Erscheinung	Phase
1.10.2022	04:43:11	Io	Durchgang	Anfang
1.10.2022	04:49:38	Io	Schattenvorübergang	Anfang
1.10.2022	18:40:49	Ganymed	Bedeckung	Anfang
1.10.2022	21:56:32	Ganymed	Verfinsterung	Ende
1.10.2022	23:36:26	Europa	Durchgang	Anfang
1.10.2022	23:50:17	Europa	Schattenvorübergang	Anfang
2.10.2022	01:58:46	Io	Bedeckung	Anfang
2.10.2022	02:02:36	Europa	Durchgang	Ende
2.10.2022	02:21:40	Europa	Schattenvorübergang	Ende
2.10.2022	04:19:40	Io	Verfinsterung	Ende
2.10.2022	23:09:07	Io	Durchgang	Anfang
2.10.2022	23:18:25	Io	Schattenvorübergang	Anfang
3.10.2022	01:21:41	Io	Durchgang	Ende
3.10.2022	01:32:20	Io	Schattenvorübergang	Ende
3.10.2022	20:24:37	Io	Bedeckung	Anfang
3.10.2022	20:51:38	Europa	Verfinsterung	Ende
3.10.2022	22:48:18	Io	Verfinsterung	Ende
4.10.2022	19:47:47	Io	Durchgang	Ende
4.10.2022	20:01:12	Io	Schattenvorübergang	Ende
8.10.2022	21:55:35	Ganymed	Bedeckung	Anfang
9.10.2022	01:49:25	Europa	Durchgang	Anfang

Datum	Uhrzeit (MEZ)	Mond	Erscheinung	Phase
9.10.2022	01:56:56	Ganymed	Verfinsterung	Ende
9.10.2022	02:25:46	Europa	Schattenvorübergang	Anfang
9.10.2022	03:42:22	Io	Bedeckung	Anfang
9.10.2022	04:16:18	Europa	Durchgang	Ende
10.10.2022	00:53:14	Io	Durchgang	Anfang
10.10.2022	01:13:48	Io	Schattenvorübergang	Anfang
10.10.2022	03:06:00	Io	Durchgang	Ende
10.10.2022	03:27:38	Io	Schattenvorübergang	Ende
10.10.2022	20:13:19	Europa	Bedeckung	Anfang
10.10.2022	22:08:20	Io	Bedeckung	Anfang
10.10.2022	23:29:47	Europa	Verfinsterung	Ende
11.10.2022	00:42:57	Io	Verfinsterung	Ende
11.10.2022	19:19:24	Io	Durchgang	Anfang
11.10.2022	19:42:43	Io	Schattenvorübergang	Anfang
11.10.2022	21:32:14	Io	Durchgang	Ende
11.10.2022	21:56:32	Io	Schattenvorübergang	Ende
12.10.2022	18:14:19	Europa	Schattenvorübergang	Ende
12.10.2022	19:11:38	Io	Verfinsterung	Ende
16.10.2022	01:11:56	Ganymed	Bedeckung	Anfang
16.10.2022	04:03:22	Europa	Durchgang	Anfang
17.10.2022	02:37:57	Io	Durchgang	Anfang
17.10.2022	03:09:19	Io	Schattenvorübergang	Anfang
17.10.2022	22:29:47	Europa	Bedeckung	Anfang
17.10.2022	23:52:39	Io	Bedeckung	Anfang
18.10.2022	02:08:00	Europa	Verfinsterung	Ende
18.10.2022	02:37:42	Io	Verfinsterung	Ende
18.10.2022	21:04:18	Io	Durchgang	Anfang
18.10.2022	21:38:16	Io	Schattenvorübergang	Anfang
18.10.2022	23:17:21	Io	Durchgang	Ende
18.10.2022	23:51:59	Io	Schattenvorübergang	Ende
19.10.2022	18:18:52	Io	Bedeckung	Anfang
19.10.2022	18:19:10	Europa	Schattenvorübergang	Anfang
19.10.2022	19:38:53	Europa	Durchgang	Ende
19.10.2022	20:05:31	Ganymed	Schattenvorübergang	Ende
19.10.2022	20:49:32	Europa	Schattenvorübergang	Ende
19.10.2022	21:06:25	Io	Verfinsterung	Ende
20.10.2022	17:43:41	Io	Durchgang	Ende
20.10.2022	18:20:48	Io	Schattenvorübergang	Ende
25.10.2022	00:47:51	Europa	Bedeckung	Anfang
25.10.2022	01:37:47	Io	Bedeckung	Anfang
25.10.2022	22:50:04	Io	Durchgang	Anfang
25.10.2022	23:33:56	Io	Schattenvorübergang	Anfang
26.10.2022	01:03:19	Io	Durchgang	Ende
26.10.2022	01:47:35	Io	Schattenvorübergang	Ende
26.10.2022	18:20:01	Ganymed	Durchgang	Anfang
26.10.2022	19:27:02	Europa	Durchgang	Anfang
26.10.2022	20:04:14	Io	Bedeckung	Anfang
26.10.2022	20:54:51	Europa	Schattenvorübergang	Anfang

Datum	Uhrzeit (MEZ)	Mond	Erscheinung	Phase
26.10.2022	21:03:30	Ganymed	Durchgang	Ende
26.10.2022	21:20:46	Ganymed	Schattenvorübergang	Anfang
26.10.2022	21:55:52	Europa	Durchgang	Ende
26.10.2022	23:01:20	Io	Verfinsterung	Ende
26.10.2022	23:24:50	Europa	Schattenvorübergang	Ende
27.10.2022	00:06:50	Ganymed	Schattenvorübergang	Ende
27.10.2022	18:02:48	Io	Schattenvorübergang	Anfang
27.10.2022	19:29:55	Io	Durchgang	Ende
27.10.2022	20:16:25	Io	Schattenvorübergang	Ende
28.10.2022	17:30:05	Io	Verfinsterung	Ende
28.10.2022	18:06:05	Europa	Verfinsterung	Ende

November

Sternenhimmel

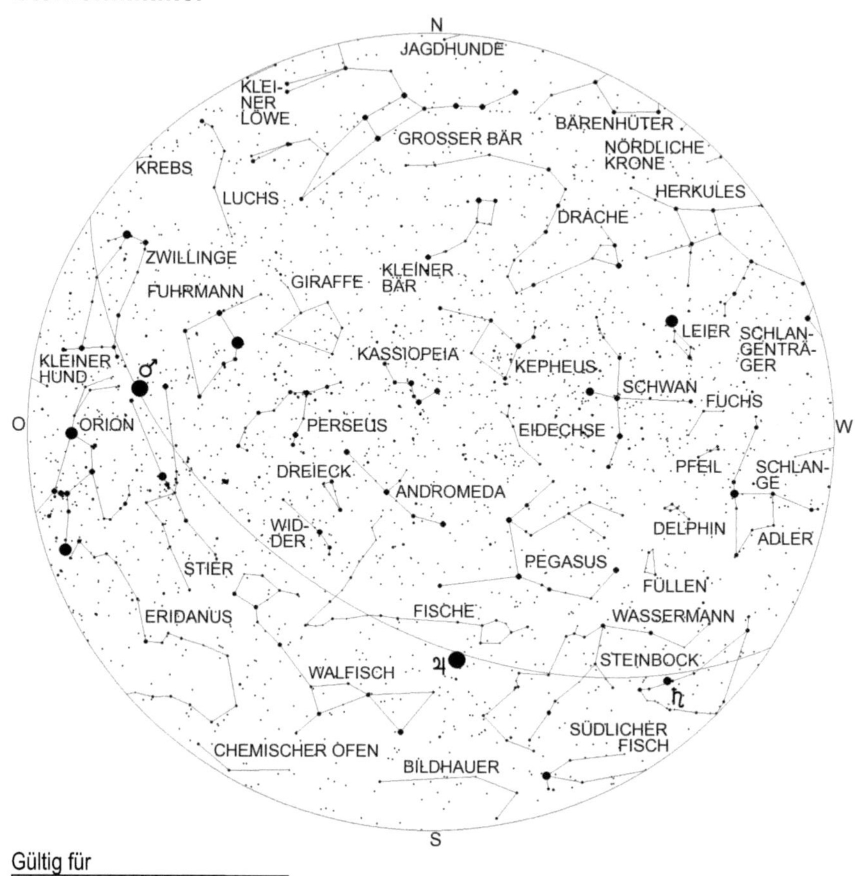

Gültig für

1.8. 4 Uhr	15.8. 3 Uhr
1.9. 2 Uhr	15.9. 1 Uhr
1.10. 0 Uhr	15.10. 23 Uhr
1.11. 22 Uhr	15.11. 21 Uhr
1.12. 20 Uhr	15.12. 19 Uhr
1.1. 18 Uhr	15.1. 17 Uhr

Noch immer wird der südliche Teil des Himmels von den überwiegend aus lichtschwachen Sternen bestehenden Konstellationen Steinbock, Wassermann, Fische, Südlicher Fisch, Bildhauer und Walfisch beherrscht, zu dem sich jetzt auch Teile des Eridanus gesellen. Allerdings bemerkt man in diesem Jahr zwei helle Objekte in dieser Himmelsregion und zwar ein sehr helles im Sternbild Fische und ein weniger helles im Sternbild Steinbock: es sind die Planeten Jupiter und Saturn. Oberhalb der Sternbilder Fische und Wassermann sieht man den Pegasus und die Andromeda. Der Andromedanebel kann jetzt sehr gut beobachtet werden. Er ist bei klarem Himmel schon freiäugig sichtbar, aber auf jedem Fall in einem Fernglas zu sehen. Auch der schon im kleinen Fernrohr trennbare Doppelstern Alamak, der sich am nordöstlichsten Ende der Sternfigur der Andromeda befindet, kann jetzt bestens beobachtet werden. Südöstlich der Andromeda findet man das Dreieck und den Widder. Im Widder gibt es auch einen Doppelstern, der schon mit kleinen Fernrohren aufgelöst werden kann, und zwar Gamma (γ) Arietis. Er besteht aus zwei gleich hellen weißen Sternen.

Südwestlich des Widders befindet sich das ausgedehnte, lichtschwache Tierkreissternbild der Fische. In den Fischen findet man in diesem Jahr, wie schon erwähnt, den Planeten Jupiter, der meistens das vierthellste Gestirn am Himmel ist. Im Westen sieht man, dass der Adler schon kurz vor dem Untergang steht. Schlange und Schlangenträger sind schon fast vollständig untergegangen und auch der Herkules ist nur noch teilweise zu sehen. Tief im Norden erreicht jetzt der Große Wagen, der von den hellsten Sternen des Großen Bären gebildet wird, seinen niedrigsten Stand.

Im Osten bemerkt man, dass bereits einige der Wintersternbilder über dem Horizont erschienen sind. Der Stier, in dem man zur Zeit den hellen Planeten Mars sehen kann und die Zwillinge sind schon vollständig zu sehen. Der Orion ist schon zum größten Teil aufgegangen. Kleiner Hund und Krebs werden bald über dem Horizont erscheinen.

Astronomische Ereignisse

Datum	Uhrzeit	Ereignis	Elongation
1.11.2022	07:37:10	Erstes Viertel	
1.11.2022	15:24:37	Mond in größter Südbreite	
1.11.2022	23:08:09	Mond 4,8° südlich Saturn	97,7°
2.11.2022	07:36:05	Mond 3,3° südlich Delta Capricorni	102,9°
2.11.2022	17:19:16	Mond 2,4° nördlich Vesta	107,3°
3.11.2022	12:39:04	Mond 1,2° südlich Juno	118,85°
4.11.2022	09:17:03	Mond 3,9° südlich Neptun	129,3°
4.11.2022	13:42:37	Venus 20' nördlich Zuben-el-dschenubi	3,3°
4.11.2022	21:22:37	Mond 3,2° südlich Jupiter	135,6°
7.11.2022	13:12:19	Mond 12,4° südlich Hamal	167,8°
8.11.2022	05:43:38	Merkur 12' südlich Zuben-el-dschenubi	0,3°
8.11.2022	07:19:18	Mond im aufsteigenden Knoten	

Datum	Uhrzeit	Ereignis	Elongation
8.11.2022	09:01:49	Totale Mondfinsternis, Eintritt Halbschatten	
8.11.2022	10:09:47	Totale Mondfinsternis, Eintritt Kernschatten	
8.11.2022	11:16:47	Totale Mondfinsternis, Beginn Totalität	
8.11.2022	11:59:25	Totale Mondfinsternis, Maximale Phase, Größe: 1,364	
8.11.2022	12:02:13	Vollmond	
8.11.2022	12:42:03	Totale Mondfinsternis, Ende Totalität	
8.11.2022	13:42:46	Mond 11' südlich Uranus	179°
8.11.2022	13:49:03	Totale Mondfinsternis, Austritt Kernschatten	
8.11.2022	14:57:01	Totale Mondfinsternis, Austritt Halbschatten	
8.11.2022	17:42:31	Merkur in oberer Konjunktion zur Sonne	5,45'
9.11.2022	02:12:01	Uranus in Erdnähe (Abstand Erde-Uranus: 2795582507 km)	
9.11.2022	09:23:39	Uranusopposition	
9.11.2022	12:39:50	Merkur im absteigenden Knoten	
9.11.2022	13:51:37	Mond 3,5° südlich der Plejaden	166,2°
10.11.2022	12:40:50	Mond 7,2° nördlich Aldebaran	156,9°
10.11.2022	17:42:18	Pallas in größter Südbreite	
11.11.2022	11:47:45	Mond 2,8° südlich Elnath	145,8°
11.11.2022	14:44:11	Mond 1,6° nördlich Mars	144,4°
12.11.2022	09:45:15	Mond 4,3° nördlich Eta Geminorum	136,2°
12.11.2022	12:53:40	Mond 4,2° nördlich Mü Geminorum	134,45°
12.11.2022	18:01:59	Mond 10,3° nördlich Alhena	130,5°
12.11.2022	20:26:10	Mond 1,7° nördlich Epsilon Geminorum	130,1°
13.11.2022	19:35:08	Mond 6° südlich Kastor	119,7°
14.11.2022	00:14:57	Mond 2,2° südlich Pollux	117,5°
14.11.2022	07:21:03	Mond im Apogäum	
15.11.2022	02:04:21	Mond 3,4° nördlich M44	105,1°
15.11.2022	16:42:39	Mond in größter Nordbreite	
16.11.2022	14:27:08	Letztes Viertel	
16.11.2022	21:57:24	Mond 4,3° nördlich Regulus	84,3°
18.11.2022	21:15:52	Mond 6,1° südlich Ceres	63,8°
19.11.2022	05:25:01	Venus 55,5' südlich Akrab	6,8°
19.11.2022	19:21:21	Mars 3,95° südlich Elnath	154°
19.11.2022	21:37:49	Merkur im Aphel	
19.11.2022	21:47:05	Merkur 2,15° südlich Akrab	6,1°
20.11.2022	06:24:09	Mond 26' südlich Porrima	47,3°
21.11.2022	03:57:34	Mond 3,8° nördlich Spika	34,7°
21.11.2022	15:09:20	Venus im absteigenden Knoten	
22.11.2022	17:09:12	Mond im absteigenden Knoten	
22.11.2022	17:35:37	Merkur 1,35° südlich Venus	7,7°
22.11.2022	21:31:34	Mond 1,2° südlich Zuben-el-dschenubi	14,8°
23.11.2022	13:49:23	Merkur 3,2° nördlich Antares	8,5°

Datum	Uhrzeit	Ereignis	Elongation
23.11.2022	17:04:14	Pallas stationär, dann rückläufig	
23.11.2022	18:40:04	Venus 4,5° nördlich Antares	8°
23.11.2022	23:57:17	Neumond	-2,1°
24.11.2022	03:12:19	Mond 3,3° südlich Akrab	2°
24.11.2022	13:32:32	Mond 1,3° nördlich Antares	8,4°
24.11.2022	13:40:26	Jupiter stationär, dann rechtläufig	
24.11.2022	15:53:51	Mond 3,3° südlich Venus	8,2°
24.11.2022	17:09:09	Mond 1,9° südlich Merkur	9,1°
26.11.2022	02:40:41	Mond im Perigäum	
26.11.2022	19:43:34	Mond 1,8° südlich Nunki	38,3°
27.11.2022	17:09:07	Mond 3,8° südlich Pluto	50,8°
28.11.2022	02:52:26	Mond 10,4° südlich Beta Capricorni	56,3°
28.11.2022	20:55:03	Mond in größter Südbreite	
29.11.2022	05:35:51	Mond 4,7° südlich Saturn	71,4°
29.11.2022	12:08:47	Mond 3,7° südlich Delta Capricorni	75,5°
30.11.2022	09:37:37	Mond 1,9° nördlich Vesta	86,3°
30.11.2022	15:36:37	Erstes Viertel	

Planeten

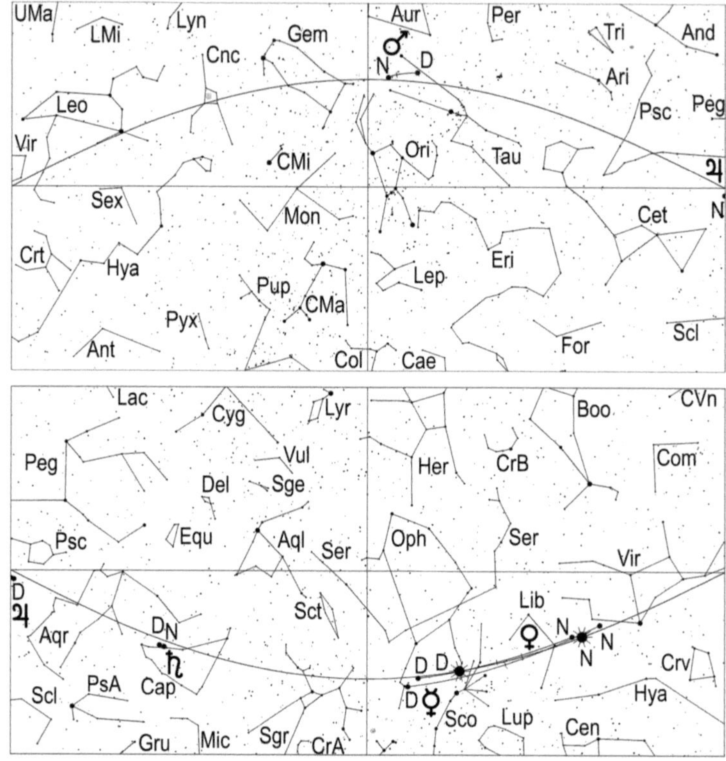

Merkur steht am 8. in oberer Konjunktion zur Sonne, wobei er von der Sonne
bedeckt wird. Bis zum Monatsende hat der flinke Planet noch keine ausreichende
östliche Elongation von der Sonne gewonnen, um am Abendhimmel sichtbar zu
werden. Fazit: Merkur ist im November nicht zu sehen.

Venus stand am 22. des Vormonats in oberer Konjunktion zur Sonne und hat in
diesem Monat noch eine zu kleine östliche Elongation um am Abendhimmel sichtbar
zu werden.

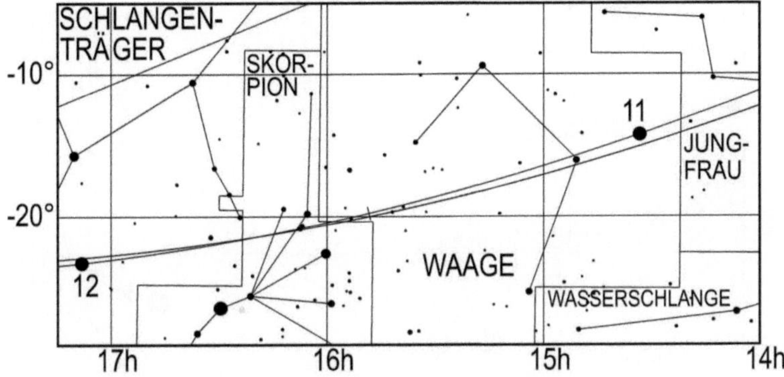

Lauf des Planeten Venus von Oktober bis Dezember 2022. Die Zahl gibt die Position zum 1. des entsprechenden Monats an, also 11 die Position am 1.11.

Mars, rückläufig im Stier, strebt seiner Opposition entgegen und wird im November zum Planeten der ganzen Nacht. Unser äußerer Nachbarplanet erscheint am 1. um 19.09 Uhr MEZ, am 15. um 18.01 Uhr MEZ und am 30. um 16.38 Uhr MEZ über dem Horizont. Seine Helligkeit nimmt im Laufe des Monats von -1,2 mag auf -1,8 mag zu und sein Scheibchen wächst in diesem Zeitraum von 15,1" auf 17,2". Er ist jetzt für Fernrohrbeobachter sehr interessant, welche Details wie die dunklen Flecken und die Polkappen beobachten können. Die beste Zeit hierfür ist zwischen 1 Uhr MEZ und 3 Uhr MEZ, weil er dann mit bis zu 65° die höchste Höhe über dem Horizont erreicht, was möglichst geringe Probleme mit der Luftunruhe bedeutet.
Im Fernrohr erkennt man auch, dass seine Phase im November verschwindet: am 1. sind noch 6 % des Marsscheibchens nicht beleuchtet, am 30. ist es mit einem Beleuchtungsgrad von 99,7 % fast perfekt rund.
Am 11. wandert der abnehmende Mond 1,6° nördlich am roten Planeten vorbei und am 19. passiert Mars Elnath in 3,95° südlichem Abstand.

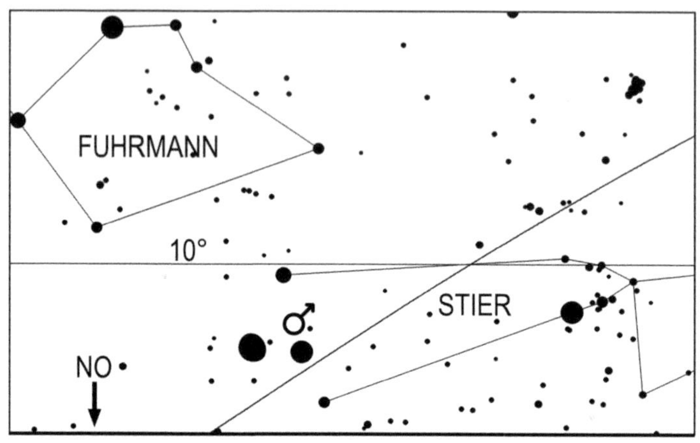

Mond und Mars am 11.11.2022 um 19 Uhr MEZ (20 Uhr MESZ)

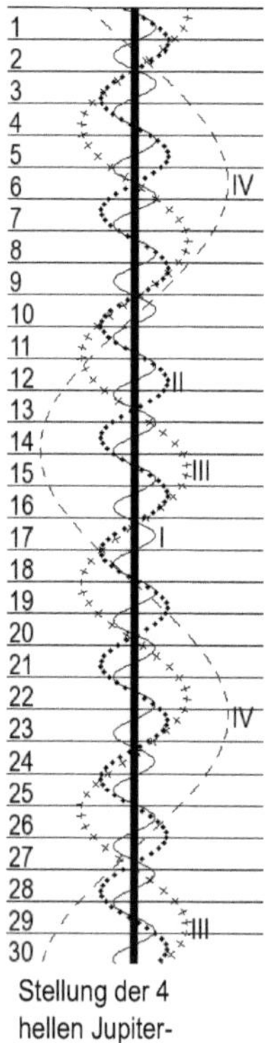

Stellung der 4 hellen Jupitermonde im November 2022

Jupiter, beendet am 24. seine Oppositionsschleife im Sternbild Fische und ist ein unübersehbares Objekt am Abendhimmel. Der Riesenplanet, dessen Helligkeit im November von -2,8 mag auf -2,6 mag abnimmt, geht am 1. um 3.40 Uhr MEZ, am 15. um 2.41 Uhr MEZ und am 30. um 1.42 Uhr MEZ unter.

Obwohl sein Scheibchendurchmesser im Laufe des Monats von 47,6" auf 43,5" schrumpft, ist er ein interessantes Objekt für Fernrohrbeobachter in den frühen Abendstunden.

Am 4. zieht der Mond 3,2° südlich an Jupiter vorbei.

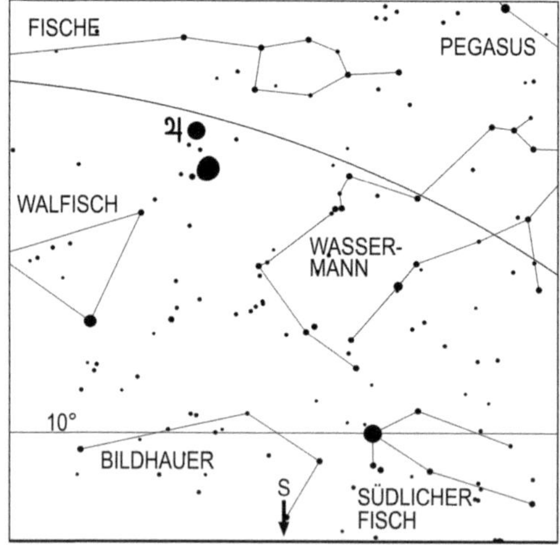

Mond und Jupiter am 4. um 21 Uhr MEZ

164

Saturn, rechtläufig im Sternbild Steinbock, geht ebenfalls immer früher unter. Der Ringplanet versinkt am Monatsersten um 23.47 Uhr MEZ, zur Monatsmitte um 22.54 Uhr MEZ und am Monatsletzten um 21.59 Uhr MEZ unter dem Horizont. Seine Helligkeit geht von 0,6 mag auf 0,8 mag und sein Durchmesser von 17,3" auf 16,5" zurück. Der Öffnungswinkel seines Ringes beträgt den ganzen Monat über etwa 15°. Der Mond läuft am 1. 4,8° südlich und am 29. 4,7° südlich an Saturn vorbei, wobei letzteres Treffen am besten am Vorabend beobachtet werden kann.

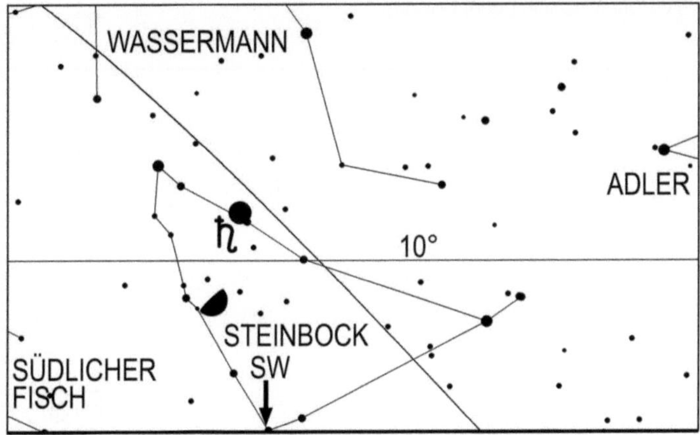

Mond und Saturn am 1. um 22 Uhr MEZ

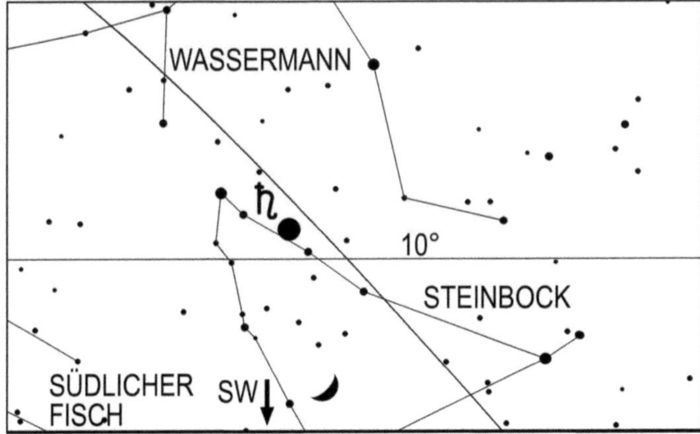

Mond und Saturn am 28. um 20.30 Uhr MEZ

Uranus erreicht am 9. seine Oppositionsstellung im Sternbild Widder. Der ferne Planet erreicht hierbei eine Helligkeit von 5,6 mag, womit er prinzipiell mit dem bloßen Auge als lichtschwacher Stern, auf jeden Fall aber mit einem Fernglas oder Fernrohr (Aufsuchkarte, Seite 167) aufgesucht werden kann. In größeren

165

Teleskopen erscheint Uranus als kleines, grünliches und strukturloses Scheibchen mit 3,8" Durchmesser.
Uranus erreicht am Oppositionstag auch seine geringste Entfernung zur Erde, welche 2795582507 km beträgt. Ein Lichtstrahl benötigt für diese Strecke mehr als 2 Stunden und 35 Minuten.
Die beste Gelegenheit um nach Uranus Ausschau zu halten ist seine Kulmination, welche am 1. um 0.43 Uhr MEZ, am 15. um 23.41 Uhr MEZ und am 30. um 22.40 Uhr MEZ erfolgt. Am 15. versinkt der grünliche Planet um 7.10 Uhr MEZ und am 30. um 6.08 Uhr MEZ unter dem Horizont.

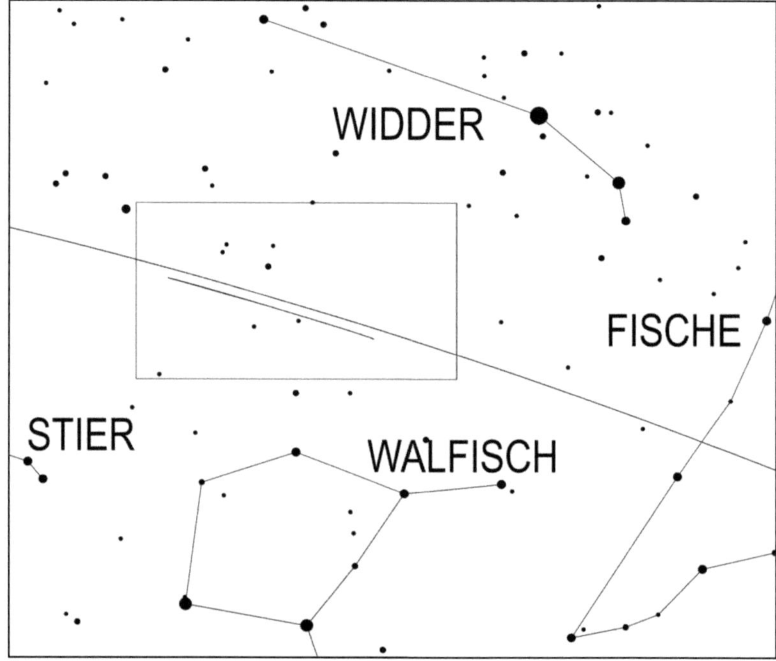

Übersichtskarte zum Aufsuchen des Planeten Uranus. Die nächste Sternkarte zeigt vergrößert den rechteckigen Ausschnitt.

166

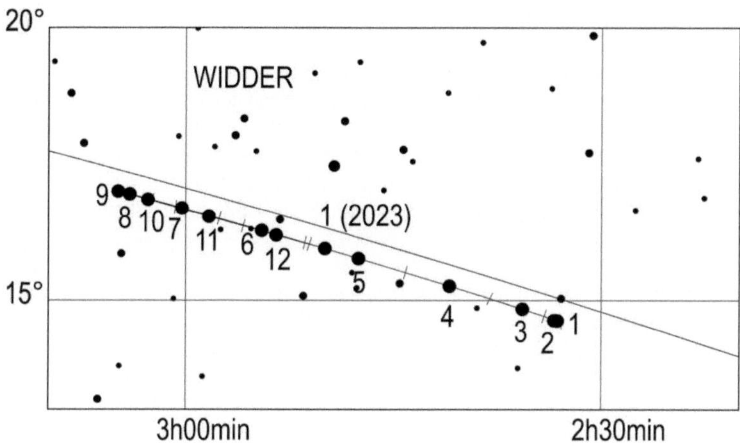

Lauf des Planeten Uranus im Jahr 2022. Die Zahl gibt die Position zum 1. des entsprechenden Monats an, also 4 die Position am 1.4.

Neptun kann mit einem Fernglas oder Fernrohr im Sternbild Wassermann beobachtet werden (Aufsuchkarte, Seite 134). Der ferne Planet, dessen Helligkeit im November von 7,8 mag auf 7,9 mag zurückgeht, kulminiert am 1. um 21.16 Uhr MEZ, am 15. um 20.20 Uhr MEZ und am 30. um 19.21 Uhr MEZ und geht am 1. um 3.03 Uhr MEZ, am 15. um 2.07 Uhr MEZ und am 30. um 1.08 Uhr MEZ unter.

Klein- und Zwergplaneten

Ceres im Ostteil des Löwen, erhöht im Laufe des Novembers ihre Helligkeit leicht von 8,7 mag auf 8,6 mag und verfrüht ihren Aufgang von 1.42 Uhr MEZ am 1., auf 1.16 Uhr MEZ am 15. und auf 0.45 Uhr MEZ am 30.
Der Zwergplanet kann am besten mit einem Fernrohr kurz vor Beginn der Morgendämmerung aufgesucht werden, wenn der Löwe hoch im Südosten steht (Aufsuchkarte, Seite 184)

Pallas durchwandert das Sternbild Großer Hund und setzt am 23. zur Oppositionsschleife an. Der Kleinplanet, dessen Helligkeit im November von 8,4 mag auf 8,0 mag anwächst, strebt hierbei immer südlicheren Deklinationen entgegen. Am 1. geht Pallas um 0.45 Uhr MEZ, am 15. um 0.21 Uhr MEZ und am 30. um 23.44 Uhr MEZ auf. Pallas kann am besten zum Zeitpunkt ihrer Kulmination beobachtet werden, welche am 1. um 4.50 Uhr MEZ, am 15. um 4.01 Uhr MEZ und am 30. um 3.03 Uhr MEZ erfolgt (Aufsuchkarte, Seite 185). Da sie hierbei nur eine geringe Höhe über dem Horizont (17° am 1., 14° am 15. und 10° am 30. für Beobachter auf

den 50. nördlichen Breitengrad) erreicht, ist für ihre Beobachtung neben einem
Fernrohr auch eine klare Nacht nötig.

Juno kann am Abendhimmel mit einem Fernrohr im Sternbild Wassermann
aufgesucht werden (Aufsuchkarte, Seite 135). Der Kleinplanet, dessen Helligkeit im
November von 8,8 mag auf 9,2 mag zurückgeht, versinkt am 1. um 1.32 Uhr MEZ,
am 15. um 0.44 Uhr MEZ und am 30. um 0.02 Uhr MEZ unter dem Horizont.
Die beste Zeit, um nach Juno Ausschau zu halten, ist die Zeit ihrer Kulmination,
welche am 1. um 20.25 Uhr MEZ, am 15. um 19.38 Uhr MEZ und am 30. um 18.53
Uhr MEZ erfolgt.

Vesta, die sich ebenfalls im Wassermann aufhält, geht am 1. um 0.02 Uhr MEZ, am
15. um 23.24 Uhr MEZ und am 30. um 22.51 Uhr MEZ unter. Ihre Helligkeit sinkt im
Laufe des Monats von 7,3 mag auf 7,8 mag und ihre Kulmination erfolgt am 1. um
19.43 Uhr MEZ, am 15. um 18.59 Uhr MEZ und am 30. um 18.16 Uhr MEZ. Vesta
erreicht bei ihrer Kulmination eine Höhe von 19° bis 23° über dem Horizont.
Sie kann am besten zur Kulminationszeit mit einem Feldstecher aufgesucht werden,
wofür wegen ihrer geringen Höhe der Himmel möglichst klar sein sollte
(Aufsuchkarte, Seite 120).

Periodische Sternschnuppenströme

Vom 10. bis zum 23. treten die Leoniden auf, die am 17. um 20 Uhr MEZ ihr
Maximum mit etwa 13 Meteoren pro Stunde erreichen. Die Meteore der Leoniden
gehören zu den sehr schnellen ihrer Sorte. In der Vergangenheit sorgten die
Leoniden gelegentlich für Meteorschauer mit bis zu 10000 Sternschnuppen pro
Stunde.
Die beste Sichtbarkeitszeit für mitteleuropäische Beobachter ist der 18. um 6 Uhr
MEZ, wobei 5 Sternschnuppen pro Stunde zu erwarten sind. Leider hält sich zu
diesem Zeitpunkt auch der abnehmende Mond im Sternbild Löwe auf.
Am 13. erreichen die Nord-Tauriden ihr Maximum mit bis zu 3 Sternschnuppen pro
Stunde. Die Nord-Tauriden sind noch bis zum 10.12. aktiv. Am Tag des Maximums
hält sich der noch ziemlich volle Mond im Nachbarsternbild Zwillinge auf, was ihre
Beobachtung stark beeinträchtigt.
Bis zum 20. kann man noch die letzten Süd-Tauriden sichten.
Zwischen dem 15. und dem 25. treten die Alpha-Monocerotiden auf, welche am 22.
kurz nach Mitternacht ihr Maximum mit bis zu 4 Meteoren pro Stunde erreichen.
Allerdings werden mitteleuropäische Beobachter höchstens 1 Sternschnuppe pro
Stunde von diesem Schwarm sichten können. Die beste Zeit für ihre Beobachtung ist
der 22. um 4 Uhr MEZ.
Weil am nächsten Tag Neumond ist, treten keine mondbedingten Störungen auf.
Ferner erscheinen zwischen den 1. und dem 23. die mittelschnellen Sternschnuppen
der Iota-Aurigiden. Sie erreichen am 16. um 9 Uhr MEZ ihr Maximum mit bis zu 8
Meteoren pro Stunde. Für mitteleuropäische Beobachter besteht die beste Sichtbar-
keit am 16 um 23 Uhr MEZ., wobei bis zu 6 Meteore der Iota-Aurigiden pro Stunde
auftreten können. Zu dieser Zeit erscheint der abnehmende Halbmond über dem

Horizont, womit sich die Beobachtungsbedingungen im Laufe der Nacht verschlechtern.

Sonnenuntergang und Dämmerung

	Astr. Anf.	Naut. Anf.	Bürg. Anf.	Auf-gang	Kulm.	Unter-gang	Bürg. Ende	Naut. Ende	Astr. Ende	Zeitgl.
1.11.2022	5:24	6:01	6:39	7:14	12:08	17:01	17:35	18:13	18:51	-16m24s
2.11.2022	5:25	6:03	6:41	7:15	12:08	16:59	17:34	18:11	18:49	-16m26s
3.11.2022	5:27	6:04	6:42	7:17	12:08	16:58	17:32	18:10	18:48	-16m27s
4.11.2022	5:28	6:06	6:44	7:19	12:08	16:56	17:31	18:09	18:46	-16m27s
5.11.2022	5:30	6:07	6:46	7:20	12:08	16:54	17:29	18:07	18:45	-16m26s
6.11.2022	5:31	6:09	6:47	7:22	12:08	16:53	17:28	18:06	18:43	-16m24s
7.11.2022	5:33	6:10	6:49	7:24	12:08	16:51	17:26	18:04	18:42	-16m22s
8.11.2022	5:34	6:11	6:50	7:25	12:08	16:50	17:25	18:03	18:41	-16m18s
9.11.2022	5:36	6:13	6:52	7:27	12:08	16:48	17:23	18:02	18:39	-16m14s
10.11.2022	5:37	6:14	6:53	7:29	12:08	16:47	17:22	18:01	18:38	-16m09s
11.11.2022	5:38	6:16	6:55	7:30	12:08	16:45	17:21	17:59	18:37	-16m04s
12.11.2022	5:40	6:17	6:56	7:32	12:08	16:44	17:19	17:58	18:36	-15m57s
13.11.2022	5:41	6:19	6:58	7:34	12:08	16:42	17:18	17:57	18:35	-15m49s
14.11.2022	5:42	6:20	7:00	7:35	12:08	16:41	17:17	17:56	18:34	-15m41s
15.11.2022	5:44	6:21	7:01	7:37	12:09	16:40	17:16	17:55	18:33	-15m32s
16.11.2022	5:45	6:23	7:03	7:38	12:09	16:39	17:15	17:54	18:32	-15m21s
17.11.2022	5:46	6:24	7:04	7:40	12:09	16:37	17:14	17:53	18:31	-15m11s
18.11.2022	5:48	6:26	7:06	7:42	12:09	16:36	17:12	17:52	18:30	-14m59s
19.11.2022	5:49	6:27	7:07	7:43	12:09	16:35	17:11	17:51	18:29	-14m46s
20.11.2022	5:50	6:28	7:08	7:45	12:10	16:34	17:10	17:50	18:28	-14m32s
21.11.2022	5:52	6:30	7:10	7:46	12:10	16:33	17:10	17:49	18:27	-14m18s
22.11.2022	5:53	6:31	7:11	7:48	12:10	16:32	17:09	17:49	18:27	-14m03s
23.11.2022	5:54	6:32	7:13	7:49	12:10	16:31	17:08	17:48	18:26	-13m47s
24.11.2022	5:55	6:34	7:14	7:51	12:11	16:30	17:07	17:47	18:25	-13m30s
25.11.2022	5:57	6:35	7:16	7:52	12:11	16:29	17:06	17:47	18:25	-13m13s
26.11.2022	5:58	6:36	7:17	7:54	12:11	16:28	17:05	17:46	18:24	-12m54s
27.11.2022	5:59	6:37	7:18	7:55	12:12	16:28	17:05	17:45	18:24	-12m35s
28.11.2022	6:00	6:39	7:20	7:57	12:12	16:27	17:04	17:45	18:23	-12m15s
29.11.2022	6:01	6:40	7:21	7:58	12:12	16:26	17:04	17:44	18:23	-11m55s
30.11.2022	6:02	6:41	7:22	7:59	12:13	16:25	17:03	17:44	18:22	-11m34s

Mondlauf

	Rektaszension	Deklination	Elong.	Phase		mag	Auf-gang	Kulm.	Unter-gang
1.11.2022	20h29m13,6s	-24°56'24"	85,8°	0,46	☽	-10,0	14:45	18:59	23:22
2.11.2022	21h27m52,9s	-21°03'36"	98,9°	0,58		-10,5	15:10	19:52	
3.11.2022	22h22m51,2s	-16°03'32"	111,9°	0,68		-10,9	15:29	20:41	0:46
4.11.2022	23h14m36,2s	-10°18'09"	124,7°	0,78		-11,3	15:45		2:07
5.11.2022	0h04m02,9s	-4°08'04"	137,3°	0,87		-11,7	15:59	22:13	3:27

	Rektaszension	Deklination	Elong.	Phase	mag	Auf-gang	Kulm.	Unter-gang
6.11.2022	0h52m15,6s	2°07'45"	149,8°	0,93	-12,0	16:14	22:58	4:44
7.11.2022	1h40m17,2s	8°11'53"	162,0°	0,98	-12,3	16:29	23:44	6:00
8.11.2022	2h29m02,3s	13°47'49"	174,1°	1 ○	-12,6	16:47		7:17
9.11.2022	3h19m10,9s	18°40'06"	174,1°	1	-12,6	17:10	0:31	8:33
10.11.2022	4h11m01,9s	22°34'39"	162,5°	0,98	-12,2	17:39	1:20	9:47
11.11.2022	5h04m26,1s	25°19'56"	151,2°	0,94	-11,9	18:16	2:11	10:54
12.11.2022	5h58m45,5s	26°48'12"	140,1°	0,88	-11,6	19:04	3:03	11:54
13.11.2022	6h53m01,7s	26°56'43"	129,1°	0,82	-11,3	20:02	3:55	12:41
14.11.2022	7h46m13,8s	25°47'51"	118,2°	0,74	-11,0	21:08	4:45	13:18
15.11.2022	8h37m36,6s	23°28'12"	107,4°	0,65	-10,7	22:17	5:34	13:45
16.11.2022	9h26m51,6s	20°06'41"	96,6°	0,56 ☾	-10,3	23:28	6:20	14:07
17.11.2022	10h14m08,3s	15°53'06"	85,6°	0,46	-9,9		7:04	14:24
18.11.2022	10h59m57,6s	10°57'09"	74,5°	0,37	-9,4	0:39	7:47	14:39
19.11.2022	11h45m06,3s	5°28'28"	63,0°	0,27	-8,9	1:52	8:30	14:53
20.11.2022	12h30m31,7s	-0°22'41"	51,2°	0,19	-8,3	3:05	9:13	15:07
21.11.2022	13h17m18,0s	-6°24'09"	39,0°	0,11	-7,5	4:22	9:59	15:22
22.11.2022	14h06m33,9s	-12°20'30"	26,3°	0,05	-6,6	5:43	10:48	15:40
23.11.2022	14h59m24,8s	-17°51'52"	13,3°	0,01 ●	-5,4	7:08	11:41	16:03
24.11.2022	15h56m37,7s	-22°33'48"	1,7°	0	-4,2	8:35	12:40	16:35
25.11.2022	16h58m15,0s	-25°59'21"	13,9°	0,01	-5,5	10:00	13:43	17:21
26.11.2022	18h03m09,1s	-27°44'31"	27,6°	0,06	-6,7	11:13	14:48	18:24
27.11.2022	19h09m03,0s	-27°35'44"	41,4°	0,12	-7,8	12:08	15:52	19:42
28.11.2022	20h13m16,9s	-25°34'57"	55,0°	0,21	-8,6	12:47	16:53	21:08
29.11.2022	21h13m54,2s	-21°58'17"	68,4°	0,32	-9,3	13:15	17:49	22:33
30.11.2022	22h10m13,4s	-17°09'22"	81,6°	0,43 ☽	-9,9	13:36	18:39	23:56

Finsternisse

In den Vormittagsstunden des 8. ereignet sich eine totale Mondfinsternis mit einer Größe von 1,359 und einer Dauer der totalen Phase von 85 Minuten. Sie nimmt folgenden Verlauf (alle Zeiten in MEZ)

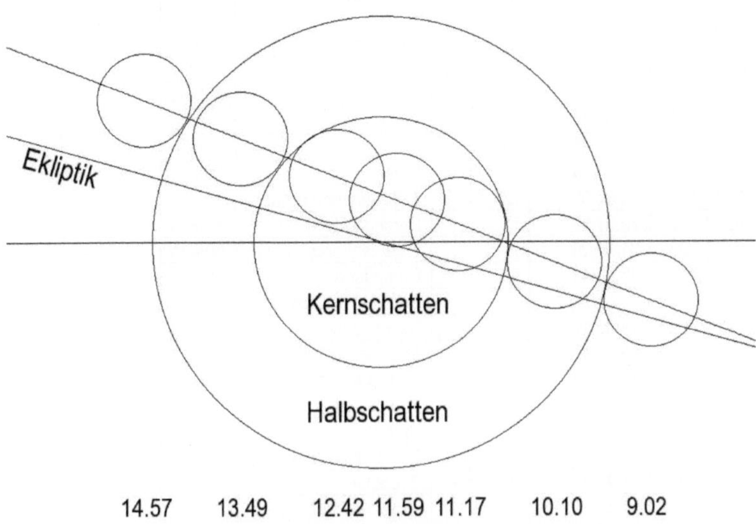

Da der Mond am 8. schon um 7.17 Uhr MEZ untergeht, ist diese Finsternis in Mitteleuropa nicht zu sehen. Sie ist sichtbar auf dem amerikanischen Kontinent, in Ostasien, im pazifischen Raum und in Australien.

Jupitermond-Ereignisse

Datum	Uhrzeit (MEZ)	Mond	Erscheinung	Phase
2.11.2022	00:36:53	Io	Durchgang	Anfang
2.11.2022	01:29:43	Io	Schattenvorübergang	Anfang
2.11.2022	02:50:20	Io	Durchgang	Ende
2.11.2022	21:45:12	Europa	Durchgang	Anfang
2.11.2022	21:45:20	Ganymed	Durchgang	Anfang
2.11.2022	21:50:39	Io	Bedeckung	Anfang
2.11.2022	23:30:39	Europa	Schattenvorübergang	Anfang
3.11.2022	00:14:51	Europa	Durchgang	Ende
3.11.2022	00:31:24	Ganymed	Durchgang	Ende
3.11.2022	00:56:20	Io	Verfinsterung	Ende
3.11.2022	01:23:22	Ganymed	Schattenvorübergang	Anfang
3.11.2022	02:00:16	Europa	Schattenvorübergang	Ende
3.11.2022	19:03:42	Io	Durchgang	Anfang
3.11.2022	19:58:36	Io	Schattenvorübergang	Anfang
3.11.2022	21:17:13	Io	Durchgang	Ende
3.11.2022	22:12:08	Io	Schattenvorübergang	Ende
4.11.2022	19:25:07	Io	Verfinsterung	Ende

Datum	Uhrzeit (MEZ)	Mond	Erscheinung	Phase
4.11.2022	20:44:37	Europa	Verfinsterung	Ende
6.11.2022	18:00:20	Ganymed	Verfinsterung	Ende
9.11.2022	02:24:52	Io	Durchgang	Anfang
9.11.2022	23:38:14	Io	Bedeckung	Anfang
10.11.2022	00:05:35	Europa	Durchgang	Anfang
10.11.2022	01:15:04	Ganymed	Durchgang	Anfang
10.11.2022	02:06:32	Europa	Schattenvorübergang	Anfang
10.11.2022	20:51:59	Io	Durchgang	Anfang
10.11.2022	21:54:29	Io	Schattenvorübergang	Anfang
10.11.2022	23:05:41	Io	Durchgang	Ende
11.11.2022	00:07:54	Io	Schattenvorübergang	Ende
11.11.2022	18:05:19	Io	Bedeckung	Anfang
11.11.2022	18:42:49	Europa	Bedeckung	Anfang
11.11.2022	21:20:15	Io	Verfinsterung	Ende
11.11.2022	23:23:11	Europa	Verfinsterung	Ende
12.11.2022	17:33:04	Io	Durchgang	Ende
12.11.2022	18:36:54	Io	Schattenvorübergang	Ende
13.11.2022	17:45:48	Ganymed	Bedeckung	Ende
13.11.2022	17:53:39	Europa	Schattenvorübergang	Ende
13.11.2022	19:18:38	Ganymed	Verfinsterung	Anfang
13.11.2022	22:02:12	Ganymed	Verfinsterung	Ende
17.11.2022	01:27:03	Io	Bedeckung	Anfang
17.11.2022	22:41:33	Io	Durchgang	Anfang
17.11.2022	23:50:27	Io	Schattenvorübergang	Anfang
18.11.2022	00:55:25	Io	Durchgang	Ende
18.11.2022	19:54:28	Io	Bedeckung	Anfang
18.11.2022	21:08:53	Europa	Bedeckung	Anfang
18.11.2022	23:15:29	Io	Verfinsterung	Ende
19.11.2022	17:09:11	Io	Durchgang	Anfang
19.11.2022	18:19:30	Io	Schattenvorübergang	Anfang
19.11.2022	19:23:05	Io	Durchgang	Ende
19.11.2022	20:32:47	Io	Schattenvorübergang	Ende
20.11.2022	17:44:17	Io	Verfinsterung	Ende
20.11.2022	18:00:39	Europa	Schattenvorübergang	Anfang
20.11.2022	18:12:16	Europa	Durchgang	Ende
20.11.2022	18:33:00	Ganymed	Bedeckung	Anfang
20.11.2022	20:29:25	Europa	Schattenvorübergang	Ende
20.11.2022	21:25:08	Ganymed	Bedeckung	Ende
20.11.2022	23:21:05	Ganymed	Verfinsterung	Anfang
25.11.2022	00:32:24	Io	Durchgang	Anfang
25.11.2022	21:44:53	Io	Bedeckung	Anfang
25.11.2022	23:37:33	Europa	Bedeckung	Anfang
26.11.2022	01:10:47	Io	Verfinsterung	Ende
26.11.2022	19:00:22	Io	Durchgang	Anfang
26.11.2022	20:15:32	Io	Schattenvorübergang	Anfang
26.11.2022	21:14:25	Io	Durchgang	Ende
26.11.2022	22:28:42	Io	Schattenvorübergang	Ende
27.11.2022	18:07:27	Europa	Durchgang	Anfang

Datum	Uhrzeit (MEZ)	Mond	Erscheinung	Phase
27.11.2022	19:39:36	Io	Verfinsterung	Ende
27.11.2022	20:36:49	Europa	Schattenvorübergang	Anfang
27.11.2022	20:39:28	Europa	Durchgang	Ende
27.11.2022	22:15:39	Ganymed	Bedeckung	Anfang
27.11.2022	23:05:15	Europa	Schattenvorübergang	Ende
28.11.2022	16:57:39	Io	Schattenvorübergang	Ende
29.11.2022	17:59:19	Europa	Verfinsterung	Ende

Dezember

Sternenhimmel

<table>
<tr><td colspan="2">Gültig für</td></tr>
<tr><td>1.9. 4 Uhr</td><td>15.9. 3 Uhr</td></tr>
<tr><td>1.10. 2 Uhr</td><td>15.10. 1 Uhr</td></tr>
<tr><td>1.11. 0 Uhr</td><td>15.11. 23 Uhr</td></tr>
<tr><td>1.12. 22 Uhr</td><td>15.12. 21 Uhr</td></tr>
<tr><td>1.1. 20 Uhr</td><td>15.1. 19 Uhr</td></tr>
</table>

Der südliche und südwestliche Teil des Himmels wird von den lichtschwachen Herbststernbildern dominiert, von denen nur der Walfisch über zwei Sterne zweiter Größe verfügt. Allerdings sieht man in diesem Jahr nordöstlich des Sternbildes Walfisch im Sternbild Fische einen sehr hellen „Stern" – und zwar den Planeten Jupiter. Im Südsüdosten erblickt man das Sternbild Eridanus, welches von allen Sternbildern die größte Ausdehnung in Nord-Süd-Richtung hat. Die nördlichsten Gebiete dieses Sternbildes, welches den Fluss Eridanus darstellen soll, in dem nach der griechischen Mythologie, Phaeton, der Sohn des Sonnengottes Helios gestürzt sein soll, nachdem er den Sonnenwagen seines Vaters lenken durfte, befinden sich nördlich des Himmelsäquators bei einer Deklination von 1°, während die südlichsten Regionen bei −58° liegen und erst bei 32° nördlicher Breite, das ist die Breite Nordafrikas, über den Horizont erscheinen.

Der Pegasus steht schon in südwestlicher Richtung. Von den Sommersternbildern sind nur noch der Schwan, die Leier, sowie die Kleinsternbilder Pfeil und Delphin vollständig zu sehen. Der Adler ist fast vollständig untergegangen, sein Hauptstern Atair, die südlichste Spitze des Sommerdreiecks ist im Horizontdunst verschwunden. Im Osten sind inzwischen die meisten Wintersternbilder aufgegangen. Orion, Stier (mit den hellen Planeten Mars), Zwillinge, Krebs, Hase und Kleiner Hund sind vollständig über dem Horizont erschienen. Sirius im Großen Hund geht gerade auf und dürfte wegen seiner großen Helligkeit bald sichtbar sein.

Astronomische Ereignisse

Datum	Uhrzeit	Ereignis	Elongation
1.12.2022	03:20:49	Mars in Erdnähe (Abstand Erde-Mars: 81452100 km)	
1.12.2022	05:41:35	Mond 1,4° nördlich Juno	96,5°
1.12.2022	13:09:04	Mond 4,2° südlich Neptun	101,7°
2.12.2022	03:06:19	Mond 2,9° südlich Jupiter	107,8°
4.12.2022	10:59:04	Neptun stationär, dann rechtläufig	
4.12.2022	19:40:50	Mond 12,2° südlich Hamal	141,2°
5.12.2022	13:50:54	Mond im aufsteigenden Knoten	
5.12.2022	17:51:32	Mond bedeckt Uranus, siehe Seite 238	152,3°
6.12.2022	20:34:02	Mond 3,2° südlich der Plejaden	164,9°
7.12.2022	18:33:22	Mond 7,3° nördlich Aldebaran	172,3°
8.12.2022	05:08:20	Vollmond	
8.12.2022	06:33:06	Mond bedeckt Mars, siehe Seite 238 und Seite 239	177,7°
8.12.2022	06:42:12	Marsopposition	
8.12.2022	17:22:25	Mond 2,9° südlich Elnath	171,7°
9.12.2022	15:27:17	Mond 4° nördlich Eta Geminorum	163,55°
9.12.2022	18:30:30	Mond 4,2° nördlich Mü Geminorum	161,9°
9.12.2022	23:41:51	Ceres im Perihel	
10.12.2022	02:19:36	Mond 10,7° nördlich Alhena	157,5°
10.12.2022	03:28:09	Merkur in größter Südbreite	

Datum	Uhrzeit	Ereignis	Elongation
10.12.2022	06:00:33	Mond 1,8° nördlich Epsilon Geminorum	157,7°
11.12.2022	04:21:21	Mond 5,8° südlich Kastor	147,1°
11.12.2022	09:53:00	Mond 2,6° südlich Pollux	145,1°
12.12.2022	01:01:11	Mond im Apogäum	
12.12.2022	09:13:20	Jupiter in größter Südbreite	
12.12.2022	11:31:33	Mond 2,8° nördlich M44	132,8°
12.12.2022	22:45:50	Mond in größter Nordbreite	
14.12.2022	07:22:05	Mond 4,1° nördlich Regulus	112,1°
15.12.2022	21:35:18	Merkur 1,3° nördlich Nunki	19,1°
16.12.2022	09:56:18	Letztes Viertel	
16.12.2022	10:44:25	Neptun 6,1° nördlich Juno	85,9°
17.12.2022	00:34:39	Mond 8,55° südlich Ceres	82,2°
17.12.2022	17:21:13	Mond 54' südlich Porrima	74,9°
18.12.2022	16:15:31	Mond 3,2° nördlich Spika	62,5°
20.12.2022	02:33:19	Mond im absteigenden Knoten	
20.12.2022	07:12:49	Mond 1,4° südlich Zuben-el-dschenubi	42,5°
20.12.2022	12:17:48	Venus 2,4° nördlich Nunki	14,4°
21.12.2022	16:00:09	Merkur in größter östlicher Elongation	20,1°
21.12.2022	16:01:38	Mond 3,9° südlich Akrab	25,6°
21.12.2022	22:48:00	Winteranfang	
21.12.2022	23:56:51	Mond 1,85° nördlich Antares	20,4°
22.12.2022	05:27:21	Mars 8,2° nördlich Aldebaran	159,1°
23.12.2022	11:16:58	Neumond	-4,8°
24.12.2022	04:02:54	Mond 1,5° südlich Nunki	11°
24.12.2022	09:28:26	Mond im Perigäum	
24.12.2022	12:02:53	Mond 4,5° südlich Venus	15,4°
24.12.2022	20:34:50	Mond 4,3° südlich Merkur	19,6°
25.12.2022	03:04:12	Mond 3,2° südlich Pluto	24,1°
25.12.2022	10:35:57	Mond 10,85° südlich Beta Capricorni	28,85°
26.12.2022	03:19:16	Mond in größter Südbreite	
26.12.2022	04:16:11	Venus im Aphel	
26.12.2022	17:46:17	Mond 4,8° südlich Saturn	45,7°
26.12.2022	22:13:47	Mond 3° südlich Delta Capricorni	48°
28.12.2022	08:34:19	Mond 1,5° nördlich Vesta	67,6°
28.12.2022	22:12:08	Mond 3,45° südlich Neptun	74,4°
29.12.2022	03:54:07	Merkur stationär, dann rückläufig	
29.12.2022	05:09:50	Merkur im aufsteigenden Knoten	
29.12.2022	05:52:31	Mond 3,25° nördlich Juno	77,8°
29.12.2022	10:18:19	Merkur 1,4° nördlich Venus	16,5°
29.12.2022	10:25:02	Mond 3,3° südlich Jupiter	82°
30.12.2022	02:20:45	Erstes Viertel	

Planeten

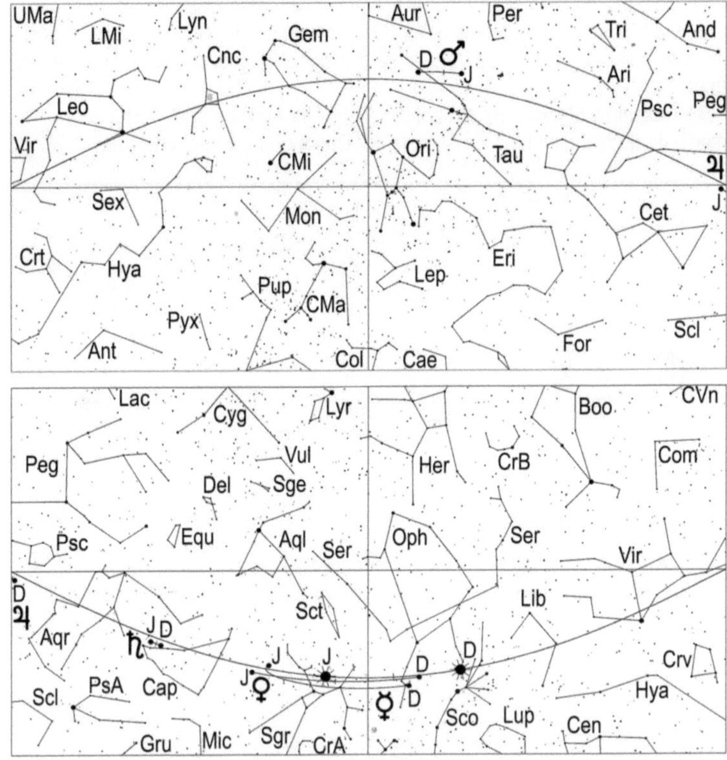

Merkur erreicht am 21. seine größte östliche Elongation zur Sonne, wobei der Winkelabstand 20,1° beträgt. Er kann zwischen dem 17. und dem 28. am Abendhimmel beobachtet werden.

Am 17. versinkt der -0,6 mag helle Planet um 17.38 Uhr MEZ unter dem Horizont, etwa eine halbe Stunde vorher wird er in der Abenddämmerung sichtbar. In den folgenden Tagen verspätet sich sein Untergang leicht auf 17.49 Uhr MEZ am 21. und auf 17.55 Uhr MEZ am 24., gleichzeitig sinkt seine Helligkeit auf -0,5 mag am 21. und auf -0,3 mag am 24.

Etwa 45 Minuten vor seinen Untergang wird der flinke Planet in der Abenddämmerung sichtbar. Am letzten Tag seiner Sichtbarkeit, den 28. versinkt der 0,3 mag helle Planet um 17.53 Uhr MEZ unter dem Horizont und wird gegen 17.20 Uhr MEZ in der Abenddämmerung sichtbar.

Der flinke Planet, der während seiner Abendsichtbarkeit das Sternbild Schütze durchläuft, zeigt sich im Fernrohr am 17. zu 73 % beleuchtet mit einem Scheibchendurchmesser von 6,1". Die Halbphase (Dichotomie) wird am 24. erreicht, wobei sein Scheibchen einen Durchmesser von 7,3" hat und am 28. präsentiert sich Merkur als zu 32 % beleuchtete Sichel mit einem Durchmesser von 8,2".

Am 29. wird Merkur stationär und bewegt sich rückläufig der Sonne entgegen und steht zudem in Konjunktion mit Venus, welche sich 1,4° südlich des flinken Planeten aufhält.

Der 0,5 mag helle Merkur, der am 29. um 17.51 Uhr MEZ unter dem Horizont versinkt, dürfte nicht mit bloßem Auge in der Dämmerung zu sehen sein.

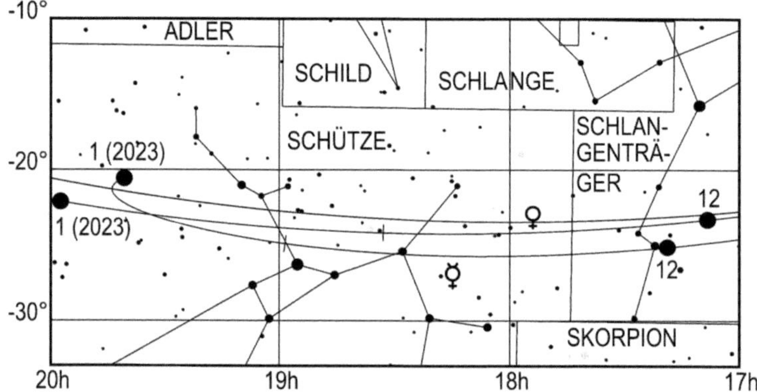

Lauf der Planeten Merkur und Venus von November 2022 bis Januar 2023. Die Zahl gibt die Position zum 1. des entsprechenden Monats an, also 12 die Position am 1.12.

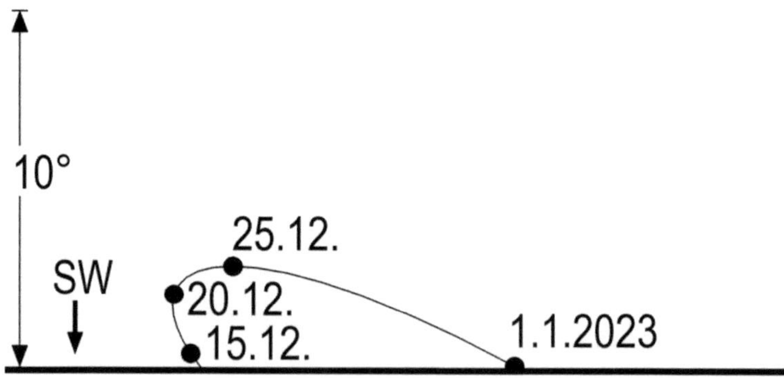

Position des Planeten Merkur am Abendhimmel, 1 Stunde nach Sonnenuntergang

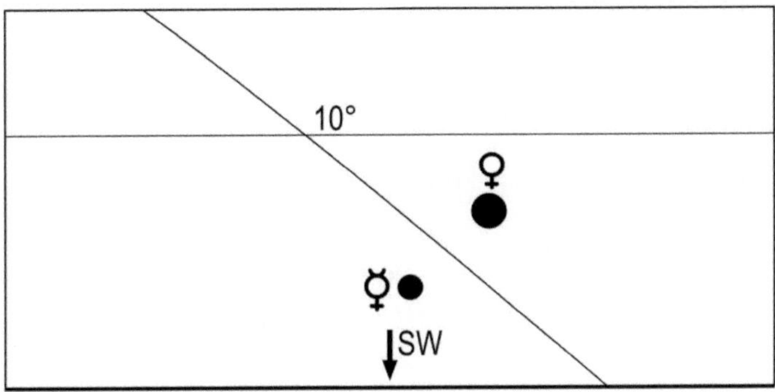

Konjunktion der Planeten Merkur und Venus in der Abenddämmerung des 29. um 17.20 Uhr
MEZ. Merkur dürfte in der Abenddämmerung ohne optische Hilfsmittel nicht sichtbar sein

Venus taucht am 9. wieder am Abendhimmel auf. An diesem Tag geht unser
innerer, -3,9 mag heller Nachbarplanet um 17.03 Uhr MEZ – 41 Minuten nach der
Sonne – unter. Sie kann bei guter Horizontsicht eine Viertelstunde vor ihrem
Untergang ggf. unter Einsatz eines Feldstechers tief im Südwesten gesichtet
werden.
In den folgenden Tagen verspätet sich der Zeitpunkt ihres Untergangs auf 17.12 Uhr
MEZ am 15. – 50 Minuten nach der Sonne und auf 17.50 Uhr MEZ am 31. – 79
Minuten nach der Sonne, während ihre Helligkeit weiterhin -3,9 mag beträgt.
Die Verspätung ihres Untergangs führt zu einer beträchtlichen Zunahme der
Sichtbarkeitszeit der Venus. Am Jahresende kann sie fast eine Stunde lang in der
Abenddämmerung gesichtet werden.
Venus wandert im Dezember vom Schlangenträger in den Schützen und passiert
hierbei den Stern Nunki am 20. in 2,4° nördlichem Abstand. Nunki ist an diesem Tag
nicht freiäugig in der Dämmerung zu sehen. In der Abenddämmerung des 24. sieht
man die zunehmende Mondsichel in der Nachbarschaft von Merkur und Venus. Am
29. steht Venus in Konjunktion mit Merkur, wobei diese 1,4° nördlich am innersten
Planeten unseres Sonnensystems vorbeizieht. Dieses Ereignis ist, wie schon
erwähnt, nicht ohne optische Hilfsmittel zu beobachten.
Im Fernrohr zeigt sich Venus im Dezember fast vollständig beleuchtet: am 9. ist das
Venusscheibchen bei einem Durchmesser von 10" zu 98 % beleuchtet, am 31.
beträgt ihr Scheibchendurchmesser 10,4" bei einem Beleuchtungsgrad von 96 %.

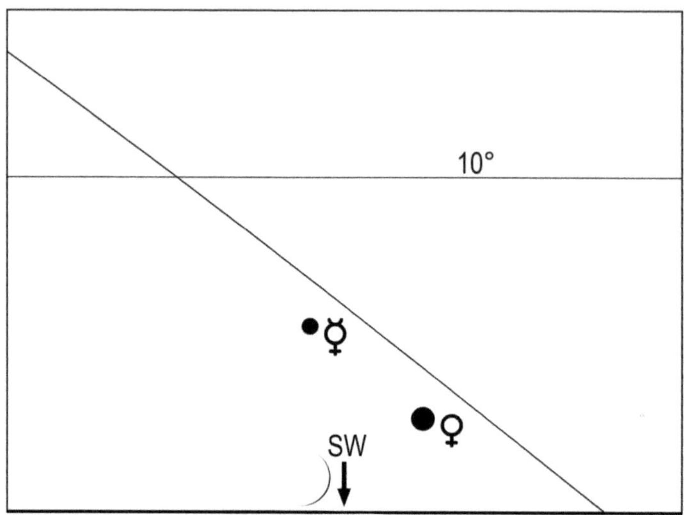

Mond, Merkur und Venus in der Abenddämmerung des 24. um 17 Uhr MEZ

Mars erreicht am 8. seine Opposition zur Sonne und ist in diesem Monat die ganze Nacht über sichtbar. Wegen seiner elliptischen Umlaufbahn erreicht der rote Planet seinen geringsten Abstand zur Erde schon am 1., wobei seine Entfernung zur Erde 81452100 km beträgt. Ein Lichtstrahl oder ein Funksignal braucht an diesem Tag etwa 4,5 Minuten vom Mars zur Erde. Mars ist bei der diesjährigen Opposition weiter von der Erde entfernt, als bei den letzten Oppositionen 2018 und 2020, was zur Folge hat, dass der rote Planet diesmal auch nur einen maximalen Scheibchendurchmesser von 17,2" und eine maximale Helligkeit von -1,9 mag erreicht, während er bei der günstigen Periheloppositon von 2018 eine Helligkeit von -2,8 mag und einen Scheibchendurchmesser von 24,3" besaß.
Allerdings erreicht unser äußerer Nachbarplanet bei seiner Opposition im Jahr 2022 in unseren Breiten eine Höhe von bis zu 65° über dem Horizont, während bei der Periheloppositon 2018 Mars für mitteleuropäische Beobachter nur maximal 15° über dem Horizont stand.
Da größere Höhe über dem Horizont weniger Probleme mit der Luftunruhe bedeutet, können Fernrohrbeobachter in diesem Jahr trotz kleineren Marsscheibchens unter Umständen mehr Details erkennen, als bei der letzten Periheloppositon.
Mars wandert im Dezember rückläufig durch den Stier und passiert am 22. Aldebaran in 8,2° nördlichem Abstand.
Am Morgen des 8. bedeckt der Vollmond von 6 Uhr MEZ bis 7 Uhr MEZ (genaue Kontaktzeiten für verschiedene Orte im deutschsprachigen Raum findet man auf Seite 238 und Seite 239) unseren äußeren Nachbarplaneten, was man schon mit einem Feldstecher verfolgen kann.

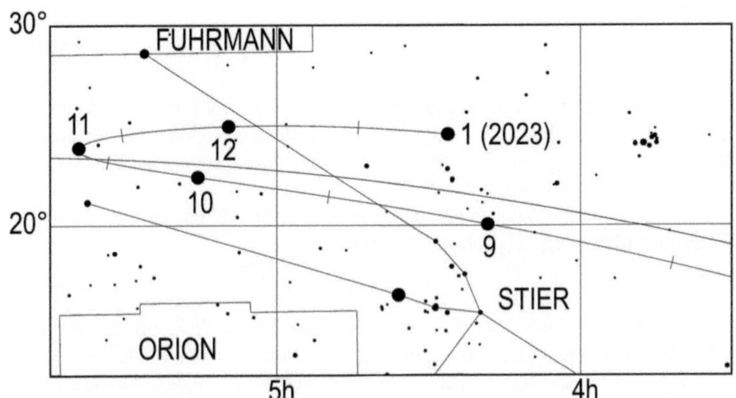

Lauf des Planeten Mars während der Oppositionsperiode im Jahr 2022. Die Zahl gibt die Position zum 1. des entsprechenden Monats an, also 9 die Position am 1.9.

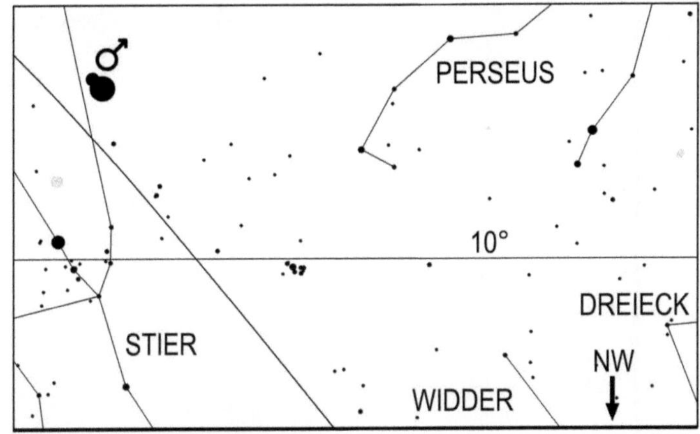

Mond und Mars – kurz bevor Mars durch den Mond bedeckt wird - am 8.12.2022 um 6 Uhr MEZ

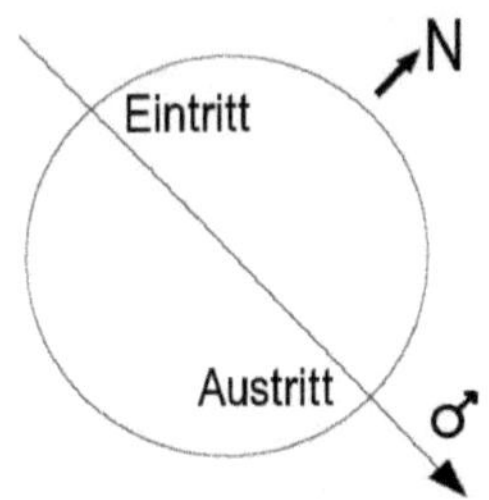

Ablauf der Bedeckung von Mars durch den Mond am Morgen des 8.12. Der beleuchtete Teil des Mondes ist weiß, der unbeleuchtete Teil schwarz dargestellt.

Jupiter, rechtläufig im Sternbild Fische, geht am 1. um 1.38 Uhr MEZ, am 15. um 0.47 Uhr MEZ und am 31. um 23.49 Uhr MEZ unter. Seine Helligkeit sinkt im Laufe des Monats von -2,6 mag auf -2,4 mag und der Durchmesser seines Scheibchens schrumpft von.43,5" am 1. auf 39,3" am 31.

Am 2. zieht der Mond 2,9° südlich an Jupiter vorbei und am 29. passiert der Mond den Riesenplaneten in 3,3° südlichem Abstand.

Saturn, rechtläufig im Steinbock, versinkt am 1. um 21.56 Uhr MEZ, am 15. um 21.07 Uhr MEZ und am 31. um 20.12 Uhr MEZ unter dem Horizont. Seine Helligkeit beträgt 0,8 mag, während sein Scheibchendurchmesser im Laufe des Monats von 16,5" auf 15,8" schrumpft. Die Öffnung seines Ringsystems nimmt im Dezember von 15° auf 14° ab.

Am Abend des 26. zieht der Mond 4,8° südlich an Saturn vorbei.

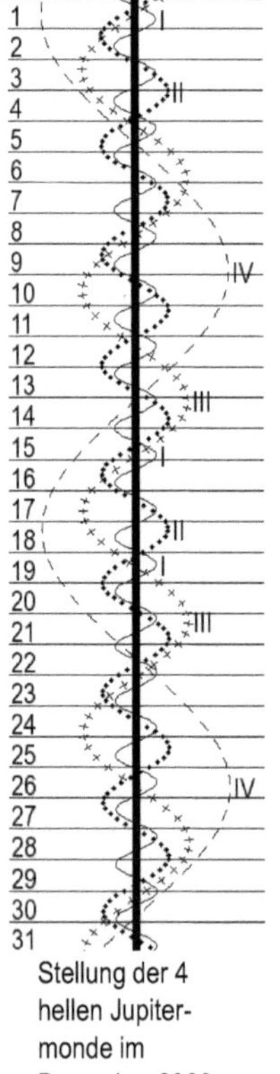

Stellung der 4 hellen Jupitermonde im Dezember 2022

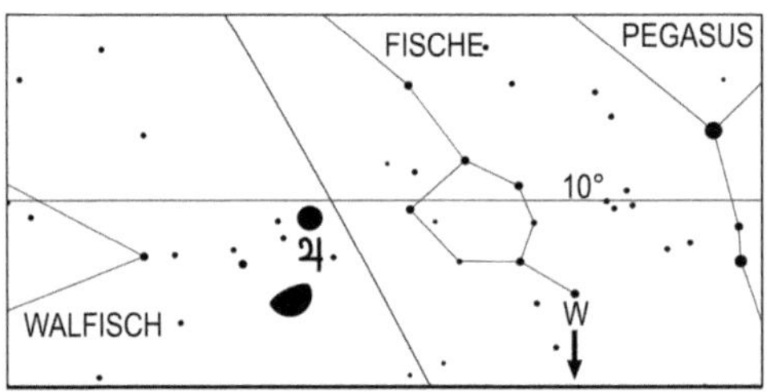

Mond und Jupiter am 2.12.2022 um 0.30 Uhr MEZ

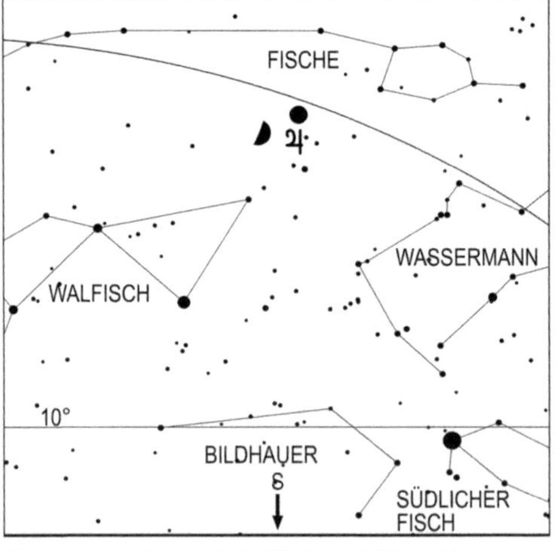

Mond und Jupiter am 29.12.2022 um 18 Uhr MEZ

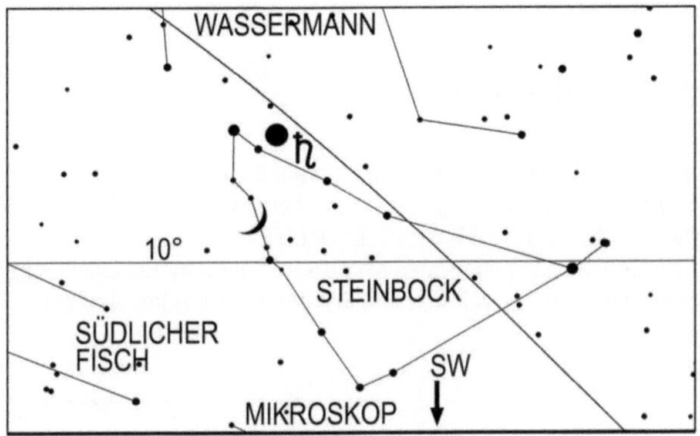

Mond und Saturn am 26.12.2022 um 18 Uhr MEZ

Uranus, rückläufig im Sternbild Widder, kann während der ersten Nachthälfte mit einem Fernglas oder Fernrohr (Aufsuchkarte, Seite 167) beobachtet werden. Der ferne Planet, dessen Helligkeit im Dezember von 5,6 mag auf 5,7 mag zurückgeht, kulminiert am 1. um 22.36 Uhr MEZ, am 15. um 21.39 Uhr MEZ und am 31. um 20.34 Uhr MEZ. Er geht am 1. um 6.04 Uhr MEZ, am 15. um 5.06 Uhr MEZ und am letzten Tag des Jahres um 4.01 Uhr MEZ unter.
Am Abend des 5. kann man etwa von 17.40 Uhr MEZ bis 18.30 Uhr MEZ mit einem Fernrohr beobachten, wie der Mond Uranus bedeckt (genaue Kontaktzeiten für verschiedene Orte im deutschsprachigen Raum findet man auf Seite 238). Da der Eintritt am dunklen und der Austritt am hellen Mondrand erfolgt, ist die Beobachtung des Eintritts einfacher.

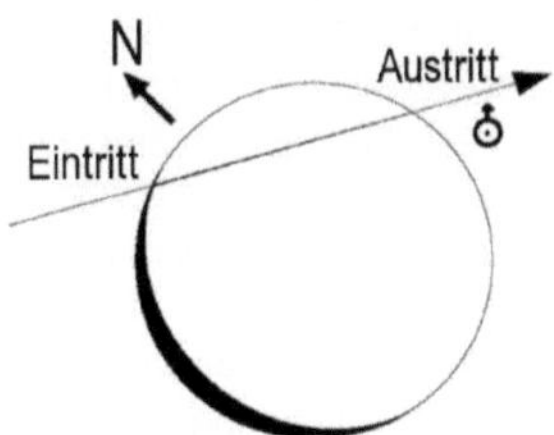

Ablauf der Bedeckung von Uranus durch den Mond am Abend des 5.
Der beleuchtete Teil des Mondes ist weiß, der unbeleuchtete Teil schwarz dargestellt.

Neptun im Wassermann, beendet am 4. seine Oppositionsschleife und versinkt am 1. um 1.04 Uhr MEZ, am 15. um 0.09 Uhr MEZ und am 31. um 23.03 Uhr MEZ unter dem Horizont. Der 7,9 mag helle Planet kulminiert am 1. um 19.17 Uhr MEZ, am 15. um 18.22 Uhr MEZ und an Silvester um 17.19 Uhr MEZ. Er ist somit am besten

gegen Ende der Abenddämmerung mit einem Fernglas oder Fernrohr aufzusuchen
(Aufsuchkarte, Seite 134).

Klein- und Zwergplaneten

Ceres, deren Helligkeit im Dezember von 8,6 mag auf 8,2 mag ansteigt, wandert zu
Monatsbeginn vom Löwen in die Jungfrau. Sie erscheint am 1. um 0.42 Uhr MEZ,
am 15. um 0.09 Uhr MEZ und am 31. um 23.22 Uhr MEZ über dem Horizont.
Die beste Zeit zur Beobachtung von Ceres sind die frühen Morgenstunden, kurz vor
Beginn der Morgendämmerung, weil sie dann fast ihre größte Höhe über dem
Horizont erreicht.

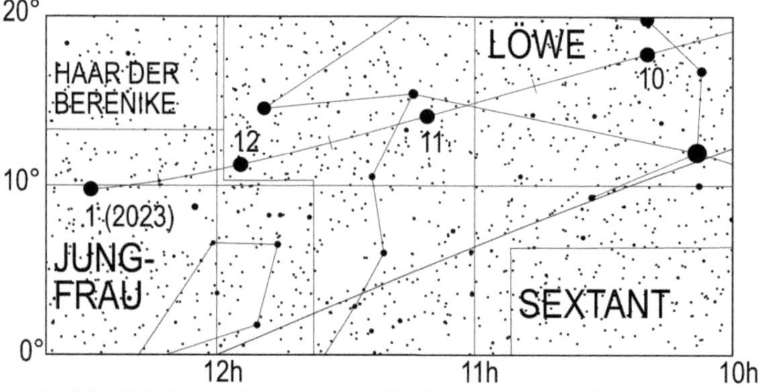

Lauf des Kleinplaneten Ceres von September 2022 bis Januar 2023. Die Zahl gibt
die Position zum 1. des entsprechenden Monats an, also 11 die Position am 1.11.

Pallas wandert in diesem Monat rückläufig durch die südöstlichen Gebiete des
Großen Hundes und erreicht ihre südlichste Deklination von -32,2125° am 26.
Wegen ihrer extremen südlichen Deklination erreicht dieser Kleinplanet, dessen
Helligkeit im Laufe des Monats von 8,1 mag auf 7,7 mag ansteigt, für Beobachter auf
den 50. nördlichen Breitengrad in diesem Monat nur eine Höhe von 8° bis 11° über
dem Horizont, so dass für eine erfolgreiche Suche neben einem Fernrohr ein klarer
Himmel mit guter Horizontsicht nötig ist (Aufsuchkarte, Seite 185).
Sie überschreitet den Horizont am 1. um 23.42 Uhr MEZ, am 15. um 22.58 Uhr MEZ
und am 31. um 21.48 Uhr MEZ und erreicht ungefähr 3 Stunden später ihre
maximale Höhe.

184

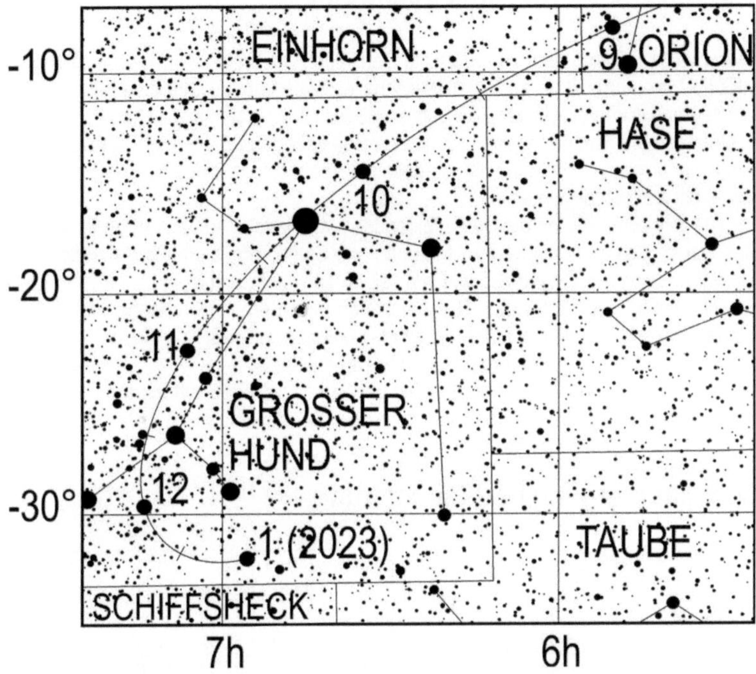

Lauf des Kleinplaneten Pallas von August 2022 bis Januar 2023. Die Zahl gibt die Position zum 1. des entsprechenden Monats an, also 11 die Position am 1.11.

Juno, deren Helligkeit im Dezember von 9,2 mag auf 9,5 mag zurückgeht, kann am Abendhimmel mit einem Fernrohr aufgesucht werden (Aufsuchkarte, Seite 135). Der Kleinplanet, der durch den Wassermann wandert, geht am 1. um 23.56 Uhr MEZ, am 15. um 23.24 Uhr MEZ und am 31. um 22.54 Uhr MEZ unter.
Sie kulminiert am 1. um 18.50 Uhr MEZ, am 15. um 18.13 Uhr MEZ und am 31. um 17.34 Uhr MEZ, so dass die frühen Abendstunden die beste Zeit sind, um Juno aufzusuchen.

Vesta, welche ebenfalls durch den Wassermann wandert, versinkt am 1. um 22.49 Uhr MEZ, am 15. um 22.23 Uhr MEZ und am 31. um 21.56 Uhr MEZ unter dem Horizont.
Der Kleinplanet, dessen Helligkeit im Laufe des Monats von 7,8 mag auf 8,1 mag zurückgeht, kann mit einem Feldstecher oder Fernrohr abends nach Ende der Abenddämmerung aufgesucht werden (Aufsuchkarte, Seite 120).

Periodische Sternschnuppenströme

Zwischen dem 4. und dem 20. treten die Geminiden auf, welche am 14. um 11 Uhr MEZ ihr Maximum mit bis zu 120 mittelschnellen Meteoren pro Stunde erreichen. In Mitteleuropa dürfte die größte Zahl von Geminiden am 14. gegen 22 Uhr MEZ mit 27 Exemplaren pro Stunde auftreten. Zu dieser Zeit geht gerade der noch ziemlich rundliche, abnehmende Mond auf, so dass die Beobachtungsbedingungen im Laufe der Nacht schlechter werden.
Vom 17. bis zum 26. sind die Ursae Minoriden aktiv, welche am 23. um 6 Uhr MEZ ihr scharfes Maximum mit bis zu 7 Meteoren pro Stunde erreichen. Es treten keine Störungen durch den Mond auf, weil am selben Tag Neumond ist.
Ferner können vom 12. bis zum 15.1. noch die Coma-Bereniciden beobachtet werden, welche am 26. um 4 Uhr MEZ ihr Maximum erreichen. Von diesem Schwarm sind bis zu 2 Meteore pro Stunde zu erwarten.
Der noch recht dünne zunehmende Mond geht an diesem Tag schon am frühen Abend unter und bereitet keine Probleme bei der Beobachtung.

Sonnenuntergang und Dämmerung

	Astr. Anf.	Naut. Anf.	Bürg. Anf.	Auf-gang	Kulm.	Unter-gang	Bürg. Ende	Naut. Ende	Astr. Ende	Zeitgl.
1.12.2022	6:03	6:42	7:23	8:01	12:13	16:25	17:03	17:44	18:22	-11m12s
2.12.2022	6:05	6:43	7:25	8:02	12:13	16:24	17:02	17:43	18:22	-10m50s
3.12.2022	6:06	6:45	7:26	8:03	12:14	16:24	17:02	17:43	18:21	-10m27s
4.12.2022	6:07	6:46	7:27	8:04	12:14	16:23	17:01	17:43	18:21	-10m03s
5.12.2022	6:08	6:47	7:28	8:06	12:15	16:23	17:01	17:42	18:21	-9m39s
6.12.2022	6:09	6:48	7:29	8:07	12:15	16:23	17:01	17:42	18:21	-9m14s
7.12.2022	6:10	6:49	7:30	8:08	12:15	16:22	17:01	17:42	18:21	-8m49s
8.12.2022	6:10	6:50	7:31	8:09	12:16	16:22	17:00	17:42	18:21	-8m23s
9.12.2022	6:11	6:51	7:32	8:10	12:16	16:22	17:00	17:42	18:21	-7m57s
10.12.2022	6:12	6:52	7:33	8:11	12:17	16:22	17:00	17:42	18:21	-7m30s
11.12.2022	6:13	6:53	7:34	8:12	12:17	16:22	17:00	17:42	18:21	-7m03s
12.12.2022	6:14	6:53	7:35	8:13	12:18	16:22	17:00	17:42	18:21	-6m36s
13.12.2022	6:15	6:54	7:36	8:14	12:18	16:22	17:00	17:42	18:21	-6m08s
14.12.2022	6:16	6:55	7:37	8:15	12:19	16:22	17:01	17:42	18:21	-5m39s
15.12.2022	6:16	6:56	7:38	8:16	12:19	16:22	17:01	17:42	18:21	-5m11s
16.12.2022	6:17	6:57	7:38	8:16	12:20	16:22	17:01	17:43	18:22	-4m42s
17.12.2022	6:18	6:57	7:39	8:17	12:20	16:22	17:01	17:43	18:22	-4m13s
18.12.2022	6:18	6:58	7:40	8:18	12:21	16:23	17:02	17:43	18:22	-3m44s
19.12.2022	6:19	6:59	7:40	8:19	12:21	16:23	17:02	17:44	18:23	-3m14s
20.12.2022	6:19	6:59	7:41	8:19	12:22	16:24	17:02	17:44	18:23	-2m44s
21.12.2022	6:20	7:00	7:42	8:20	12:22	16:24	17:03	17:45	18:24	-2m15s
22.12.2022	6:21	7:00	7:42	8:20	12:23	16:25	17:03	17:45	18:24	-1m45s
23.12.2022	6:21	7:01	7:43	8:21	12:23	16:25	17:04	17:46	18:25	-1m15s
24.12.2022	6:21	7:01	7:43	8:21	12:24	16:26	17:05	17:46	18:25	-0m45s

	Astr. Anf.	Naut. Anf.	Bürg. Anf.	Auf-gang	Kulm.	Unter-gang	Bürg. Ende	Naut. Ende	Astr. Ende	Zeitgl.
25.12.2022	6:22	7:02	7:43	8:21	12:24	16:26	17:05	17:47	18:26	-0m15s
26.12.2022	6:22	7:02	7:44	8:22	12:25	16:27	17:06	17:48	18:27	0m14s
27.12.2022	6:22	7:02	7:44	8:22	12:25	16:28	17:07	17:48	18:27	0m44s
28.12.2022	6:23	7:02	7:44	8:22	12:26	16:29	17:07	17:49	18:28	1m13s
29.12.2022	6:23	7:03	7:44	8:22	12:26	16:29	17:08	17:50	18:29	1m43s
30.12.2022	6:23	7:03	7:44	8:22	12:27	16:30	17:09	17:51	18:30	2m12s
31.12.2022	6:23	7:03	7:45	8:22	12:27	16:31	17:10	17:51	18:30	2m41s

Mondlauf

	Rektaszension	Deklination	Elong.	Phase	mag	Auf-gang	Kulm.	Unter-gang
1.12.2022	23h02m37,3s	-11°32'42"	94,5°	0,54	-10,4	13:53	19:27	
2.12.2022	23h52m04,4s	-5°30'07"	107,0°	0,65	-10,8	14:07	20:12	1:16
3.12.2022	0h39m45,8s	0°39'53"	119,4°	0,75	-11,1	14:21	20:56	2:32
4.12.2022	1h26m52,2s	6°41'22"	131,4°	0,83	-11,5	14:36	21:41	3:48
5.12.2022	2h14m26,8s	12°19'41"	143,3°	0,9	-11,8	14:53	22:26	5:02
6.12.2022	3h03m20,3s	17°20'44"	154,9°	0,95	-12,1	15:13	23:14	6:17
7.12.2022	3h54m04,0s	21°30'48"	166,2°	0,99	-12,4	15:39		7:31
8.12.2022	4h46m42,0s	24°37'14"	176,4°	1 ○	-12,6	16:13	0:04	8:41
9.12.2022	5h40m46,4s	26°30'00"	170,6°	0,99	-12,4	16:57	0:55	9:44
10.12.2022	6h35m20,4s	27°03'29"	159,8°	0,97	-12,2	17:52	1:47	10:36
11.12.2022	7h29m14,5s	26°17'47"	149,0°	0,93	-11,9	18:55	2:38	11:17
12.12.2022	8h21m28,2s	24°18'20"	138,2°	0,87	-11,6	20:03	3:28	11:47
13.12.2022	9h11m27,0s	21°14'17"	127,5°	0,81	-11,3	21:13	4:15	12:10
14.12.2022	9h59m07,7s	17°16'25"	116,7°	0,72	-10,9	22:23	4:59	12:29
15.12.2022	10h44m54,0s	12°35'25"	105,8°	0,63	-10,6	23:34	5:42	12:44
16.12.2022	11h29m28,8s	7°21'22"	94,7°	0,54 ☾	-10,3		6:24	12:58
17.12.2022	12h13m47,8s	1°43'50"	83,3°	0,44	-9,8	0:44	7:05	13:11
18.12.2022	12h58m55,8s	-4°07'02"	71,6°	0,34	-9,4	1:57	7:48	13:25
19.12.2022	13h46m04,2s	-9°59'06"	59,5°	0,25	-8,8	3:14	8:34	13:41
20.12.2022	14h36m27,3s	-15°36'32"	47,0°	0,16	-8,1	4:35	9:24	14:01
21.12.2022	15h31m12,3s	-20°38'20"	34,0°	0,09	-7,2	6:01	10:20	14:28
22.12.2022	16h30m57,3s	-24°38'22"	20,6°	0,03	-6,1	7:29	11:21	15:07
23.12.2022	17h35m17,7s	-27°08'33"	7,5°	0 ●	-4,8	8:49	12:27	16:02
24.12.2022	18h42m23,2s	-27°46'25"	8,6°	0,01	-5,0	9:55	13:33	17:16
25.12.2022	19h49m19,4s	-26°24'02"	22,2°	0,04	-6,3	10:42	14:38	18:42
26.12.2022	20h53m20,7s	-23°11'49"	36,1°	0,1	-7,4	11:16	15:39	20:12
27.12.2022	21h52m55,2s	-18°33'47"	49,8°	0,18	-8,3	11:40	16:33	21:40
28.12.2022	22h47m55,1s	-12°58'37"	63,2°	0,27	-9,1	11:58	17:23	23:03
29.12.2022	23h39m09,0s	-6°52'52"	76,2°	0,38	-9,7	12:14	18:10	
30.12.2022	0h27m49,0s	-0°38'19"	88,8°	0,49 ☽	-10,1	12:28	18:55	0:21
31.12.2022	1h15m11,7s	5°27'39"	101,0°	0,6	-10,6	12:43	19:39	1:38

Jupitermond-Ereignisse

Datum	Uhrzeit (MEZ)	Mond	Erscheinung	Phase
1.12.2022	17:35:31	Ganymed	Schattenvorübergang	Anfang
1.12.2022	20:14:50	Ganymed	Schattenvorübergang	Ende
2.12.2022	23:36:35	Io	Bedeckung	Anfang
3.12.2022	20:52:50	Io	Durchgang	Anfang
3.12.2022	22:11:35	Io	Schattenvorübergang	Anfang
3.12.2022	23:06:59	Io	Durchgang	Ende
4.12.2022	00:24:39	Io	Schattenvorübergang	Ende
4.12.2022	18:04:42	Io	Bedeckung	Anfang
4.12.2022	20:36:40	Europa	Durchgang	Anfang
4.12.2022	21:34:59	Io	Verfinsterung	Ende
4.12.2022	23:09:11	Europa	Durchgang	Ende
4.12.2022	23:13:08	Europa	Schattenvorübergang	Anfang
5.12.2022	17:35:18	Io	Durchgang	Ende
5.12.2022	18:53:36	Io	Schattenvorübergang	Ende
6.12.2022	17:59:51	Europa	Bedeckung	Ende
6.12.2022	18:08:02	Europa	Verfinsterung	Anfang
6.12.2022	20:37:51	Europa	Verfinsterung	Ende
8.12.2022	19:03:25	Ganymed	Durchgang	Ende
8.12.2022	21:39:26	Ganymed	Schattenvorübergang	Anfang
9.12.2022	00:17:21	Ganymed	Schattenvorübergang	Ende
10.12.2022	22:46:33	Io	Durchgang	Anfang
11.12.2022	00:07:40	Io	Schattenvorübergang	Anfang
11.12.2022	19:57:58	Io	Bedeckung	Anfang
11.12.2022	23:08:24	Europa	Durchgang	Anfang
11.12.2022	23:30:26	Io	Verfinsterung	Ende
12.12.2022	17:15:08	Io	Durchgang	Anfang
12.12.2022	18:36:39	Io	Schattenvorübergang	Anfang
12.12.2022	19:29:24	Io	Durchgang	Ende
12.12.2022	20:49:34	Io	Schattenvorübergang	Ende
13.12.2022	17:59:18	Io	Verfinsterung	Ende
13.12.2022	18:00:03	Europa	Bedeckung	Anfang
13.12.2022	20:35:08	Europa	Bedeckung	Ende
13.12.2022	20:46:58	Europa	Verfinsterung	Anfang
13.12.2022	23:16:23	Europa	Verfinsterung	Ende
15.12.2022	17:35:28	Europa	Schattenvorübergang	Ende
15.12.2022	20:04:20	Ganymed	Durchgang	Anfang
15.12.2022	23:00:12	Ganymed	Durchgang	Ende
18.12.2022	21:52:24	Io	Bedeckung	Anfang
19.12.2022	18:08:19	Ganymed	Verfinsterung	Ende
19.12.2022	19:10:19	Io	Durchgang	Anfang

Datum	Uhrzeit (MEZ)	Mond	Erscheinung	Phase
19.12.2022	20:32:43	Io	Schattenvorübergang	Anfang
19.12.2022	21:24:37	Io	Durchgang	Ende
19.12.2022	22:45:31	Io	Schattenvorübergang	Ende
20.12.2022	19:54:48	Io	Verfinsterung	Ende
20.12.2022	20:37:23	Europa	Bedeckung	Anfang
20.12.2022	23:12:40	Europa	Bedeckung	Ende
20.12.2022	23:25:50	Europa	Verfinsterung	Anfang
21.12.2022	17:14:34	Io	Schattenvorübergang	Ende
22.12.2022	17:33:49	Europa	Durchgang	Ende
22.12.2022	17:44:24	Europa	Schattenvorübergang	Anfang
22.12.2022	20:11:48	Europa	Schattenvorübergang	Ende
26.12.2022	16:54:09	Ganymed	Bedeckung	Ende
26.12.2022	19:34:31	Ganymed	Verfinsterung	Anfang
26.12.2022	21:06:35	Io	Durchgang	Anfang
26.12.2022	22:09:54	Ganymed	Verfinsterung	Ende
26.12.2022	22:28:47	Io	Schattenvorübergang	Anfang
26.12.2022	23:20:53	Io	Durchgang	Ende
27.12.2022	18:17:02	Io	Bedeckung	Anfang
27.12.2022	21:50:19	Io	Verfinsterung	Ende
27.12.2022	23:16:54	Europa	Bedeckung	Anfang
28.12.2022	16:57:51	Io	Schattenvorübergang	Anfang
28.12.2022	17:50:10	Io	Durchgang	Ende
28.12.2022	19:10:29	Io	Schattenvorübergang	Ende
29.12.2022	17:38:03	Europa	Durchgang	Anfang
29.12.2022	20:11:34	Europa	Durchgang	Ende
29.12.2022	20:21:06	Europa	Schattenvorübergang	Anfang
29.12.2022	22:48:15	Europa	Schattenvorübergang	Ende
31.12.2022	17:52:29	Europa	Verfinsterung	Ende

Anhang
Liste der Sternbedeckungen durch den Mond

Datum	Stern	Vorgang	Berlin	Bern	Dresden	Frankfurt	Hamburg	Hannover	Köln	Leipzig	München	Nürnberg	Stuttgart	Wien
1.1	SAO 185219 7,1 mag	Eintritt	-	7:43 39°	-	-	-	-	-	-	-	-	-	-
1.1	SAO 185219 7,1 mag	Austritt	-	8:07 356°	-	-	-	-	-	-	-	-	-	-
6.1	Tau1 Aqr 5,7 mag	Eintritt	15:38 64°	-	15:38 66°	15:30 61°	15:35 59°	15:33 60°	15:29 59°	15:36 64°	15:33 67°	15:33 65°	15:30 63°	15:41 73°
6.1	Tau1 Aqr 5,7 mag	Austritt	16:51 233°	-	16:51 230°	16:45 235°	16:47 239°	16:47 237°	16:43 239°	16:49 232°	16:47 228°	16:47 231°	16:45 232°	16:52 221°
6.1	Tau2 Aqr 4,2 mag	Eintritt	17:09 29°	17:00 31°	17:08 33°	17:04 27°	17:07 22°	17:06 24°	17:03 22°	17:07 30°	17:04 35°	17:05 32°	17:03 30°	17:09 42°
6.1	Tau2 Aqr 4,2 mag	Austritt	18:10 267°	18:06 262°	18:11 263°	18:06 268°	18:04 275°	18:05 272°	18:02 273°	18:10 265°	18:11 259°	18:10 263°	18:07 264°	18:17 252°
7.1	SAO 146815 6,8 mag	Eintritt	15:32 95°	-	15:32 98°	-	15:27 90°	15:25 91°	-	15:29 95°	-	15:26 96°	-	15:37 108°
7.1	SAO 146815 6,8 mag	Austritt	16:30 197°	-	16:28 194°	-	16:29 204°	16:27 202°	-	16:27 197°	-	16:24 195°	-	16:23 182°
7.1	SAO 146842 7,1 mag	Eintritt	17:37 43°	17:26 45°	17:36 46°	17:30 41°	17:34 36°	17:33 38°	17:29 37°	17:35 43°	17:32 49°	17:32 45°	17:30 44°	17:38 55°
7.1	SAO 146842 7,1 mag	Austritt	18:47 249°	18:41 243°	18:48 245°	18:42 249°	18:42 255°	18:43 253°	18:40 253°	18:46 247°	18:46 240°	18:45 244°	18:43 245°	18:51 234°
8.1	SAO 128806 6,8 mag	Eintritt	19:55 89°	19:53 100°	19:58 94°	19:51 90°	19:50 82°	19:50 85°	19:48 85°	19:55 91°	19:59 102°	19:56 96°	19:54 96°	20:08 110°
8.1	SAO 128806 6,8 mag	Austritt	20:54 205°	20:45 190°	20:53 200°	20:50 201°	20:53 212°	20:53 208°	20:50 206°	20:53 202°	20:49 190°	20:50 196°	20:49 196°	20:49 183°
9.1	SAO 109835 7,0 mag	Eintritt	23:35 64°	23:39 83°	23:36 69°	23:36 72°	23:33 61°	23:34 65°	23:34 69°	23:36 68°	23:39 79°	23:37 75°	23:37 77°	23:40 79°
10.1	SAO 109835 7,0 mag	Austritt	0:35 246°	0:37 226°	0:36 241°	0:36 237°	0:34 249°	0:35 245°	0:36 240°	0:36 242°	0:37 231°	0:37 235°	0:37 233°	-
10.1	SAO 110295 7,7 mag	Eintritt	20:17 126°	-	-	20:13 131°	20:05 113°	20:07 118°	20:04 120°	20:20 134°	-	-	-	-
10.1	SAO 110295 7,7 mag	Austritt	20:47 171°	-	-	20:35 163°	20:50 184°	20:46 178°	20:41 175°	20:40 163°	-	-	-	-
10.1	SAO 110328 7,2 mag	Eintritt	-	22:59 351°	-	-	-	-	-	-	-	-	-	-
10.1	SAO 110328 7,2 mag	Austritt	-	23:20 317°	-	-	-	-	-	-	-	-	-	-

Datum	Stern	Vorgang	Berlin	Bern	Dresden	Frankfurt	Hamburg	Hannover	Koeln	Leipzig	Muenchen	Nuernberg	Stuttgart	Wien
12.1	SAO 93188 7,7 mag	Eintritt	1:10 134°	-	1:18 146°	-	1:06 131°	1:12 139°	-	1:17 145°	-	-	-	-
12.1	SAO 93188 7,7 mag	Austritt	1:39 190°	-	1:35 179°	-	1:39 193°	1:36 185°	-	1:35 180°	-	-	-	-
12.1	SAO 93473 7,2 mag	Eintritt	17:29 64°	17:14 65°	17:27 67°	17:21 62°	17:29 58°	17:26 60°	17:21 59°	17:26 65°	17:19 69°	17:22 66°	17:19 65°	17:25 75°
12.1	SAO 93473 7,2 mag	Austritt	18:45 240°	18:28 236°	18:43 236°	18:36 241°	18:43 246°	18:41 244°	18:35 245°	18:42 239°	18:35 233°	18:37 237°	18:34 238°	18:41 227°
13.1	51 Tau 5,6 mag	Eintritt	-	-	-	-	-	-	-	-	-	-	-	17:05 1°
13.1	51 Tau 5,6 mag	Austritt	-	-	-	-	-	-	-	-	-	-	-	17:36 310°
13.1	53 Tau 5,4 mag	Eintritt	17:19 133°	17:08 138°	17:21 141°	17:10 129°	17:14 123°	17:13 125°	17:08 123°	17:18 135°	-	17:16 140°	17:11 136°	-
13.1	53 Tau 5,4 mag	Austritt	17:47 180°	17:29 174°	17:40 171°	17:42 184°	17:53 192°	17:49 189°	17:46 190°	17:43 178°	-	17:36 173°	17:35 177°	-
13.1	Kap2 Tau 5,4 mag	Eintritt	21:47 359°	21:17 25°	21:39 11°	21:31 10°	-	21:46 352°	21:34 1°	21:39 8°	21:26 24°	21:30 17°	21:25 18°	21:32 29°
13.1	Kap2 Tau 5,4 mag	Austritt	22:11 326°	22:19 296°	22:19 314°	22:12 312°	-	22:01 331°	22:04 320°	22:15 317°	22:25 299°	22:20 306°	22:18 304°	22:33 297°
14.1	SAO 76658 6,8 mag	Eintritt	-	3:11 15°	-	-	-	-	-	-	-	-	-	-
14.1	SAO 76658 6,8 mag	Austritt	-	3:34 333°	-	-	-	-	-	-	-	-	-	-
15.1	SAO 77918 7,0 mag	Eintritt	18:13 93°	18:01 98°	18:11 97°	18:06 93°	18:12 88°	18:10 90°	18:07 89°	18:10 94°	18:05 100°	18:07 97°	18:05 96°	18:09 106°
15.1	SAO 77918 7,0 mag	Austritt	19:20 244°	19:05 237°	19:17 240°	19:12 243°	19:20 250°	19:17 247°	19:13 247°	19:17 242°	19:09 235°	19:12 239°	19:09 239°	19:12 229°
15.1	SAO 78029 7,6 mag	Eintritt	20:48 93°	20:35 104°	20:47 98°	20:39 96°	20:44 87°	20:43 90°	20:37 92°	20:45 96°	20:42 105°	20:42 100°	20:39 100°	20:51 109°
15.1	SAO 78029 7,6 mag	Austritt	22:08 252°	21:50 236°	22:07 247°	21:58 246°	22:04 257°	22:02 253°	21:57 250°	22:05 249°	21:59 238°	22:01 243°	21:57 242°	22:07 236°
15.1	SAO 78066 7,4 mag	Eintritt	-	22:14 32°	-	22:33 9°	-	-	-	-	22:24 28°	22:30 18°	22:24 22°	22:32 30°
15.1	SAO 78066 7,4 mag	Austritt	-	23:07 317°	-	22:54 340°	-	-	-	-	23:11 323°	23:04 333°	23:03 328°	23:19 324°

Datum	Stern	Vorgang	Berlin	Bern	Dresden	Frankfurt	Hamburg	Hannover	Koeln	Leipzig	Muenchen	Nuernberg	Stuttgart	Wien
16.1	SAO 78250 7,9 mag	Eintritt	3:43 106°	3:54 126°	3:46 109°	3:47 117°	3:41 108°	3:43 110°	3:45 117°	3:45 110°	3:52 118°	3:49 116°	3:50 120°	3:52 113°
16.1	SAO 78250 7,9 mag	Austritt	4:44 264°	4:49 246°	4:46 262°	4:46 255°	4:42 263°	4:44 260°	4:45 255°	4:45 261°	4:49 254°	4:48 256°	4:48 252°	4:50 259°
16.1	SAO 78813 6,6 mag	Eintritt	15:46 70°	-	15:43 72°	-	15:49 66°	15:48 67°	-	15:44 71°	-	15:43 72°	-	15:38 79°
16.1	SAO 78813 6,6 mag	Austritt	16:39 280°	-	16:37 277°	-	16:40 285°	16:39 283°	-	16:37 279°	-	16:35 277°	-	16:32 270°
16.1	SAO 78824 7,5 mag	Eintritt	16:14 49°	-	16:11 52°	16:13 48°	16:18 43°	16:16 45°	16:15 45°	16:12 50°	16:07 55°	16:10 52°	16:10 51°	16:04 60°
16.1	SAO 78824 7,5 mag	Austritt	16:59 300°	-	16:58 297°	16:56 301°	17:00 307°	16:59 305°	16:57 305°	16:58 299°	16:55 294°	16:56 297°	16:55 298°	16:56 288°
16.1	40 Gem 6,3 mag	Eintritt	19:17 46°	19:02 55°	19:13 51°	19:10 48°	19:20 39°	19:16 42°	19:12 43°	19:14 49°	19:05 57°	19:09 53°	19:07 52°	19:07 62°
16.1	40 Gem 6,3 mag	Austritt	20:12 305°	20:02 294°	20:12 300°	20:05 302°	20:07 313°	20:07 309°	20:03 307°	20:10 302°	20:08 293°	20:08 297°	20:05 297°	20:14 288°
17.1	SAO 79121 7,0 mag	Eintritt	1:06 87°	1:02 108°	1:07 91°	1:01 97°	1:00 86°	1:00 90°	0:57 96°	1:05 91°	1:07 101°	1:05 98°	1:03 101°	1:14 97°
17.1	SAO 79121 7,0 mag	Austritt	2:21 292°	2:23 272°	2:24 289°	2:21 282°	2:16 292°	2:18 289°	2:17 282°	2:22 288°	2:27 279°	2:24 282°	2:23 278°	2:32 284°
17.1	SAO 79124 7,7 mag	Eintritt	1:11 84°	1:07 105°	1:13 88°	1:06 95°	1:06 83°	1:06 87°	1:03 93°	1:11 88°	1:12 99°	1:10 95°	1:08 98°	1:20 94°
17.1	SAO 79124 7,7 mag	Austritt	2:25 296°	2:29 275°	2:28 292°	2:25 285°	2:20 295°	2:22 292°	2:22 285°	2:27 291°	2:32 282°	2:29 285°	2:28 281°	2:36 288°
17.1	49 Gem 6,9 mag	Eintritt	3:09 45°	3:01 72°	3:09 50°	3:01 61°	3:03 46°	3:03 51°	2:58 60°	3:07 51°	3:06 63°	3:05 60°	3:02 64°	3:13 55°
17.1	49 Gem 6,9 mag	Austritt	3:46 338°	4:03 313°	3:51 334°	3:55 323°	3:44 336°	3:48 331°	3:52 323°	3:50 332°	4:00 322°	3:56 325°	3:58 320°	3:59 330°
17.1	SAO 79718 7,2 mag	Eintritt	17:37 144°	17:35 154°	17:37 150°	17:35 144°	17:36 136°	17:36 139°	17:35 139°	17:37 146°	17:38 158°	17:36 151°	17:35 150°	-
17.1	SAO 79718 7,2 mag	Austritt	18:12 218°	18:00 206°	18:07 212°	18:08 217°	18:17 226°	18:14 223°	18:12 222°	18:09 215°	17:59 202°	18:04 210°	18:04 211°	-
17.1	SAO 79803 7,7 mag	Eintritt	20:39 87°	20:27 99°	20:37 92°	20:32 91°	20:38 82°	20:36 85°	20:32 87°	20:36 90°	20:31 99°	20:33 94°	20:30 95°	20:36 102°
17.1	SAO 79803 7,7 mag	Austritt	21:53 282°	21:40 267°	21:52 277°	21:45 276°	21:50 287°	21:48 283°	21:44 280°	21:51 279°	21:46 269°	21:47 273°	21:44 272°	21:53 267°

Datum	Stern	Vorgang	Berlin	Bern	Dresden	Frankfurt	Hamburg	Hannover	Koeln	Leipzig	Muenchen	Nuernberg	Stuttgart	Wien
18.1	SAO 79910 7,8 mag	Eintritt	1:45 48°	1:28 78°	1:43 55°	1:32 65°	1:39 48°	1:36 54°	1:29 63°	1:41 55°	1:37 69°	1:36 65°	1:32 69°	1:47 63°
18.1	SAO 79910 7,8 mag	Austritt	2:25 345°	2:40 316°	2:31 339°	2:32 328°	2:21 344°	2:25 338°	2:28 328°	2:30 338°	2:40 325°	2:36 329°	2:36 324°	2:42 333°
18.1	SAO 80496 7,6 mag	Eintritt	24:15 26°	23:41 68°	24:05 42°	23:51 52°	-	24:04 35°	23:51 48°	24:04 41°	23:51 61°	23:54 54°	23:48 59°	24:01 58°
19.1	SAO 80496 7,6 mag	Austritt	0:26 10°	0:45 327°	0:38 355°	0:38 343°	-	0:28 0°	0:33 346°	0:36 355°	0:48 335°	0:43 341°	0:43 336°	0:52 341°
19.1	SAO 80529 7,0 mag	Eintritt	1:41 77°	1:31 100°	1:41 81°	1:32 89°	1:35 77°	1:34 81°	1:29 88°	1:39 82°	1:38 93°	1:37 89°	1:33 93°	1:47 87°
19.1	SAO 80529 7,0 mag	Austritt	2:45 327°	2:51 305°	2:49 324°	2:47 315°	2:40 326°	2:42 322°	2:43 315°	2:47 323°	2:54 313°	2:50 316°	2:50 312°	2:58 320°
20.1	SAO 98750 6,9 mag	Eintritt	-	0:01 45°	-	-	-	-	-	-	-	-	-	-
20.1	SAO 98750 6,9 mag	Austritt	-	0:32 359°	-	-	-	-	-	-	-	-	-	-
20.1	SAO 98761 7,9 mag	Eintritt	0:53 138°	0:58 166°	0:56 143°	0:52 150°	0:48 137°	0:49 141°	0:48 148°	0:54 143°	0:59 156°	0:56 151°	0:55 155°	1:04 150°
20.1	SAO 98761 7,9 mag	Austritt	2:06 273°	1:50 245°	2:07 269°	1:57 260°	2:01 272°	2:00 268°	1:54 260°	2:05 268°	2:02 256°	2:02 260°	1:57 255°	2:12 263°
20.1	SAO 99144 7,8 mag	Eintritt	20:19 48°	20:07 67°	20:14 56°	20:14 55°	20:26 36°	20:21 44°	20:17 49°	20:16 53°	20:08 66°	20:11 61°	20:10 61°	20:06 70°
20.1	SAO 99144 7,8 mag	Austritt	20:49 348°	20:51 327°	20:51 340°	20:49 340°	20:44 360°	20:47 351°	20:47 346°	20:50 342°	20:52 328°	20:51 334°	20:50 333°	20:54 326°
20.1	SAO 99150 7,1 mag	Eintritt	20:34 142°	20:35 160°	20:34 147°	20:33 147°	20:34 136°	20:33 140°	20:33 143°	20:34 145°	20:35 158°	20:34 152°	20:34 153°	20:37 162°
20.1	SAO 99150 7,1 mag	Austritt	21:25 256°	21:11 235°	21:22 250°	21:19 249°	21:27 261°	21:24 257°	21:21 253°	21:22 252°	21:14 238°	21:18 245°	21:16 243°	21:14 235°
20.1	46 Leo 5,7 mag	Eintritt	22:14 122°	22:09 141°	22:13 127°	22:10 129°	22:12 118°	22:11 122°	22:09 126°	22:12 126°	22:11 137°	22:11 132°	22:10 134°	22:15 138°
20.1	46 Leo 5,7 mag	Austritt	23:21 283°	23:08 262°	23:20 278°	23:14 274°	23:19 286°	23:18 282°	23:14 276°	23:19 278°	23:14 267°	23:15 271°	23:13 269°	23:19 268°
21.1	SAO 99202 7,7 mag	Eintritt	0:37 100°	0:27 122°	0:36 105°	0:29 111°	0:33 98°	0:32 103°	0:28 109°	0:34 104°	0:32 115°	0:32 111°	0:29 115°	0:39 112°
21.1	SAO 99202 7,7 mag	Austritt	1:49 317°	1:45 294°	1:51 313°	1:46 305°	1:44 317°	1:45 313°	1:43 306°	1:49 312°	1:51 302°	1:49 305°	1:47 301°	1:58 308°

Datum	Stern	Vorgang	Berlin	Bern	Dresden	Frankfurt	Hamburg	Hannover	Koeln	Leipzig	Muenchen	Nuernberg	Stuttgart	Wien
21.1	SAO 118813 6,7 mag	Eintritt	-	22:53 71°	23:12 45°	23:03 54°	-	-	23:06 47°	23:12 42°	22:58 65°	23:02 58°	22:59 62°	23:02 64°
21.1	SAO 118813 6,7 mag	Austritt	-	23:40 339°	23:33 8°	23:34 357°	-	-	23:31 3°	23:31 10°	23:40 347°	23:37 354°	23:38 349°	23:43 350°
22.1	SAO 118892 6,7 mag	Eintritt	4:34 136°	4:39 155°	4:37 138°	4:34 147°	4:30 138°	4:31 141°	4:31 147°	4:35 139°	4:40 146°	4:37 144°	4:37 149°	4:45 139°
22.1	SAO 118892 6,7 mag	Austritt	5:46 293°	5:46 276°	5:48 291°	5:44 283°	5:40 290°	5:42 288°	5:40 282°	5:46 290°	5:50 284°	5:48 285°	5:46 282°	5:56 291°
23.1	SAO 119278 7,0 mag	Eintritt	2:42 177°	-	2:45 183°	2:56 209°	2:39 178°	2:42 185°	2:53 208°	2:45 184°	-	2:54 202°	-	2:55 191°
23.1	SAO 119278 7,0 mag	Austritt	3:27 253°	-	3:26 248°	3:04 221°	3:21 250°	3:18 244°	3:02 222°	3:23 246°	-	3:12 229°	-	3:28 242°
23.1	SAO 119313 7,9 mag	Eintritt	5:31 169°	5:49 202°	5:34 172°	5:36 185°	5:27 173°	5:30 177°	5:34 187°	5:33 174°	5:41 183°	5:38 181°	5:40 188°	5:42 172°
23.1	SAO 119313 7,9 mag	Austritt	6:22 260°	6:08 231°	6:24 258°	6:14 246°	6:15 256°	6:16 253°	6:10 244°	6:21 256°	6:22 248°	6:20 250°	6:16 244°	6:31 258°
24.1	SAO 139072 6,8 mag	Eintritt	0:15 117°	0:11 138°	0:14 121°	0:12 127°	0:14 115°	0:13 119°	0:12 125°	0:13 121°	0:12 132°	0:12 128°	0:11 131°	0:13 129°
24.1	SAO 139072 6,8 mag	Austritt	1:18 305°	1:10 282°	1:17 300°	1:14 294°	1:16 305°	1:16 302°	1:13 295°	1:17 300°	1:14 289°	1:15 293°	1:13 290°	1:18 294°
24.1	46 Vir 6,1 mag	Eintritt	1:38 150°	1:44 182°	1:39 155°	1:38 164°	1:36 150°	1:37 154°	1:37 163°	1:38 156°	1:42 169°	1:40 164°	1:40 170°	1:43 162°
24.1	46 Vir 6,1 mag	Austritt	2:39 276°	2:20 245°	2:38 272°	2:29 262°	2:36 275°	2:34 271°	2:28 263°	2:36 271°	2:30 258°	2:31 263°	2:27 257°	2:38 267°
24.1	48 Vir 6,5 mag	Eintritt	3:29 102°	3:20 125°	3:28 106°	3:22 115°	3:25 104°	3:24 107°	3:20 115°	3:27 107°	3:25 116°	3:25 113°	3:22 117°	3:32 109°
24.1	48 Vir 6,5 mag	Austritt	4:36 328°	4:35 308°	4:38 326°	4:34 317°	4:32 326°	4:33 323°	4:31 316°	4:36 324°	4:38 317°	4:37 319°	4:35 315°	4:43 324°
24.1	SAO 139195 7,6 mag	Eintritt	-	-	-	8:16 131°	8:11 128°	8:13 129°	8:13 132°	-	-	-	-	-
24.1	SAO 139195 7,6 mag	Austritt	-	-	-	9:23 289°	9:17 292°	9:19 291°	9:20 289°	-	-	-	-	-
25.1	SAO 139627 6,8 mag	Eintritt	-	4:59 69°	-	5:10 50°	-	-	5:06 52°	-	5:15 49°	-	5:08 56°	-
25.1	SAO 139627 6,8 mag	Austritt	-	5:40 1°	-	5:30 19°	-	-	5:29 16°	-	5:33 21°	-	5:34 14°	-

Datum	Stern	Vorgang	Berlin	Bern	Dresden	Frankfurt	Hamburg	Hannover	Koeln	Leipzig	Muenchen	Nuernberg	Stuttgart	Wien
25.1	SAO 139640 7,9 mag	Eintritt	5:38 84°	5:27 104°	5:38 86°	5:29 96°	5:33 87°	5:32 90°	5:27 97°	5:36 88°	5:34 95°	5:33 94°	5:30 98°	5:43 87°
25.1	SAO 139640 7,9 mag	Austritt	6:35 342°	6:38 325°	6:37 341°	6:35 332°	6:31 339°	6:33 337°	6:32 331°	6:36 339°	6:40 333°	6:38 334°	6:37 331°	6:44 340°
26.1	5 Lib 6,6 mag	Eintritt	4:02 138°	4:02 162°	4:02 141°	04:00 150°	4:00 139°	04:00 143°	3:59 150°	4:01 142°	4:02 151°	4:01 148°	4:01 153°	4:04 144°
26.1	5 Lib 6,6 mag	Austritt	5:07 284°	4:54 262°	5:07 282°	4:59 272°	5:04 282°	5:03 279°	4:58 272°	5:05 280°	5:02 272°	5:02 275°	4:59 270°	5:10 280°
26.1	Alf1 Lib 5,3 mag	Eintritt	6:44 113°	6:39 127°	6:45 114°	6:39 121°	6:40 115°	6:39 117°	6:36 122°	6:43 115°	6:44 120°	6:42 119°	6:40 122°	6:51 115°
26.1	Alf1 Lib 5,3 mag	Austritt	7:57 304°	7:54 293°	7:59 303°	7:53 298°	7:52 302°	7:52 301°	7:50 297°	7:57 302°	7:59 298°	7:57 299°	7:55 297°	8:05 302°
26.1	Alf2 Lib 2,9 mag	Eintritt	6:52 116°	6:48 130°	6:54 117°	6:48 124°	6:48 119°	6:48 120°	6:45 125°	6:52 119°	6:52 124°	6:51 122°	6:49 126°	6:59 118°
26.1	Alf2 Lib 2,9 mag	Austritt	8:05 300°	8:02 290°	8:07 299°	8:01 294°	8:00 298°	8:01 297°	7:58 293°	8:05 298°	8:07 295°	8:05 296°	8:03 293°	8:14 298°
27.1	SAO 159421 6,9 mag	Eintritt	-	-	-	-	-	-	-	-	-	-	-	2:58 57°
27.1	SAO 159421 6,9 mag	Austritt	-	-	-	-	-	-	-	-	-	-	-	3:28 356°
28.1	SAO 184652 7,5 mag	Eintritt	6:56 83°	6:44 99°	6:56 85°	6:48 92°	6:53 85°	6:51 87°	6:46 93°	6:54 86°	6:50 92°	6:50 90°	6:47 93°	6:57 86°
28.1	SAO 184652 7,5 mag	Austritt	8:01 313°	7:54 301°	8:01 311°	7:56 306°	7:57 311°	7:57 309°	7:54 305°	08:00 311°	7:59 306°	7:59 307°	7:56 305°	8:06 310°
28.1	SAO 184683 7,0 mag	Eintritt	7:43 83°	7:31 96°	7:43 85°	7:34 91°	7:38 85°	7:37 87°	7:32 91°	7:41 86°	7:38 90°	7:38 89°	7:35 92°	-
28.1	SAO 184683 7,0 mag	Austritt	8:49 309°	8:44 300°	8:51 308°	8:44 304°	8:45 308°	8:45 307°	8:42 304°	8:49 308°	8:49 304°	8:48 305°	8:45 303°	-
28.1	SAO 184715 7,5 mag	Eintritt	-	-	-	-	-	-	8:25 106°	-	-	-	-	-
28.1	SAO 184715 7,5 mag	Austritt	-	-	-	-	-	-	9:38 285°	-	-	-	-	-
1.2	SAO 190337 7,3 mag	Eintritt	-	-	16:12 78°	16:10 74°	16:08 68°	16:08 70°	-	16:11 76°	16:14 82°	16:12 78°	16:11 78°	-
1.2	SAO 190337 7,3 mag	Austritt	-	-	-	17:10 235°	17:08 242°	17:09 240°	-	17:10 234°	17:12 226°	17:11 230°	17:11 231°	-

Datum	Stern	Vorgang	Berlin	Bern	Dresden	Frankfurt	Hamburg	Hannover	Koeln	Leipzig	Muenchen	Nuernberg	Stuttgart	Wien
3.2	SAO 165651 7,6 mag	Eintritt	-	19:13 72°	-	19:11 63°	19:09 54°	19:10 57°	19:10 59°	19:12 62°	19:14 72°	19:13 67°	19:12 68°	-
3.2	SAO 165651 7,6 mag	Austritt	-	20:11 228°	-	20:10 238°	20:07 248°	20:08 244°	20:09 241°	20:09 240°	20:11 229°	20:10 234°	20:11 233°	-
4.2	SAO 128642 7,2 mag	Eintritt	-	20:34 27°	-	20:37 14°	-	20:41 2°	20:38 9°	-	20:35 25°	20:36 19°	20:36 20°	-
4.2	SAO 128642 7,2 mag	Austritt	-	21:23 275°	-	21:17 289°	-	21:11 301°	21:14 294°	-	21:22 279°	21:19 285°	21:20 283°	-
5.2	SAO 109556 7,3 mag	Eintritt	18:42 76°	18:39 88°	18:44 81°	18:38 79°	18:38 70°	18:38 73°	18:36 74°	18:42 79°	18:44 89°	18:42 84°	18:40 84°	18:51 94°
5.2	SAO 109556 7,3 mag	Austritt	19:48 220°	19:41 205°	19:47 215°	19:44 216°	19:46 226°	19:46 222°	19:44 220°	19:47 217°	19:45 206°	19:45 211°	19:44 210°	19:47 202°
7.2	SAO 93012 7,9 mag	Eintritt	22:09 85°	22:16 107°	22:11 90°	22:10 94°	22:06 82°	22:07 86°	22:08 91°	22:10 90°	22:16 102°	22:13 97°	22:13 100°	22:18 100°
7.2	SAO 93012 7,9 mag	Austritt	23:11 233°	23:09 210°	23:12 229°	23:10 223°	23:09 235°	23:10 231°	23:09 226°	23:11 229°	23:11 217°	23:11 222°	23:10 219°	23:13 220°
10.2	51 Tau 5,6 mag	Eintritt	2:04 83°	2:13 102°	2:05 86°	2:08 93°	2:03 84°	2:04 86°	2:07 92°	2:05 87°	2:10 95°	2:08 92°	2:10 95°	-
10.2	51 Tau 5,6 mag	Austritt	2:59 261°	3:06 243°	3:00 258°	3:03 252°	2:59 260°	3:00 257°	3:03 252°	3:00 258°	-	3:03 253°	3:04 249°	-
10.2	56 Tau 5,3 mag	Eintritt	-	-	-	-	2:44 46°	2:44 50°	2:45 56°	-	-	-	-	-
10.2	56 Tau 5,3 mag	Austritt	-	-	-	-	3:28 297°	3:30 294°	3:34 288°	-	-	-	-	-
10.2	SAO 76814 7,7 mag	Eintritt	17:13 75°	16:57 80°	17:11 79°	17:04 75°	17:11 69°	17:09 71°	17:04 71°	17:10 76°	17:04 83°	17:05 79°	17:02 78°	17:10 89°
10.2	SAO 76814 7,7 mag	Austritt	18:31 247°	18:14 239°	18:29 243°	18:21 246°	18:28 253°	18:26 250°	18:20 250°	18:28 245°	18:21 237°	18:23 241°	18:20 241°	18:28 232°
10.2	SAO 76812 6,6 mag	Eintritt	17:18 138°	-	17:26 154°	17:09 138°	17:10 126°	17:10 130°	17:04 129°	17:18 143°	-	-	17:16 152°	-
10.2	SAO 76812 6,6 mag	Austritt	17:48 183°	-	17:36 167°	17:38 182°	17:53 196°	17:48 191°	17:43 191°	17:41 178°	-	-	17:26 166°	-
10.2	99 Tau 6,0 mag	Eintritt	19:59 54°	19:42 68°	19:57 59°	19:48 59°	19:56 48°	19:53 52°	19:47 55°	19:56 57°	19:51 67°	19:51 62°	19:47 63°	19:59 70°
10.2	99 Tau 6,0 mag	Austritt	21:15 281°	21:10 262°	21:18 276°	21:10 273°	21:09 285°	21:10 281°	21:07 276°	21:15 277°	21:17 266°	21:15 270°	21:12 268°	21:25 266°

Datum	Stern	Vorgang	Berlin	Bern	Dresden	Frankfurt	Hamburg	Hannover	Koeln	Leipzig	Muenchen	Nuernberg	Stuttgart	Wien
11.2	103 Tau 5,5 mag	Eintritt	1:54 48°	1:56 70°	1:55 52°	1:54 60°	1:52 49°	1:53 53°	1:52 60°	1:54 53°	1:56 62°	1:55 59°	1:55 63°	1:58 56°
11.2	103 Tau 5,5 mag	Austritt	2:40 306°	2:53 287°	2:43 303°	2:47 295°	2:39 305°	2:42 302°	2:46 295°	2:43 302°	2:49 294°	2:47 296°	2:49 293°	2:46 299°
11.2	SAO 77459 6,9 mag	Eintritt	16:23 29°	-	16:19 33°	-	-	-	-	16:20 31°	-	-	-	16:11 44°
11.2	SAO 77459 6,9 mag	Austritt	17:11 303°	-	17:11 298°	-	-	-	-	17:09 301°	-	-	-	17:13 286°
11.2	SAO 77513 7,7 mag	Eintritt	17:24 147°	-	-	17:17 148°	17:16 134°	17:16 138°	17:11 139°	17:25 153°	-	-	-	-
11.2	SAO 77513 7,7 mag	Austritt	17:49 186°	-	-	17:38 183°	17:55 200°	17:50 195°	17:44 194°	17:42 179°	-	-	-	-
11.2	SAO 77560 6,6 mag	Eintritt	18:26 53°	18:08 62°	18:23 57°	18:16 55°	18:26 46°	18:23 49°	18:17 50°	18:22 55°	18:15 63°	18:17 59°	18:14 59°	18:21 68°
11.2	SAO 77560 6,6 mag	Austritt	19:39 285°	19:27 271°	19:40 280°	19:30 281°	19:33 291°	19:32 287°	19:28 285°	19:37 282°	19:35 272°	19:35 277°	19:31 276°	19:44 269°
11.2	SAO 77593 7,6 mag	Eintritt	19:25 50°	19:06 63°	19:22 55°	19:14 54°	19:23 43°	19:20 47°	19:14 49°	19:21 53°	19:13 63°	19:15 58°	19:11 59°	19:21 66°
11.2	SAO 77593 7,6 mag	Austritt	20:36 293°	20:28 275°	20:38 287°	20:29 286°	20:29 298°	20:30 294°	20:26 290°	20:35 289°	20:36 278°	20:34 282°	20:31 281°	20:45 277°
12.2	SAO 77800 6,6 mag	Eintritt	1:17 41°	1:13 67°	1:17 46°	1:12 56°	1:13 43°	1:13 47°	1:10 55°	1:16 47°	1:16 59°	1:15 55°	1:13 60°	1:21 52°
12.2	SAO 77800 6,6 mag	Austritt	1:57 325°	2:13 301°	2:01 320°	2:05 311°	1:55 323°	1:59 319°	2:03 311°	2:01 319°	2:10 309°	2:06 312°	2:08 308°	2:08 316°
12.2	SAO 77918 7,0 mag	Eintritt	3:36 111°	3:49 128°	3:38 113°	3:42 120°	3:35 112°	3:38 115°	3:42 120°	3:38 114°	3:44 121°	3:42 119°	3:45 122°	3:42 115°
12.2	SAO 77918 7,0 mag	Austritt	4:28 255°	4:34 240°	4:29 253°	4:32 247°	4:28 253°	4:29 251°	4:31 247°	4:29 252°	4:32 246°	4:32 248°	4:33 245°	4:31 251°
13.2	SAO 78795 6,9 mag	Eintritt	0:33 137°	0:57 175°	0:38 141°	0:40 152°	0:29 137°	0:32 142°	0:36 151°	0:37 142°	0:48 156°	0:43 151°	0:45 158°	0:48 148°
13.2	SAO 78795 6,9 mag	Austritt	1:29 241°	1:16 205°	1:31 237°	1:24 226°	1:25 240°	1:25 236°	1:21 226°	1:29 236°	1:28 223°	1:27 228°	1:24 221°	1:35 232°
13.2	SAO 78813 6,6 mag	Eintritt	1:16 158°	-	1:22 165°	-	1:13 160°	1:19 167°	-	1:22 167°	-	-	-	1:35 175°
13.2	SAO 78813 6,6 mag	Austritt	1:51 220°	-	1:51 214°	-	1:47 218°	1:45 211°	-	1:49 212°	-	-	-	1:52 205°

Datum	Stern	Vorgang	Berlin	Bern	Dresden	Frankfurt	Hamburg	Hannover	Koeln	Leipzig	Muenchen	Nuernberg	Stuttgart	Wien
13.2	SAO 78824 7,5 mag	Eintritt	1:28 118°	1:40 141°	1:31 121°	1:32 130°	1:24 119°	1:27 123°	1:29 129°	1:30 122°	1:38 131°	1:34 129°	1:35 133°	1:38 125°
13.2	SAO 78824 7,5 mag	Austritt	2:30 261°	2:33 240°	2:32 258°	2:31 250°	2:27 259°	2:29 256°	2:29 250°	2:31 257°	2:35 249°	2:33 252°	2:32 248°	2:37 255°
13.2	40 Gem 6,3 mag	Eintritt	-	4:57 17°	-	-	-	-	-	-	-	-	-	-
13.2	40 Gem 6,3 mag	Austritt	-	5:04 2°	-	-	-	-	-	-	-	-	-	-
13.2	SAO 78990 6,9 mag	Eintritt	-	-	-	-	5:38 123°	5:40 125°	5:44 129°	-	-	-	-	-
13.2	SAO 78990 6,9 mag	Austritt	-	-	-	-	6:24 252°	6:25 250°	6:27 247°	-	-	-	-	-
14.2	SAO 79718 7,2 mag	Eintritt	3:06 155°	-	3:10 158°	3:16 171°	3:04 158°	3:08 162°	3:15 173°	3:10 160°	3:21 172°	3:17 168°	3:21 176°	3:17 161°
14.2	SAO 79718 7,2 mag	Austritt	3:46 236°	-	3:47 233°	3:43 221°	3:42 233°	3:43 230°	3:40 219°	3:46 232°	3:46 221°	3:46 224°	3:43 216°	3:51 231°
14.2	SAO 80195 7,9 mag	Eintritt	18:18 160°	-	18:23 173°	18:17 168°	18:13 150°	18:14 155°	18:12 159°	18:19 167°	-	-	-	-
14.2	SAO 80195 7,9 mag	Austritt	18:48 214°	-	18:39 200°	18:37 204°	18:53 224°	18:48 218°	18:42 214°	18:42 207°	-	-	-	-
15.2	SAO 80800 7,8 mag	Eintritt	-	20:16 23°	-	-	-	-	-	-	-	-	-	-
15.2	SAO 80800 7,8 mag	Austritt	-	20:28 5°	-	-	-	-	-	-	-	-	-	-
15.2	SAO 80809 6,7 mag	Eintritt	20:58 146°	21:05 180°	21:00 153°	20:56 157°	20:54 142°	20:54 147°	20:53 153°	20:58 152°	21:05 170°	21:00 161°	21:00 165°	21:11 169°
15.2	SAO 80809 6,7 mag	Austritt	21:58 251°	21:28 214°	21:55 244°	21:45 238°	21:55 254°	21:52 249°	21:45 242°	21:54 245°	21:42 227°	21:46 235°	21:41 230°	21:51 230°
16.2	SAO 98640 7,8 mag	Eintritt	3:12 196°	-	-	-	-	-	-	-	-	-	-	-
16.2	SAO 98640 7,8 mag	Austritt	3:24 216°	-	-	-	-	-	-	-	-	-	-	-
16.2	SAO 99019 7,3 mag	Eintritt	-	20:13 38°	-	-	-	-	-	-	20:25 24°	-	-	20:25 29°
16.2	SAO 99019 7,3 mag	Austritt	-	20:34 0°	-	-	-	-	-	-	20:29 15°	-	-	20:36 12°

Datum	Stern	Vorgang	Berlin	Bern	Dresden	Frankfurt	Hamburg	Hannover	Koeln	Leipzig	Muenchen	Nuernberg	Stuttgart	Wien
17.2	42 Leo 6,1 mag	Eintritt	0:52 110°	0:49 132°	0:54 113°	0:47 122°	0:47 111°	0:47 115°	0:44 121°	0:51 114°	0:54 124°	0:51 121°	0:50 125°	1:00 117°
17.2	42 Leo 6,1 mag	Austritt	2:06 311°	2:07 291°	2:09 308°	2:05 300°	2:01 309°	2:03 306°	2:01 299°	2:07 307°	2:11 300°	2:09 302°	2:07 298°	2:17 307°
17.2	SAO 99455 7,3 mag	Eintritt	22:31 143°	22:35 171°	22:33 149°	22:30 155°	22:28 141°	22:29 146°	22:28 153°	22:31 148°	22:35 162°	22:32 157°	22:32 161°	22:38 158°
17.2	SAO 99455 7,3 mag	Austritt	23:38 275°	23:19 246°	23:37 271°	23:28 262°	23:34 276°	23:32 272°	23:27 264°	23:35 271°	23:29 257°	23:31 262°	23:26 257°	23:38 264°
18.2	SAO 119101 7,9 mag	Eintritt	21:32 118°	21:28 138°	21:32 123°	21:29 127°	21:32 115°	21:31 119°	21:29 124°	21:31 122°	21:30 133°	21:30 129°	21:29 131°	21:32 132°
18.2	SAO 119101 7,9 mag	Austritt	22:37 300°	22:28 278°	22:37 295°	22:32 290°	22:36 301°	22:35 298°	22:32 292°	22:36 295°	22:33 284°	22:34 289°	22:32 285°	22:37 288°
19.2	7 Vir 5,2 mag	Eintritt	2:06 189°	-	2:12 195°	-	2:05 194°	2:12 205°	-	2:12 199°	-	-	-	2:22 202°
19.2	7 Vir 5,2 mag	Austritt	2:39 242°	-	2:38 236°	-	2:31 236°	2:25 226°	-	2:33 232°	-	-	-	2:42 232°
19.2	SAO 119169 7,9 mag	Eintritt	2:24 143°	2:29 165°	2:27 145°	2:24 155°	2:20 145°	2:21 148°	2:21 155°	2:25 147°	2:29 155°	2:27 153°	2:26 157°	2:33 147°
19.2	SAO 119169 7,9 mag	Austritt	3:34 288°	3:29 269°	3:36 286°	3:29 277°	3:29 285°	3:29 283°	3:26 276°	3:34 285°	3:36 278°	3:34 280°	3:31 276°	3:43 286°
19.2	SAO 138933 6,1 mag	Eintritt	23:03 185°	-	23:09 197°	-	23:01 182°	23:05 192°	-	23:09 198°	-	-	-	-
19.2	SAO 138933 6,1 mag	Austritt	23:33 239°	-	23:26 227°	-	23:32 240°	23:26 230°	-	23:25 226°	-	-	-	-
20.2	SAO 139044 7,9 mag	Eintritt	6:54 171°	7:07 186°	6:58 173°	6:59 179°	6:51 173°	6:54 175°	6:57 180°	6:57 174°	7:05 179°	7:01 177°	7:02 180°	-
20.2	SAO 139044 7,9 mag	Austritt	7:33 247°	7:35 235°	7:36 246°	7:33 241°	7:30 246°	7:31 245°	7:30 241°	7:34 245°	7:38 240°	7:36 242°	7:35 240°	-
20.2	SAO 139403 6,0 mag	Eintritt	22:46 81°	22:36 105°	22:43 87°	22:40 93°	22:46 79°	22:44 84°	22:41 91°	22:43 86°	22:38 99°	22:39 94°	22:38 98°	22:40 95°
20.2	SAO 139403 6,0 mag	Austritt	23:32 340°	23:33 315°	23:33 335°	23:33 327°	23:31 341°	23:32 336°	23:32 328°	23:33 334°	23:34 322°	23:33 326°	23:33 322°	23:35 327°
20.2	77 Vir 7,1 mag	Eintritt	23:19 156°	23:29 194°	23:20 161°	23:21 170°	23:18 154°	23:18 159°	23:20 168°	23:19 161°	23:24 178°	23:21 171°	23:23 177°	23:23 171°
20.2	77 Vir 7,1 mag	Austritt	24:10 267°	23:48 228°	24:08 262°	24:01 252°	24:09 267°	24:07 263°	24:01 253°	24:07 262°	23:59 246°	24:02 252°	23:58 246°	24:06 254°

Datum	Stern	Vorgang	Berlin	Bern	Dresden	Frankfurt	Hamburg	Hannover	Koeln	Leipzig	Muenchen	Nuernberg	Stuttgart	Wien
21.2	SAO 139447 7,1 mag	Eintritt	1:28 73°	1:12 101°	1:26 78°	1:17 89°	1:25 75°	1:22 80°	1:16 89°	1:24 79°	1:19 91°	1:19 88°	1:16 93°	1:26 83°
21.2	SAO 139447 7,1 mag	Austritt	2:12 355°	2:16 329°	2:14 351°	2:14 340°	2:10 352°	2:11 348°	2:12 339°	2:14 350°	2:17 339°	2:16 342°	2:15 337°	2:19 348°
21.2	82 Vir 5,2 mag	Eintritt	4:10 106°	4:05 123°	4:12 108°	4:05 116°	4:05 109°	4:05 111°	4:02 117°	4:10 109°	4:10 115°	4:09 113°	4:06 117°	4:18 108°
21.2	82 Vir 5,2 mag	Austritt	5:20 320°	5:21 308°	5:22 319°	5:18 313°	5:15 318°	5:16 316°	5:15 312°	5:21 318°	5:24 314°	5:22 315°	5:21 312°	5:29 319°
21.2	SAO 158554 6,6 mag	Eintritt	23:42 118°	-	23:41 122°	-	-	-	-	23:41 122°	23:40 133°	23:40 129°	-	23:41 129°
22.2	SAO 158554 6,6 mag	Austritt	0:43 302°	0:35 279°	0:42 298°	0:39 290°	0:42 301°	0:41 298°	0:39 291°	0:42 297°	0:39 287°	0:40 291°	0:38 287°	0:42 293°
22.2	SAO 158577 6,7 mag	Eintritt	-	0:46 72°	-	0:58 50°	-	-	0:59 48°	-	0:55 57°	1:00 48°	0:54 58°	-
22.2	SAO 158577 6,7 mag	Austritt	-	1:27 351°	-	1:19 11°	-	-	1:18 13°	-	1:23 6°	1:19 14°	1:23 4°	-
23.2	SAO 159317 6,1 mag	Eintritt	6:57 139°	6:57 149°	07:00 140°	6:55 145°	6:53 141°	6:53 142°	6:52 145°	6:58 141°	7:01 144°	6:58 143°	6:57 146°	-
23.2	SAO 159317 6,1 mag	Austritt	8:01 263°	7:58 256°	8:03 262°	7:57 260°	7:56 263°	7:57 262°	7:54 260°	8:01 262°	8:03 259°	8:01 260°	7:59 259°	-
24.2	SAO 184350 7,7 mag	Eintritt	3:08 35°	2:42 74°	3:02 44°	2:51 60°	-	-	-	3:00 46°	2:50 62°	2:52 58°	2:48 64°	2:59 50°
24.2	SAO 184350 7,7 mag	Austritt	3:22 10°	3:31 333°	3:26 2°	3:30 345°	-	-	-	3:27 359°	3:31 344°	3:30 348°	3:31 342°	3:29 356°
24.2	SAO 184377 6,6 mag	Eintritt	4:12 74°	3:57 94°	4:11 76°	4:02 85°	4:09 76°	4:07 79°	4:01 86°	4:09 78°	4:04 85°	4:05 83°	4:02 87°	4:11 78°
24.2	SAO 184377 6,6 mag	Austritt	5:08 329°	5:04 312°	5:08 327°	5:05 319°	5:05 327°	5:05 324°	5:03 318°	5:07 326°	5:07 320°	5:07 321°	5:05 318°	5:12 326°
24.2	Rho Oph 5,9 mag	Eintritt	4:20 65°	4:03 87°	4:18 68°	4:09 78°	4:16 69°	4:14 72°	4:08 79°	4:16 70°	4:10 78°	4:11 76°	4:08 80°	4:19 70°
24.2	Rho Oph 5,9 mag	Austritt	5:09 337°	5:06 319°	5:10 335°	5:07 326°	5:07 334°	5:07 332°	5:05 325°	5:09 334°	5:10 327°	5:09 329°	5:07 325°	5:13 334°
24.2	Rho Oph 5,2 mag	Eintritt	4:20 66°	4:03 87°	4:18 68°	4:09 78°	4:16 69°	4:14 72°	4:08 79°	4:16 70°	4:10 78°	4:11 76°	4:08 80°	4:19 70°
24.2	Rho Oph 5,2 mag	Austritt	5:09 337°	5:06 319°	5:10 335°	5:07 326°	5:07 334°	5:07 332°	5:05 325°	5:09 334°	5:10 327°	5:09 329°	5:07 325°	5:13 334°

Datum	Stern	Vorgang	Berlin	Bern	Dresden	Frankfurt	Hamburg	Hannover	Koeln	Leipzig	Muenchen	Nuernberg	Stuttgart	Wien
24.2	SAO 184383 7,1 mag	Eintritt	4:24 52°	4:04 78°	4:22 55°	4:11 68°	4:20 56°	4:17 60°	4:09 68°	4:20 57°	4:13 67°	4:14 65°	4:09 70°	4:23 58°
24.2	SAO 184383 7,1 mag	Austritt	05:00 351°	5:01 329°	5:01 348°	5:00 337°	4:59 347°	4:59 344°	4:59 336°	5:01 346°	5:03 338°	5:02 340°	5:01 335°	5:05 346°
25.2	SAO 185404 7,4 mag	Eintritt	4:10 101°	4:01 119°	4:09 103°	4:05 111°	-	4:07 105°	-	4:08 104°	4:05 111°	4:06 109°	4:04 113°	4:09 105°
25.2	SAO 185404 7,4 mag	Austritt	5:18 289°	5:07 274°	5:17 287°	5:11 280°	5:15 287°	5:14 285°	5:10 280°	5:16 286°	5:13 281°	5:13 282°	5:10 279°	5:19 286°
26.2	SAO 186937 7,8 mag	Eintritt	-	-	-	-	-	-	-	-	4:52 48°	-	-	05:00 40°
26.2	SAO 186937 7,8 mag	Austritt	-	-	-	-	-	-	-	-	5:36 327°	-	-	5:37 334°
26.2	SAO 187014 7,8 mag	Eintritt	6:31 49°	6:14 63°	6:30 51°	6:20 57°	6:27 51°	6:25 53°	6:19 58°	6:28 52°	6:22 57°	6:23 56°	6:19 59°	6:30 53°
26.2	SAO 187014 7,8 mag	Austritt	7:23 317°	7:16 307°	7:24 316°	7:18 312°	7:19 317°	7:19 315°	7:16 312°	7:22 316°	7:21 311°	7:20 313°	7:18 311°	7:28 314°
3.3	SAO 146919 6,3 mag	Eintritt	-	18:19 60°	-	18:18 50°	-	18:18 43°	18:18 46°	-	-	-	18:19 55°	-
3.3	SAO 146919 6,3 mag	Austritt	-	-	-	19:15 252°	-	19:12 259°	19:14 255°	-	-	-	19:16 247°	-
4.3	14 Cet 5,9 mag	Eintritt	17:41 29°	17:36 43°	17:41 35°	17:38 34°	17:40 22°	17:40 27°	17:37 29°	17:40 33°	17:39 43°	17:39 38°	17:38 39°	17:41 46°
4.3	14 Cet 5,9 mag	Austritt	18:35 270°	18:40 253°	18:38 265°	18:37 264°	18:32 276°	18:34 272°	18:34 268°	18:37 266°	18:40 255°	18:39 260°	18:39 259°	18:42 254°
4.3	15 Cet 6,9 mag	Eintritt	18:51 104°	19:08 137°	18:55 111°	18:55 113°	18:47 98°	18:50 102°	18:51 107°	18:54 109°	19:04 129°	18:59 118°	19:00 121°	19:07 131°
4.3	15 Cet 6,9 mag	Austritt	19:35 200°	19:23 165°	19:34 193°	19:32 189°	19:36 205°	19:35 200°	19:33 194°	19:34 195°	19:28 175°	19:31 185°	19:30 181°	19:28 174°
9.3	SAO 76670 6,0 mag	Eintritt	18:37 356°	18:05 27°	18:27 11°	18:18 12°	-	18:36 350°	18:22 3°	18:28 8°	18:14 26°	18:18 19°	18:13 20°	18:21 29°
9.3	SAO 76670 6,0 mag	Austritt	18:54 333°	19:06 298°	19:05 319°	18:59 315°	-	18:45 338°	18:51 323°	19:01 321°	19:11 302°	19:06 309°	19:05 307°	19:20 302°
9.3	SAO 76737 6,2 mag	Eintritt	23:31 32°	23:29 58°	23:31 37°	23:28 46°	23:29 32°	23:28 37°	23:26 46°	23:30 38°	23:30 49°	23:30 46°	23:29 50°	23:33 43°
10.3	SAO 76737 6,2 mag	Austritt	0:07 318°	0:23 293°	0:11 313°	0:16 304°	0:06 317°	0:10 312°	0:15 304°	0:11 312°	0:19 301°	0:17 305°	0:19 300°	0:16 308°

Datum	Stern	Vorgang	Berlin	Bern	Dresden	Frankfurt	Hamburg	Hannover	Koeln	Leipzig	Muenchen	Nuernberg	Stuttgart	Wien
10.3	SAO 77200 6,6 mag	Eintritt	18:32 114°	18:31 136°	18:35 120°	18:27 121°	18:25 108°	18:26 113°	18:22 116°	18:32 118°	18:37 133°	18:33 126°	18:30 128°	18:48 135°
10.3	SAO 77200 6,6 mag	Austritt	19:44 229°	19:20 203°	19:42 223°	19:32 219°	19:40 233°	19:38 229°	19:31 223°	19:40 224°	19:32 209°	19:34 216°	19:29 213°	19:40 210°
10.3	118 Tau 5,9 mag	Eintritt	18:33 114°	18:31 136°	18:35 120°	18:27 121°	18:26 108°	18:26 112°	18:22 116°	18:32 118°	18:37 132°	18:33 125°	18:30 127°	18:48 135°
10.3	118 Tau 5,9 mag	Austritt	19:44 230°	19:21 203°	19:42 224°	19:32 220°	19:40 234°	19:38 229°	19:31 224°	19:41 225°	19:32 209°	19:35 216°	19:30 213°	19:41 210°
11.3	SAO 77459 6,9 mag	Eintritt	2:07 71°	2:15 86°	2:09 73°	2:11 80°	2:07 73°	2:08 75°	2:11 80°	2:09 74°	2:13 80°	2:11 79°	2:13 82°	-
11.3	SAO 77459 6,9 mag	Austritt	2:57 290°	-	2:59 288°	3:03 282°	2:58 288°	03:00 286°	3:04 282°	2:59 287°	-	3:03 283°	3:05 281°	-
14.3	SAO 80195 7,9 mag	Eintritt	4:18 105°	4:28 114°	4:20 106°	4:23 110°	4:17 106°	4:19 107°	4:22 110°	4:20 106°	4:25 110°	4:23 109°	4:25 111°	-
14.3	SAO 80195 7,9 mag	Austritt	5:09 287°	5:19 279°	5:11 286°	5:15 283°	5:10 287°	5:11 285°	5:15 283°	5:11 286°	-	5:14 284°	5:16 282°	-
16.3	SAO 98984 7,8 mag	Eintritt	4:49 114°	05:00 123°	4:52 115°	4:54 119°	4:48 115°	4:50 116°	4:53 119°	4:51 116°	4:57 119°	4:55 118°	4:56 120°	4:56 116°
16.3	SAO 98984 7,8 mag	Austritt	5:43 294°	5:53 288°	5:45 293°	5:48 291°	5:43 294°	5:45 293°	5:48 291°	5:45 293°	5:50 290°	5:49 291°	5:50 290°	-
16.3	SAO 99280 6,8 mag	Eintritt	20:02 95°	19:52 115°	20:01 100°	19:55 104°	20:00 92°	19:58 96°	19:54 102°	20:00 99°	19:56 110°	19:57 106°	19:54 109°	20:01 108°
16.3	SAO 99280 6,8 mag	Austritt	21:08 319°	21:03 297°	21:10 315°	21:05 308°	21:05 321°	21:05 317°	21:03 310°	21:08 315°	21:08 304°	21:08 308°	21:06 304°	21:14 308°
17.3	SAO 118892 6,7 mag	Eintritt	17:20 149°	-	17:20 155°	-	-	-	-	-	-	-	-	17:24 171°
17.3	SAO 118892 6,7 mag	Austritt	18:05 258°	-	18:02 251°	-	-	-	-	-	-	-	-	17:54 236°
18.3	SAO 119046 7,6 mag	Eintritt	4:27 189°	-	4:31 191°	-	4:26 193°	4:30 197°	-	4:31 193°	-	4:41 205°	-	4:39 193°
18.3	SAO 119046 7,6 mag	Austritt	4:50 232°	-	4:52 230°	-	4:45 228°	4:45 224°	-	4:50 228°	-	4:47 217°	-	4:56 227°
18.3	SAO 119061 6,7 mag	Eintritt	-	5:08 58°	-	5:07 49°	5:09 33°	5:08 40°	5:04 51°	5:13 35°	5:12 49°	5:10 46°	5:08 51°	5:17 40°
18.3	SAO 119061 6,7 mag	Austritt	-	5:36 2°	-	5:27 11°	5:12 27°	5:18 19°	5:25 10°	5:19 24°	5:31 10°	5:28 13°	5:31 8°	5:28 18°

Datum	Stern	Vorgang	Berlin	Bern	Dresden	Frankfurt	Hamburg	Hannover	Koeln	Leipzig	Muenchen	Nuernberg	Stuttgart	Wien
18.3	SAO 119381 7,9 mag	Eintritt	-	20:20 46°	-	-	-	-	-	-	-	-	-	-
18.3	SAO 119381 7,9 mag	Austritt	-	20:38 13°	-	-	-	-	-	-	-	-	-	-
19.3	SAO 139251 7,5 mag	Eintritt	21:48 150°	21:54 181°	21:49 155°	21:49 163°	21:47 149°	21:47 153°	21:48 162°	21:48 155°	21:51 169°	21:50 164°	21:50 169°	21:52 162°
19.3	SAO 139251 7,5 mag	Austritt	22:45 276°	22:27 245°	22:44 272°	22:37 262°	22:43 275°	22:41 271°	22:36 263°	22:43 271°	22:36 258°	22:38 262°	22:35 257°	22:43 265°
20.3	SAO 139304 6,7 mag	Eintritt	-	1:38 42°	-	-	-	-	-	-	-	-	-	-
20.3	SAO 139304 6,7 mag	Austritt	-	1:45 31°	-	-	-	-	-	-	-	-	-	-
20.3	SAO 158379 6,8 mag	Eintritt	22:25 132°	22:25 157°	22:25 136°	22:24 144°	22:24 132°	22:24 136°	22:23 143°	22:24 137°	22:24 148°	22:24 144°	22:24 148°	22:25 142°
20.3	SAO 158379 6,8 mag	Austritt	23:26 291°	23:15 266°	23:26 287°	23:20 278°	23:25 290°	23:23 286°	23:20 279°	23:25 286°	23:21 276°	23:22 279°	23:19 275°	23:26 283°
20.3	SAO 158405 7,5 mag	Eintritt	23:46 78°	23:32 104°	23:44 82°	23:36 92°	23:43 79°	23:41 84°	23:36 92°	23:42 83°	23:37 94°	23:38 91°	23:35 96°	23:43 87°
21.3	SAO 158405 7,5 mag	Austritt	0:33 348°	0:35 323°	0:35 344°	0:33 333°	0:31 345°	0:32 341°	0:32 333°	0:34 343°	0:36 333°	0:35 335°	0:35 331°	0:39 341°
21.3	Lam Vir 4,6 mag	Eintritt	4:49 119°	4:50 128°	4:52 120°	4:47 124°	4:44 121°	4:46 122°	4:44 125°	4:50 121°	4:53 124°	4:51 123°	4:50 125°	4:59 121°
21.3	Lam Vir 4,6 mag	Austritt	5:57 294°	6:00 288°	6:00 293°	5:57 291°	5:53 294°	5:54 293°	5:54 291°	5:58 293°	6:03 291°	6:00 292°	5:59 290°	6:07 292°
21.3	SAO 158992 7,0 mag	Eintritt	23:11 166°	-	23:13 171°	23:18 188°	23:12 167°	23:13 172°	-	23:13 172°	23:22 197°	23:17 186°	23:24 202°	23:16 180°
21.3	SAO 158992 7,0 mag	Austritt	23:53 252°	-	23:51 247°	23:39 229°	23:52 250°	23:48 245°	-	23:49 245°	23:36 222°	23:41 232°	23:32 216°	23:47 239°
22.3	SAO 159116 7,1 mag	Eintritt	5:22 142°	5:23 151°	5:24 143°	5:20 147°	5:17 143°	5:18 144°	5:17 147°	5:23 143°	5:26 147°	5:24 146°	5:23 148°	5:32 144°
22.3	SAO 159116 7,1 mag	Austritt	6:23 262°	6:22 256°	6:25 261°	6:20 260°	6:18 263°	6:19 262°	6:17 260°	6:23 261°	6:26 258°	6:24 260°	6:22 259°	6:31 259°
23.3	SAO 184043 7,3 mag	Austritt	-	-	-	-	-	-	-	-	-	-	-	0:23 336°
23.3	SAO 184189 7,7 mag	Eintritt	4:10 120°	4:04 132°	4:11 121°	4:04 127°	4:05 122°	4:05 123°	4:02 128°	4:09 122°	4:09 126°	4:08 125°	4:05 128°	4:15 122°

Datum	Stern	Vorgang	Berlin	Bern	Dresden	Frankfurt	Hamburg	Hannover	Koeln	Leipzig	Muenchen	Nuernberg	Stuttgart	Wien
23.3	SAO 184189 7,7 mag	Austritt	5:22 280°	5:15 271°	5:23 279°	5:16 275°	5:17 279°	5:17 278°	5:13 275°	5:21 278°	5:22 275°	5:20 276°	5:18 274°	5:29 278°
24.3	SAO 184995 6,8 mag	Austritt	-	-	-	-	-	-	-	-	-	-	-	1:47 294°
24.3	SAO 185195 7,7 mag	Eintritt	-	6:16 156°	-	6:14 151°	6:12 147°	6:13 148°	6:11 151°	-	-	6:18 151°	6:16 152°	-
24.3	SAO 185195 7,7 mag	Austritt	-	6:59 224°	-	7:01 228°	7:01 232°	7:02 231°	6:58 229°	-	-	7:04 227°	7:02 226°	-
25.3	SAO 186505 7,5 mag	Eintritt	3:46 73°	3:32 88°	3:44 75°	3:37 81°	3:43 75°	3:41 77°	3:36 82°	3:43 76°	3:38 81°	3:39 80°	3:36 83°	3:44 76°
25.3	SAO 186505 7,5 mag	Austritt	4:50 302°	4:41 291°	4:50 301°	4:44 296°	4:47 301°	4:46 299°	4:43 296°	4:49 300°	4:47 296°	4:47 297°	4:44 295°	4:53 299°
25.3	SAO 186582 6,7 mag	Eintritt	5:07 102°	4:57 112°	5:07 103°	05:00 107°	5:03 103°	5:02 104°	4:58 107°	5:05 104°	5:03 107°	5:03 106°	05:00 108°	5:10 104°
25.3	SAO 186582 6,7 mag	Austritt	6:21 266°	6:10 260°	6:21 265°	6:13 264°	6:16 266°	6:15 266°	6:11 264°	6:19 265°	6:18 263°	6:17 264°	6:14 263°	6:26 263°
29.3	SAO 164998 7,4 mag	Eintritt	-	6:25 30°	-	-	-	-	-	-	-	-	-	-
29.3	SAO 164998 7,4 mag	Austritt	-	7:20 285°	-	-	-	-	-	-	-	-	-	-
1.4	SAO 109671 7,8 mag	Eintritt	18:09 65°	18:14 84°	18:10 70°	18:10 73°	18:07 62°	18:08 66°	18:09 70°	18:10 69°	18:13 80°	18:12 76°	18:12 78°	-
1.4	SAO 109671 7,8 mag	Austritt	-	19:09 223°	-	19:08 235°	19:05 246°	19:06 242°	19:07 237°	-	-	-	19:08 230°	-
4.4	SAO 93436 6,5 mag	Eintritt	-	-	17:50 20°	-	-	-	-	-	17:43 34°	-	-	17:49 34°
4.4	SAO 93436 6,5 mag	Austritt	-	-	18:36 303°	-	-	-	-	-	18:43 289°	-	-	18:46 291°
4.4	SAO 93501 7,9 mag	Eintritt	21:50 112°	-	21:52 117°	21:58 126°	21:49 112°	21:52 116°	21:56 125°	21:53 117°	-	21:58 125°	22:01 131°	-
4.4	SAO 93501 7,9 mag	Austritt	22:35 223°	-	-	22:35 210°	22:34 222°	22:35 218°	22:35 210°	22:35 218°	-	22:35 210°	22:34 205°	-
5.4	Kap1 Tau 4,4 mag	Eintritt	22:08 144°	-	22:13 151°	-	22:07 145°	22:13 152°	-	22:14 152°	-	-	-	22:24 167°
5.4	Kap1 Tau 4,4 mag	Austritt	22:36 202°	-	22:35 195°	-	22:35 200°	22:33 193°	-	22:34 193°	-	-	-	22:30 179°

Datum	Stern	Vorgang	Berlin	Bern	Dresden	Frankfurt	Hamburg	Hannover	Koeln	Leipzig	Muenchen	Nuernberg	Stuttgart	Wien
5.4	Yps Tau 4,4 mag	Eintritt	-	22:44 32°	-	22:47 16°	-	-	22:47 15°	-	22:47 20°	22:49 13°	22:46 21°	-
5.4	Yps Tau 4,4 mag	Austritt	-	23:20 315°	-	23:09 331°	-	-	23:08 331°	-	23:12 327°	23:08 333°	23:13 325°	-
7.4	SAO 77900 7,0 mag	Eintritt	-	18:54 36°	-	19:15 5°	-	-		-	19:07 25°	19:14 11°	19:04 22°	19:21 15°
7.4	SAO 77900 7,0 mag	Austritt	-	19:43 325°	-	19:21 355°	-	-		-	19:40 338°	19:29 350°	19:35 339°	19:38 350°
7.4	SAO 77960 7,6 mag	Eintritt	-	20:42 31°	-	-	-	-	-	-	-	-	-	-
7.4	SAO 77960 7,6 mag	Austritt	-	21:16 337°	-	-	-	-	-	-	-	-	-	-
7.4	SAO 78066 7,4 mag	Eintritt	22:46 125°	23:03 149°	22:49 128°	22:53 137°	22:44 126°	22:47 129°	22:51 137°	22:49 129°	22:57 138°	22:54 135°	22:56 140°	22:55 131°
7.4	SAO 78066 7,4 mag	Austritt	23:38 244°	23:40 223°	23:39 242°	23:39 233°	23:36 243°	23:37 240°	23:37 233°	23:39 241°	23:41 233°	23:40 235°	23:40 231°	23:42 239°
8.4	SAO 78853 7,5 mag	Eintritt	-	-	-	-	-	-	-	-	-	-	-	17:06 85°
8.4	SAO 78853 7,5 mag	Austritt	-	-	-	-	-	-	-	-	-	-	-	18:33 282°
8.4	39 Gem 6,1 mag	Eintritt	20:25 182°	-	-	-	20:19 181°	-	-	-	-	-	-	-
8.4	39 Gem 6,1 mag	Austritt	20:34 196°	-	-	-	20:29 196°	-	-	-	-	-	-	-
9.4	SAO 79121 7,0 mag	Eintritt	1:21 140°	1:38 159°	1:24 142°	1:30 150°	1:22 142°	1:24 144°	1:30 151°	1:24 143°	1:32 150°	1:29 148°	1:32 152°	1:27 144°
9.4	SAO 79121 7,0 mag	Austritt	2:02 238°	2:06 222°	2:03 237°	2:04 230°	2:01 237°	2:02 235°	2:04 229°	2:03 236°	2:05 230°	2:04 231°	2:05 228°	2:04 235°
9.4	SAO 79124 7,7 mag	Eintritt	1:24 137°	1:40 154°	1:26 138°	1:32 146°	1:24 138°	1:27 141°	1:32 146°	1:27 139°	1:34 146°	1:31 144°	1:34 147°	-
9.4	SAO 79124 7,7 mag	Austritt	2:06 242°	2:11 227°	2:07 240°	2:09 234°	2:06 240°	2:07 239°	2:09 234°	2:07 240°	2:10 234°	2:09 236°	2:10 232°	-
9.4	SAO 79803 7,7 mag	Eintritt	22:40 179°	-	22:48 188°	-	22:40 186°	-	-	-	-	-	-	-
9.4	SAO 79803 7,7 mag	Austritt	23:01 216°	-	22:58 206°	-	22:53 209°	-	-	-	-	-	-	-

Datum	Stern	Vorgang	Berlin	Bern	Dresden	Frankfurt	Hamburg	Hannover	Koeln	Leipzig	Muenchen	Nuernberg	Stuttgart	Wien
10.4	SAO 79910 7,8 mag	Eintritt	2:02 76°	2:11 87°	2:04 77°	2:06 82°	2:02 77°	2:03 79°	2:06 83°	2:04 78°	2:08 82°	2:07 81°	2:08 83°	2:07 78°
10.4	SAO 79910 7,8 mag	Austritt	2:49 314°	3:01 304°	2:51 312°	2:55 308°	2:49 312°	2:51 311°	2:55 308°	2:51 312°	2:56 308°	2:55 309°	2:57 307°	-
11.4	SAO 80496 7,6 mag	Eintritt	-	1:42 31°	-	-	-	-	-	-	-	-	-	-
11.4	SAO 80496 7,6 mag	Austritt	-	1:50 13°	-	-	-	-	-	-	-	-	-	-
11.4	SAO 80529 7,0 mag	Eintritt	2:39 60°	2:46 73°	2:41 62°	2:42 68°	2:38 62°	2:39 64°	2:41 68°	2:41 63°	2:44 68°	2:43 66°	2:44 69°	2:43 63°
11.4	SAO 80529 7,0 mag	Austritt	3:14 338°	3:28 327°	3:17 336°	3:22 332°	3:15 337°	3:17 335°	3:21 331°	3:17 336°	3:23 331°	3:21 333°	3:24 331°	3:20 335°
11.4	SAO 80898 7,7 mag	Eintritt	-	-	-	-	-	-	-	-	-	-	-	17:34 72°
11.4	SAO 80898 7,7 mag	Austritt	-	-	-	-	-	-	-	-	-	-	-	18:36 330°
12.4	SAO 98761 7,9 mag	Eintritt	2:14 91°	2:22 102°	2:16 92°	2:17 97°	2:12 93°	2:14 94°	2:16 98°	2:16 93°	2:21 97°	2:19 96°	2:20 98°	2:21 93°
12.4	SAO 98761 7,9 mag	Austritt	3:06 317°	3:17 308°	3:08 316°	3:12 312°	3:05 316°	3:07 314°	3:11 312°	3:08 315°	3:14 312°	3:12 313°	3:14 311°	3:12 314°
12.4	SAO 99091 7,4 mag	Eintritt	-	-	-	-	-	-	-	-	-	-	-	17:32 98°
12.4	SAO 99091 7,4 mag	Austritt	-	-	-	-	-	-	-	-	-	-	-	18:44 312°
12.4	SAO 99144 7,8 mag	Eintritt	-	21:09 82°	21:34 46°	21:16 67°	21:32 38°	21:24 52°	21:13 66°	21:29 50°	21:20 69°	21:21 65°	21:15 71°	21:35 56°
12.4	SAO 99144 7,8 mag	Austritt	-	22:10 343°	21:53 17°	22:00 357°	21:41 24°	21:51 11°	21:57 356°	21:54 13°	22:07 356°	22:03 360°	22:05 353°	22:06 9°
12.4	SAO 99150 7,1 mag	Eintritt	21:47 130°	21:51 152°	21:49 133°	21:46 142°	21:42 131°	21:43 135°	21:42 142°	21:48 134°	21:52 143°	21:49 140°	21:49 144°	21:57 135°
12.4	SAO 99150 7,1 mag	Austritt	23:01 294°	22:59 274°	23:03 292°	22:58 283°	22:55 291°	22:57 289°	22:54 282°	23:01 290°	23:05 283°	23:02 285°	23:00 281°	23:11 291°
12.4	46 Leo 5,7 mag	Eintritt	23:58 63°	23:52 87°	23:59 66°	23:51 78°	23:51 68°	23:51 71°	23:47 80°	23:56 69°	23:57 77°	23:55 75°	23:53 80°	24:06 67°
13.4	46 Leo 5,7 mag	Austritt	0:34 359°	0:49 338°	0:38 356°	0:41 346°	0:32 354°	0:35 352°	0:39 344°	0:38 354°	0:47 347°	0:43 348°	0:45 344°	0:45 356°

Datum	Stern	Vorgang	Berlin	Bern	Dresden	Frankfurt	Hamburg	Hannover	Koeln	Leipzig	Muenchen	Nuernberg	Stuttgart	Wien
14.4	SAO 119207 7,2 mag	Eintritt	20:10 98°	20:01 122°	20:09 103°	20:03 110°	20:07 98°	20:06 102°	20:02 109°	20:08 103°	20:05 114°	20:05 110°	20:03 114°	20:11 109°
14.4	SAO 119207 7,2 mag	Austritt	21:14 329°	21:12 306°	21:15 326°	21:11 317°	21:10 328°	21:11 324°	21:09 317°	21:14 325°	21:16 315°	21:14 318°	21:13 314°	21:21 321°
15.4	SAO 119313 7,9 mag	Eintritt	-	4:44 62°	-	4:41 57°	4:38 51°	4:39 53°	4:40 56°	-	-	-	4:43 59°	-
15.4	SAO 119313 7,9 mag	Austritt	-	5:16 353°	-	5:08 359°	05:00 4°	5:03 3°	5:06 360°	-	-	-	5:12 357°	-
15.4	44 Vir 5,9 mag	Eintritt	23:53 127°	23:52 145°	23:55 129°	23:50 138°	23:48 130°	23:49 132°	23:47 139°	23:53 131°	23:55 137°	23:53 135°	23:52 139°	24:01 130°
16.4	44 Vir 5,9 mag	Austritt	1:04 303°	1:02 288°	1:06 302°	1:01 294°	0:59 300°	01:00 298°	0:58 293°	1:04 300°	1:07 296°	1:05 297°	1:03 293°	1:13 302°
16.4	82 Vir 5,2 mag	Austritt	-	-	-	-	-	-	-	-	-	-	-	19:20 265°
16.4	SAO 139544 6,2 mag	Eintritt	21:55 178°	-	21:58 184°	-	21:54 181°	21:57 188°	-	21:58 186°	-	22:09 208°	-	22:04 192°
16.4	SAO 139544 6,2 mag	Austritt	22:34 250°	-	22:32 245°	-	22:30 246°	22:26 240°	-	22:29 242°	-	22:16 221°	-	22:32 239°
17.4	SAO 158212 7,7 mag	Eintritt	1:40 191°	-	1:43 194°	-	1:40 200°	1:47 211°	-	1:44 198°	-	-	-	1:50 194°
17.4	SAO 158212 7,7 mag	Austritt	2:04 232°	-	2:05 230°	-	1:55 225°	1:49 214°	-	2:01 226°	-	-	-	2:11 229°
19.4	SAO 183837 7,7 mag	Eintritt	-	3:33 34°	-	-	-	-	-	-	-	-	-	-
19.4	SAO 183837 7,7 mag	Austritt	-	3:50 9°	-	-	-	-	-	-	-	-	-	-
20.4	SAO 184735 6,9 mag	Eintritt	3:40 116°	3:34 124°	3:41 117°	3:35 120°	3:35 117°	3:35 118°	3:32 121°	3:39 117°	3:40 120°	3:38 120°	3:36 121°	3:47 118°
20.4	SAO 184735 6,9 mag	Austritt	4:50 269°	4:45 264°	4:52 268°	4:45 267°	4:45 270°	4:45 269°	4:42 268°	4:50 269°	4:51 266°	4:49 267°	4:47 266°	4:58 266°
20.4	SAO 184775 7,1 mag	Eintritt	4:55 145°	4:54 152°	4:58 147°	4:52 148°	4:50 144°	4:51 145°	4:49 147°	4:55 146°	4:59 150°	4:56 148°	4:54 149°	5:06 151°
20.4	SAO 184775 7,1 mag	Austritt	5:44 235°	5:41 230°	5:46 233°	5:41 234°	5:40 237°	5:41 236°	5:39 235°	5:44 234°	5:45 230°	5:44 232°	5:42 232°	5:50 227°
20.4	SAO 184805 7,4 mag	Eintritt	-	5:20 70°	-	5:20 67°	5:20 64°	5:20 65°	5:18 66°	-	5:25 69°	5:24 68°	5:22 68°	-

Datum	Stern	Vorgang	Berlin	Bern	Dresden	Frankfurt	Hamburg	Hannover	Koeln	Leipzig	Muenchen	Nuernberg	Stuttgart	Wien
20.4	SAO 184805 7,4 mag	Austritt	-	6:23 308°	-	6:20 312°	6:16 315°	6:17 314°	6:16 313°	-	6:27 308°	6:24 310°	6:23 310°	-
21.4	SAO 185826 6,8 mag	Eintritt	-	-	-	-	-	-	-	-	-	-	-	0:45 32°
21.4	SAO 185826 6,8 mag	Austritt	-	-	-	-	-	-	-	-	-	-	-	1:08 353°
21.4	SAO 185892 7,7 mag	Eintritt	2:04 135°	02:00 153°	2:03 137°	2:00 144°	2:02 137°	2:01 139°	1:59 145°	2:02 138°	2:02 144°	2:01 142°	2:00 146°	2:05 138°
21.4	SAO 185892 7,7 mag	Austritt	3:01 245°	2:45 231°	3:01 244°	2:51 238°	2:57 243°	2:56 242°	2:49 237°	2:59 243°	2:54 238°	2:55 239°	2:51 236°	3:03 242°
21.4	SAO 185900 6,8 mag	Eintritt	2:08 54°	1:51 71°	2:07 56°	1:57 64°	2:05 56°	2:02 58°	1:56 64°	2:05 57°	1:59 63°	02:00 62°	1:56 65°	2:07 57°
21.4	SAO 185900 6,8 mag	Austritt	2:57 326°	2:52 312°	2:58 324°	2:53 318°	2:55 324°	2:54 322°	2:52 318°	2:57 323°	2:56 318°	2:55 320°	2:54 317°	3:01 323°
22.4	SAO 187552 7,7 mag	Eintritt	3:06 163°	-	3:07 167°	-	-	3:07 173°	-	3:07 169°	-	-	-	3:12 173°
22.4	SAO 187552 7,7 mag	Austritt	3:27 198°	-	3:24 195°	-	-	3:17 190°	-	3:22 193°	-	-	-	3:22 188°
23.4	SAO 188955 7,2 mag	Eintritt	-	5:26 123°	-	5:28 120°	-	-	5:26 119°	-	-	-	5:29 121°	-
23.4	SAO 188955 7,2 mag	Austritt	-	6:20 211°	-	6:24 214°	-	-	6:23 216°	-	-	-	6:24 212°	-
24.4	SAO 190024 7,0 mag	Eintritt	4:33 118°	4:22 126°	4:32 119°	4:26 121°	4:30 117°	4:29 118°	4:25 121°	4:31 119°	4:27 123°	4:28 121°	4:25 123°	4:33 122°
24.4	SAO 190024 7,0 mag	Austritt	5:25 208°	5:08 203°	5:23 207°	5:15 207°	5:22 210°	5:20 209°	5:15 208°	5:22 208°	5:16 204°	5:17 206°	5:14 206°	5:22 202°
24.4	SAO 190018 7,4 mag	Eintritt	4:34 136°	4:28 151°	4:33 138°	4:28 141°	4:31 135°	4:30 137°	4:27 141°	4:32 138°	4:31 145°	4:30 142°	4:28 144°	4:37 144°
24.4	SAO 190018 7,4 mag	Austritt	5:07 191°	4:45 179°	5:04 189°	4:56 188°	5:05 193°	5:02 191°	4:56 189°	5:03 189°	4:55 183°	4:58 186°	4:54 185°	5:01 182°
28.4	SAO 128806 6,8 mag	Eintritt	-	4:47 89°	4:54 86°	4:52 86°	4:58 84°	4:56 84°	4:53 85°	4:54 85°	4:49 88°	4:51 87°	4:50 87°	4:50 89°
28.4	SAO 128806 6,8 mag	Austritt	-	5:40 215°	5:51 216°	5:47 218°	5:54 220°	5:52 219°	5:48 219°	5:51 217°	5:44 215°	5:46 216°	5:44 216°	5:46 213°
3.5	SAO 76820 7,9 mag	Eintritt	19:11 120°	19:30 152°	19:15 124°	19:17 134°	19:08 120°	19:11 124°	19:15 132°	19:14 125°	19:24 138°	19:19 134°	19:22 139°	19:22 131°

Datum	Stern	Vorgang	Berlin	Bern	Dresden	Frankfurt	Hamburg	Hannover	Koeln	Leipzig	Muenchen	Nuernberg	Stuttgart	Wien
3.5	SAO 76820 7,9 mag	Austritt	20:03 231°	19:57 199°	20:04 227°	20:01 217°	20:01 230°	20:01 226°	19:59 218°	20:03 226°	20:03 213°	20:02 218°	20:01 212°	20:06 221°
4.5	SAO 77523 7,7 mag	Eintritt	18:43 93°	18:49 115°	18:46 97°	18:43 104°	18:39 93°	18:40 96°	18:40 103°	18:44 97°	18:50 107°	18:47 104°	18:46 107°	18:53 102°
4.5	SAO 77523 7,7 mag	Austritt	19:52 269°	19:56 249°	19:54 266°	19:53 259°	19:49 268°	19:51 265°	19:51 259°	19:53 265°	19:57 257°	19:55 259°	19:55 256°	20:00 262°
4.5	SAO 77622 7,7 mag	Eintritt	21:15 50°	21:18 71°	21:16 54°	21:15 62°	21:13 52°	21:14 55°	21:14 62°	21:16 55°	21:18 63°	21:17 61°	21:17 65°	21:19 57°
4.5	SAO 77622 7,7 mag	Austritt	21:58 314°	22:12 295°	22:01 311°	22:06 303°	21:58 312°	22:01 309°	22:05 303°	22:01 310°	22:08 302°	22:06 304°	22:08 301°	22:05 308°
7.5	SAO 80165 7,3 mag	Eintritt	18:43 97°	18:41 119°	18:45 101°	18:38 109°	18:37 98°	18:37 101°	18:35 108°	18:42 102°	18:45 111°	18:43 108°	18:41 112°	18:52 106°
7.5	SAO 80165 7,3 mag	Austritt	19:59 303°	20:02 282°	20:02 300°	19:59 292°	19:54 301°	19:56 298°	19:55 292°	20:00 299°	20:05 291°	20:02 293°	20:02 289°	20:10 297°
9.5	SAO 80809 6,7 mag	Eintritt	0:05 133°	0:18 145°	0:08 134°	0:11 140°	0:04 135°	0:06 136°	0:10 140°	0:08 135°	0:15 139°	0:12 138°	0:14 141°	0:13 135°
9.5	SAO 80809 6,7 mag	Austritt	0:59 273°	1:07 263°	1:01 272°	1:03 267°	0:58 271°	0:59 270°	1:02 267°	1:01 271°	1:05 267°	1:04 268°	1:05 266°	1:04 270°
9.5	Eta Leo 3,6 mag	Eintritt	19:56 73°	19:45 99°	19:56 77°	19:46 88°	19:49 76°	19:48 80°	19:43 88°	19:53 79°	19:52 90°	19:51 87°	19:47 91°	20:02 81°
9.5	Eta Leo 3,6 mag	Austritt	20:47 348°	20:59 324°	20:52 344°	20:52 333°	20:44 344°	20:47 341°	20:49 333°	20:51 343°	20:59 334°	20:55 336°	20:56 331°	21:01 342°
11.5	SAO 119061 6,7 mag	Eintritt	23:38 101°	23:41 114°	23:41 102°	23:37 109°	23:33 103°	23:35 105°	23:34 110°	23:39 103°	23:43 107°	23:41 107°	23:40 109°	23:48 102°
12.5	SAO 119061 6,7 mag	Austritt	0:39 324°	0:48 314°	0:42 323°	0:42 318°	0:36 322°	0:38 321°	0:40 318°	0:41 322°	0:47 319°	0:44 320°	0:45 318°	0:49 323°
13.5	Gam Vir 2,9 mag	Eintritt	2:05 74°	2:09 83°	2:07 75°	2:06 79°	2:01 75°	2:03 76°	2:03 79°	2:06 75°	2:10 79°	2:08 78°	2:08 80°	2:13 77°
13.5	Gam Vir 2,9 mag	Austritt	2:47 343°	2:58 336°	2:50 342°	2:52 340°	2:45 343°	2:47 342°	2:50 340°	2:50 342°	2:56 338°	2:53 340°	2:55 339°	2:57 339°
13.5	SAO 139304 6,7 mag	Eintritt	20:13 66°	19:55 97°	20:11 71°	20:00 84°	20:09 69°	20:06 74°	19:59 84°	20:09 73°	20:02 86°	20:03 83°	19:59 88°	20:11 77°
13.5	SAO 139304 6,7 mag	Austritt	20:48 4°	20:56 335°	20:52 359°	20:52 346°	20:47 1°	20:49 356°	20:51 346°	20:51 358°	20:56 346°	20:54 349°	20:54 343°	20:57 356°
14.5	Lam Vir 4,6 mag	Eintritt	22:44 133°	22:43 150°	22:46 135°	22:41 143°	22:41 136°	22:41 138°	22:39 144°	22:44 136°	22:46 142°	22:44 141°	22:43 144°	22:51 135°

Datum	Stern	Vorgang	Berlin	Bern	Dresden	Frankfurt	Hamburg	Hannover	Koeln	Leipzig	Muenchen	Nuernberg	Stuttgart	Wien
14.5	Lam Vir 4,6 mag	Austritt	23:54 291°	23:48 277°	23:55 289°	23:48 283°	23:48 288°	23:49 287°	23:45 282°	23:53 288°	23:54 284°	23:52 285°	23:50 282°	24:01 289°
15.5	SAO 158546 7,4 mag	Eintritt	1:55 123°	1:58 130°	1:58 123°	1:54 126°	1:50 123°	1:52 124°	1:51 127°	1:56 124°	2:00 127°	1:58 126°	1:57 127°	2:05 125°
15.5	SAO 158546 7,4 mag	Austritt	2:59 288°	3:04 283°	3:02 287°	03:00 286°	2:55 288°	2:57 287°	2:57 286°	3:01 287°	3:05 284°	3:03 285°	3:02 285°	3:08 284°
15.5	SAO 159094 7,0 mag	Eintritt	-	20:37 53°	-	-	-	-	-	-	-	-	-	-
15.5	SAO 159094 7,0 mag	Austritt	-	21:02 6°	-	-	-	-	-	-	-	-	-	-
15.5	SAO 159118 6,7 mag	Eintritt	-	21:35 74°	-	21:44 59°	-	21:54 43°	21:42 60°	22:01 35°	21:46 59°	21:48 55°	21:42 63°	22:02 39°
15.5	SAO 159118 6,7 mag	Austritt	-	22:21 347°	-	22:17 360°	-	22:10 15°	22:16 358°	22:08 23°	22:19 0°	22:17 4°	22:19 356°	22:13 21°
15.5	SAO 159116 7,1 mag	Eintritt	22:08 160°	22:19 197°	22:09 163°	22:10 177°	22:07 164°	22:07 167°	22:09 178°	22:09 165°	22:12 176°	22:10 173°	22:12 180°	22:12 165°
15.5	SAO 159116 7,1 mag	Austritt	22:59 257°	22:35 223°	22:58 255°	22:47 242°	22:54 253°	22:52 250°	22:44 241°	22:56 253°	22:50 243°	22:51 246°	22:46 239°	23:01 254°
16.5	SAO 159169 7,9 mag	Eintritt	0:34 76°	0:24 90°	0:35 77°	0:26 84°	0:28 79°	0:28 80°	0:23 85°	0:33 79°	0:32 83°	0:31 82°	0:27 85°	0:40 78°
16.5	SAO 159169 7,9 mag	Austritt	1:29 333°	1:30 323°	1:31 332°	1:27 327°	1:25 332°	1:26 330°	1:25 327°	1:30 332°	1:33 328°	1:31 329°	1:29 327°	1:38 331°
16.5	SAO 159175 7,7 mag	Eintritt	1:02 143°	1:02 155°	1:04 144°	01:00 150°	0:57 145°	0:58 147°	0:57 151°	1:02 145°	1:05 149°	1:03 148°	1:01 151°	1:10 145°
16.5	SAO 159175 7,7 mag	Austritt	2:02 264°	1:58 255°	2:04 263°	1:58 259°	1:57 263°	1:57 262°	1:54 259°	2:02 262°	2:03 259°	2:02 260°	1:59 258°	2:10 261°
17.5	SAO 184337 7,0 mag	Eintritt	0:49 65°	0:36 80°	0:49 67°	0:40 74°	0:44 68°	0:43 69°	0:37 75°	0:47 68°	0:44 73°	0:44 72°	0:40 75°	0:53 68°
17.5	SAO 184337 7,0 mag	Austritt	1:40 332°	1:39 321°	1:42 331°	1:37 326°	1:36 331°	1:37 329°	1:35 326°	1:40 330°	1:43 326°	1:41 327°	1:39 325°	1:48 329°
17.5	SAO 185282 7,1 mag	Eintritt	-	-	-	-	-	-	-	-	-	-	-	21:58 117°
17.5	SAO 185282 7,1 mag	Austritt	-	-	-	-	-	-	-	-	22:56 271°	-	-	23:01 277°
17.5	SAO 185305 7,7 mag	Eintritt	-	-	22:20 92°	-	-	-	-	22:19 93°	22:15 101°	22:16 99°	-	22:19 94°

Datum	Stern	Vorgang	Berlin	Bern	Dresden	Frankfurt	Hamburg	Hannover	Koeln	Leipzig	Muenchen	Nuernberg	Stuttgart	Wien
17.5	SAO 185305 7,7 mag	Austritt	23:23 301°	23:14 285°	23:22 300°	-	-	-	-	23:22 298°	23:19 292°	23:19 294°	23:17 291°	23:23 298°
18.5	SAO 186903 7,8 mag	Eintritt	-	-	23:26 113°	-	-	-	-	-	23:23 120°	23:24 118°	-	23:25 114°
19.5	SAO 186903 7,8 mag	Austritt	-	0:17 249°	0:30 261°	-	-	-	-	-	0:24 255°	0:25 257°	-	0:30 260°
19.5	SAO 187089 7,5 mag	Eintritt	3:29 139°	3:24 145°	3:31 141°	3:23 141°	3:24 137°	3:24 138°	3:20 140°	3:28 140°	3:30 144°	3:28 142°	3:25 142°	3:39 146°
19.5	SAO 187089 7,5 mag	Austritt	4:14 216°	4:05 212°	4:14 214°	4:08 216°	4:10 219°	4:10 218°	4:06 218°	4:13 215°	4:11 211°	4:11 213°	4:08 214°	4:15 206°
19.5	SAO 187132 7,8 mag	Eintritt	4:19 90°	4:13 93°	4:20 92°	4:14 90°	4:14 88°	4:14 89°	4:11 89°	4:18 91°	4:19 93°	4:18 92°	4:15 92°	-
19.5	SAO 187132 7,8 mag	Austritt	5:28 259°	5:26 258°	5:30 258°	5:25 261°	5:24 263°	5:24 262°	5:22 263°	5:28 259°	5:30 256°	5:28 258°	5:27 259°	-
24.5	SAO 146729 6,5 mag	Eintritt	2:55 12°	2:39 19°	2:51 13°	2:47 15°	2:56 11°	2:53 12°	2:48 14°	2:52 13°	2:44 17°	2:47 15°	2:44 16°	2:46 17°
24.5	SAO 146729 6,5 mag	Austritt	3:35 294°	3:24 289°	3:34 293°	3:28 293°	3:34 297°	3:32 295°	3:28 295°	3:33 294°	3:28 290°	3:29 292°	3:27 292°	3:33 288°
26.5	SAO 109653 7,0 mag	Eintritt	3:59 109°	3:49 113°	3:57 111°	3:54 110°	3:59 107°	3:57 108°	3:54 108°	3:57 110°	3:52 113°	3:54 111°	3:52 111°	3:55 117°
26.5	SAO 109653 7,0 mag	Austritt	4:40 190°	4:26 188°	4:36 188°	4:34 192°	4:42 194°	4:39 193°	4:36 194°	4:37 190°	4:29 187°	4:32 189°	4:31 190°	4:29 182°
26.5	SAO 93012 7,9 mag	Eintritt	3:35 68°	-	3:32 70°	3:33 69°	3:37 67°	3:36 68°	-	3:33 69°	3:29 71°	3:31 70°	-	3:27 73°
28.5	SAO 93012 7,9 mag	Austritt	4:31 240°	4:22 238°	4:28 238°	4:27 240°	4:33 242°	4:31 241°	4:29 241°	4:28 239°	4:23 237°	4:25 238°	4:24 239°	4:22 235°
28.5	SAO 118892 6,7 mag	Eintritt	22:23 70°	22:24 85°	22:25 71°	22:21 79°	22:18 73°	22:19 75°	22:17 80°	22:23 73°	22:27 78°	22:24 77°	22:23 80°	22:32 71°
7.6	SAO 118892 6,7 mag	Austritt	23:03 353°	23:16 340°	23:06 352°	23:09 345°	23:01 350°	23:03 349°	23:07 344°	23:06 350°	23:13 346°	23:10 347°	23:12 344°	23:13 351°
7.6	SAO 119278 7,0 mag	Eintritt	20:43 62°	20:30 88°	20:43 65°	20:32 79°	20:34 67°	20:34 71°	20:28 80°	20:40 68°	20:39 77°	20:37 75°	20:33 81°	20:50 65°
8.6	SAO 119278 7,0 mag	Austritt	21:15 9°	21:29 346°	21:19 6°	21:22 354°	21:13 3°	21:16 0°	21:19 352°	21:18 4°	21:27 356°	21:23 357°	21:25 353°	21:26 6°
8.6	SAO 119313 7,9 mag	Eintritt	23:20 67°	23:22 80°	23:23 68°	23:19 75°	23:15 70°	23:17 71°	23:16 76°	23:21 69°	23:24 74°	23:22 73°	23:21 76°	23:29 69°

211

Datum	Stern	Vorgang	Berlin	Bern	Dresden	Frankfurt	Hamburg	Hannover	Koeln	Leipzig	Muenchen	Nuernberg	Stuttgart	Wien
8.6	SAO 119313 7,9 mag	Austritt	23:58 354°	24:10 344°	24:01 353°	24:03 348°	23:55 352°	23:58 351°	24:01 348°	24:00 352°	24:08 348°	24:05 349°	24:06 347°	24:08 351°
9.6	44 Vir 5,9 mag	Eintritt	19:19 141°	19:21 163°	19:21 143°	19:18 153°	-	19:16 146°	-	19:19 144°	19:22 153°	19:20 150°	19:20 155°	19:26 145°
9.6	44 Vir 5,9 mag	Austritt	20:30 292°	20:23 273°	20:32 290°	20:24 281°	-	20:25 286°	-	20:29 288°	20:30 282°	20:29 283°	20:26 279°	20:38 289°
10.6	SAO 158212 7,7 mag	Eintritt	21:53 185°	-	21:56 187°		21:51 191°	21:55 195°	-	21:56 190°	22:09 208°	22:03 202°	-	22:03 187°
10.6	SAO 158212 7,7 mag	Austritt	22:25 239°	-	22:27 237°	-	22:17 234°	22:16 230°	-	22:23 235°	22:16 219°	22:17 224°	-	22:33 237°
13.6	SAO 184735 6,9 mag	Eintritt	22:53 118°	22:46 130°	22:53 119°	22:47 124°	22:49 120°	22:49 121°	22:46 125°	22:52 120°	22:51 124°	22:50 123°	22:48 126°	22:57 120°
13.6	SAO 184735 6,9 mag	Austritt	24:02 273°	23:53 265°	24:03 272°	23:55 269°	23:57 272°	23:57 271°	23:52 268°	24:01 272°	24:00 269°	23:59 269°	23:56 268°	24:07 271°
13.6	SAO 184775 7,1 mag	Eintritt	24:03 139°	24:00 150°	24:04 141°	23:59 145°	23:58 141°	23:59 142°	23:56 145°	24:02 141°	24:04 145°	24:02 144°	24:00 146°	24:10 142°
14.6	SAO 184775 7,1 mag	Austritt	0:59 246°	0:52 239°	1:00 245°	0:53 243°	0:54 246°	0:54 245°	0:50 243°	0:58 245°	0:58 242°	0:57 243°	0:54 242°	1:05 242°
14.6	SAO 184805 7,4 mag	Eintritt	0:36 58°	0:27 67°	0:37 60°	0:29 63°	0:31 59°	0:31 60°	0:26 63°	0:35 60°	0:34 63°	0:33 62°	0:30 64°	0:42 62°
14.6	SAO 184805 7,4 mag	Austritt	1:27 324°	1:26 319°	1:30 323°	1:24 322°	1:22 325°	1:23 324°	1:21 323°	1:27 323°	1:31 320°	1:28 322°	1:26 321°	1:37 319°
14.6	SAO 184849 7,4 mag	Eintritt	2:03 154°	2:04 160°	2:06 156°	2:00 155°	1:57 151°	1:58 152°	1:57 153°	2:04 155°	2:08 160°	2:05 157°	2:03 157°	2:16 164°
14.6	SAO 184849 7,4 mag	Austritt	2:40 222°	2:38 218°	2:41 220°	2:38 223°	2:38 226°	2:38 225°	2:37 225°	2:40 222°	2:41 216°	2:40 219°	2:39 220°	2:42 210°
15.6	SAO 186161 6,7 mag	Eintritt	0:18 121°	0:11 130°	0:18 122°	0:12 125°	0:14 122°	0:13 123°	0:10 125°	0:17 122°	0:16 126°	0:15 125°	0:13 126°	0:23 124°
15.6	SAO 186161 6,7 mag	Austritt	1:21 248°	1:12 243°	1:22 247°	1:14 246°	1:16 248°	1:16 248°	1:12 246°	1:20 247°	1:19 244°	1:18 245°	1:15 245°	1:26 244°
15.6	SAO 186339 7,8 mag	Eintritt	2:48 71°	2:44 73°	2:49 73°	2:44 71°	2:43 68°	2:44 69°	2:41 69°	2:47 72°	2:49 74°	2:47 73°	2:45 72°	2:54 78°
15.6	SAO 186339 7,8 mag	Austritt	3:51 286°	3:51 284°	3:53 283°	3:49 287°	3:46 290°	3:47 289°	3:46 289°	3:51 285°	3:55 281°	3:52 284°	3:51 285°	3:59 277°
15.6	SAO 186349 7,7 mag	Eintritt	-	2:57 102°	3:01 101°	2:56 99°	-	2:55 98°	2:53 98°	2:59 100°	3:01 103°	2:59 101°	2:58 101°	3:08 107°

Datum	Stern	Vorgang	Berlin	Bern	Dresden	Frankfurt	Hamburg	Hannover	Koeln	Leipzig	Muenchen	Nuernberg	Stuttgart	Wien
15.6	SAO 186349 7,7 mag	Austritt	-	4:04 254°	4:05 254°	4:02 257°	-	4:00 259°	3:59 260°	4:03 256°	4:06 252°	4:04 254°	4:03 255°	4:09 247°
15.6	SAO 186361 7,5 mag	Eintritt	-	3:06 92°	-	3:05 89°	-	3:05 88°	3:03 88°	3:09 90°	3:11 93°	3:09 92°	3:07 91°	3:16 97°
15.6	SAO 186361 7,5 mag	Austritt	-	4:14 263°	-	4:12 267°	-	4:10 268°	4:10 269°	4:14 265°	4:17 261°	4:15 263°	4:14 264°	4:20 256°
15.6	Tau Sgr 3,4 mag	Eintritt	-	-	-	-	-	-	-	-	-	-	-	22:00 94°
15.6	Tau Sgr 3,4 mag	Austritt	-	-	-	-	-	-	-	-	23:01 266°	-	-	23:07 270°
18.6	35 Cap 6,0 mag	Eintritt	3:47 22°	3:36 22°	3:46 24°	3:41 19°	3:46 16°	3:44 17°	3:41 16°	3:45 22°	3:41 25°	3:42 23°	3:40 22°	3:46 31°
18.6	35 Cap 6,0 mag	Austritt	4:39 288°	4:31 288°	4:41 285°	4:32 292°	4:32 295°	4:32 294°	4:27 296°	4:38 288°	4:39 283°	4:37 287°	4:34 288°	4:48 276°
19.6	SAO 164998 7,4 mag	Eintritt	1:17 5°	0:59 14°	1:14 7°	1:08 9°	1:17 3°	1:14 5°	1:08 8°	1:14 7°	1:05 12°	1:08 10°	1:05 11°	1:10 12°
19.6	SAO 164998 7,4 mag	Austritt	1:50 308°	1:39 302°	1:49 306°	1:42 307°	1:47 311°	1:45 309°	1:41 308°	1:48 307°	1:44 303°	1:45 305°	1:42 304°	1:51 300°
28.6	SAO 77459 6,9 mag	Eintritt	-	4:27 119°	-	4:30 115°	-	-	4:31 112°	-	4:28 121°	-	4:28 118°	-
28.6	SAO 77459 6,9 mag	Austritt	-	5:08 216°	-	5:13 221°	-	-	5:16 224°	-	5:07 213°	-	5:10 218°	-
28.6	SAO 78066 7,4 mag	Eintritt	-	-	-	-	-	-	-	-	-	-	-	19:07 111°
30.6	SAO 79803 7,7 mag	Eintritt	-	-	-	-	-	-	-	-	-	-	-	19:09 129°
30.6	SAO 79803 7,7 mag	Austritt	-	-	-	-	-	-	-	-	-	-	-	20:01 263°
5.7	SAO 119139 6,9 mag	Eintritt	20:34 169°	20:49 186°	20:38 170°	20:40 178°	20:31 172°	20:34 174°	20:38 180°	20:37 171°	20:45 177°	20:42 176°	20:43 180°	20:45 170°
5.7	SAO 119139 6,9 mag	Austritt	21:20 256°	21:20 241°	21:23 255°	21:19 248°	21:15 253°	21:17 252°	21:15 246°	21:21 253°	21:25 249°	21:22 250°	21:21 247°	21:29 254°
5.7	7 Vir 5,2 mag	Eintritt	21:10 75°	21:12 87°	21:12 76°	21:09 82°	21:05 77°	21:06 79°	21:06 83°	21:11 77°	21:15 81°	21:12 80°	21:11 83°	21:19 76°
5.7	7 Vir 5,2 mag	Austritt	21:54 347°	22:06 337°	21:58 346°	21:59 342°	21:52 346°	21:54 344°	21:57 341°	21:57 345°	22:04 342°	22:01 343°	22:02 341°	22:04 345°

Datum	Stern	Vorgang	Berlin	Bern	Dresden	Frankfurt	Hamburg	Hannover	Koeln	Leipzig	Muenchen	Nuernberg	Stuttgart	Wien
7.7	SAO 139405 7,2 mag	Eintritt	21:00 152°	21:07 165°	21:03 153°	21:01 160°	20:56 155°	20:58 156°	20:58 161°	21:02 154°	21:07 158°	21:04 158°	21:04 160°	21:10 154°
7.7	SAO 139405 7,2 mag	Austritt	21:59 269°	22:00 259°	22:02 268°	21:57 264°	21:54 267°	21:56 266°	21:54 263°	22:00 267°	22:04 264°	22:01 265°	22:00 263°	22:09 267°
7.7	SAO 139408 7,7 mag	Eintritt	21:05 142°	21:10 153°	21:08 143°	21:05 148°	21:00 144°	21:02 145°	21:02 149°	21:06 144°	21:11 148°	21:08 147°	21:08 149°	21:15 143°
7.7	SAO 139408 7,7 mag	Austritt	22:09 278°	22:11 270°	22:11 278°	22:08 274°	22:04 277°	22:06 276°	22:05 274°	22:10 277°	22:14 274°	22:12 275°	22:11 273°	22:18 276°
7.7	SAO 139415 7,4 mag	Eintritt	21:44 155°	21:52 165°	21:47 156°	21:46 161°	21:40 157°	21:42 158°	21:43 161°	21:46 157°	21:52 160°	21:49 159°	21:49 162°	21:55 157°
7.7	SAO 139415 7,4 mag	Austritt	22:38 263°	22:41 255°	22:41 262°	22:38 259°	22:34 262°	22:36 261°	22:35 259°	22:39 262°	22:44 258°	22:41 260°	22:40 258°	22:47 260°
8.7	SAO 158546 7,4 mag	Eintritt	21:03 97°	20:59 108°	21:05 98°	20:58 104°	20:57 99°	20:58 101°	20:55 105°	21:03 99°	21:04 103°	21:02 102°	21:00 105°	21:12 99°
8.7	SAO 158546 7,4 mag	Austritt	22:09 319°	22:12 311°	22:12 318°	22:08 315°	22:05 318°	22:06 317°	22:05 314°	22:10 317°	22:15 314°	22:12 315°	22:11 314°	22:19 317°
9.7	SAO 159169 7,9 mag	Eintritt	-	21:00 51°	-	21:11 34°	-	-	21:05 39°	-	-	-	21:09 39°	-
9.7	SAO 159169 7,9 mag	Austritt	-	21:31 2°	-	21:21 18°	-	-	21:21 14°	-	-	-	21:25 13°	-
9.7	SAO 159175 7,7 mag	Eintritt	21:17 117°	21:14 127°	21:19 118°	21:13 123°	21:12 119°	21:13 120°	21:10 123°	21:17 118°	21:18 122°	21:17 121°	21:15 123°	21:25 118°
9.7	SAO 159175 7,7 mag	Austritt	22:29 290°	22:27 283°	22:31 289°	22:25 287°	22:23 290°	22:24 289°	22:22 286°	22:29 289°	22:31 286°	22:29 287°	22:27 286°	22:38 288°
10.7	Omi Sco 4,8 mag	Eintritt	21:59 152°	21:59 166°	22:01 154°	21:56 159°	21:55 154°	21:55 155°	21:54 160°	21:59 154°	22:02 159°	21:59 158°	21:58 160°	22:07 155°
10.7	Omi Sco 4,8 mag	Austritt	22:49 241°	22:40 231°	22:50 240°	22:42 237°	22:43 241°	22:43 240°	22:39 237°	22:48 240°	22:47 236°	22:46 237°	22:43 235°	22:55 237°
10.7	SAO 184337 7,0 mag	Eintritt	-	22:06 40°	-	22:16 25°	-	-	22:11 27°	-	22:20 27°	-	22:14 30°	-
10.7	SAO 184337 7,0 mag	Austritt	-	22:33 357°	-	22:24 11°	-	-	22:23 9°	-	22:32 8°	-	22:29 6°	-
11.7	SAO 185282 7,1 mag	Eintritt	19:15 92°	-	19:13 94°	-	-	-	-	19:12 95°	19:09 102°	19:09 100°	19:07 104°	19:13 96°
11.7	SAO 185282 7,1 mag	Austritt	20:19 298°	-	20:18 296°	-	-	-	-	20:17 295°	20:15 290°	20:15 291°	20:13 288°	20:20 295°

214

Datum	Stern	Vorgang	Berlin	Bern	Dresden	Frankfurt	Hamburg	Hannover	Koeln	Leipzig	Muenchen	Nuernberg	Stuttgart	Wien
11.7	SAO 185305 7,7 mag	Eintritt	19:42 69°	19:27 87°	19:40 71°	19:32 80°	19:39 72°	19:37 74°	19:32 80°	19:39 73°	19:33 80°	19:34 78°	19:31 81°	19:40 73°
11.7	SAO 185305 7,7 mag	Austritt	20:36 320°	20:30 305°	20:36 318°	20:32 311°	20:34 318°	20:33 316°	20:31 311°	20:35 317°	20:34 312°	20:34 313°	20:32 310°	20:39 317°
12.7	SAO 186903 7,8 mag	Eintritt	20:19 111°	20:11 126°	20:18 112°	20:14 119°	-	-	-	20:17 113°	20:14 119°	20:15 117°	20:13 121°	20:18 114°
12.7	SAO 186903 7,8 mag	Austritt	21:23 260°	21:09 248°	21:22 259°	21:14 254°	-	-	-	21:20 258°	21:16 254°	21:17 255°	21:13 253°	21:23 258°
13.7	SAO 187089 7,5 mag	Eintritt	0:25 155°	0:23 164°	0:28 159°	0:19 156°	0:18 151°	0:18 153°	0:15 153°	0:25 157°	0:30 166°	0:26 160°	0:23 160°	-
13.7	SAO 187089 7,5 mag	Austritt	0:50 197°	0:40 190°	0:48 193°	0:45 198°	0:48 203°	0:47 201°	0:44 202°	0:48 196°	0:43 187°	0:46 193°	0:44 194°	-
13.7	SAO 187132 7,8 mag	Eintritt	1:05 101°	1:00 103°	1:06 102°	1:00 100°	01:00 98°	1:00 99°	0:57 98°	1:04 101°	1:06 104°	1:04 102°	1:02 102°	1:13 107°
13.7	SAO 187132 7,8 mag	Austritt	2:09 248°	2:07 246°	2:10 245°	2:07 249°	2:05 252°	2:06 251°	2:04 251°	2:09 247°	2:11 244°	2:09 246°	2:08 247°	2:14 239°
14.7	SAO 188559 7,6 mag	Eintritt	-	0:04 357°	-	-	-	-	-	-	0:11 356°	-	-	0:13 5°
14.7	SAO 188559 7,6 mag	Austritt	-	0:12 344°	-	-	-	-	-	-	0:20 342°	-	-	0:34 331°
14.7	SAO 188613 7,4 mag	Eintritt	1:13 95°	1:05 97°	1:14 97°	1:07 94°	1:08 92°	1:08 93°	1:04 92°	1:12 95°	1:12 98°	1:11 96°	1:08 96°	1:20 102°
14.7	SAO 188613 7,4 mag	Austritt	2:18 237°	2:13 236°	2:19 235°	2:14 239°	2:14 241°	2:14 240°	2:12 241°	2:17 236°	2:17 233°	2:17 235°	2:15 236°	2:21 227°
14.7	SAO 188688 7,5 mag	Eintritt	-	-	-	-	-	-	3:11 150°	-	-	-	-	-
14.7	SAO 188688 7,5 mag	Austritt	-	-	-	-	-	-	3:26 178°	-	-	-	-	-
14.7	Ome Sgr 4,8 mag	Eintritt	-	3:45 80°	-	3:43 76°	-	-	3:41 72°	-	3:47 83°	-	3:45 79°	-
14.7	Ome Sgr 4,8 mag	Austritt	-	4:47 245°	-	4:45 250°	-	-	4:43 254°	-	4:48 242°	-	4:46 246°	-
14.7	SAO 188724 7,6 mag	Eintritt	-	4:05 156°	-	-	-	-	-	-	-	-	-	-
14.7	SAO 188724 7,6 mag	Austritt	-	4:12 168°	-	-	-	-	-	-	-	-	-	-

Datum	Stern	Vorgang	Berlin	Bern	Dresden	Frankfurt	Hamburg	Hannover	Koeln	Leipzig	Muenchen	Nuernberg	Stuttgart	Wien
14.7	SAO 189801 6,4 mag	Eintritt	23:39 87°	23:26 91°	23:38 88°	23:31 88°	23:36 86°	23:34 86°	23:30 87°	23:37 87°	23:33 90°	23:33 88°	23:30 89°	23:39 90°
15.7	SAO 189801 6,4 mag	Austritt	0:47 239°	0:35 237°	0:47 237°	0:39 239°	0:43 241°	0:42 240°	0:38 241°	0:45 238°	0:42 236°	0:42 238°	0:39 238°	0:48 233°
15.7	SAO 189940 7,6 mag	Eintritt	3:55 90°	3:52 92°	3:57 93°	3:51 88°	3:50 84°	3:51 86°	3:48 85°	3:55 91°	3:57 96°	3:55 93°	3:53 91°	4:04 104°
15.7	SAO 189940 7,6 mag	Austritt	4:52 222°	4:51 217°	4:53 218°	4:51 223°	4:51 229°	4:51 227°	4:50 227°	4:52 221°	4:52 214°	4:52 218°	4:52 219°	4:53 206°
15.7	SAO 164703 7,9 mag	Eintritt	22:56 119°	22:47 130°	22:55 121°	22:50 124°	22:55 119°	22:53 120°	22:50 123°	22:54 121°	22:50 126°	22:51 124°	22:49 125°	22:54 124°
15.7	SAO 164703 7,9 mag	Austritt	23:38 200°	23:21 193°	23:36 198°	23:29 198°	23:37 201°	23:35 200°	23:29 199°	23:35 199°	23:28 195°	23:30 197°	23:27 196°	23:33 194°
16.7	SAO 164827 6,4 mag	Eintritt	-	4:37 4°	-	4:43 354°	-	-	4:48 342°	-	4:38 9°	4:40 4°	4:40 1°	-
16.7	SAO 164827 6,4 mag	Austritt	-	5:16 295°	-	5:10 306°	-	-	5:01 319°	-	5:21 290°	5:17 296°	5:15 298°	-
16.7	Tau1 Aqr 5,7 mag	Eintritt	-	-	-	-	-	-	-	-	-	-	-	22:11 100°
16.7	Tau1 Aqr 5,7 mag	Austritt	23:10 218°	-	23:07 217°	-	-	-	-	-	-	-	-	23:03 214°
16.7	Tau2 Aqr 4,2 mag	Eintritt	23:23 42°	23:09 47°	23:21 43°	23:16 44°	23:23 41°	23:21 42°	23:16 43°	23:21 43°	23:14 46°	23:16 44°	23:14 45°	23:18 46°
17.7	Tau2 Aqr 4,2 mag	Austritt	0:24 266°	0:10 264°	0:23 265°	0:16 266°	0:22 268°	0:20 268°	0:16 268°	0:22 266°	0:16 264°	0:18 265°	0:15 265°	0:22 261°
17.7	SAO 146842 7,1 mag	Eintritt	22:50 92°	-	22:48 93°	-	-	-	-	22:48 93°	-	-	-	22:45 96°
17.7	SAO 146842 7,1 mag	Austritt	23:44 215°	-	23:41 213°	23:37 213°	23:44 216°	23:42 215°	-	23:41 214°	23:34 211°	23:37 213°	23:34 212°	23:36 210°
18.7	SAO 146919 6,3 mag	Eintritt	4:01 16°	3:48 16°	3:59 19°	3:55 12°	4:01 8°	3:59 10°	3:56 7°	3:59 16°	3:53 21°	3:55 17°	3:53 15°	3:57 28°
18.7	SAO 146919 6,3 mag	Austritt	4:57 273°	4:48 271°	4:59 269°	4:50 276°	4:51 282°	4:51 279°	4:46 281°	4:56 272°	4:56 266°	4:55 270°	4:51 272°	5:04 258°
19.7	14 Cet 5,9 mag	Eintritt	2:52 8°	2:37 6°	2:49 10°	2:45 3°	2:54 1°	2:51 2°	2:47 359°	2:49 8°	2:41 11°	2:44 8°	2:42 6°	2:44 19°
19.7	14 Cet 5,9 mag	Austritt	3:41 282°	3:26 283°	3:41 278°	3:30 286°	3:35 290°	3:34 288°	3:27 291°	3:39 281°	3:35 277°	3:35 280°	3:31 283°	3:45 268°

Datum	Stern	Vorgang	Berlin	Bern	Dresden	Frankfurt	Hamburg	Hannover	Koeln	Leipzig	Muenchen	Nuernberg	Stuttgart	Wien
19.7	15 Cet 6,9 mag	Eintritt	4:00 95°	3:45 95°	4:00 99°	3:50 92°	3:55 88°	3:54 90°	3:48 88°	3:58 96°	3:55 101°	3:54 97°	3:50 95°	4:07 112°
19.7	15 Cet 6,9 mag	Austritt	4:55 192°	4:41 190°	4:52 188°	4:48 195°	4:55 200°	4:53 198°	4:49 200°	4:52 191°	4:45 185°	4:48 189°	4:46 191°	4:45 173°
20.7	SAO 110326 7,7 mag	Eintritt	23:56 66°	-	23:54 67°	23:53 66°	23:59 64°	23:57 65°	23:55 65°	23:54 66°	23:49 69°	23:52 67°	23:51 67°	23:49 70°
21.7	SAO 110326 7,7 mag	Austritt	0:54 239°	0:43 238°	0:51 238°	0:49 240°	0:55 242°	0:53 241°	0:51 241°	0:51 239°	0:45 237°	0:48 238°	0:47 239°	0:46 234°
20.7	SAO 110328 7,2 mag	Eintritt	24:05 83°	23:58 87°	24:03 85°	24:02 84°	24:07 82°	24:05 83°	24:04 83°	24:03 84°	23:59 86°	24:01 85°	24:00 85°	23:58 88°
21.7	SAO 110328 7,2 mag	Austritt	0:59 221°	0:49 219°	0:56 220°	0:55 222°	1:01 224°	0:59 223°	0:56 223°	0:57 221°	0:50 219°	0:53 220°	0:52 220°	0:50 216°
21.7	Sig Ari 5,5 mag	Eintritt	23:51 62°	-	23:48 63°	-	23:54 60°	23:52 61°	-	23:49 62°	-	-	-	23:43 66°
22.7	Sig Ari 5,5 mag	Austritt	0:45 249°	-	0:43 248°	0:42 250°	0:47 251°	0:46 251°	0:44 251°	0:43 249°	0:38 247°	0:40 248°	0:40 248°	0:37 244°
22.7	Uranus 5,8 mag	Eintritt	7:39 344°	7:11 4°	7:30 357°	7:27 349°	-	-	-	7:31 352°	7:17 8°	7:22 0°	7:19 359°	7:20 16°
22.7	Uranus 5,8 mag	Austritt	7:56 320°	7:59 295°	8:05 306°	7:53 312°	-	-	-	08:00 311°	8:07 293°	8:03 301°	7:59 301°	8:18 287°
23.7	13 Tau 5,5 mag	Eintritt	1:21 37°	1:14 38°	1:18 38°	1:19 36°	1:24 34°	1:22 34°	1:21 34°	1:19 37°	1:13 40°	1:16 38°	1:16 38°	1:11 43°
23.7	13 Tau 5,5 mag	Austritt	2:10 277°	2:02 276°	2:08 275°	2:06 279°	2:11 281°	2:10 280°	2:07 281°	2:08 277°	2:03 274°	2:05 276°	2:04 277°	2:04 270°
23.7	14 Tau 6,3 mag	Eintritt	1:52 77°	1:44 78°	1:50 78°	1:49 76°	1:54 74°	1:52 74°	1:50 74°	1:50 77°	1:45 80°	1:47 78°	1:46 77°	1:45 83°
23.7	14 Tau 6,3 mag	Austritt	2:51 235°	2:40 235°	2:48 234°	2:46 237°	2:53 239°	2:50 239°	2:48 240°	2:48 235°	2:42 232°	2:45 234°	2:43 235°	2:42 228°
24.7	SAO 76640 7,9 mag	Eintritt	1:04 63°	-	1:02 65°	1:04 63°	1:08 61°	1:06 62°	1:06 61°	1:03 64°	0:59 66°	1:01 65°	1:02 64°	0:57 69°
24.7	SAO 76640 7,9 mag	Austritt	1:58 261°	1:52 259°	1:56 259°	1:56 262°	2:00 264°	1:59 263°	1:57 264°	1:56 261°	1:52 258°	1:54 260°	1:54 260°	1:50 254°
24.7	SAO 76670 6,0 mag	Eintritt	3:29 37°	3:19 39°	3:26 40°	3:25 35°	3:33 32°	3:30 33°	3:28 32°	3:27 38°	3:20 42°	3:23 39°	3:22 38°	3:19 47°
24.7	SAO 76670 6,0 mag	Austritt	4:23 281°	4:12 280°	4:21 278°	4:17 283°	4:22 287°	4:20 286°	4:17 287°	4:21 281°	4:16 276°	4:17 279°	4:15 280°	4:19 270°

Datum	Stern	Vorgang	Berlin	Bern	Dresden	Frankfurt	Hamburg	Hannover	Koeln	Leipzig	Muenchen	Nuernberg	Stuttgart	Wien
25.7	118 Tau 5,9 mag	Eintritt	4:05 144°	3:59 150°	4:07 152°	3:59 140°	4:02 133°	4:01 136°	3:58 134°	4:04 146°	-	4:03 151°	04:00 147°	-
25.7	118 Tau 5,9 mag	Austritt	4:28 187°	4:13 179°	4:20 178°	4:24 190°	4:34 198°	4:31 195°	4:29 196°	4:24 185°	-	4:18 179°	4:18 183°	-
25.7	SAO 77200 6,6 mag	Eintritt	4:05 145°	3:59 151°	4:07 153°	3:59 141°	4:02 134°	4:01 136°	3:58 135°	4:04 146°	-	4:03 152°	4:00 148°	-
25.7	SAO 77200 6,6 mag	Austritt	4:27 186°	4:13 178°	4:20 177°	4:24 189°	4:34 197°	4:30 194°	4:28 196°	4:24 184°	-	4:17 178°	4:18 182°	-
27.7	49 Gem 6,9 mag	Eintritt	3:11 136°	-	3:10 140°	3:10 135°	3:12 130°	3:11 132°	3:11 132°	3:10 137°	3:10 144°	3:10 140°	-	3:11 152°
27.7	49 Gem 6,9 mag	Austritt	3:47 220°	-	3:43 216°	3:46 221°	3:52 227°	3:50 225°	3:49 225°	3:45 219°	3:39 212°	3:42 216°	-	3:33 203°
29.7	SAO 80809 6,7 mag	Eintritt	-	19:11 77°	19:07 66°	-	-	-	-	-	19:10 72°	19:09 70°	-	19:11 67°
29.7	SAO 80809 6,7 mag	Austritt	-	19:57 330°	19:45 340°	-	-	-	-	-	19:52 334°	19:50 336°	-	19:49 338°
1.8	SAO 119046 7,6 mag	Eintritt	20:16 100°	20:24 108°	20:18 101°	20:18 104°	20:13 101°	20:15 102°	20:16 105°	20:18 102°	20:23 105°	20:21 104°	20:21 105°	20:24 102°
1.8	SAO 119046 7,6 mag	Austritt	21:12 317°	21:23 311°	21:15 316°	21:17 314°	21:10 317°	21:12 316°	21:15 314°	21:14 316°	21:21 313°	21:18 314°	21:19 313°	21:20 314°
4.8	SAO 158322 7,8 mag	Eintritt	-	-	-	-	-	-	-	-	-	-	-	18:20 119°
4.8	SAO 158322 7,8 mag	Austritt	-	-	-	-	-	-	-	-	-	-	-	19:35 303°
4.8	SAO 158372 7,4 mag	Eintritt	21:16 183°	-	21:20 185°	21:20 189°	21:12 183°	21:15 184°	21:17 189°	21:19 185°	21:29 194°	21:24 190°	21:25 193°	21:32 193°
4.8	SAO 158372 7,4 mag	Austritt	21:41 227°	-	21:42 224°	21:39 222°	21:38 229°	21:39 227°	21:37 223°	21:41 225°	21:41 216°	21:41 220°	21:40 218°	21:44 215°
6.8	Del Sco 2,5 mag	Eintritt	-	22:52 52°	-	-	-	-	-	-	-	-	-	-
6.8	Del Sco 2,5 mag	Austritt	-	23:34 335°	-	-	-	-	-	-	-	-	-	-
7.8	SAO 184775 7,1 mag	Eintritt	19:01 101°	18:52 114°	19:01 102°	18:54 108°	18:58 103°	18:57 105°	18:53 109°	19:00 103°	18:57 108°	18:57 107°	18:55 109°	19:04 103°
7.8	SAO 184775 7,1 mag	Austritt	20:14 290°	20:06 281°	20:15 289°	20:08 285°	20:09 288°	20:09 287°	20:05 285°	20:13 288°	20:12 285°	20:11 286°	20:08 284°	20:20 287°

Datum	Stern	Vorgang	Berlin	Bern	Dresden	Frankfurt	Hamburg	Hannover	Koeln	Leipzig	Muenchen	Nuernberg	Stuttgart	Wien
7.8	SAO 184849 7,4 mag	Eintritt	21:03 101°	20:57 107°	21:05 102°	20:58 104°	20:58 101°	20:58 102°	20:55 104°	21:03 102°	21:03 105°	21:02 104°	20:59 105°	21:11 104°
7.8	SAO 184849 7,4 mag	Austritt	22:15 279°	22:13 275°	22:17 278°	22:11 278°	22:10 280°	22:11 280°	22:08 279°	22:15 278°	22:17 276°	22:15 277°	22:13 277°	22:23 274°
8.8	SAO 186161 6,7 mag	Eintritt	20:41 93°	20:31 100°	20:42 94°	20:34 96°	20:37 93°	20:36 94°	20:32 96°	20:40 94°	20:38 97°	20:37 96°	20:34 97°	20:45 95°
8.8	SAO 186161 6,7 mag	Austritt	21:54 275°	21:46 271°	21:55 274°	21:48 274°	21:49 276°	21:49 275°	21:45 274°	21:53 274°	21:53 272°	21:51 273°	21:49 273°	22:00 271°
8.8	SAO 186339 7,8 mag	Eintritt	-	23:28 44°	23:32 44°	23:28 40°	-	23:29 38°	23:27 37°	23:31 42°	23:31 46°	23:30 43°	23:29 43°	23:35 51°
9.8	SAO 186339 7,8 mag	Austritt	-	0:19 311°	0:20 311°	0:15 316°	-	0:12 318°	0:10 319°	0:18 313°	0:23 308°	0:19 311°	0:18 312°	0:29 302°
8.8	SAO 186349 7,7 mag	Eintritt	-	23:31 77°	-	23:31 74°	-	23:30 73°	23:28 72°	23:34 76°	23:35 79°	23:34 77°	23:32 76°	23:41 82°
9.8	SAO 186349 7,7 mag	Austritt	-	0:40 277°	-	0:37 280°	-	0:35 282°	0:34 283°	0:39 279°	0:42 275°	0:40 277°	0:39 278°	0:46 270°
8.8	SAO 186361 7,5 mag	Eintritt	-	23:44 67°	-	23:43 64°	-	-	23:41 62°	-	23:47 69°	23:46 67°	23:45 66°	-
9.8	SAO 186361 7,5 mag	Austritt	-	0:48 286°	-	0:45 290°	-	-	0:42 293°	-	0:51 284°	0:49 287°	0:48 287°	-
9.8	Tau Sgr 3,4 mag	Eintritt	19:08 74°	18:55 86°	19:07 75°	19:00 81°	-	19:05 77°	-	19:06 76°	19:01 81°	19:02 79°	18:59 82°	19:06 76°
9.8	Tau Sgr 3,4 mag	Austritt	20:13 286°	20:02 277°	20:13 285°	20:06 282°	-	20:09 284°	20:05 281°	20:11 285°	20:08 281°	20:09 282°	20:06 281°	20:14 284°
10.8	SAO 189151 7,0 mag	Eintritt	22:34 356°	22:16 6°	22:31 1°	22:26 356°	-	-	-	22:31 358°	22:23 6°	22:25 2°	22:22 2°	22:27 11°
10.8	SAO 189151 7,0 mag	Austritt	22:48 334°	22:41 326°	22:51 329°	22:39 335°	-	-	-	22:47 332°	22:49 324°	22:46 329°	22:43 330°	23:01 317°
11.8	35 Cap 6,0 mag	Eintritt	24:04 62°	23:53 62°	24:04 63°	23:57 60°	24:01 58°	24:00 59°	23:55 58°	24:02 62°	24:00 64°	24:00 62°	23:57 61°	24:07 69°
12.8	35 Cap 6,0 mag	Austritt	1:14 248°	1:06 247°	1:14 246°	1:08 250°	1:09 253°	1:09 252°	1:06 253°	1:13 248°	1:12 244°	1:11 247°	1:09 248°	1:17 238°
12.8	SAO 190337 7,3 mag	Eintritt	-	-	0:21 344°	-	-	-	-	-	0:14 349°	-	-	0:12 3°
12.8	SAO 190337 7,3 mag	Austritt	-	-	0:32 326°	-	-	-	-	-	0:32 320°	-	-	0:47 305°

Datum	Stern	Vorgang	Berlin	Bern	Dresden	Frankfurt	Hamburg	Hannover	Koeln	Leipzig	Muenchen	Nuernberg	Stuttgart	Wien
12.8	SAO 190463 7,0 mag	Eintritt	-	4:05 57°	-	4:05 51°	-	-	4:04 47°	-	4:07 60°	4:06 56°	4:05 55°	-
12.8	SAO 190463 7,0 mag	Austritt	-	5:05 248°	-	5:02 255°	-	-	5:01 260°	-	5:05 246°	5:04 251°	5:04 251°	-
12.8	37 Cap 5,8 mag	Eintritt	-	4:20 21°	-	-	-	-	-	-	-	-	4:21 18°	-
12.8	37 Cap 5,8 mag	Austritt	-	5:04 284°	-	-	-	-	-	-	-	-	5:02 288°	-
12.8	SAO 164998 7,4 mag	Eintritt	20:32 69°	-	20:30 70°	-	-	-	-	20:30 70°	20:24 74°	-	-	20:27 72°
12.8	SAO 164998 7,4 mag	Austritt	21:35 247°	21:21 243°	21:33 246°	21:27 246°	21:34 248°	21:32 247°	-	21:32 247°	21:26 244°	21:28 245°	21:26 244°	21:31 244°
13.8	SAO 165578 6,4 mag	Eintritt	-	-	-	-	-	-	-	-	-	-	-	20:36 61°
13.8	SAO 165578 6,4 mag	Austritt	21:43 252°	-	21:41 251°	-	21:43 253°	21:41 252°	-	21:40 251°	21:34 249°	21:36 250°	21:34 249°	21:38 248°
14.8	SAO 165651 7,6 mag	Eintritt	0:42 63°	0:28 63°	0:40 65°	0:33 61°	0:39 59°	0:37 60°	0:32 58°	0:39 64°	0:34 66°	0:35 64°	0:32 63°	0:41 72°
14.8	SAO 165651 7,6 mag	Austritt	1:52 229°	1:40 229°	1:51 227°	1:44 232°	1:49 235°	1:47 234°	1:43 235°	1:50 229°	1:46 225°	1:46 228°	1:44 230°	1:51 219°
15.8	SAO 128642 7,2 mag	Eintritt	0:39 52°	0:25 52°	0:37 54°	0:31 50°	0:38 48°	0:36 49°	0:31 47°	0:36 52°	0:31 55°	0:32 53°	0:29 52°	0:36 60°
15.8	SAO 128642 7,2 mag	Austritt	1:50 238°	1:36 238°	1:48 236°	1:41 241°	1:47 243°	1:45 242°	1:40 244°	1:47 238°	1:42 235°	1:43 237°	1:40 239°	1:48 228°
15.8	SAO 128661 7,0 mag	Eintritt	02:00 52°	1:46 51°	1:59 54°	1:52 49°	1:58 46°	1:56 47°	1:51 46°	1:57 52°	1:52 55°	1:54 53°	1:50 51°	1:59 62°
15.8	SAO 128661 7,0 mag	Austritt	3:12 236°	03:00 234°	3:11 233°	3:04 238°	3:08 242°	3:07 241°	3:03 242°	3:10 235°	3:06 230°	3:07 233°	3:04 235°	3:12 223°
15.8	SAO 128698 7,0 mag	Eintritt	-	-	-	-	5:09 115°	5:12 121°	5:10 122°	-	-	-	-	-
15.8	SAO 128698 7,0 mag	Austritt	-	-	-	-	5:43 176°	5:40 169°	5:36 167°	-	-	-	-	-
15.8	SAO 109561 7,9 mag	Eintritt	22:43 6°	22:30 10°	22:40 8°	22:38 6°	22:46 3°	22:43 4°	22:40 4°	22:40 7°	22:33 10°	22:36 8°	22:35 8°	22:33 13°
15.8	SAO 109561 7,9 mag	Austritt	23:20 292°	23:08 291°	23:19 290°	23:13 294°	23:19 297°	23:17 296°	23:13 297°	23:18 292°	23:13 289°	23:14 291°	23:12 292°	23:17 284°

Datum	Stern	Vorgang	Berlin	Bern	Dresden	Frankfurt	Hamburg	Hannover	Koeln	Leipzig	Muenchen	Nuernberg	Stuttgart	Wien
16.8	SAO 109671 7,8 mag	Eintritt	-	-	-	-	3:23 125°	3:25 131°	3:17 126°	-	-	-	-	-
16.8	SAO 109671 7,8 mag	Austritt	-	-	-	-	3:47 163°	3:42 157°	3:40 161°	-	-	-	-	-
17.8	SAO 93016 7,6 mag	Eintritt	23:33 78°	23:24 79°	23:31 80°	23:29 77°	23:35 76°	23:33 76°	23:30 76°	23:31 79°	23:26 81°	23:28 79°	23:27 79°	23:26 84°
18.8	SAO 93016 7,6 mag	Austritt	0:31 225°	0:19 225°	0:28 223°	0:26 227°	0:33 228°	0:31 228°	0:27 229°	0:29 225°	0:22 222°	0:25 224°	0:23 225°	0:23 218°
18.8	Omi Ari 5,8 mag	Eintritt	-	5:14 19°	-	5:24 10°	-	-	5:27 3°	-	5:20 22°	-	5:20 15°	-
18.8	Omi Ari 5,8 mag	Austritt	-	6:17 278°	-	6:16 289°	-	-	6:10 296°	-	6:25 277°	-	6:19 283°	-
19.8	SAO 93436 6,5 mag	Eintritt	0:59 50°	0:48 50°	0:56 52°	0:54 48°	1:01 46°	0:58 47°	0:56 46°	0:56 50°	0:50 53°	0:52 51°	0:51 50°	0:50 58°
19.8	SAO 93436 6,5 mag	Austritt	2:01 256°	1:48 256°	1:59 254°	1:54 259°	2:01 262°	1:59 260°	1:55 262°	1:59 256°	1:52 253°	1:54 255°	1:52 257°	1:55 247°
20.8	SAO 76588 7,2 mag	Eintritt	4:42 63°	4:25 68°	4:39 66°	4:32 62°	4:40 56°	4:38 59°	4:33 58°	4:38 64°	4:32 70°	4:34 67°	4:30 66°	4:38 76°
20.8	SAO 76588 7,2 mag	Austritt	6:01 254°	5:45 245°	06:00 249°	5:51 252°	5:57 260°	5:55 257°	5:49 256°	5:58 251°	5:52 243°	5:54 248°	5:50 248°	06:00 238°
21.8	139 Tau 4,9 mag	Eintritt	23:48 110°	-	23:47 112°	-	23:51 107°	23:50 108°	-	23:48 111°	-	-	-	23:44 118°
22.8	139 Tau 4,9 mag	Austritt	0:34 232°	-	0:31 230°	-	0:38 236°	0:36 235°	-	0:33 231°	-	-	-	0:25 223°
22.8	SAO 77900 7,0 mag	Eintritt	2:31 12°	2:20 18°	2:25 18°	2:28 9°	-	2:36 1°	2:36 356°	2:28 14°	2:19 23°	2:23 18°	2:23 16°	2:15 31°
22.8	SAO 77900 7,0 mag	Austritt	2:55 326°	2:48 319°	2:55 320°	2:49 329°	-	2:48 338°	2:44 342°	2:54 324°	2:53 314°	2:52 320°	2:50 322°	2:57 306°
22.8	SAO 77960 7,6 mag	Eintritt	3:33 55°	3:21 59°	3:30 58°	3:28 54°	3:36 49°	3:33 51°	3:30 50°	3:31 56°	3:24 62°	3:27 58°	3:25 57°	3:25 67°
22.8	SAO 77960 7,6 mag	Austritt	4:36 284°	4:24 277°	4:34 280°	4:28 283°	4:33 290°	4:32 288°	4:28 287°	4:33 282°	4:29 275°	4:30 279°	4:27 279°	4:33 269°
22.8	SAO 77974 7,5 mag	Eintritt	4:11 18°	3:54 27°	4:05 25°	4:04 18°	4:20 2°	4:13 9°	4:10 9°	4:07 21°	3:56 30°	4:01 25°	3:59 24°	3:55 38°
22.8	SAO 77974 7,5 mag	Austritt	4:45 321°	4:36 309°	4:46 313°	4:38 320°	4:35 337°	4:37 329°	4:33 329°	4:44 317°	4:43 306°	4:42 312°	4:39 313°	4:50 299°

Datum	Stern	Vorgang	Berlin	Bern	Dresden	Frankfurt	Hamburg	Hannover	Koeln	Leipzig	Muenchen	Nuernberg	Stuttgart	Wien
22.8	SAO 77980 7,0 mag	Eintritt	4:19 19°	4:02 28°	4:14 25°	4:13 19°	4:28 3°	4:22 10°	4:18 10°	4:15 22°	4:05 31°	4:09 26°	4:08 25°	4:04 39°
22.8	SAO 77980 7,0 mag	Austritt	4:54 320°	4:46 309°	4:56 313°	4:47 319°	4:44 336°	4:47 328°	4:43 328°	4:53 317°	4:53 306°	4:52 311°	4:49 312°	5:01 298°
23.8	SAO 78853 7,5 mag	Eintritt	1:30 26°	1:25 31°	1:26 31°	1:30 25°	1:37 16°	1:34 20°	1:34 19°	1:28 28°	1:22 34°	1:26 30°	1:26 29°	1:18 41°
23.8	SAO 78853 7,5 mag	Austritt	1:58 326°	1:55 320°	1:57 321°	1:55 327°	1:56 336°	1:56 333°	1:54 334°	1:57 324°	1:56 317°	1:56 321°	1:55 323°	1:57 310°
30.8	SAO 139129 7,5 mag	Eintritt	18:09 120°	18:15 128°	18:12 121°	18:10 125°	18:05 122°	18:07 123°	18:07 125°	18:11 122°	18:16 125°	18:13 124°	18:13 126°	18:19 122°
30.8	SAO 139129 7,5 mag	Austritt	19:14 299°	19:22 293°	19:17 298°	19:17 296°	19:11 298°	19:13 298°	19:14 296°	19:16 298°	19:22 295°	19:19 296°	19:19 295°	19:24 296°
4.9	SAO 185655 6,4 mag	Eintritt	-	21:48 157°	-	21:43 151°	-	-	21:38 147°	-	-	-	21:47 154°	-
4.9	SAO 185655 6,4 mag	Austritt	-	22:17 204°	-	22:18 210°	-	-	22:17 214°	-	-	-	22:18 206°	-
5.9	SAO 187125 7,5 mag	Eintritt	17:57 107°	17:47 118°	17:56 108°	17:50 113°	17:54 109°	17:53 110°	-	17:55 109°	17:52 113°	17:52 112°	17:50 114°	17:58 110°
5.9	SAO 187125 7,5 mag	Austritt	19:07 256°	18:54 249°	19:06 255°	18:58 253°	19:02 256°	19:01 255°	-	19:04 255°	19:01 252°	19:01 253°	18:58 252°	19:09 253°
5.9	SAO 187132 7,8 mag	Eintritt	18:20 34°	18:01 49°	18:19 36°	18:08 42°	18:16 36°	18:14 38°	-	18:17 37°	18:10 43°	18:11 41°	18:07 44°	18:19 38°
5.9	SAO 187132 7,8 mag	Austritt	19:00 328°	18:54 317°	19:01 326°	18:55 322°	18:56 328°	18:56 326°	-	18:59 326°	18:59 321°	18:58 323°	18:56 321°	19:05 323°
5.9	SAO 187286 7,2 mag	Eintritt	21:13 120°	21:08 122°	21:15 121°	21:08 119°	21:07 117°	21:08 117°	21:04 117°	21:13 120°	21:14 123°	21:12 121°	21:09 121°	21:23 127°
5.9	SAO 187286 7,2 mag	Austritt	22:10 227°	22:07 225°	22:11 225°	22:07 229°	22:07 231°	22:07 230°	22:05 231°	22:10 226°	22:10 223°	22:09 225°	22:08 226°	22:13 217°
6.9	SAO 188613 7,4 mag	Eintritt	19:58 52°	19:44 57°	19:57 53°	19:49 54°	19:54 51°	19:53 52°	19:47 53°	19:55 53°	19:51 56°	19:52 54°	19:48 55°	19:59 56°
6.9	SAO 188613 7,4 mag	Austritt	21:03 285°	20:53 283°	21:03 284°	20:55 286°	20:57 288°	20:57 287°	20:53 287°	21:01 285°	21:00 283°	20:59 284°	20:56 284°	21:09 279°
6.9	SAO 188677 7,8 mag	Eintritt	21:35 140°	21:28 143°	21:38 144°	21:28 138°	21:28 134°	21:28 135°	21:23 135°	21:35 141°	21:38 147°	21:34 143°	21:30 141°	-
6.9	SAO 188677 7,8 mag	Austritt	22:06 191°	21:58 189°	22:04 187°	22:02 194°	22:05 198°	22:05 197°	22:02 198°	22:05 190°	22:00 183°	22:02 188°	22:01 190°	-

Datum	Stern	Vorgang	Berlin	Bern	Dresden	Frankfurt	Hamburg	Hannover	Koeln	Leipzig	Muenchen	Nuernberg	Stuttgart	Wien
6.9	SAO 188688 7,5 mag	Eintritt	21:45 86°	21:37 87°	21:46 87°	21:39 85°	21:40 83°	21:40 83°	21:36 83°	21:44 86°	21:44 89°	21:42 87°	21:40 86°	21:51 93°
6.9	SAO 188688 7,5 mag	Austritt	22:54 243°	22:50 242°	22:55 241°	22:50 245°	22:50 248°	22:50 247°	22:48 248°	22:53 243°	22:54 239°	22:53 242°	22:51 243°	22:58 234°
6.9	SAO 188724 7,6 mag	Eintritt	22:36 77°	22:31 78°	22:38 79°	22:32 75°	22:32 73°	22:32 74°	22:29 73°	22:36 77°	22:37 80°	22:35 78°	22:33 77°	22:43 86°
6.9	SAO 188724 7,6 mag	Austritt	23:44 250°	23:42 248°	23:45 247°	23:42 252°	23:40 255°	23:41 254°	23:39 255°	23:44 249°	23:45 245°	23:44 248°	23:43 249°	23:49 239°
6.9	Ome Sgr 4,8 mag	Eintritt	23:00 17°	22:55 19°	22:59 21°	22:58 14°	23:01 8°	23:00 10°	22:59 8°	22:59 18°	22:57 24°	22:58 20°	22:57 18°	22:59 32°
6.9	Ome Sgr 4,8 mag	Austritt	23:38 309°	23:37 306°	23:41 304°	23:33 312°	23:28 319°	23:31 316°	23:28 319°	23:38 308°	23:43 301°	23:40 305°	23:37 307°	23:51 292°
7.9	60 Sgr 5,0 mag	Eintritt	-	0:12 50°	-	0:12 45°		-	0:11 41°	-	0:14 53°	-	0:12 48°	-
7.9	60 Sgr 5,0 mag	Austritt	-	1:12 273°	-	1:08 278°		-	1:06 283°	-	1:13 270°	-	1:11 275°	-
7.9	SAO 189801 6,4 mag	Eintritt	19:27 74°	19:13 79°	19:26 75°	19:19 76°	19:25 73°	19:23 74°	19:18 76°	19:25 74°	19:20 77°	19:21 76°	19:18 77°	19:26 77°
7.9	SAO 189801 6,4 mag	Austritt	20:37 253°	20:24 251°	20:37 252°	20:29 253°	20:34 255°	20:33 254°	20:28 254°	20:35 253°	20:31 251°	20:32 252°	20:29 252°	20:38 249°
7.9	SAO 189940 7,6 mag	Eintritt	23:51 74°	23:46 76°	23:52 77°	23:47 72°	23:47 69°	23:47 70°	23:44 69°	23:50 75°	23:51 79°	23:50 76°	23:48 75°	23:57 86°
8.9	SAO 189940 7,6 mag	Austritt	0:56 237°	0:54 233°	0:56 233°	0:54 238°	0:53 243°	0:53 241°	0:52 242°	0:56 236°	0:56 230°	0:56 233°	0:55 235°	0:59 223°
8.9	SAO 164703 7,9 mag	Eintritt	19:27 139°	-	19:27 142°	19:24 147°	19:25 138°	19:24 141°	19:23 146°	19:26 142°	19:28 156°	19:25 148°	19:25 153°	19:32 154°
8.9	SAO 164703 7,9 mag	Austritt	19:49 179°	-	19:46 176°	19:38 173°	19:49 181°	19:46 179°	19:39 175°	19:46 177°	19:32 163°	19:38 171°	19:33 167°	19:37 162°
9.9	SAO 164827 6,4 mag	Eintritt	0:56 21°	0:50 24°	0:56 25°	0:53 19°	0:56 13°	0:55 15°	0:54 14°	0:55 22°	0:53 29°	0:54 25°	0:53 23°	0:56 36°
9.9	SAO 164827 6,4 mag	Austritt	1:47 279°	1:47 273°	1:49 274°	1:44 280°	1:41 288°	1:42 285°	1:40 286°	1:47 277°	1:51 270°	1:48 274°	1:47 275°	1:56 263°
9.9	Tau2 Aqr 4,2 mag	Eintritt	19:40 75°	19:27 80°	19:38 76°	19:33 77°	19:40 75°	19:38 75°	19:34 77°	19:37 76°	19:32 79°	19:33 78°	19:31 78°	19:35 79°
9.9	Tau2 Aqr 4,2 mag	Austritt	20:43 233°	20:29 230°	20:41 232°	20:35 233°	20:42 234°	20:40 234°	20:35 234°	20:41 232°	20:35 230°	20:36 231°	20:34 231°	20:39 228°

Datum	Stern	Vorgang	Berlin	Bern	Dresden	Frankfurt	Hamburg	Hannover	Koeln	Leipzig	Muenchen	Nuernberg	Stuttgart	Wien
10.9	SAO 146919 6,3 mag	Eintritt	23:21 63°	23:07 62°	23:20 65°	23:13 60°	23:19 59°	23:17 59°	23:12 58°	23:19 63°	23:14 66°	23:15 64°	23:12 62°	23:21 72°
11.9	SAO 146919 6,3 mag	Austritt	0:31 226°	0:19 226°	0:30 223°	0:24 229°	0:28 232°	0:27 231°	0:23 232°	0:29 226°	0:25 222°	0:26 225°	0:23 226°	0:30 215°
11.9	SAO 128823 7,1 mag	Eintritt	20:24 31°	20:11 34°	20:21 32°	20:18 32°	20:25 29°	20:23 30°	20:19 31°	20:21 32°	20:14 34°	20:17 33°	20:15 33°	20:16 36°
11.9	SAO 128823 7,1 mag	Austritt	21:17 268°	21:04 267°	21:15 267°	21:10 269°	21:17 271°	21:14 270°	21:11 271°	21:14 268°	21:09 266°	21:11 267°	21:08 268°	21:12 263°
11.9	14 Cet 5,9 mag	Eintritt	21:17 69°	21:04 70°	21:15 70°	21:10 68°	21:17 67°	21:15 67°	21:11 67°	21:14 69°	21:08 71°	21:10 70°	21:08 70°	21:11 74°
11.9	14 Cet 5,9 mag	Austritt	22:20 226°	22:06 227°	22:18 225°	22:13 228°	22:20 230°	22:17 229°	22:13 230°	22:17 226°	22:11 224°	22:13 226°	22:10 227°	22:14 220°
13.9	SAO 110001 6,9 mag	Eintritt	4:50 74°	4:47 87°	4:52 79°	4:46 78°	4:46 68°	4:46 71°	4:43 73°	4:50 77°	4:52 87°	4:50 82°	4:48 83°	4:58 92°
13.9	SAO 110001 6,9 mag	Austritt	5:57 226°	5:50 209°	5:57 220°	5:53 220°	5:54 231°	5:54 227°	5:52 224°	5:56 222°	5:54 211°	5:54 216°	5:52 215°	5:57 208°
13.9	SAO 110011 6,7 mag	Eintritt	5:21 58°	5:17 72°	5:22 63°	5:17 62°	5:18 52°	5:18 56°	5:15 58°	5:20 61°	5:21 71°	5:20 66°	5:18 67°	5:26 74°
13.9	SAO 110011 6,7 mag	Austritt	6:27 244°	6:25 227°	6:28 239°	6:26 238°	6:24 249°	6:25 245°	6:24 241°	6:27 241°	6:28 230°	6:27 235°	6:26 233°	6:31 229°
14.9	Uranus 5,7 mag	Eintritt	22:28 49°	22:18 49°	22:25 50°	22:24 47°	22:30 45°	22:28 46°	22:25 45°	22:26 49°	22:19 51°	22:22 50°	22:21 49°	22:20 55°
14.9	Uranus 5,7 mag	Austritt	23:27 256°	23:15 256°	23:25 254°	23:21 258°	23:28 260°	23:26 259°	23:22 261°	23:25 256°	23:19 253°	23:21 255°	23:19 256°	23:21 248°
15.9	SAO 76347 7,0 mag	Eintritt	23:46 57°	23:35 57°	23:43 59°	23:41 55°	23:48 52°	23:46 53°	23:43 52°	23:44 57°	23:37 60°	23:40 58°	23:39 57°	23:38 65°
16.9	SAO 76347 7,0 mag	Austritt	0:50 254°	0:37 253°	0:48 251°	0:43 256°	0:50 259°	0:48 258°	0:44 259°	0:48 253°	0:41 249°	0:43 252°	0:41 253°	0:44 243°
16.9	SAO 76373 7,9 mag	Eintritt	1:18 133°	1:06 138°	1:21 143°	1:08 128°	1:12 121°	1:10 124°	1:05 122°	1:16 135°	-	1:14 140°	1:09 136°	-
16.9	SAO 76373 7,9 mag	Austritt	1:44 177°	1:25 170°	1:35 166°	1:38 181°	1:50 189°	1:46 186°	1:42 188°	1:39 174°	-	1:32 168°	1:32 173°	-
16.9	37 Tau 4,5 mag	Eintritt	4:15 66°	4:00 75°	4:14 71°	4:06 68°	4:12 60°	4:10 63°	4:04 64°	4:12 69°	4:08 77°	4:09 73°	4:05 72°	4:17 82°
16.9	37 Tau 4,5 mag	Austritt	5:36 251°	5:23 237°	5:36 247°	5:28 247°	5:31 257°	5:31 253°	5:26 251°	5:34 248°	5:31 238°	5:31 243°	5:28 242°	5:39 236°

Datum	Stern	Vorgang	Berlin	Bern	Dresden	Frankfurt	Hamburg	Hannover	Koeln	Leipzig	Muenchen	Nuernberg	Stuttgart	Wien
16.9	39 Tau 6,0 mag	Eintritt	4:37 96°	4:28 108°	4:38 101°	4:29 99°	4:31 89°	4:31 92°	4:26 94°	4:36 99°	4:36 110°	4:34 104°	4:30 104°	4:47 115°
16.9	39 Tau 6,0 mag	Austritt	5:50 224°	5:31 206°	5:49 218°	5:40 218°	5:47 229°	5:45 225°	5:39 222°	5:47 220°	5:40 207°	5:42 213°	5:38 212°	5:46 204°
16.9	SAO 76717 7,7 mag	Eintritt	21:04 17°	-	-	-	-	-	-	-	-	-	-	-
16.9	SAO 76717 7,7 mag	Austritt	21:32 312°	-	-	-	-	-	-	-	-	-	-	-
16.9	95 Tau 6,2 mag	Eintritt	21:33 16°	-	21:30 18°	21:33 15°	21:38 11°	21:36 12°	-	21:31 17°	21:26 21°	21:29 18°	-	21:22 25°
16.9	95 Tau 6,2 mag	Austritt	22:01 311°	-	22:00 309°	21:59 313°	22:01 317°	22:01 316°	-	22:00 311°	21:57 306°	21:58 309°	-	21:57 301°
17.9	SAO 76848 6,3 mag	Eintritt	-	-	-	-	3:56 142°	4:01 152°	-	-	-	-	-	-
17.9	SAO 76848 6,3 mag	Austritt	-	-	-	-	4:25 184°	4:15 172°	-	-	-	-	-	-
17.9	98 Tau 5,6 mag	Eintritt	5:02 61°	4:46 73°	5:01 66°	4:52 65°	4:59 55°	4:57 59°	4:51 61°	4:59 64°	4:54 73°	4:55 69°	4:51 69°	5:03 77°
17.9	98 Tau 5,6 mag	Austritt	6:22 272°	6:13 255°	6:24 267°	6:15 265°	6:16 276°	6:17 272°	6:12 269°	6:21 268°	6:21 257°	6:20 262°	6:16 260°	6:29 257°
17.9	SAO 77310 6,3 mag	Eintritt	21:40 59°	-	21:38 60°	-	21:44 56°	21:42 56°	-	21:39 59°	-	-	-	21:32 65°
17.9	SAO 77310 6,3 mag	Austritt	22:28 280°	-	22:26 278°	-	22:31 283°	22:29 282°	-	22:27 279°	-	-	-	22:22 272°
17.9	125 Tau 5,0 mag	Eintritt	22:55 102°	22:50 104°	22:53 104°	22:53 101°	22:57 98°	22:55 99°	22:55 99°	22:54 103°	22:50 106°	22:52 104°	22:52 103°	22:49 111°
17.9	125 Tau 5,0 mag	Austritt	23:46 233°	23:38 231°	23:43 231°	23:43 235°	23:49 238°	23:47 237°	23:45 238°	23:44 233°	23:38 229°	23:41 231°	23:40 232°	23:36 223°
18.9	SAO 77494 7,4 mag	Eintritt	1:19 61°	1:08 64°	1:16 64°	1:14 60°	1:21 55°	1:19 57°	1:16 56°	1:17 62°	1:10 67°	1:13 64°	1:12 63°	1:11 72°
18.9	SAO 77494 7,4 mag	Austritt	2:24 272°	2:11 267°	2:22 269°	2:17 273°	2:23 278°	2:21 276°	2:17 276°	2:21 271°	2:16 265°	2:18 268°	2:15 269°	2:20 259°
19.9	SAO 78643 7,7 mag	Eintritt	3:27 7°	3:03 26°	3:18 20°	3:17 12°	-	-	-	3:20 14°	3:06 29°	3:11 22°	3:10 21°	3:06 37°
19.9	SAO 78643 7,7 mag	Austritt	3:44 341°	3:42 319°	3:49 329°	3:39 335°	-	-	-	3:45 334°	3:49 317°	3:47 325°	3:44 325°	3:58 310°

Datum	Stern	Vorgang	Berlin	Bern	Dresden	Frankfurt	Hamburg	Hannover	Koeln	Leipzig	Muenchen	Nuernberg	Stuttgart	Wien
20.9	SAO 79405 7,3 mag	Eintritt	-	-	-	-	-	-	-	-	-	-	-	0:04 18°
20.9	SAO 79405 7,3 mag	Austritt	-	-	-	-	-	-	-	-	-	-	-	0:22 340°
20.9	SAO 79495 7,8 mag	Eintritt	2:14 52°	2:03 59°	2:10 56°	2:09 53°	2:18 45°	2:15 48°	2:12 48°	2:11 54°	2:04 61°	2:07 57°	2:06 57°	2:03 67°
20.9	SAO 79495 7,8 mag	Austritt	3:05 308°	2:57 299°	3:04 303°	03:00 306°	3:02 315°	3:02 312°	2:59 311°	3:03 305°	3:01 297°	3:01 301°	2:59 302°	3:04 292°
21.9	Lam Cnc 5,9 mag	Eintritt	0:09 94°	-	-	-	0:12 89°	-	-	-	-	-	-	-
21.9	Lam Cnc 5,9 mag	Austritt	1:03 277°	-	1:01 274°	-	1:05 282°	-	-	1:02 276°	-	-	-	0:56 266°
21.9	SAO 80165 7,3 mag	Eintritt	2:01 89°	1:55 96°	1:59 93°	1:58 90°	2:03 84°	2:01 86°	02:00 87°	1:59 91°	1:55 97°	1:57 94°	1:56 93°	1:55 102°
21.9	SAO 80165 7,3 mag	Austritt	3:01 283°	2:53 274°	2:59 279°	2:57 281°	3:01 288°	03:00 285°	2:58 285°	2:59 281°	2:55 273°	2:56 277°	2:55 277°	2:55 269°
22.9	SAO 80800 7,8 mag	Eintritt	-	6:13 103°	-	6:18 92°	-	-	6:18 89°	-	-	-	6:17 97°	-
22.9	SAO 80800 7,8 mag	Austritt	-	7:31 294°	-	7:32 305°	-	-	7:30 307°	-	-	-	7:33 300°	-
30.9	SAO 184278 6,6 mag	Eintritt	-	-	-	-	-	-	-	-	-	-	-	16:23 97°
30.9	SAO 184278 6,6 mag	Austritt	-	-	-	-	-	-	-	-	-	-	-	17:38 297°
1.10	SAO 185295 7,6 mag	Eintritt	18:17 122°	18:13 127°	18:19 123°	18:12 124°	18:11 121°	18:12 122°	18:09 123°	18:17 123°	18:19 126°	18:16 124°	18:14 125°	18:26 127°
1.10	SAO 185295 7,6 mag	Austritt	19:21 249°	19:19 246°	19:23 247°	19:18 249°	19:17 251°	19:18 251°	19:16 251°	19:21 248°	19:23 245°	19:22 247°	19:20 248°	19:28 242°
2.10	SAO 186704 6,1 mag	Eintritt	16:48 104°	-	16:47 105°	16:40 108°	16:44 105°	16:43 106°	-	16:46 105°	16:43 108°	16:43 107°	16:40 109°	16:51 106°
2.10	SAO 186704 6,1 mag	Austritt	18:01 260°	-	18:01 259°	17:53 259°	17:56 261°	17:55 260°	-	17:59 260°	17:58 257°	17:57 258°	17:54 258°	18:06 257°
4.10	SAO 189416 6,2 mag	Eintritt	18:58 43°	18:44 46°	18:57 44°	18:50 43°	18:55 41°	18:53 42°	18:48 42°	18:56 44°	18:52 46°	18:52 45°	18:49 44°	18:58 49°
4.10	SAO 189416 6,2 mag	Austritt	20:02 281°	19:52 281°	20:03 279°	19:55 283°	19:57 285°	19:56 284°	19:52 285°	20:01 281°	20:00 278°	19:59 280°	19:56 281°	20:09 273°

Datum	Stern	Vorgang	Berlin	Bern	Dresden	Frankfurt	Hamburg	Hannover	Koeln	Leipzig	Muenchen	Nuernberg	Stuttgart	Wien
4.10	SAO 189406 7,1 mag	Eintritt	19:00 10°	18:45 14°	18:58 12°	18:52 9°	18:59 5°	18:57 6°	18:52 7°	18:57 10°	18:52 15°	18:53 12°	18:50 12°	18:57 19°
4.10	SAO 189406 7,1 mag	Austritt	19:33 316°	19:23 313°	19:35 313°	19:24 318°	19:25 322°	19:25 321°	19:20 322°	19:32 315°	19:32 311°	19:30 314°	19:26 315°	19:43 304°
4.10	SAO 189555 7,1 mag	Eintritt	-	23:29 345°	-	-	-	-	-	-	-	-	-	-
4.10	SAO 189555 7,1 mag	Austritt	-	23:39 328°	-	-	-	-	-	-	-	-	-	-
6.10	SAO 190556 7,1 mag	Eintritt	0:14 37°	0:13 43°	0:14 41°	0:13 37°	0:13 30°	0:13 33°	0:13 32°	0:14 39°	0:14 46°	0:14 42°	0:13 41°	0:16 52°
6.10	SAO 190556 7,1 mag	Austritt	-	1:13 258°	-	1:10 266°	1:05 275°	1:07 272°	1:07 271°	1:10 265°	1:14 257°	1:12 261°	1:12 262°	-
6.10	SAO 164601 6,2 mag	Eintritt	-	0:58 45°	-	-	-	-	-	-	-	-	-	-
7.10	SAO 165211 7,8 mag	Eintritt	1:36 347°	1:27 6°	1:32 358°	1:33 351°	-	-	1:40 335°	1:33 353°	1:28 8°	1:30 1°	1:30 0°	1:27 16°
7.10	SAO 165211 7,8 mag	Austritt	1:54 312°	2:05 290°	2:01 300°	1:57 306°	-	-	1:47 322°	1:58 305°	2:07 289°	2:03 296°	2:03 296°	2:11 282°
7.10	SAO 165651 7,6 mag	Eintritt	19:16 52°	19:02 53°	19:14 53°	19:08 51°	19:15 49°	19:13 50°	19:08 50°	19:13 52°	19:07 54°	19:09 52°	19:06 52°	19:11 56°
7.10	SAO 165651 7,6 mag	Austritt	20:24 246°	20:09 247°	20:22 245°	20:15 249°	20:21 250°	20:19 249°	20:14 251°	20:21 247°	20:16 245°	20:17 246°	20:14 247°	20:22 240°
8.10	SAO 146786 7,4 mag	Eintritt	-	3:26 80°	-	3:23 70°	3:21 60°	3:22 64°	3:22 66°	3:23 69°	3:26 79°	3:25 74°	3:25 75°	-
8.10	SAO 146786 7,4 mag	Austritt	-	4:20 218°	-	4:20 228°	4:18 239°	4:19 236°	4:20 232°	4:20 231°	4:20 220°	4:20 225°	4:20 224°	-
8.10	SAO 146795 6,5 mag	Eintritt	-	3:47 54°	-	3:47 44°	-	-	3:46 40°	-	-	-	3:47 49°	-
8.10	SAO 146795 6,5 mag	Austritt	-	-	-	4:41 256°	-	-	4:40 260°	-	-	-	4:42 252°	-
8.10	SAO 128628 6,8 mag	Eintritt	19:22 339°	19:06 345°	19:18 344°	19:20 331°	-	-	-	19:19 340°	19:09 348°	19:14 343°	19:12 341°	19:09 354°
8.10	SAO 128628 6,8 mag	Austritt	19:35 318°	19:23 314°	19:35 313°	19:22 328°	-	-	-	19:32 317°	19:30 310°	19:29 315°	19:25 317°	19:38 301°
8.10	SAO 128642 7,2 mag	Eintritt	19:38 63°	19:24 63°	19:36 64°	19:30 61°	19:37 60°	19:35 60°	19:31 60°	19:35 63°	19:29 64°	19:31 63°	19:28 63°	19:33 68°

Datum	Stern	Vorgang	Berlin	Bern	Dresden	Frankfurt	Hamburg	Hannover	Koeln	Leipzig	Muenchen	Nuernberg	Stuttgart	Wien
8.10	SAO 128642 7,2 mag	Austritt	20:44 232°	20:29 233°	20:42 230°	20:36 234°	20:43 236°	20:41 235°	20:36 236°	20:41 232°	20:35 230°	20:37 232°	20:34 233°	20:40 225°
8.10	SAO 128661 7,0 mag	Eintritt	20:54 57°	20:40 56°	20:52 59°	20:46 55°	20:53 53°	20:51 54°	20:46 53°	20:51 57°	20:45 59°	20:47 58°	20:44 56°	20:51 64°
8.10	SAO 128661 7,0 mag	Austritt	22:04 232°	21:50 233°	22:03 230°	21:56 235°	22:02 238°	22:00 237°	21:55 238°	22:01 232°	21:56 229°	21:58 232°	21:54 233°	22:02 223°
9.10	SAO 128688 7,5 mag	Eintritt	-	-	-	-	-	-	-	-	-	-	-	0:06 349°
9.10	SAO 128688 7,5 mag	Austritt	-	-	-	-	-	-	-	-	-	-	-	0:37 297°
9.10	SAO 128698 7,0 mag	Eintritt	-	-	-	-	0:17 137°	-	-	-	-	-	-	-
9.10	SAO 128698 7,0 mag	Austritt	-	-	-	-	0:25 151°	-	-	-	-	-	-	-
9.10	SAO 109561 7,9 mag	Eintritt	17:39 51°	-	17:36 52°	-	-	-	-	-	-	-	-	17:31 54°
9.10	SAO 109561 7,9 mag	Austritt	18:34 253°	-	18:31 252°	-	18:35 254°	18:33 254°	-	18:31 252°	18:26 250°	18:28 251°	-	18:27 249°
10.10	SAO 109743 7,8 mag	Eintritt	3:41 41°	3:36 56°	3:41 46°	3:37 46°	3:39 35°	3:39 39°	3:36 42°	3:40 44°	3:40 55°	3:39 50°	3:38 51°	3:43 57°
10.10	SAO 109743 7,8 mag	Austritt	4:41 260°	4:43 242°	4:43 255°	4:41 253°	4:38 265°	4:39 260°	4:39 256°	4:42 256°	4:45 245°	4:43 250°	4:43 248°	4:47 244°
11.10	SAO 92768 6,8 mag	Eintritt	3:43 62°	3:38 76°	3:44 67°	3:38 66°	3:39 56°	3:39 60°	3:36 62°	3:42 65°	3:43 75°	3:42 70°	3:40 71°	3:48 78°
11.10	SAO 92768 6,8 mag	Austritt	4:51 243°	4:48 226°	4:52 238°	4:49 236°	4:48 248°	4:49 244°	4:47 240°	4:51 240°	4:51 229°	4:51 233°	4:49 232°	4:55 228°
11.10	Omi Ari 5,8 mag	Eintritt	22:33 41°	22:18 40°	22:30 43°	22:26 38°	22:34 35°	22:31 36°	22:27 35°	22:30 41°	22:23 44°	22:25 42°	22:23 40°	22:25 50°
11.10	Omi Ari 5,8 mag	Austritt	23:39 256°	23:24 255°	23:37 253°	23:30 259°	23:36 263°	23:34 261°	23:29 263°	23:36 256°	23:31 251°	23:32 254°	23:29 256°	23:37 244°
12.10	SAO 93113 6,8 mag	Eintritt	0:33 105°	0:20 110°	0:34 111°	0:23 103°	0:27 97°	0:26 99°	0:20 98°	0:31 107°	0:30 116°	0:28 110°	0:24 108°	0:47 134°
12.10	SAO 93113 6,8 mag	Austritt	1:25 192°	1:06 184°	1:21 186°	1:16 193°	1:26 201°	1:23 198°	1:18 198°	1:21 190°	1:10 179°	1:15 185°	1:12 187°	1:06 162°
12.10	SAO 93164 7,1 mag	Eintritt	4:13 45°	4:04 61°	4:13 50°	4:07 51°	4:10 40°	4:09 44°	4:05 47°	4:11 49°	4:10 59°	4:09 55°	4:07 56°	4:16 61°

Datum	Stern	Vorgang	Berlin	Bern	Dresden	Frankfurt	Hamburg	Hannover	Koeln	Leipzig	Muenchen	Nuernberg	Stuttgart	Wien
12.10	SAO 93164 7,1 mag	Austritt	5:19 268°	5:19 249°	5:22 263°	5:18 260°	5:15 272°	5:16 268°	5:15 263°	5:20 264°	5:23 253°	5:21 258°	5:20 255°	5:27 254°
12.10	SAO 93185 7,8 mag	Eintritt	-	-	-	-	5:26 140°	-	-	-	-	-	-	-
12.10	SAO 93185 7,8 mag	Austritt	-	-	-	-	5:48 177°	-	-	-	-	-	-	-
12.10	SAO 93436 6,5 mag	Eintritt	18:29 104°	-	18:28 106°	-	18:32 103°	-	-	-	-	-	-	-
12.10	SAO 93436 6,5 mag	Austritt	19:11 212°	-	19:08 210°	-	19:14 214°	-	-	-	-	-	-	-
12.10	SAO 93507 7,5 mag	Eintritt	23:17 40°	23:03 41°	23:14 43°	23:10 38°	23:19 34°	23:16 36°	23:12 34°	23:14 41°	23:07 45°	23:10 42°	23:08 41°	23:10 52°
13.10	SAO 93507 7,5 mag	Austritt	0:23 265°	0:08 262°	0:22 261°	0:14 266°	0:20 271°	0:18 269°	0:13 270°	0:21 263°	0:15 258°	0:16 261°	0:13 263°	0:22 251°
13.10	SAO 76121 6,0 mag	Eintritt	4:24 48°	4:12 64°	4:23 53°	4:16 54°	4:21 43°	4:19 47°	4:14 50°	4:22 51°	4:19 62°	4:19 57°	4:16 59°	4:26 63°
13.10	SAO 76121 6,0 mag	Austritt	5:33 276°	5:32 256°	5:35 271°	5:31 267°	5:27 279°	5:29 275°	5:28 270°	5:34 271°	5:36 260°	5:35 265°	5:33 262°	5:42 261°
13.10	SAO 76150 7,8 mag	Eintritt	-	5:32 1°	-	-	-	-	-	-	-	-	-	-
13.10	SAO 76150 7,8 mag	Austritt	-	5:56 325°	-	-	-	-	-	-	-	-	-	-
13.10	SAO 76588 7,2 mag	Eintritt	20:46 87°	20:40 88°	20:44 89°	20:44 86°	20:48 84°	20:47 85°	20:45 84°	20:45 88°	20:40 90°	20:42 88°	20:42 88°	20:40 94°
13.10	SAO 76588 7,2 mag	Austritt	21:41 232°	21:32 231°	21:38 230°	21:37 234°	21:44 236°	21:41 235°	21:39 236°	21:39 232°	21:33 229°	21:36 231°	21:35 232°	21:32 223°
13.10	SAO 76635 7,1 mag	Eintritt	24:09 82°	23:55 85°	24:07 85°	24:01 81°	24:08 76°	24:06 78°	24:01 77°	24:06 83°	24:01 88°	24:02 85°	23:59 84°	24:07 95°
14.10	SAO 76635 7,1 mag	Austritt	1:20 234°	1:03 229°	1:18 230°	1:11 234°	1:19 241°	1:17 238°	1:11 238°	1:17 233°	1:09 226°	1:12 230°	1:09 231°	1:13 219°
16.10	SAO 78196 6,7 mag	Eintritt	-	0:47 10°	1:03 2°	-	-	-	-	-	0:48 16°	0:56 6°	0:55 3°	0:46 26°
16.10	SAO 78196 6,7 mag	Austritt	-	1:11 329°	1:17 339°	-	-	-	-	-	1:19 324°	1:15 335°	1:11 337°	1:29 314°
16.10	SAO 78309 7,8 mag	Eintritt	3:25 78°	3:10 91°	3:24 83°	3:15 82°	3:22 73°	3:20 ·76°	3:14 79°	3:22 81°	3:18 91°	3:18 86°	3:14 87°	3:26 94°

Datum	Stern	Vorgang	Berlin	Bern	Dresden	Frankfurt	Hamburg	Hannover	Koeln	Leipzig	Muenchen	Nuernberg	Stuttgart	Wien
16.10	SAO 78309 7,8 mag	Austritt	4:47 276°	4:35 258°	4:48 271°	4:39 268°	4:42 279°	4:41 276°	4:36 272°	4:46 272°	4:43 261°	4:43 266°	4:39 264°	4:52 261°
16.10	SAO 78417 6,5 mag	Eintritt	-	6:57 141°	-	6:49 127°	6:43 114°	6:45 118°	6:45 125°	-	-	-	6:53 131°	-
16.10	SAO 78417 6,5 mag	Austritt	-	7:55 231°	-	7:58 244°	7:58 256°	7:58 253°	7:55 245°	-	-	-	7:59 240°	-
16.10	SAO 79122 7,9 mag	Eintritt	23:27 102°	23:20 106°	23:25 105°	23:24 102°	23:28 97°	23:27 99°	23:25 98°	23:25 103°	23:22 109°	23:23 105°	23:22 105°	23:22 114°
17.10	SAO 79122 7,9 mag	Austritt	0:26 252°	0:16 246°	0:24 248°	0:22 252°	0:28 258°	0:26 255°	0:23 255°	0:24 250°	0:18 244°	0:20 248°	0:19 248°	0:17 238°
17.10	SAO 79142 6,8 mag	Eintritt	0:29 142°	0:25 154°	0:30 149°	0:25 142°	0:27 133°	0:26 136°	0:23 136°	0:28 145°	0:30 159°	0:28 150°	0:26 149°	-
17.10	SAO 79142 6,8 mag	Austritt	1:08 213°	0:49 199°	1:02 206°	1:01 211°	1:12 222°	1:08 218°	1:04 217°	1:04 210°	0:50 194°	0:57 203°	0:55 204°	-
17.10	47 Gem 5,6 mag	Eintritt	0:45 1°	0:23 23°	0:34 18°	0:38 5°	-	-	-	0:37 11°	0:24 27°	0:30 20°	0:29 18°	0:21 36°
17.10	47 Gem 5,6 mag	Austritt	0:50 354°	0:52 329°	0:57 336°	0:47 348°	-	-	-	0:53 343°	0:57 326°	0:55 334°	0:53 335°	1:04 317°
17.10	SAO 79164 7,8 mag	Eintritt	0:47 100°	0:38 107°	0:45 104°	0:42 101°	0:47 95°	0:45 97°	0:43 97°	0:45 102°	0:41 109°	0:42 105°	0:41 105°	0:44 115°
17.10	SAO 79164 7,8 mag	Austritt	1:54 255°	1:40 246°	1:52 251°	1:47 253°	1:54 261°	1:52 258°	1:48 257°	1:51 253°	1:44 245°	1:47 249°	1:45 249°	1:47 240°
17.10	SAO 79241 6,5 mag	Eintritt	3:15 77°	2:59 90°	3:13 82°	3:05 82°	3:13 72°	3:10 75°	3:05 78°	3:12 80°	3:06 90°	3:07 85°	3:04 86°	3:13 93°
17.10	SAO 79241 6,5 mag	Austritt	4:33 288°	4:21 271°	4:34 283°	4:25 281°	4:28 292°	4:27 288°	4:23 284°	4:32 284°	4:29 274°	4:29 278°	4:25 276°	4:38 273°
17.10	SAO 79243 7,4 mag	Eintritt	-	-	-	-	3:48 166°	-	-	-	-	-	-	-
17.10	SAO 79243 7,4 mag	Austritt	-	-	-	-	4:10 199°	-	-	-	-	-	-	-
17.10	SAO 79286 6,9 mag	Eintritt	5:10 22°	4:37 55°	5:01 35°	4:49 40°	-	5:03 24°	4:50 35°	5:01 33°	4:47 51°	4:51 45°	4:45 48°	4:56 51°
17.10	SAO 79286 6,9 mag	Austritt	5:32 351°	5:45 315°	5:42 339°	5:38 331°	-	5:29 348°	5:32 336°	5:39 340°	5:49 322°	5:44 328°	5:43 324°	5:56 325°
17.10	Ome2 Cnc 6,2 mag	Eintritt	23:18 89°	23:13 93°	23:15 92°	23:16 89°	23:20 84°	23:19 85°	23:18 85°	23:16 90°	23:13 95°	23:14 92°	23:14 92°	23:11 100°

Datum	Stern	Vorgang	Berlin	Bern	Dresden	Frankfurt	Hamburg	Hannover	Koeln	Leipzig	Muenchen	Nuernberg	Stuttgart	Wien
18.10	Ome2 Cnc 6,2 mag	Austritt	0:15 278°	0:09 272°	0:13 274°	0:12 277°	0:17 283°	0:15 281°	0:14 281°	0:14 276°	0:09 270°	0:11 273°	0:11 274°	0:09 265°
19.10	SAO 80496 7,6 mag	Eintritt	0:13 133°	0:11 141°	0:13 137°	0:12 134°	0:14 126°	0:13 129°	0:12 130°	0:13 135°	0:12 143°	0:12 138°	0:12 138°	0:13 150°
19.10	SAO 80496 7,6 mag	Austritt	1:02 246°	0:52 235°	0:59 241°	0:59 244°	1:05 252°	1:03 249°	1:01 248°	01:00 243°	0:53 234°	0:56 239°	0:55 239°	0:50 227°
20.10	SAO 98742 6,6 mag	Eintritt	-	-	-	-	-	-	-	-	-	-	-	0:44 39°
20.10	SAO 98742 6,6 mag	Austritt	-	-	-	-	-	-	-	-	-	-	-	1:09 348°
20.10	SAO 98750 6,9 mag	Eintritt	1:24 55°	1:15 68°	1:20 61°	1:20 58°	1:29 45°	1:26 50°	1:24 53°	1:21 58°	1:15 68°	1:18 63°	1:17 64°	1:13 73°
20.10	SAO 98750 6,9 mag	Austritt	2:02 335°	2:01 320°	2:03 329°	2:01 330°	1:59 344°	02:00 339°	02:00 336°	2:02 331°	2:02 320°	2:02 325°	2:01 325°	2:04 316°
21.10	SAO 99202 7,7 mag	Eintritt	2:51 63°	2:40 80°	2:47 69°	2:46 70°	2:55 55°	2:51 61°	2:48 65°	2:48 67°	2:41 79°	2:44 74°	2:43 75°	2:41 82°
21.10	SAO 99202 7,7 mag	Austritt	3:32 339°	3:32 319°	3:34 332°	3:32 331°	3:29 346°	3:31 340°	3:31 335°	3:33 334°	3:34 322°	3:33 327°	3:33 325°	3:36 320°
22.10	SAO 118892 6,7 mag	Eintritt	-	6:39 93°	-	6:46 79°	6:58 60°	6:53 67°	6:46 77°	6:54 70°	6:46 85°	6:48 80°	6:44 85°	-
22.10	SAO 118892 6,7 mag	Austritt	-	7:44 332°	-	7:40 345°	7:32 4°	7:35 357°	7:37 346°	7:39 356°	7:45 341°	7:42 345°	7:42 340°	-
25.10	SAO 158212 7,7 mag	Eintritt	-	6:54 112°	-	6:57 100°	7:03 87°	7:01 91°	6:58 98°	7:00 93°	6:56 105°	6:57 101°	6:56 104°	-
25.10	SAO 158212 7,7 mag	Austritt	-	7:52 311°	-	7:53 322°	7:52 335°	7:52 331°	7:52 323°	7:53 330°	7:53 318°	7:53 322°	7:53 318°	-
25.10	SAO 158372 7,4 mag	Eintritt	-	16:24 82°	-	16:21 78°	16:17 76°	16:18 76°	16:18 78°	16:21 77°	16:25 80°	16:23 79°	16:23 80°	-
25.10	SAO 158372 7,4 mag	Austritt	-	17:18 327°	-	17:12 331°	17:05 333°	17:07 333°	17:09 332°	17:11 331°	17:17 327°	17:14 329°	17:15 329°	-
26.10	SAO 158962 7,9 mag	Eintritt	15:52 127°	-	15:54 128°	-	15:47 127°	15:48 128°	-	15:53 128°	15:57 130°	15:54 129°	-	16:02 130°
26.10	SAO 158962 7,9 mag	Austritt	16:55 275°	-	16:58 274°	-	16:51 276°	16:53 276°	-	16:56 275°	17:01 272°	16:58 273°	-	17:04 270°
26.10	SAO 158974 7,8 mag	Eintritt	-	16:40 147°	-	16:35 144°	16:30 141°	16:32 142°	16:32 143°	-	16:41 146°	16:38 144°	16:38 145°	-

Datum	Stern	Vorgang	Berlin	Bern	Dresden	Frankfurt	Hamburg	Hannover	Koeln	Leipzig	Muenchen	Nuernberg	Stuttgart	Wien
26.10	SAO 158974 7,8 mag	Austritt	-	17:33 253°	-	17:29 257°	17:25 259°	17:27 258°	17:27 258°	-	17:33 253°	17:31 255°	17:31 255°	-
29.10	SAO 186286 7,3 mag	Eintritt	17:23 97°	17:19 99°	17:25 98°	17:18 96°	17:18 94°	17:18 95°	17:15 95°	17:23 97°	17:24 99°	17:22 98°	17:20 98°	17:31 102°
29.10	SAO 186286 7,3 mag	Austritt	18:32 260°	18:31 258°	18:34 258°	18:30 261°	18:28 264°	18:29 263°	18:27 263°	18:32 260°	18:35 256°	18:33 259°	18:32 259°	18:39 252°
29.10	SAO 186328 4,7 mag	Eintritt	-	18:03 121°	-	18:02 118°	-	18:00 116°	17:58 116°	-	18:09 123°	18:06 120°	18:04 120°	18:16 128°
29.10	SAO 186328 4,7 mag	Austritt	-	19:03 233°	-	19:02 237°	-	19:01 239°	19:00 240°	-	19:05 230°	19:04 233°	19:03 234°	19:07 224°
2.11	SAO 164998 7,4 mag	Eintritt	22:17 106°	22:17 113°	22:20 112°	22:13 105°	22:10 97°	22:11 100°	22:09 99°	22:17 108°	22:23 119°	22:19 112°	22:16 110°	22:38 140°
2.11	SAO 164998 7,4 mag	Austritt	23:00 192°	22:55 181°	22:59 185°	22:59 191°	23:01 200°	23:01 197°	23:00 197°	22:59 189°	22:55 176°	22:57 184°	22:57 185°	22:47 156°
5.11	SAO 128574 7,8 mag	Eintritt	1:04 56°	1:03 69°	1:05 61°	1:02 60°	1:02 51°	1:02 54°	1:01 56°	1:04 59°	1:05 69°	1:04 64°	1:03 65°	1:09 73°
5.11	SAO 128574 7,8 mag	Austritt	2:06 240°	2:06 225°	2:07 235°	2:05 235°	2:04 245°	2:04 242°	2:04 239°	2:06 237°	2:07 227°	2:06 231°	2:06 230°	2:08 224°
6.11	SAO 110001 6,9 mag	Eintritt	21:29 36°	21:14 36°	21:27 39°	21:21 33°	21:29 29°	21:27 31°	21:22 29°	21:27 36°	21:20 40°	21:22 37°	21:19 36°	21:25 47°
6.11	SAO 110001 6,9 mag	Austritt	22:39 253°	22:26 250°	22:39 249°	22:30 254°	22:35 260°	22:34 258°	22:28 259°	22:37 252°	22:33 246°	22:34 249°	22:30 251°	22:40 239°
6.11	SAO 110011 6,7 mag	Eintritt	22:07 23°	21:52 25°	22:05 27°	21:59 20°	22:08 15°	22:05 17°	22:00 16°	22:04 24°	21:57 29°	22:00 26°	21:57 24°	22:02 37°
6.11	SAO 110011 6,7 mag	Austritt	23:10 266°	22:59 261°	23:11 262°	23:02 267°	23:04 274°	23:04 271°	22:59 272°	23:09 264°	23:07 257°	23:06 261°	23:03 263°	23:15 250°
7.11	Omi Psc 4,5 mag	Eintritt	3:49 19°	3:43 42°	3:48 26°	3:45 30°	3:48 14°	3:47 20°	3:44 26°	3:47 25°	3:45 38°	3:46 33°	3:44 35°	3:47 37°
7.11	Omi Psc 4,5 mag	Austritt	4:31 291°	4:41 267°	4:34 285°	4:36 280°	4:27 295°	4:31 289°	4:33 283°	4:33 286°	4:39 273°	4:37 278°	4:38 274°	4:39 275°
8.11	SAO 93290 7,7 mag	Eintritt	-	-	-	-	18:05 145°	18:05 149°	18:01 145°	-	-	-	-	-
8.11	SAO 93290 7,7 mag	Austritt	-	-	-	-	18:15 166°	18:11 162°	18:11 165°	-	-	-	-	-
8.11	SAO 93307 7,7 mag	Eintritt	18:41 122°	18:32 123°	18:39 125°	18:36 120°	18:40 117°	18:39 118°	18:36 116°	18:39 123°	18:35 127°	18:36 124°	18:34 122°	18:40 138°

Datum	Stern	Vorgang	Berlin	Bern	Dresden	Frankfurt	Hamburg	Hannover	Koeln	Leipzig	Muenchen	Nuernberg	Stuttgart	Wien
8.11	SAO 93307 7,7 mag	Austritt	19:11 185°	19:01 184°	19:07 182°	19:08 188°	19:15 191°	19:13 190°	19:11 192°	19:09 184°	19:01 179°	19:05 183°	19:04 185°	18:55 167°
9.11	SAO 93386 7,3 mag	Eintritt	1:32 351°	1:05 16°	1:24 4°	1:18 1°	-	1:36 338°	1:23 350°	1:25 360°	1:12 16°	1:16 9°	1:13 10°	1:17 22°
9.11	SAO 93386 7,3 mag	Austritt	1:53 320°	02:00 291°	2:01 307°	1:54 307°	-	1:40 332°	1:45 318°	1:57 311°	2:06 293°	2:01 300°	1:59 299°	2:14 290°
9.11	SAO 76347 7,0 mag	Eintritt	17:11 58°	-	17:08 59°	-	17:14 56°	17:13 57°	-	17:10 59°	-	17:08 60°	-	17:03 63°
9.11	SAO 76347 7,0 mag	Austritt	18:02 261°	-	17:59 260°	18:00 262°	18:04 264°	18:03 263°	18:02 264°	18:00 261°	17:56 259°	17:58 260°	17:58 261°	17:54 256°
9.11	SAO 76373 7,9 mag	Eintritt	18:17 115°	18:11 116°	18:15 116°	18:14 113°	18:18 111°	18:17 112°	18:15 111°	18:15 115°	18:12 118°	18:13 116°	18:13 115°	18:12 124°
9.11	SAO 76373 7,9 mag	Austritt	18:55 202°	18:47 201°	18:52 200°	18:53 204°	18:59 207°	18:57 206°	18:55 207°	18:53 202°	18:47 199°	18:50 201°	18:50 202°	18:43 192°
9.11	37 Tau 4,5 mag	Eintritt	20:44 47°	20:32 47°	20:41 49°	20:39 44°	20:46 41°	20:44 43°	20:41 41°	20:42 47°	20:35 51°	20:38 48°	20:36 47°	20:36 56°
9.11	37 Tau 4,5 mag	Austritt	21:47 265°	21:33 263°	21:45 262°	21:39 267°	21:45 271°	21:43 269°	21:39 270°	21:44 264°	21:38 259°	21:40 262°	21:37 264°	21:43 253°
9.11	39 Tau 6,0 mag	Eintritt	20:56 76°	20:44 77°	20:54 78°	20:50 74°	20:57 71°	20:54 72°	20:51 71°	20:54 76°	20:48 80°	20:50 78°	20:48 76°	20:51 86°
9.11	39 Tau 6,0 mag	Austritt	22:02 235°	21:48 233°	22:00 232°	21:55 237°	22:02 241°	22:00 239°	21:56 240°	21:59 234°	21:52 230°	21:55 233°	21:52 234°	21:55 223°
10.11	SAO 76848 6,3 mag	Eintritt	20:02 117°	19:54 119°	20:00 120°	19:57 115°	20:02 111°	20:00 113°	19:58 111°	20:00 118°	19:56 122°	19:57 119°	19:56 118°	20:00 131°
10.11	SAO 76848 6,3 mag	Austritt	20:44 207°	20:33 205°	20:40 204°	20:40 209°	20:48 214°	20:45 212°	20:43 213°	20:41 206°	20:34 201°	20:37 205°	20:37 206°	20:30 192°
10.11	98 Tau 5,6 mag	Eintritt	21:03 43°	20:52 45°	21:00 46°	20:58 41°	21:06 37°	21:03 38°	21:01 37°	21:00 43°	20:53 48°	20:56 45°	20:55 44°	20:53 54°
10.11	98 Tau 5,6 mag	Austritt	22:00 280°	21:48 277°	21:58 276°	21:53 281°	21:58 286°	21:57 284°	21:52 285°	21:57 279°	21:52 273°	21:54 277°	21:51 278°	21:57 267°
11.11	SAO 77046 7,5 mag	Eintritt	6:34 28°	6:26 58°	6:33 35°	6:27 45°	6:30 29°	6:29 35°	6:25 44°	6:32 36°	6:30 49°	6:29 45°	6:27 50°	6:35 42°
11.11	SAO 77046 7,5 mag	Austritt	7:07 328°	7:24 300°	7:12 322°	7:16 311°	7:04 327°	7:09 321°	7:14 312°	7:11 321°	7:21 308°	7:17 312°	7:20 307°	7:19 316°
11.11	SAO 77063 7,9 mag	Eintritt	7:27 9°	7:15 49°	7:24 20°	7:16 35°	7:23 13°	7:20 22°	7:15 35°	7:22 22°	7:19 39°	7:19 34°	7:16 40°	-

Datum	Stern	Vorgang	Berlin	Bern	Dresden	Frankfurt	Hamburg	Hannover	Koeln	Leipzig	Muenchen	Nuernberg	Stuttgart	Wien
11.11	SAO 77063 7,9 mag	Austritt	7:38 348°	8:03 310°	7:46 338°	7:54 323°	7:38 344°	7:45 335°	7:52 323°	7:46 336°	7:58 320°	7:54 324°	7:58 319°	-
11.11	SAO 77494 7,4 mag	Eintritt	18:02 51°	-	18:00 52°	-	18:06 48°	-	-	18:02 51°	-	-	-	-
11.11	SAO 77494 7,4 mag	Austritt	18:47 289°	-	18:45 287°	-	18:49 293°	-	-	18:46 289°	-	-	-	-
12.11	SAO 77980 7,0 mag	Eintritt	6:06 180°	-	-	-	06:00 178°	-	-	-	-	-	-	-
12.11	SAO 77980 7,0 mag	Austritt	6:11 188°	-	-	-	6:07 188°	-	-	-	-	-	-	-
12.11	SAO 78770 6,6 mag	Eintritt	-	-	-	-	-	-	-	-	22:39 8°	-	-	22:33 23°
12.11	SAO 78770 6,6 mag	Austritt	-	-	-	-	-	-	-	-	22:56 339°	-	-	23:06 325°
13.11	SAO 78876 7,0 mag	Eintritt	-	2:07 27°	-	-	-	-	-	-	2:18 22°	-	2:22 12°	2:24 26°
13.11	SAO 78876 7,0 mag	Austritt	-	2:47 332°	-	-	-	-	-	-	2:50 339°	-	2:39 349°	2:59 339°
13.11	SAO 78957 7,8 mag	Eintritt	4:41 104°	4:40 126°	4:43 108°	4:36 114°	4:35 102°	4:35 106°	4:32 112°	4:41 108°	4:44 119°	4:41 115°	4:39 118°	4:51 115°
13.11	SAO 78957 7,8 mag	Austritt	6:01 275°	5:56 252°	6:03 271°	5:57 263°	5:55 275°	5:56 271°	5:53 264°	6:01 270°	6:03 260°	6:01 264°	5:58 260°	6:09 266°
13.11	SAO 78968 7,2 mag	Eintritt	-	5:09 52°	-	5:20 32°	-	-	5:19 28°	-	5:21 41°	5:24 32°	5:17 40°	5:35 30°
13.11	SAO 78968 7,2 mag	Austritt	-	6:06 328°	-	5:51 347°	-	-	5:46 350°	-	6:02 340°	5:55 348°	5:59 340°	6:01 353°
13.11	76 Gem 5,4 mag	Eintritt	23:12 106°	23:04 114°	23:10 110°	23:07 107°	23:12 100°	23:10 103°	23:08 103°	23:10 108°	23:06 115°	23:07 111°	23:06 111°	23:09 121°
14.11	76 Gem 5,4 mag	Austritt	0:18 258°	0:04 247°	0:15 253°	0:11 255°	0:18 263°	0:15 260°	0:11 259°	0:15 255°	0:07 246°	0:10 251°	0:08 251°	0:10 242°
15.11	SAO 80310 6,8 mag	Eintritt	1:09 28°	0:45 52°	1:01 39°	0:57 38°	-	1:10 21°	1:02 29°	1:02 36°	0:49 52°	0:54 45°	0:51 46°	0:51 56°
15.11	SAO 80310 6,8 mag	Austritt	1:31 353°	1:34 325°	1:37 341°	1:31 340°	-	1:24 359°	1:26 349°	1:34 344°	1:38 327°	1:36 334°	1:34 332°	1:45 324°
15.11	SAO 80800 7,8 mag	Eintritt	22:42 85°	-	22:40 89°	22:41 86°	22:45 79°	22:43 82°	22:43 83°	22:41 87°	22:37 94°	22:39 90°	22:39 90°	22:35 98°

Datum	Stern	Vorgang	Berlin	Bern	Dresden	Frankfurt	Hamburg	Hannover	Koeln	Leipzig	Muenchen	Nuernberg	Stuttgart	Wien
15.11	SAO 80800 7,8 mag	Austritt	23:38 300°	23:33 290°	23:36 296°	23:35 297°	23:38 306°	23:37 303°	23:36 301°	23:37 297°	23:34 289°	23:35 293°	23:34 293°	23:34 285°
16.11	SAO 80886 7,4 mag	Eintritt	3:07 48°	2:43 75°	3:01 57°	2:53 61°	3:09 40°	3:02 49°	2:54 57°	3:01 55°	2:50 71°	2:53 65°	2:49 68°	2:56 71°
16.11	SAO 80886 7,4 mag	Austritt	3:43 353°	3:48 323°	3:48 344°	3:45 337°	3:35 359°	3:40 350°	3:41 341°	3:46 345°	3:52 329°	3:49 335°	3:48 331°	3:58 332°
16.11	SAO 80898 7,7 mag	Eintritt	3:35 71°	3:18 93°	3:33 77°	3:24 81°	3:33 67°	3:30 72°	3:24 78°	3:31 76°	3:25 89°	3:26 84°	3:23 86°	3:32 87°
16.11	SAO 80898 7,7 mag	Austritt	4:36 334°	4:36 309°	4:39 328°	4:34 321°	4:30 336°	4:32 331°	4:31 324°	4:37 328°	4:40 316°	4:38 320°	4:36 317°	4:47 320°
17.11	SAO 99019 7,3 mag	Eintritt	-	0:21 48°	-	-	-	-	-	-	0:22 47°	0:28 37°	0:26 39°	0:19 53°
17.11	SAO 99019 7,3 mag	Austritt	-	0:51 346°	-	-	-	-	-	-	0:52 348°	0:48 359°	0:48 356°	0:55 343°
17.11	42 Leo 6,1 mag	Eintritt	4:59 142°	5:04 171°	5:01 147°	4:57 155°	4:54 141°	4:55 146°	4:54 153°	4:59 147°	5:04 161°	5:01 156°	5:00 160°	5:09 155°
17.11	42 Leo 6,1 mag	Austritt	6:12 277°	5:55 248°	6:13 273°	6:03 264°	6:07 277°	6:06 273°	6:00 264°	6:10 272°	6:07 260°	6:07 264°	6:02 259°	6:17 268°
17.11	SAO 99091 7,4 mag	Eintritt	-	5:12 56°	-	-	-	-	-	-	-	-	-	-
17.11	SAO 99091 7,4 mag	Austritt	-	5:48 4°	-	-	-	-	-	-	-	-	-	-
18.11	SAO 99455 7,3 mag	Eintritt	4:10 97°	04:00 119°	4:09 102°	4:03 107°	4:08 95°	4:06 99°	4:02 105°	4:08 102°	4:04 113°	4:05 109°	4:02 112°	4:09 110°
18.11	SAO 99455 7,3 mag	Austritt	5:18 324°	5:14 301°	5:20 319°	5:15 312°	5:14 324°	5:15 320°	5:13 313°	5:18 319°	5:19 308°	5:18 312°	5:16 308°	5:25 313°
19.11	SAO 119061 6,7 mag	Eintritt	2:03 75°	-	2:00 81°	1:59 83°	2:06 69°	2:03 74°	-	2:01 80°	1:55 92°	1:57 86°	1:57 88°	1:55 92°
19.11	SAO 119061 6,7 mag	Austritt	2:48 338°	2:48 316°	2:49 332°	2:48 328°	2:46 343°	2:47 337°	2:48 332°	2:48 333°	2:49 320°	2:49 325°	2:49 323°	2:51 321°
21.11	SAO 139405 7,2 mag	Eintritt	-	-	-	7:58 90°	8:05 77°	8:02 81°	7:56 90°	-	-	-	-	-
21.11	SAO 139405 7,2 mag	Austritt	-	-	-	8:56 342°	8:51 354°	8:53 350°	8:54 341°	-	-	-	-	-
21.11	SAO 139408 7,7 mag	Eintritt	-	-	-	-	-	-	8:09 77°	-	-	-	-	-

Datum	Stern	Vorgang	Berlin	Bern	Dresden	Frankfurt	Hamburg	Hannover	Koeln	Leipzig	Muenchen	Nuernberg	Stuttgart	Wien
21.11	SAO 139408 7,7 mag	Austritt	-	-	-	-	-	-	8:55 355°	-	-	-	-	-
25.11	SAO 185573 7,0 mag	Eintritt	15:01 139°	-	-	-	-	-	-	-	-	-	-	-
25.11	SAO 185573 7,0 mag	Austritt	15:50 228°	-	-	-	-	-	-	-	-	-	-	-
26.11	SAO 187286 7,2 mag	Eintritt	15:55 63°	15:49 65°	15:56 65°	15:50 63°	15:51 61°	15:51 61°	15:48 61°	15:55 64°	15:55 66°	15:54 65°	15:51 64°	16:01 70°
26.11	SAO 187286 7,2 mag	Austritt	17:00 282°	16:59 281°	17:02 280°	16:57 284°	16:55 287°	16:56 286°	16:54 286°	17:00 282°	17:03 279°	17:01 281°	16:59 282°	17:09 274°
27.11	SAO 188639 7,6 mag	Eintritt	14:44 91°	-	14:44 92°	-	-	-	-	-	-	-	-	14:48 95°
27.11	SAO 188639 7,6 mag	Austritt	15:55 245°	-	15:55 243°	-	-	-	-	-	-	-	-	15:59 239°
27.11	SAO 188677 7,8 mag	Eintritt	15:38 79°	15:27 81°	15:38 80°	15:30 79°	15:33 77°	15:32 77°	15:28 77°	15:36 79°	15:34 82°	15:34 80°	15:31 80°	15:42 84°
27.11	SAO 188677 7,8 mag	Austritt	16:49 252°	16:43 252°	16:50 251°	16:44 254°	16:45 256°	16:45 255°	16:41 256°	16:48 252°	16:48 249°	16:47 251°	16:45 252°	16:54 245°
27.11	SAO 188688 7,5 mag	Eintritt	16:16 33°	16:08 34°	16:16 35°	16:11 31°	16:14 29°	16:13 30°	16:10 29°	16:15 33°	16:13 37°	16:13 34°	16:11 34°	16:18 41°
27.11	SAO 188688 7,5 mag	Austritt	17:09 296°	17:04 295°	17:11 294°	17:04 299°	17:02 302°	17:03 301°	16:59 302°	17:09 296°	17:11 292°	17:09 295°	17:06 296°	17:19 286°
27.11	SAO 188724 7,6 mag	Eintritt	17:15 20°	17:09 21°	17:14 23°	17:12 17°	17:14 12°	17:13 14°	17:12 12°	17:14 20°	17:12 25°	17:12 22°	17:11 20°	17:15 33°
27.11	SAO 188724 7,6 mag	Austritt	17:55 307°	17:53 305°	17:58 303°	17:50 310°	17:47 316°	17:48 314°	17:45 316°	17:55 306°	18:00 300°	17:56 304°	17:54 306°	18:08 292°
28.11	SAO 189940 7,6 mag	Eintritt	18:36 38°	18:31 39°	18:36 41°	18:33 35°	18:34 31°	18:34 33°	18:32 31°	18:35 38°	18:34 43°	18:34 40°	18:33 39°	18:38 50°
28.11	SAO 189940 7,6 mag	Austritt	19:34 272°	19:34 269°	19:37 269°	19:32 274°	19:29 280°	19:31 277°	19:29 278°	19:35 271°	19:38 265°	19:36 269°	19:34 270°	19:42 259°
29.11	SAO 164759 7,7 mag	Eintritt	-	-	-	-	-	-	17:05 146°	-	-	-	-	-
29.11	SAO 164759 7,7 mag	Austritt	-	-	-	-	-	-	17:14 159°	-	-	-	-	-
29.11	SAO 164827 6,4 mag	Eintritt	20:35 5°	20:29 13°	20:33 12°	20:33 5°	20:39 352°	20:36 357°	20:35 357°	20:34 8°	20:31 17°	20:32 12°	20:31 11°	20:31 25°

Datum	Stern	Vorgang	Berlin	Bern	Dresden	Frankfurt	Hamburg	Hannover	Koeln	Leipzig	Muenchen	Nuernberg	Stuttgart	Wien
29.11	SAO 164827 6,4 mag	Austritt	21:11 295°	21:16 284°	21:15 288°	21:11 294°	21:02 308°	21:06 303°	21:05 302°	21:13 292°	21:19 281°	21:15 287°	21:14 288°	21:23 274°
30.11	Tau2 Aqr 4,2 mag	Eintritt	16:10 70°	15:55 71°	16:09 72°	16:01 69°	16:08 68°	16:06 68°	16:01 67°	16:07 70°	16:02 72°	16:03 71°	16:00 70°	16:09 76°
30.11	Tau2 Aqr 4,2 mag	Austritt	17:21 228°	17:07 229°	17:20 226°	17:13 231°	17:18 232°	17:17 232°	17:12 233°	17:19 228°	17:14 226°	17:15 228°	17:12 229°	17:20 220°
1.12	SAO 146919 6,3 mag	Eintritt	-	-	-	-	22:03 137°	-	-	-	-	-	-	-
1.12	SAO 146919 6,3 mag	Austritt	-	-	-	-	22:13 154°	-	-	-	-	-	-	-
1.12	SAO 146908 7,9 mag	Eintritt	-	22:13 344°	-	-	-	-	-	-	22:14 348°	22:24 330°	22:24 327°	22:12 359°
1.12	SAO 146908 7,9 mag	Austritt	-	22:36 305°	-	-	-	-	-	-	22:40 302°	22:29 321°	22:26 323°	22:48 293°
2.12	SAO 128789 7,5 mag	Eintritt	17:18 70°	17:03 69°	17:16 72°	17:10 67°	17:16 66°	17:14 67°	17:09 65°	17:15 70°	17:09 72°	17:11 70°	17:08 69°	17:15 77°
2.12	SAO 128789 7,5 mag	Austritt	18:27 219°	18:12 220°	18:25 217°	18:19 222°	18:25 225°	18:23 224°	18:18 225°	18:24 219°	18:18 216°	18:20 219°	18:17 220°	18:22 209°
2.12	SAO 128823 7,1 mag	Eintritt	19:47 99°	19:35 100°	19:49 103°	19:38 95°	19:41 91°	19:40 93°	19:35 90°	19:46 100°	19:45 107°	19:43 102°	19:39 99°	20:00 123°
2.12	SAO 128823 7,1 mag	Austritt	20:39 187°	20:25 183°	20:36 182°	20:33 189°	20:39 196°	20:37 193°	20:33 195°	20:36 185°	20:28 176°	20:32 182°	20:30 184°	20:25 161°
3.12	SAO 109856 7,8 mag	Eintritt	22:43 2°	22:28 16°	22:40 10°	22:36 6°	22:47 350°	22:43 357°	22:38 358°	22:40 6°	22:33 18°	22:36 12°	22:33 12°	22:37 24°
3.12	SAO 109856 7,8 mag	Austritt	23:25 292°	23:27 274°	23:29 284°	23:23 286°	23:15 304°	23:19 297°	23:18 293°	23:26 287°	23:31 274°	23:28 280°	23:27 280°	23:38 270°
3.12	SAO 109864 7,7 mag	Eintritt	22:50 32°	22:39 42°	22:49 37°	22:43 34°	22:48 24°	22:47 28°	22:43 29°	22:48 34°	22:44 43°	22:45 39°	22:42 39°	22:49 48°
3.12	SAO 109864 7,7 mag	Austritt	23:53 264°	23:51 250°	23:55 259°	23:51 259°	23:48 270°	23:49 266°	23:48 264°	23:53 261°	23:55 250°	23:54 255°	23:52 254°	24:00 247°
4.12	SAO 109916 6,7 mag	Eintritt	-	1:56 18°	2:09 350°	2:03 360°	-	-	2:06 352°	2:10 347°	02:00 12°	2:02 5°	2:00 9°	2:02 11°
4.12	SAO 109916 6,7 mag	Austritt	-	2:40 289°	2:25 319°	2:30 308°	-	-	2:26 315°	2:23 321°	2:37 296°	2:33 304°	2:35 299°	2:37 299°
5.12	SAO 92882 7,1 mag	Eintritt	3:03 31°	3:01 54°	3:03 37°	3:01 42°	3:02 29°	3:01 34°	03:00 40°	3:02 37°	3:02 48°	3:02 44°	3:01 47°	3:04 46°

Datum	Stern	Vorgang	Berlin	Bern	Dresden	Frankfurt	Hamburg	Hannover	Koeln	Leipzig	Muenchen	Nuernberg	Stuttgart	Wien
5.12	SAO 92882 7,1 mag	Austritt	3:50 287°	04:00 264°	3:53 282°	3:55 275°	3:48 288°	3:51 284°	3:53 277°	3:52 282°	3:58 270°	3:56 274°	3:57 271°	3:57 274°
5.12	SAO 93113 6,8 mag	Eintritt	15:12 34°	-	15:09 36°	-	15:15 32°	15:13 33°	-	15:10 35°	-	-	-	15:03 39°
5.12	SAO 93113 6,8 mag	Austritt	15:59 274°	-	15:57 273°	-	16:01 277°	15:59 277°	-	15:57 274°	-	-	-	15:53 269°
5.12	Uranus 5,7 mag	Eintritt	17:44 23°	17:33 22°	17:41 25°	17:40 20°	17:47 17°	17:45 18°	17:42 17°	17:42 23°	17:35 26°	17:38 24°	17:36 22°	17:35 32°
5.12	Uranus 5,7 mag	Austritt	18:36 278°	18:22 278°	18:34 275°	18:27 281°	18:33 284°	18:32 283°	18:27 285°	18:33 278°	18:27 274°	18:29 277°	18:26 278°	18:32 267°
5.12	SAO 93185 7,8 mag	Eintritt	18:55 61°	18:41 61°	18:52 63°	18:48 58°	18:55 56°	18:53 57°	18:48 55°	18:52 61°	18:45 64°	18:48 62°	18:45 60°	18:49 70°
5.12	SAO 93185 7,8 mag	Austritt	20:05 238°	19:49 237°	20:03 235°	19:56 240°	20:04 244°	20:01 242°	19:56 244°	20:02 237°	19:55 233°	19:57 236°	19:54 237°	20:00 226°
6.12	53 Ari 6,1 mag	Eintritt	2:55 37°	2:51 59°	2:55 43°	2:51 48°	2:53 34°	2:52 39°	2:50 45°	2:54 42°	2:54 54°	2:53 49°	2:52 52°	2:57 51°
6.12	53 Ari 6,1 mag	Austritt	3:47 288°	3:56 265°	3:50 283°	3:51 277°	3:44 290°	3:47 285°	3:49 278°	3:49 283°	3:55 272°	3:53 276°	3:54 273°	3:55 276°
7.12	37 Tau 4,5 mag	Eintritt	5:58 80°	6:07 99°	6:00 83°	6:02 90°	5:58 80°	5:59 83°	6:01 89°	6:00 83°	6:05 92°	6:03 89°	6:04 93°	6:03 87°
7.12	37 Tau 4,5 mag	Austritt	6:53 262°	07:00 244°	6:54 259°	6:57 252°	6:53 261°	6:54 258°	6:57 253°	6:55 258°	6:58 251°	6:57 253°	6:58 250°	-
7.12	39 Tau 6,0 mag	Eintritt	6:15 103°	6:29 125°	6:18 106°	6:22 114°	6:15 103°	6:17 106°	6:21 113°	6:18 106°	6:24 116°	6:22 113°	6:24 117°	-
7.12	39 Tau 6,0 mag	Austritt	7:05 239°	7:08 219°	7:06 236°	7:08 229°	7:05 238°	7:06 235°	7:07 229°	7:06 236°	-	7:08 230°	7:08 226°	-
7.12	SAO 76636 7,2 mag	Eintritt	16:04 86°	-	16:02 87°	16:03 85°	16:07 83°	16:06 84°	16:05 84°	16:03 86°	16:00 89°	16:01 87°	16:01 87°	15:57 92°
7.12	SAO 76636 7,2 mag	Austritt	16:56 238°	16:49 237°	16:53 237°	16:54 240°	16:59 242°	16:57 241°	16:56 242°	16:54 238°	16:49 236°	16:51 237°	16:51 238°	16:47 232°
7.12	SAO 76635 7,1 mag	Eintritt	16:08 5°	-	16:04 8°	16:08 3°	16:15 356°	16:12 359°	-	16:06 6°	16:00 11°	16:04 8°	-	15:56 16°
7.12	SAO 76635 7,1 mag	Austritt	16:28 320°	-	16:27 317°	16:25 323°	16:27 329°	16:26 327°	-	16:27 319°	16:25 314°	16:26 317°	-	16:25 308°
8.12	Mars -1,9 mag	Eintritt	6:02 75°	6:09 96°	6:03 78°	6:04 86°	06:00 76°	6:01 79°	6:03 86°	6:03 79°	6:07 88°	6:05 85°	6:06 89°	6:07 82°

Datum	Stern	Vorgang	Berlin	Bern	Dresden	Frankfurt	Hamburg	Hannover	Koeln	Leipzig	Muenchen	Nuernberg	Stuttgart	Wien
8.12	Mars -1,9 mag	Austritt	6:56 277°	7:05 260°	6:58 274°	7:01 268°	6:56 276°	6:58 273°	7:00 268°	6:58 274°	7:03 267°	7:01 269°	7:02 266°	7:01 272°
8.12	98 Tau 5,6 mag	Eintritt	6:31 57°	6:36 77°	6:33 60°	6:33 68°	6:30 58°	6:31 62°	6:32 68°	6:32 61°	6:35 69°	6:34 67°	6:34 70°	6:35 64°
8.12	98 Tau 5,6 mag	Austritt	7:20 296°	7:31 279°	7:22 294°	7:26 286°	7:20 295°	7:22 292°	7:26 286°	7:22 293°	7:28 285°	7:26 287°	7:28 284°	7:25 291°
8.12	SAO 77350 6,5 mag	Eintritt	23:29 38°	23:08 52°	23:25 44°	23:17 42°	23:29 30°	23:25 35°	23:18 37°	23:25 42°	23:16 52°	23:18 47°	23:15 48°	23:22 56°
9.12	SAO 77350 6,5 mag	Austritt	0:29 303°	0:23 284°	0:32 296°	0:24 295°	0:21 309°	0:23 304°	0:19 300°	0:29 298°	0:31 286°	0:29 291°	0:26 290°	0:40 285°
9.12	SAO 77494 7,4 mag	Eintritt	3:12 151°	-	3:20 162°	-	3:05 148°	3:11 157°	-	3:19 162°	-	-	-	-
9.12	SAO 77494 7,4 mag	Austritt	3:48 208°	-	3:44 198°	-	3:44 210°	3:40 201°	-	3:42 197°	-	-	-	-
9.12	SAO 78417 6,5 mag	Eintritt	20:48 76°	20:37 80°	20:46 79°	20:43 75°	20:49 70°	20:47 72°	20:44 72°	20:46 77°	20:40 83°	20:42 79°	20:40 79°	20:42 88°
9.12	SAO 78417 6,5 mag	Austritt	21:56 269°	21:43 262°	21:55 265°	21:49 268°	21:55 275°	21:53 273°	21:49 272°	21:54 267°	21:48 260°	21:50 264°	21:47 264°	21:52 255°
10.12	SAO 78540 6,9 mag	Eintritt	1:22 30°	0:56 56°	1:17 39°	1:06 42°	1:22 21°	1:16 30°	1:06 38°	1:16 37°	1:06 52°	1:08 46°	1:03 49°	1:14 52°
10.12	SAO 78540 6,9 mag	Austritt	2:01 334°	2:08 304°	2:08 325°	2:03 319°	1:51 341°	1:57 331°	1:58 323°	2:05 326°	2:13 310°	2:09 316°	2:07 312°	2:20 313°
10.12	SAO 78643 7,7 mag	Eintritt	4:16 65°	4:11 88°	4:17 69°	4:10 77°	4:11 65°	4:11 69°	4:07 76°	4:15 69°	4:16 80°	4:14 77°	4:12 80°	4:23 75°
10.12	SAO 78643 7,7 mag	Austritt	5:17 313°	5:26 291°	5:20 309°	5:21 301°	5:13 312°	5:16 308°	5:18 301°	5:19 308°	5:26 299°	5:23 302°	5:24 298°	5:28 305°
10.12	SAO 79243 7,4 mag	Eintritt	18:27 73°	18:24 76°	18:25 75°	18:27 72°	18:31 68°	18:29 70°	18:29 69°	18:26 74°	18:23 78°	18:25 75°	18:25 75°	18:20 82°
10.12	SAO 79243 7,4 mag	Austritt	19:20 284°	19:15 280°	19:18 281°	19:18 285°	19:22 289°	19:21 288°	19:19 288°	19:19 283°	19:15 278°	19:17 281°	19:17 282°	19:15 273°
10.12	SAO 79253 7,9 mag	Eintritt	18:42 81°	18:38 84°	18:40 84°	18:42 80°	18:46 77°	18:44 78°	18:44 78°	18:41 82°	18:38 86°	18:39 84°	18:40 83°	18:36 91°
10.12	SAO 79253 7,9 mag	Austritt	19:38 276°	19:32 272°	19:36 273°	19:35 276°	19:40 281°	19:38 279°	19:37 280°	19:36 275°	19:32 270°	19:34 273°	19:34 273°	19:31 265°
10.12	SAO 79316 7,9 mag	Eintritt	20:23 131°	20:18 138°	20:23 135°	20:20 131°	20:23 124°	20:22 126°	20:20 126°	20:22 132°	20:21 141°	20:21 136°	20:19 135°	20:26 151°

Datum	Stern	Vorgang	Berlin	Bern	Dresden	Frankfurt	Hamburg	Hannover	Koeln	Leipzig	Muenchen	Nuernberg	Stuttgart	Wien
10.12	SAO 79316 7,9 mag	Austritt	21:10 227°	20:56 217°	21:06 221°	21:05 226°	21:13 234°	21:10 231°	21:07 230°	21:07 224°	20:58 214°	21:02 220°	21:01 221°	20:55 205°
10.12	SAO 79405 7,3 mag	Eintritt	23:39 114°	23:30 129°	23:39 119°	23:32 119°	23:36 108°	23:34 112°	23:30 115°	23:38 117°	23:37 128°	23:36 123°	23:33 124°	23:45 132°
11.12	SAO 79405 7,3 mag	Austritt	0:55 254°	0:35 235°	0:53 249°	0:44 247°	0:51 259°	0:49 255°	0:43 250°	0:51 250°	0:43 238°	0:46 243°	0:42 241°	0:51 237°
11.12	SAO 79495 7,8 mag	Eintritt	2:52 109°	2:50 131°	2:54 113°	2:47 119°	2:46 107°	2:46 111°	2:43 117°	2:51 113°	2:55 124°	2:52 120°	2:50 123°	3:02 120°
11.12	SAO 79495 7,8 mag	Austritt	4:13 278°	4:07 255°	4:15 274°	4:08 266°	4:07 277°	4:08 274°	4:04 267°	4:13 273°	4:14 263°	4:12 267°	4:09 262°	4:22 269°
11.12	SAO 80089 7,0 mag	Eintritt	23:20 156°	-	23:24 166°	23:18 165°	23:14 147°	23:15 152°	23:13 156°	23:21 162°	-	23:27 178°	-	-
11.12	SAO 80089 7,0 mag	Austritt	24:00 221°	-	23:53 211°	23:46 210°	24:02 229°	23:57 224°	23:50 218°	23:54 215°	-	23:39 197°	-	-
12.12	SAO 80165 7,3 mag	Eintritt	2:46 139°	2:56 172°	2:49 145°	2:45 153°	2:39 137°	2:41 142°	2:40 150°	2:47 145°	2:55 160°	2:50 154°	2:50 159°	3:00 154°
12.12	SAO 80165 7,3 mag	Austritt	3:57 258°	3:35 224°	3:57 253°	3:46 243°	3:51 258°	3:50 253°	3:43 245°	3:55 252°	3:50 238°	3:50 243°	3:45 238°	4:02 246°
13.12	SAO 80702 6,1 mag	Eintritt	1:50 46°	1:24 76°	1:44 56°	1:34 62°	1:50 39°	1:44 49°	1:34 57°	1:43 55°	1:33 70°	1:35 65°	1:31 68°	1:41 69°
13.12	SAO 80702 6,1 mag	Austritt	2:26 354°	2:33 322°	2:32 345°	2:29 337°	2:18 359°	2:23 350°	2:25 340°	2:29 346°	2:37 330°	2:33 335°	2:32 331°	2:43 334°
14.12	SAO 98984 7,8 mag	Eintritt	8:25 125°	-	-	8:27 133°	8:21 127°	8:23 129°	8:25 134°	-	-	-	-	-
14.12	SAO 98984 7,8 mag	Austritt	9:30 295°	-	-	9:33 288°	9:27 292°	9:29 291°	9:31 287°	-	-	-	-	-
15.12	SAO 99280 6,8 mag	Eintritt	-	1:02 41°	-	-	-	-	-	-	-	-	-	-
15.12	SAO 99280 6,8 mag	Austritt	-	1:23 7°	-	-	-	-	-	-	-	-	-	-
15.12	SAO 99321 6,8 mag	Eintritt	4:46 147°	4:54 175°	4:48 151°	4:46 161°	4:41 148°	4:42 152°	4:43 160°	4:47 152°	4:53 163°	4:49 159°	4:49 165°	4:56 155°
15.12	SAO 99321 6,8 mag	Austritt	5:59 281°	5:47 255°	6:00 279°	5:51 268°	5:53 279°	5:53 276°	5:48 267°	5:58 277°	5:57 268°	5:56 270°	5:52 265°	6:07 276°
16.12	SAO 118892 6,7 mag	Eintritt	-	0:11 60°	-	0:26 34°	-	-	-	-	0:14 55°	0:20 45°	0:17 49°	0:14 57°

Datum	Stern	Vorgang	Berlin	Bern	Dresden	Frankfurt	Hamburg	Hannover	Koeln	Leipzig	Muenchen	Nuernberg	Stuttgart	Wien
16.12	SAO 118892 6,7 mag	Austritt	-	0:46 349°	-	0:35 16°	-	-	-	-	0:45 355°	0:41 6°	0:42 0°	0:47 355°
16.12	SAO 118946 7,0 mag	Eintritt	5:13 150°	5:21 179°	5:16 154°	5:14 164°	5:09 152°	5:11 156°	5:11 164°	5:14 155°	5:20 166°	5:17 163°	5:17 168°	5:23 158°
16.12	SAO 118946 7,0 mag	Austritt	6:25 282°	6:12 257°	6:26 280°	6:17 269°	6:19 280°	6:18 277°	6:13 268°	6:23 278°	6:23 269°	6:21 272°	6:17 266°	6:32 278°
16.12	SAO 118952 7,0 mag	Eintritt	5:23 94°	5:14 118°	5:14 118°	5:15 107°	5:18 96°	5:17 100°	5:13 107°	5:21 99°	5:20 109°	5:19 106°	5:16 110°	5:29 101°
16.12	SAO 118952 7,0 mag	Austritt	6:29 339°	6:33 318°	6:33 318°	6:30 326°	6:25 336°	6:27 333°	6:27 326°	6:31 335°	6:36 327°	6:33 329°	6:32 324°	6:40 335°
18.12	SAO 139129 7,5 mag	Eintritt	3:28 202°	-	-	-	3:25 198°	-	-	-	-	-	-	-
18.12	SAO 139129 7,5 mag	Austritt	3:41 224°	-	-	-	3:41 227°	-	-	-	-	-	-	-
18.12	The Vir 4,5 mag	Eintritt	-	6:29 67°	6:29 67°	-	-	-	-	-	-	-	6:44 44°	-
18.12	The Vir 4,5 mag	Austritt	-	7:05 10°	7:05 10°	-	-	-	-	-	-	-	6:53 31°	-
19.12	SAO 158212 7,7 mag	Eintritt	3:23 59°	-	-	-	-	-	-	3:18 67°	3:10 83°	3:13 78°	-	3:13 78°
19.12	SAO 158212 7,7 mag	Austritt	3:51 3°	3:58 330°	3:58 330°	3:56 344°	-	-	-	3:54 354°	3:57 339°	3:56 344°	3:57 339°	3:57 345°
19.12	SAO 158267 7,1 mag	Eintritt	7:08 164°	7:20 198°	7:10 167°	7:11 180°	7:06 167°	7:07 171°	7:09 181°	7:09 168°	7:14 179°	7:12 176°	7:13 183°	7:15 168°
19.12	SAO 158267 7,1 mag	Austritt	8:04 265°	7:43 234°	8:05 263°	7:53 251°	7:59 262°	7:57 259°	7:50 249°	8:02 261°	7:58 252°	7:58 255°	7:53 248°	8:10 263°
20.12	SAO 158813 7,0 mag	Eintritt	5:49 162°	-	5:50 166°	5:53 180°	5:49 164°	5:49 168°	5:52 180°	5:50 168°	5:55 183°	5:53 178°	5:55 187°	5:53 172°
20.12	SAO 158813 7,0 mag	Austritt	6:38 260°	-	6:36 256°	6:26 242°	6:35 257°	6:33 253°	6:25 241°	6:35 255°	6:26 240°	6:29 245°	6:23 236°	6:36 252°
20.12	SAO 158855 6,7 mag	Eintritt	7:36 165°	-	7:38 168°	7:40 182°	7:35 168°	7:36 172°	7:39 184°	7:37 170°	7:42 181°	7:40 178°	7:42 186°	7:42 169°
20.12	SAO 158855 6,7 mag	Austritt	8:27 257°	-	8:27 255°	8:14 241°	8:22 253°	8:20 250°	8:11 239°	8:24 253°	8:19 243°	8:19 245°	8:13 238°	8:31 254°
24.12	SAO 188079 5,9 mag	Eintritt	15:10 119°	-	15:12 122°	-	15:04 114°	15:04 116°	-	15:10 120°	-	-	-	15:22 132°

Datum	Stern	Vorgang	Berlin	Bern	Dresden	Frankfurt	Hamburg	Hannover	Koeln	Leipzig	Muenchen	Nuernberg	Stuttgart	Wien
24.12	SAO 188079 5,9 mag	Austritt	15:59 215°	-	15:59 212°	-	15:57 221°	15:57 219°	-	15:59 214°	-	-	-	15:59 200°
25.12	SAO 189406 7,1 mag	Eintritt	15:45 54°	15:38 54°	15:38 54°	15:40 51°	15:40 51°	15:41 50°	15:38 49°	15:44 54°	15:43 57°	15:43 55°	15:41 54°	15:49 63°
25.12	SAO 189406 7,1 mag	Austritt	16:49 264°	16:47 262°	16:47 262°	16:46 266°	16:46 266°	16:45 268°	16:43 269°	16:49 263°	16:51 259°	16:49 262°	16:47 263°	16:55 252°
25.12	SAO 189416 6,2 mag	Eintritt	15:55 77°	15:49 78°	15:49 78°	15:50 75°	15:50 75°	15:51 73°	15:48 72°	15:54 78°	15:55 81°	15:54 79°	15:51 77°	16:01 87°
25.12	SAO 189416 6,2 mag	Austritt	17:00 240°	16:58 238°	16:58 238°	16:58 242°	16:58 242°	16:57 244°	16:56 245°	17:00 239°	17:01 234°	17:00 237°	16:59 239°	17:04 228°
25.12	SAO 189469 7,6 mag	Eintritt	-	17:45 14°	17:45 14°	17:48 5°	17:48 5°	-	17:51 356°	-	17:45 19°	17:46 14°	17:46 12°	-
25.12	SAO 189469 7,6 mag	Austritt	-	18:23 299°	18:23 299°	18:17 310°	18:17 310°	-	18:10 320°	-	18:26 295°	18:22 301°	18:21 303°	-
26.12	SAO 190463 7,0 mag	Eintritt	-	-	-	-	-	-	-	-	-	-	-	16:40 350°
26.12	SAO 190463 7,0 mag	Austritt	-	-	-	-	-	-	-	-	-	-	-	17:02 313°
26.12	SAO 190556 7,1 mag	Eintritt	-	19:26 79°	19:26 79°	19:24 72°	19:24 72°	-	19:22 68°	-	-	-	19:25 76°	-
26.12	SAO 190556 7,1 mag	Austritt	-	20:22 224°	20:22 224°	20:22 232°	20:22 232°	-	20:21 237°	-	-	-	20:22 228°	-
27.12	SAO 165211 7,8 mag	Eintritt	19:49 35°	19:46 44°	19:46 44°	19:47 36°	19:47 36°	19:48 31°	19:47 32°	19:49 38°	19:48 46°	19:48 41°	19:47 41°	19:50 51°
27.12	SAO 165211 7,8 mag	Austritt	20:44 263°	20:47 251°	20:47 251°	20:45 260°	20:45 260°	20:42 266°	20:42 264°	20:45 260°	20:48 251°	20:47 255°	20:46 255°	20:50 246°
28.12	SAO 146786 7,4 mag	Eintritt	-	-	-	22:04 118°	21:55 102°	21:58 107°	21:59 111°	22:03 115°	-	22:09 127°	22:10 129°	-
28.12	SAO 146786 7,4 mag	Austritt	-	-	-	22:34 180°	22:38 197°	22:37 192°	22:36 187°	22:35 184°	-	22:31 172°	22:30 169°	-
28.12	SAO 146795 6,5 mag	Eintritt	-	22:19 94°	22:19 94°	22:15 83°	22:11 72°	22:12 75°	22:12 75°	-	-	22:17 87°	22:17 88°	-
28.12	SAO 146795 6,5 mag	Austritt	-	23:07 205°	23:07 205°	23:08 217°	23:07 228°	23:08 225°	23:08 225°	-	-	23:08 213°	23:08 212°	-
29.12	SAO 128661 7,0 mag	Eintritt	15:47 107°	-	15:47 110°	15:37 103°	15:37 103°	15:41 102°	15:35 100°	15:45 107°	15:40 111°	15:41 108°	15:36 106°	15:53 123°

Datum	Stern	Vorgang	Berlin	Bern	Dresden	Frankfurt	Hamburg	Hannover	Koeln	Leipzig	Muenchen	Nuernberg	Stuttgart	Wien
29.12	SAO 128661 7,0 mag	Austritt	16:31 182°	-	16:27 178°	16:24 187°	16:24 187°	16:29 188°	16:26 191°	16:28 182°	16:20 177°	16:23 181°	16:22 184°	16:18 163°
29.12	SAO 128688 7,5 mag	Eintritt	18:29 32°	18:17 34°	18:17 34°	18:23 29°	18:23 29°	18:23 29°	18:23 29°	18:27 33°	18:23 38°	18:24 34°	18:21 33°	18:21 33°
29.12	SAO 128688 7,5 mag	Austritt	19:36 255°	19:29 250°	19:29 250°	19:30 256°	19:30 256°	19:30 256°	19:30 256°	19:35 254°	19:35 246°	19:34 251°	19:31 252°	19:31 252°
29.12	SAO 128685 7,2 mag	Eintritt	-	-	-	-	-	-	-	-	18:51 333°	-	-	18:45 353°
29.12	SAO 128685 7,2 mag	Austritt	-	-	-	-	-	-	-	-	19:05 312°	-	-	19:22 293°
30.12	SAO 109664 7,4 mag	Eintritt	18:22 11°	18:08 13°	18:08 13°	18:15 8°	18:15 8°	18:15 8°	18:15 8°	18:15 8°	18:12 18°	18:12 18°	18:13 12°	18:13 12°
30.12	SAO 109664 7,4 mag	Austritt	19:17 276°	19:07 271°	19:07 271°	19:09 278°	19:09 278°	19:09 278°	19:09 278°	19:09 278°	19:15 267°	19:15 267°	19:10 273°	19:10 273°
30.12	SAO 109743 7,8 mag	Eintritt	23:17 90°	23:26 113°	23:20 96°	23:19 98°	23:14 85°	23:14 85°	23:14 85°	23:14 85°	23:14 85°	23:14 85°	23:19 94°	23:19 94°
31.12	SAO 109743 7,8 mag	Austritt	0:12 215°	0:06 190°	0:11 209°	0:10 205°	0:11 219°	0:11 219°	0:11 219°	0:11 219°	0:11 219°	0:11 219°	0:11 210°	0:11 210°

Position von Merkur und Venus relativ zur Sonne

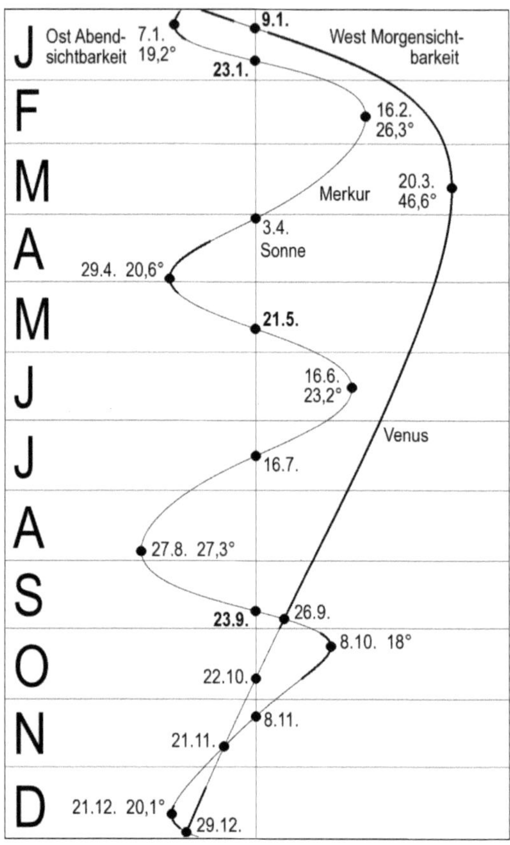

Position von Merkur und Venus in Bezug zur Sonne im Lauf des Jahres 2022. Die Datumswerte geben die Zeitpunkte der größten Elongationen (mit Elongationswert) und der oberen und unteren Konjunktionen zur Sonne an. Daten der unteren Konjunktionen sind fett, die der Elongationen und oberen Konjunktionen normal gedruckt. Eine dicke Linie bedeutet freiäugige Sichtbarkeit in Mitteleuropa.

Helligkeiten und Scheibchendurchmesser der Planeten 2022

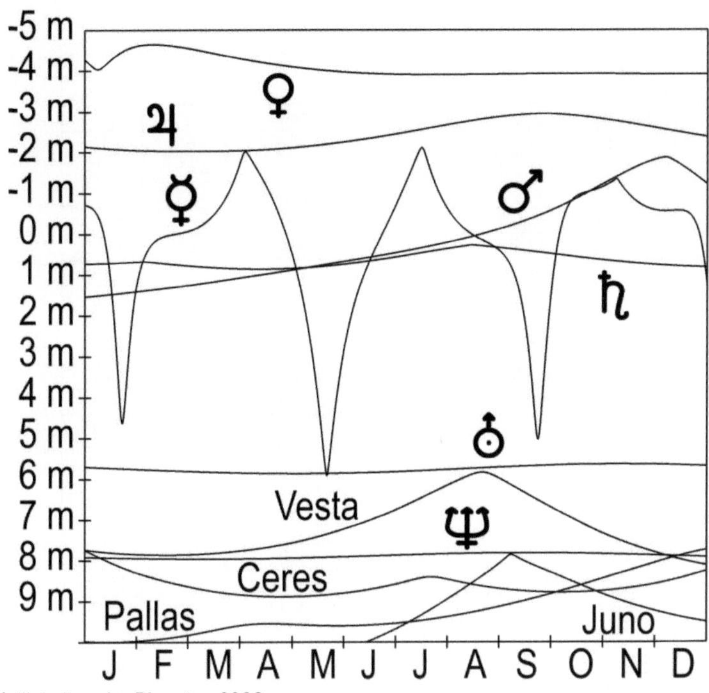

Helligkeiten der Planeten 2022

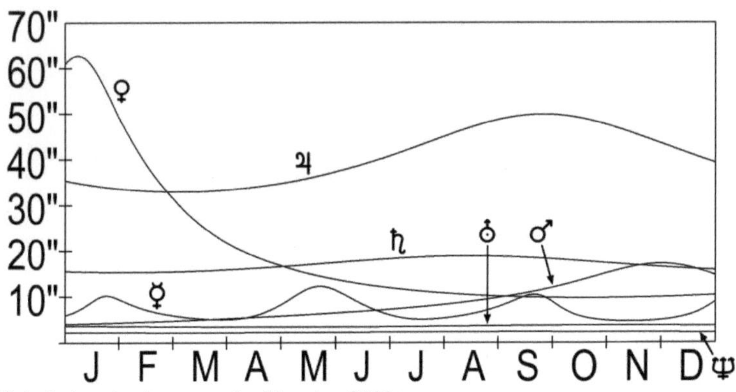

Scheibchendurchmesser der Planeten 2022

Ephemeriden

Sonne

Datum	Rektaszension	Deklination	Scheibchendurchmesser	Zentralmeridian	B	P
1.1.	18h45,6m	-23,02°	32,6'	143,4°	-3,0°	1,9°
6.1.	19h07,6m	-22,53°	32,6'	77,5°	-3,6°	-0,5°
11.1.	19h29,5m	-21,85°	32,6'	11,7°	-4,1°	-2,9°
16.1.	19h51,0m	-20,99°	32,6'	305,9°	-4,7°	-5,2°
21.1.	20h12,3m	-19,97°	32,5'	240,0°	-5,1°	-7,5°
26.1.	20h33,3m	-18,79°	32,5'	174,2°	-5,6°	-9,7°
31.1.	20h53,9m	-17,46°	32,5'	108,4°	-6,0°	-11,8°
5.2.	21h14,3m	-16,01°	32,5'	42,5°	-6,3°	-13,8°
10.2.	21h34,2m	-14,44°	32,5'	336,7°	-6,6°	-15,7°
15.2.	21h53,9m	-12,78°	32,4'	270,9°	-6,8°	-17,5°
20.2.	22h13,2m	-11,02°	32,4'	205,0°	-7,0°	-19,1°
25.2.	22h32,3m	-9,20°	32,4'	139,2°	-7,2°	-20,5°
2.3.	22h51,1m	-7,32°	32,3'	73,3°	-7,2°	-21,8°
7.3.	23h09,7m	-5,39°	32,3'	7,4°	-7,3°	-22,9°
12.3.	23h28,2m	-3,43°	32,2'	301,6°	-7,2°	-23,9°
17.3.	23h46,5m	-1,46°	32,2'	235,7°	-7,1°	-24,7°
22.3.	0h04,8m	0,52°	32,1'	169,7°	-7,0°	-25,4°
27.3.	0h23,0m	2,48°	32,1'	103,8°	-6,8°	-25,9°
1.4.	0h41,2m	4,43°	32,1'	37,9°	-6,5°	-26,1°
6.4.	0h59,5m	6,34°	32,0'	331,9°	-6,3°	-26,3°
11.4.	1h17,8m	8,21°	32,0'	265,9°	-5,9°	-26,2°
16.4.	1h36,2m	10,02°	31,9'	199,9°	-5,5°	-25,9°
21.4.	1h54,8m	11,76°	31,9'	133,9°	-5,1°	-25,5°
26.4.	2h13,6m	13,42°	31,8'	67,8°	-4,7°	-24,9°
1.5.	2h32,6m	14,99°	31,8'	1,7°	-4,2°	-24,1°
6.5.	2h51,8m	16,46°	31,7'	295,7°	-3,7°	-23,1°
11.5.	3h11,3m	17,81°	31,7'	229,5°	-3,1°	-21,9°
16.5.	3h31,0m	19,03°	31,7'	163,4°	-2,6°	-20,6°
21.5.	3h50,9m	20,13°	31,6'	97,3°	-2,0°	-19,1°
26.5.	4h11,0m	21,08°	31,6'	31,1°	-1,4°	-17,5°
31.5.	4h31,4m	21,87°	31,6'	325,0°	-0,8°	-15,7°
5.6.	4h51,9m	22,51°	31,6'	258,8°	-0,2°	-13,8°
10.6.	5h12,5m	22,99°	31,5'	192,6°	0,4°	-11,8°
15.6.	5h33,3m	23,29°	31,5'	126,5°	1,0°	-9,7°
20.6.	5h54,1m	23,43°	31,5'	60,3°	1,6°	-7,5°
25.6.	6h14,9m	23,39°	31,5'	354,1°	2,2°	-5,3°
30.6.	6h35,6m	23,18°	31,5'	287,9°	2,8°	-3,0°
5.7.	6h56,3m	22,81°	31,5'	221,7°	3,3°	-0,8°
10.7.	7h16,8m	22,26°	31,5'	155,6°	3,8°	1,5°
15.7.	7h37,1m	21,56°	31,5'	89,4°	4,3°	3,7°
20.7.	7h57,2m	20,71°	31,5'	23,2°	4,8°	5,9°

Datum	Rektaszen-sion	Deklination	Scheibchen-durchmesser	Zentral-meridian	B	P
25.7.	8h17,1m	19,71°	31,5'	317,1°	5,2°	8,0°
30.7.	8h36,8m	18,57°	31,5'	250,9°	5,6°	10,1°
4.8.	8h56,2m	17,31°	31,6'	184,8°	6,0°	12,1°
9.8.	9h15,3m	15,92°	31,6'	118,7°	6,3°	13,9°
14.8.	9h34,2m	14,44°	31,6'	52,6°	6,6°	15,7°
19.8.	9h52,9m	12,86°	31,6'	346,5°	6,8°	17,4°
24.8.	10h11,4m	11,19°	31,7'	280,4°	7,0°	18,9°
29.8.	10h29,7m	9,45°	31,7'	214,4°	7,1°	20,3°
3.9.	10h47,8m	7,64°	31,7'	148,3°	7,2°	21,6°
8.9.	11h05,9m	5,79°	31,8'	82,3°	7,3°	22,7°
13.9.	11h23,8m	3,90°	31,8'	16,3°	7,2°	23,7°
18.9.	11h41,8m	1,97°	31,9'	310,2°	7,2°	24,5°
23.9.	11h59,7m	0,03°	31,9'	244,2°	7,0°	25,2°
28.9.	12h17,7m	-1,92°	32,0'	178,2°	6,9°	25,7°
3.10.	12h35,8m	-3,86°	32,0'	112,3°	6,6°	26,1°
8.10.	12h54,0m	-5,78°	32,0'	46,3°	6,3°	26,2°
13.10.	13h12,4m	-7,67°	32,1'	340,3°	6,0°	26,2°
18.10.	13h31,0m	-9,51°	32,1'	274,4°	5,6°	26,0°
23.10.	13h49,8m	-11,30°	32,2'	208,4°	5,2°	25,6°
28.10.	14h09,0m	-13,02°	32,2'	142,5°	4,8°	25,1°
2.11.	14h28,4m	-14,66°	32,3'	76,6°	4,3°	24,3°
7.11.	14h48,2m	-16,19°	32,3'	10,6°	3,8°	23,3°
12.11.	15h08,3m	-17,61°	32,3'	304,7°	3,2°	22,1°
17.11.	15h28,8m	-18,91°	32,4'	238,8°	2,6°	20,8°
22.11.	15h49,6m	-20,07°	32,4'	172,9°	2,0°	19,2°
27.11.	16h10,8m	-21,07°	32,4'	107,0°	1,4°	17,5°
2.12.	16h32,3m	-21,91°	32,5'	41,1°	0,8°	15,6°
7.12.	16h54,0m	-22,57°	32,5'	335,2°	0,1°	13,6°
12.12.	17h15,9m	-23,05°	32,5'	269,3°	-0,5°	11,5°
17.12.	17h38,0m	-23,34°	32,5'	203,4°	-1,2°	9,2°
22.12.	18h00,2m	-23,44°	32,6'	137,6°	-1,8°	6,9°
27.12.	18h22,4m	-23,34°	32,6'	71,7°	-2,4°	4,5°
1.1.	18h44,6m	-23,04°	32,6'	5,8°	-3,0°	2,1°

Änderung des Zentralmeridian: 0,55°/Stunde, B = Neigung der Sonnenachse zur Erde, P = Positionswinkel des Sonnen-Nordpols

Beginn der synodischen Sonnenrotation nach Carrington 2022

Rotation	Datum
2253	11.1. 20h52m
2254	8.2. 5h04m
2255	7.3. 13h04m
2256	3.4. 20h24m
2257	1.5. 2h42m
2258	28.5. 8h01m
2259	24.6. 12h47m
2260	21.7. 17h37m

Rotation	Datum
2261	17.8. 22h59m
2262	14.9. 5h03m
2263	11.10. 11h44m
2264	7.11. 18h50m
2265	5.12. 2h19m

Merkur

Datum	Rektaszension	Deklination	Kulmination	Auf-/Untergang	Phase	Helligkeit	Scheibchendurchmesser
1.1.	20h02,5m	-22,32°	13:45	17:55U	0,78	-0,7 mag	5,9"
6.1.	20h29,2m	-20,23°	13:52	18:13U	0,64	-0,6 mag	6,6"
11.1.	20h46,7m	-18,03°	13:48	18:22U	0,44	-0,2 mag	7,5"
16.1.	20h48,8m	-16,39°	13:28	18:09U	0,20	1,0 mag	8,8"
21.1.	20h32,3m	-15,95°	12:50	17:33U	0,03	3,6 mag	9,9"
26.1.	20h06,4m	-16,64°	12:05	7:27A	0,03	3,6 mag	10,1"
31.1.	19h47,7m	-17,77°	11:28	6:55A	0,16	1,5 mag	9,6"
5.2.	19h43,4m	-18,76°	11:06	6:38A	0,32	0,6 mag	8,7"
10.2.	19h51,7m	-19,38°	10:55	6:30A	0,46	0,2 mag	7,8"
15.2.	20h08,3m	-19,54°	10:53	6:28A	0,57	0,1 mag	7,1"
20.2.	20h30,4m	-19,18°	10:55	6:29A	0,65	0,0 mag	6,6"
25.2.	20h55,9m	-18,29°	11:01	6:29A	0,71	-0,0 mag	6,1"
2.3.	21h23,5m	-16,87°	11:09	6:29A	0,77	-0,1 mag	5,8"
7.3.	21h52,7m	-14,90°	11:19	6:28A	0,81	-0,2 mag	5,5"
12.3.	22h23,0m	-12,42°	11:30	6:25A	0,86	-0,3 mag	5,3"
17.3.	22h54,3m	-9,42°	11:41	6:22A	0,90	-0,5 mag	5,2"
22.3.	23h26,7m	-5,92°	11:54	6:17A	0,94	-0,8 mag	5,0"
27.3.	0h00,4m	-1,96°	12:08		0,97	-1,2 mag	5,0"
1.4.	0h35,6m	2,41°	12:24		1,00	-1,8 mag	5,0"
6.4.	1h12,3m	7,04°	12:41	19:24U	0,99	-1,9 mag	5,1"
11.4.	1h50,2m	11,66°	13:00	20:05U	0,94	-1,5 mag	5,3"
16.4.	2h27,5m	15,88°	13:17	20:45U	0,82	-1,1 mag	5,7"
21.4.	3h01,8m	19,29°	13:31	21:18U	0,65	-0,7 mag	6,4"
26.4.	3h30,8m	21,66°	13:40	21:40U	0,48	-0,1 mag	7,2"
1.5.	3h52,6m	22,99°	13:41	21:48U	0,33	0,5 mag	8,2"
6.5.	4h05,9m	23,31°	13:33	21:41U	0,20	1,4 mag	9,4"
11.5.	4h10,3m	22,71°	13:17	21:19U	0,10	2,5 mag	10,6"
16.5.	4h06,4m	21,33°	12:53	20:44U	0,03	3,9 mag	11,6"
21.5.	3h57,2m	19,42°	12:24		0,00	5,8 mag	12,2"
26.5.	3h46,9m	17,49°	11:54		0,02	4,5 mag	12,1"
31.5.	3h40,0m	16,06°	11:28	4:05A	0,07	3,0 mag	11,5"
5.6.	3h39,3m	15,46°	11:08	3:49A	0,15	2,0 mag	10,6"
10.6.	3h45,6m	15,73°	10:56	3:34A	0,23	1,3 mag	9,5"
15.6.	3h58,8m	16,74°	10:50	3:22A	0,33	0,7 mag	8,5"
20.6.	4h18,6m	18,27°	10:50	3:13A	0,44	0,3 mag	7,6"
25.6.	4h45,0m	20,07°	10:58	3:09A	0,56	-0,2 mag	6,8"
30.6.	5h18,0m	21,83°	11:12	3:12A	0,70	-0,6 mag	6,1"
5.7.	5h57,4m	23,19°	11:32	3:23A	0,83	-1,1 mag	5,6"
10.7.	6h41,8m	23,75°	11:57	3:44A	0,94	-1,6 mag	5,3"

Datum	Rektaszension	Deklination	Kulmination	Auf-/Untergang	Phase	Helligkeit	Scheibchendurchmesser
15.7.	7h28,5m	23,24°	12:24	20:32U	0,99	-2,0 mag	5,1"
20.7.	8h14,1m	21,63°	12:50	20:46U	0,99	-1,8 mag	5,0"
25.7.	8h56,2m	19,16°	13:12	20:52U	0,94	-1,2 mag	5,1"
30.7.	9h34,1m	16,13°	13:30	20:52U	0,89	-0,7 mag	5,2"
4.8.	10h07,9m	12,78°	13:43	20:47U	0,83	-0,4 mag	5,4"
9.8.	10h38,0m	9,30°	13:53	20:39U	0,77	-0,2 mag	5,7"
14.8.	11h04,8m	5,83°	14:00	20:29U	0,71	-0,0 mag	6,0"
19.8.	11h28,6m	2,49°	14:04	20:16U	0,65	0,1 mag	6,4"
24.8.	11h49,2m	-0,61°	14:04	20:02U	0,59	0,2 mag	6,8"
29.8.	12h06,4m	-3,35°	14:01	19:47U	0,51	0,3 mag	7,4"
3.9.	12h19,1m	-5,56°	13:54	19:29U	0,42	0,5 mag	8,1"
8.9.	12h25,9m	-6,96°	13:40	19:09U	0,31	0,8 mag	8,8"
13.9.	12h24,7m	-7,18°	13:18	18:46U	0,19	1,5 mag	9,7"
18.9.	12h14,3m	-5,83°	12:47		0,07	2,8 mag	10,3"
23.9.	11h57,5m	-2,94°	12:11		0,01	5,0 mag	10,4"
28.9.	11h42,5m	0,39°	11:37	5:33A	0,06	2,8 mag	9,6"
3.10.	11h39,2m	2,49°	11:15	5:00A	0,24	0,7 mag	8,4"
8.10.	11h50,3m	2,52°	11:08	4:53A	0,48	-0,4 mag	7,2"
13.10.	12h12,4m	0,72°	11:11	5:04A	0,69	-0,8 mag	6,2"
18.10.	12h40,4m	-2,19°	11:20	5:27A	0,84	-1,0 mag	5,6"
23.10.	13h10,8m	-5,60°	11:30	5:54A	0,93	-1,0 mag	5,2"
28.10.	13h41,8m	-9,11°	11:42	6:22A	0,97	-1,1 mag	4,9"
2.11.	14h13,0m	-12,48°	11:53	6:51A	0,99	-1,2 mag	4,8"
7.11.	14h44,3m	-15,60°	12:05	7:20A	1,00	-1,3 mag	4,7"
12.11.	15h15,9m	-18,40°	12:17	16:46U	1,00	-1,2 mag	4,7"
17.11.	15h47,9m	-20,81°	12:29	16:44U	0,99	-0,9 mag	4,7"
22.11.	16h20,4m	-22,80°	12:42	16:45U	0,98	-0,7 mag	4,7"
27.11.	16h53,5m	-24,31°	12:56	16:49U	0,96	-0,6 mag	4,8"
2.12.	17h26,9m	-25,30°	13:09	16:57U	0,93	-0,6 mag	5,0"
7.12.	18h00,2m	-25,72°	13:23	17:08U	0,89	-0,6 mag	5,2"
12.12.	18h32,8m	-25,54°	13:36	17:23U	0,83	-0,6 mag	5,6"
17.12.	19h03,0m	-24,77°	13:46	17:38U	0,74	-0,6 mag	6,1"
22.12.	19h28,1m	-23,49°	13:50	17:52U	0,60	-0,5 mag	6,8"
27.12.	19h43,3m	-21,92°	13:44	17:55U	0,40	-0,0 mag	7,8"
1.1.	19h41,7m	-20,52°	13:21	17:39U	0,17	1,3 mag	9,0"

Venus

Datum	Rektaszension	Deklination	Kulmination	Auf-/Untergang	Phase	Helligkeit	Scheibchendurchmesser
1.1.	19h38,6m	-18,60°	13:17	17:46U	0,02	-4,3 mag	60,9"
6.1.	19h26,4m	-17,77°	12:45	17:19U	0,01	-4,1 mag	62,6"
11.1.	19h13,2m	-17,08°	12:12	16:49U	0,01	-4,1 mag	62,5"
16.1.	19h01,1m	-16,58°	11:41	7:01A	0,02	-4,3 mag	60,8"
21.1.	18h51,9m	-16,27°	11:12	6:30A	0,06	-4,4 mag	57,8"
26.1.	18h46,8m	-16,17°	10:48	6:06A	0,10	-4,5 mag	54,1"
31.1.	18h46,1m	-16,23°	10:28	5:46A	0,14	-4,6 mag	50,0"

Datum	Rektaszen-sion	Deklina-tion	Kulmina-tion	Auf-/Untergang	Phase	Helligkeit	Scheibchen-durchmesser
5.2.	18h49,4m	-16,39°	10:12	5:31A	0,19	-4,6 mag	46,1"
10.2.	18h56,4m	-16,60°	9:59	5:19A	0,23	-4,6 mag	42,4"
15.2.	19h06,4m	-16,80°	9:50	5:11A	0,28	-4,6 mag	39,1"
20.2.	19h19,1m	-16,93°	9:43	5:05A	0,32	-4,6 mag	36,1"
25.2.	19h33,8m	-16,96°	9:38	5:00A	0,35	-4,6 mag	33,5"
2.3.	19h50,3m	-16,85°	9:35	4:56A	0,39	-4,5 mag	31,1"
7.3.	20h08,1m	-16,57°	9:33	4:52A	0,42	-4,5 mag	29,1"
12.3.	20h26,9m	-16,11°	9:32	4:49A	0,45	-4,5 mag	27,2"
17.3.	20h46,4m	-15,46°	9:32	4:45A	0,48	-4,4 mag	25,6"
22.3.	21h06,6m	-14,62°	9:33	4:41A	0,50	-4,4 mag	24,2"
27.3.	21h27,2m	-13,58°	9:34	4:36A	0,53	-4,3 mag	22,9"
1.4.	21h48,1m	-12,36°	9:35	4:31A	0,55	-4,3 mag	21,7"
6.4.	22h09,1m	-10,96°	9:36	4:25A	0,58	-4,3 mag	20,7"
11.4.	22h30,2m	-9,41°	9:38	4:19A	0,60	-4,2 mag	19,7"
16.4.	22h51,3m	-7,72°	9:39	4:12A	0,62	-4,2 mag	18,9"
21.4.	23h12,5m	-5,90°	9:41	4:05A	0,64	-4,2 mag	18,1"
26.4.	23h33,7m	-3,98°	9:42	3:57A	0,66	-4,1 mag	17,4"
1.5.	23h54,9m	-1,97°	9:44	3:49A	0,68	-4,1 mag	16,7"
6.5.	0h16,2m	0,09°	9:45	3:41A	0,69	-4,1 mag	16,1"
11.5.	0h37,6m	2,19°	9:47	3:33A	0,71	-4,0 mag	15,6"
16.5.	0h59,1m	4,31°	9:49	3:24A	0,73	-4,0 mag	15,1"
21.5.	1h20,8m	6,42°	9:51	3:16A	0,74	-4,0 mag	14,6"
26.5.	1h42,7m	8,51°	9:53	3:08A	0,76	-4,0 mag	14,2"
31.5.	2h05,0m	10,54°	9:55	3:00A	0,78	-4,0 mag	13,8"
5.6.	2h27,6m	12,50°	9:58	2:53A	0,79	-4,0 mag	13,4"
10.6.	2h50,6m	14,35°	10:02	2:46A	0,80	-3,9 mag	13,1"
15.6.	3h14,0m	16,08°	10:05	2:40A	0,82	-3,9 mag	12,7"
20.6.	3h37,9m	17,67°	10:10	2:36A	0,83	-3,9 mag	12,4"
25.6.	4h02,2m	19,08°	10:14	2:32A	0,84	-3,9 mag	12,2"
30.6.	4h27,0m	20,29°	10:19	2:30A	0,86	-3,9 mag	11,9"
5.7.	4h52,3m	21,29°	10:25	2:29A	0,87	-3,9 mag	11,7"
10.7.	5h17,9m	22,06°	10:31	2:30A	0,88	-3,9 mag	11,5"
15.7.	5h43,8m	22,58°	10:37	2:33A	0,89	-3,9 mag	11,3"
20.7.	6h09,9m	22,83°	10:44	2:38A	0,90	-3,9 mag	11,1"
25.7.	6h36,2m	22,81°	10:50	2:45A	0,91	-3,9 mag	10,9"
30.7.	7h02,5m	22,52°	10:57	2:53A	0,92	-3,9 mag	10,8"
4.8.	7h28,6m	21,96°	11:03	3:04A	0,93	-3,9 mag	10,6"
9.8.	7h54,6m	21,13°	11:09	3:15A	0,94	-3,9 mag	10,5"
14.8.	8h20,3m	20,05°	11:15	3:28A	0,95	-3,9 mag	10,4"
19.8.	8h45,7m	18,73°	11:21	3:42A	0,95	-3,9 mag	10,3"
24.8.	9h10,7m	17,18°	11:26	3:56A	0,96	-3,9 mag	10,2"
29.8.	9h35,3m	15,43°	11:31	4:10A	0,97	-3,9 mag	10,1"
3.9.	9h59,5m	13,50°	11:36	4:25A	0,97	-3,9 mag	10,0"
8.9.	10h23,3m	11,41°	11:40	4:40A	0,98	-3,9 mag	10,0"
13.9.	10h46,8m	9,20°	11:43	4:56A	0,98	-3,9 mag	9,9"
18.9.	11h10,1m	6,87°	11:47	5:11A	0,99	-3,9 mag	9,9"
23.9.	11h33,1m	4,46°	11:50	5:26A	0,99	-3,9 mag	9,8"
28.9.	11h56,0m	1,99°	11:53	5:41A	0,99	-3,9 mag	9,8"

Datum	Rektaszension	Deklination	Kulmination	Auf-/Untergang	Phase	Helligkeit	Scheibchendurchmesser
3.10.	12h18,9m	-0,51°	11:57	5:56A	1,00	-3,9 mag	9,8"
8.10.	12h41,7m	-3,02°	12:00	6:11A	1,00	-3,9 mag	9,7"
13.10.	13h04,7m	-5,51°	12:03	17:39U	1,00	-3,9 mag	9,7"
18.10.	13h27,9m	-7,95°	12:07	17:31U	1,00	-3,9 mag	9,7"
23.10.	13h51,4m	-10,33°	12:10	17:23U	1,00	-3,9 mag	9,7"
28.10.	14h15,2m	-12,60°	12:15	17:15U	1,00	-3,9 mag	9,7"
2.11.	14h39,5m	-14,75°	12:19	17:09U	1,00	-3,9 mag	9,7"
7.11.	15h04,2m	-16,74°	12:24	17:03U	1,00	-3,9 mag	9,8"
12.11.	15h29,4m	-18,55°	12:30	16:58U	1,00	-3,9 mag	9,8"
17.11.	15h55,1m	-20,15°	12:36	16:55U	0,99	-3,9 mag	9,8"
22.11.	16h21,3m	-21,52°	12:42	16:54U	0,99	-3,9 mag	9,9"
27.11.	16h48,0m	-22,63°	12:49	16:54U	0,99	-3,9 mag	9,9"
2.12.	17h15,1m	-23,45°	12:57	16:56U	0,99	-3,9 mag	9,9"
7.12.	17h42,4m	-23,99°	13:04	17:01U	0,98	-3,9 mag	10,0"
12.12.	18h09,9m	-24,21°	13:12	17:07U	0,98	-3,9 mag	10,1"
17.12.	18h37,4m	-24,13°	13:20	17:16U	0,97	-3,9 mag	10,1"
22.12.	19h04,8m	-23,74°	13:28	17:27U	0,97	-3,9 mag	10,2"
27.12.	19h31,9m	-23,04°	13:35	17:39U	0,96	-3,9 mag	10,3"
1.1.	19h58,7m	-22,05°	13:42	17:52U	0,96	-3,9 mag	10,4"

Mars

Datum	Rektaszension	Deklination	Kulmination	Auf-/Untergang	Phase	Helligkeit	Scheibchendurchmesser
1.1.	16h46,5m	-22,50°	10:28	6:22A	0,98	1,5 mag	4,0"
6.1.	17h01,8m	-22,95°	10:23	6:20A	0,98	1,5 mag	4,0"
11.1.	17h17,3m	-23,32°	10:19	6:18A	0,97	1,5 mag	4,1"
16.1.	17h32,9m	-23,59°	10:15	6:16A	0,97	1,5 mag	4,1"
21.1.	17h48,7m	-23,77°	10:11	6:13A	0,97	1,5 mag	4,2"
26.1.	18h04,5m	-23,85°	10:07	6:10A	0,96	1,4 mag	4,3"
31.1.	18h20,4m	-23,83°	10:03	6:06A	0,96	1,4 mag	4,3"
5.2.	18h36,4m	-23,71°	10:00	6:02A	0,96	1,4 mag	4,4"
10.2.	18h52,4m	-23,49°	9:56	5:56A	0,95	1,4 mag	4,4"
15.2.	19h08,3m	-23,17°	9:52	5:51A	0,95	1,3 mag	4,5"
20.2.	19h24,3m	-22,76°	9:48	5:44A	0,95	1,3 mag	4,6"
25.2.	19h40,2m	-22,24°	9:45	5:37A	0,94	1,3 mag	4,6"
2.3.	19h56,0m	-21,63°	9:41	5:29A	0,94	1,3 mag	4,7"
7.3.	20h11,7m	-20,93°	9:37	5:21A	0,94	1,2 mag	4,8"
12.3.	20h27,3m	-20,14°	9:33	5:12A	0,93	1,2 mag	4,9"
17.3.	20h42,8m	-19,26°	9:28	5:03A	0,93	1,2 mag	4,9"
22.3.	20h58,2m	-18,31°	9:24	4:53A	0,92	1,1 mag	5,0"
27.3.	21h13,4m	-17,28°	9:20	4:42A	0,92	1,1 mag	5,1"
1.4.	21h28,4m	-16,19°	9:15	4:32A	0,92	1,1 mag	5,2"
6.4.	21h43,4m	-15,03°	9:10	4:21A	0,91	1,0 mag	5,3"
11.4.	21h58,1m	-13,81°	9:05	4:09A	0,91	1,0 mag	5,4"
16.4.	22h12,8m	-12,54°	9:00	3:58A	0,91	1,0 mag	5,5"
21.4.	22h27,2m	-11,23°	8:55	3:46A	0,90	0,9 mag	5,6"

Datum	Rektaszension	Deklination	Kulmination	Auf-/Untergang	Phase	Helligkeit	Scheibchendurchmesser
26.4.	22h41,6m	-9,87°	8:49	3:34A	0,90	0,9 mag	5,7"
1.5.	22h55,8m	-8,49°	8:44	3:22A	0,89	0,9 mag	5,8"
6.5.	23h10,0m	-7,08°	8:38	3:09A	0,89	0,8 mag	5,9"
11.5.	23h24,0m	-5,64°	8:33	2:56A	0,89	0,8 mag	6,0"
16.5.	23h37,9m	-4,20°	8:27	2:43A	0,88	0,8 mag	6,1"
21.5.	23h51,7m	-2,74°	8:21	2:30A	0,88	0,7 mag	6,2"
26.5.	0h05,4m	-1,29°	8:15	2:18A	0,88	0,7 mag	6,3"
31.5.	0h19,1m	0,16°	8:09	2:05A	0,87	0,7 mag	6,4"
5.6.	0h32,7m	1,60°	8:03	1:52A	0,87	0,6 mag	6,5"
10.6.	0h46,3m	3,03°	7:57	1:39A	0,87	0,6 mag	6,6"
15.6.	0h59,8m	4,43°	7:51	1:26A	0,87	0,6 mag	6,8"
20.6.	1h13,3m	5,80°	7:44	1:13A	0,86	0,5 mag	6,9"
25.6.	1h26,7m	7,14°	7:38	1:00A	0,86	0,5 mag	7,0"
30.6.	1h40,1m	8,44°	7:32	0:47A	0,86	0,5 mag	7,2"
5.7.	1h53,4m	9,70°	7:25	0:35A	0,86	0,4 mag	7,3"
10.7.	2h06,7m	10,91°	7:19	0:22A	0,85	0,4 mag	7,5"
15.7.	2h20,0m	12,07°	7:12	0:10A	0,85	0,4 mag	7,7"
20.7.	2h33,1m	13,18°	7:06	23:55A	0,85	0,3 mag	7,8"
25.7.	2h46,2m	14,22°	6:59	23:43A	0,85	0,3 mag	8,0"
30.7.	2h59,1m	15,21°	6:52	23:31A	0,85	0,2 mag	8,2"
4.8.	3h11,9m	16,13°	6:46	23:19A	0,85	0,2 mag	8,4"
9.8.	3h24,6m	16,99°	6:38	23:07A	0,85	0,1 mag	8,6"
14.8.	3h37,1m	17,78°	6:31	22:55A	0,85	0,1 mag	8,8"
19.8.	3h49,3m	18,51°	6:24	22:44A	0,85	0,0 mag	9,1"
24.8.	4h01,3m	19,18°	6:16	22:32A	0,85	-0,0 mag	9,3"
29.8.	4h12,9m	19,78°	6:08	22:20A	0,85	-0,1 mag	9,6"
3.9.	4h24,1m	20,32°	5:59	22:09A	0,85	-0,2 mag	9,9"
8.9.	4h34,9m	20,80°	5:51	21:57A	0,85	-0,2 mag	10,2"
13.9.	4h45,3m	21,23°	5:41	21:45A	0,86	-0,3 mag	10,5"
18.9.	4h55,0m	21,61°	5:31	21:33A	0,86	-0,4 mag	10,9"
23.9.	5h04,1m	21,95°	5:20	21:20A	0,87	-0,4 mag	11,3"
28.9.	5h12,4m	22,25°	5:09	21:06A	0,87	-0,5 mag	11,7"
3.10.	5h19,9m	22,53°	4:57	20:52A	0,88	-0,6 mag	12,1"
8.10.	5h26,4m	22,78°	4:44	20:37A	0,89	-0,7 mag	12,6"
13.10.	5h31,9m	23,01°	4:29	20:21A	0,90	-0,8 mag	13,1"
18.10.	5h36,1m	23,24°	4:14	20:04A	0,90	-0,9 mag	13,6"
23.10.	5h39,1m	23,46°	3:57	19:46A	0,92	-1,0 mag	14,1"
28.10.	5h40,6m	23,69°	3:39	19:26A	0,93	-1,1 mag	14,7"
2.11.	5h40,6m	23,92°	3:19	19:04A	0,94	-1,3 mag	15,2"
7.11.	5h39,0m	24,14°	2:58	18:41A	0,95	-1,4 mag	15,7"
12.11.	5h35,8m	24,36°	2:35	18:16A	0,96	-1,5 mag	16,2"
17.11.	5h31,1m	24,57°	2:11	17:51A	0,97	-1,6 mag	16,6"
22.11.	5h24,9m	24,75°	1:45	17:23A	0,98	-1,7 mag	16,9"
27.11.	5h17,5m	24,88°	1:18	16:55A	0,99	-1,8 mag	17,1"
2.12.	5h09,3m	24,97°	0:50	16:26A	1,00	-1,8 mag	17,2"
7.12.	5h00,7m	24,99°	0:22		1,00	-1,9 mag	17,1"
12.12.	4h52,3m	24,97°	23:48	8:11U	1,00	-1,8 mag	16,8"
17.12.	4h44,5m	24,90°	23:21	7:44U	1,00	-1,7 mag	16,4"

Datum	Rektaszen-sion	Deklina-tion	Kulmina-tion	Auf-/Untergang	Phase	Helligkeit	Scheibchen-durchmesser
22.12.	4h37,5m	24,79°	22:55	7:16U	0,99	-1,5 mag	15,9"
27.12.	4h31,8m	24,69°	22:30	6:50U	0,98	-1,4 mag	15,3"
1.1.	4h27,6m	24,59°	22:06	6:26U	0,97	-1,2 mag	14,7"

Jupiter

Datum	Rektaszen-sion	Deklina-tion	Kulmina-tion	Auf-/Untergang	Helligkeit	Scheibchen-durchmesser
1.1.	22h11,9m	-12,21°	15:51	20:55U	-2,1 mag	35,4"
6.1.	22h15,6m	-11,85°	15:36	20:41U	-2,1 mag	35,0"
11.1.	22h19,6m	-11,48°	15:20	20:27U	-2,1 mag	34,7"
16.1.	22h23,6m	-11,09°	15:04	20:13U	-2,1 mag	34,4"
21.1.	22h27,7m	-10,69°	14:49	20:00U	-2,1 mag	34,1"
26.1.	22h32,0m	-10,28°	14:33	19:47U	-2,1 mag	33,9"
31.1.	22h36,2m	-9,85°	14:18	19:34U	-2,0 mag	33,6"
5.2.	22h40,6m	-9,42°	14:02	19:20U	-2,0 mag	33,5"
10.2.	22h45,0m	-8,98°	13:47	19:07U	-2,0 mag	33,3"
15.2.	22h49,4m	-8,53°	13:32	18:54U	-2,0 mag	33,2"
20.2.	22h53,9m	-8,08°	13:17	18:41U	-2,0 mag	33,1"
25.2.	22h58,4m	-7,62°	13:02	18:28U	-2,0 mag	33,0"
2.3.	23h02,9m	-7,16°	12:46	18:15U	-2,0 mag	33,0"
7.3.	23h07,4m	-6,69°	12:31		-2,0 mag	33,0"
12.3.	23h11,9m	-6,23°	12:16	6:43A	-2,0 mag	33,0"
17.3.	23h16,4m	-5,76°	12:01	6:25A	-2,0 mag	33,1"
22.3.	23h20,8m	-5,30°	11:46	6:08A	-2,0 mag	33,1"
27.3.	23h25,2m	-4,84°	11:30	5:51A	-2,0 mag	33,2"
1.4.	23h29,6m	-4,38°	11:15	5:33A	-2,0 mag	33,4"
6.4.	23h33,9m	-3,93°	11:00	5:16A	-2,0 mag	33,5"
11.4.	23h38,1m	-3,48°	10:44	4:58A	-2,1 mag	33,7"
16.4.	23h42,3m	-3,04°	10:29	4:40A	-2,1 mag	33,9"
21.4.	23h46,4m	-2,61°	10:13	4:22A	-2,1 mag	34,2"
26.4.	23h50,4m	-2,19°	9:57	4:05A	-2,1 mag	34,5"
1.5.	23h54,3m	-1,79°	9:42	3:47A	-2,1 mag	34,8"
6.5.	23h58,1m	-1,39°	9:26	3:30A	-2,1 mag	35,1"
11.5.	0h01,7m	-1,01°	9:10	3:12A	-2,2 mag	35,5"
16.5.	0h05,3m	-0,64°	8:53	2:54A	-2,2 mag	35,9"
21.5.	0h08,7m	-0,29°	8:37	2:36A	-2,2 mag	36,3"
26.5.	0h11,9m	0,04°	8:21	2:18A	-2,2 mag	36,7"
31.5.	0h15,0m	0,35°	8:04	2:00A	-2,2 mag	37,2"
5.6.	0h17,9m	0,64°	7:47	1:42A	-2,3 mag	37,7"
10.6.	0h20,5m	0,91°	7:30	1:24A	-2,3 mag	38,3"
15.6.	0h23,0m	1,16°	7:13	1:05A	-2,3 mag	38,8"
20.6.	0h25,3m	1,38°	6:56	0:46A	-2,4 mag	39,4"
25.6.	0h27,4m	1,58°	6:38	0:28A	-2,4 mag	40,0"
30.6.	0h29,2m	1,75°	6:20	0:09A	-2,4 mag	40,7"
5.7.	0h30,7m	1,89°	6:02	23:47A	-2,5 mag	41,3"
10.7.	0h32,0m	2,00°	5:44	23:28A	-2,5 mag	42,0"

Datum	Rektaszension	Deklination	Kulmination	Auf-/Untergang	Helligkeit	Scheibchendurchmesser
15.7.	0h33,0m	2,08°	5:25	23:09A	-2,5 mag	42,7"
20.7.	0h33,7m	2,13°	5:06	22:49A	-2,6 mag	43,4"
25.7.	0h34,2m	2,15°	4:47	22:30A	-2,6 mag	44,1"
30.7.	0h34,3m	2,14°	4:27	22:10A	-2,7 mag	44,8"
4.8.	0h34,1m	2,09°	4:07	21:51A	-2,7 mag	45,4"
9.8.	0h33,6m	2,01°	3:47	21:31A	-2,7 mag	46,1"
14.8.	0h32,8m	1,91°	3:27	21:11A	-2,8 mag	46,7"
19.8.	0h31,8m	1,77°	3:06	20:51A	-2,8 mag	47,4"
24.8.	0h30,4m	1,60°	2:45	20:31A	-2,8 mag	47,9"
29.8.	0h28,8m	1,41°	2:24	20:10A	-2,8 mag	48,4"
3.9.	0h27,0m	1,20°	2:02	19:50A	-2,9 mag	48,9"
8.9.	0h25,0m	0,96°	1:41	19:30A	-2,9 mag	49,2"
13.9.	0h22,8m	0,71°	1:19	19:09A	-2,9 mag	49,5"
18.9.	0h20,4m	0,45°	0:57	18:48A	-2,9 mag	49,7"
23.9.	0h18,0m	0,19°	0:35	18:27A	-2,9 mag	49,8"
28.9.	0h15,6m	-0,08°	0:13	6:14U	-2,9 mag	49,8"
3.10.	0h13,1m	-0,34°	23:46	5:51U	-2,9 mag	49,7"
8.10.	0h10,7m	-0,60°	23:24	5:28U	-2,9 mag	49,6"
13.10.	0h08,4m	-0,84°	23:02	5:05U	-2,9 mag	49,3"
18.10.	0h06,3m	-1,06°	22:40	4:42U	-2,9 mag	48,9"
23.10.	0h04,3m	-1,26°	22:19	4:19U	-2,9 mag	48,5"
28.10.	0h02,6m	-1,43°	21:58	3:57U	-2,8 mag	48,0"
2.11.	0h01,1m	-1,57°	21:36	3:36U	-2,8 mag	47,5"
7.11.	23h59,8m	-1,69°	21:16	3:14U	-2,8 mag	46,8"
12.11.	23h58,9m	-1,77°	20:55	2:53U	-2,7 mag	46,2"
17.11.	23h58,3m	-1,81°	20:35	2:33U	-2,7 mag	45,5"
22.11.	23h58,0m	-1,82°	20:15	2:13U	-2,7 mag	44,8"
27.11.	23h57,9m	-1,80°	19:55	1:53U	-2,6 mag	44,1"
2.12.	23h58,3m	-1,74°	19:36	1:34U	-2,6 mag	43,4"
7.12.	23h58,9m	-1,64°	19:17	1:16U	-2,6 mag	42,7"
12.12.	23h59,8m	-1,52°	18:58	0:57U	-2,5 mag	42,0"
17.12.	0h01,0m	-1,36°	18:40	0:40U	-2,5 mag	41,3"
22.12.	0h02,6m	-1,17°	18:22	0:22U	-2,4 mag	40,6"
27.12.	0h04,4m	-0,95°	18:04	0:06U	-2,4 mag	39,9"
1.1.	0h06,4m	-0,71°	17:46	23:46U	-2,4 mag	39,3"

Saturn

Datum	Rektaszension	Deklination	Kulmination	Auf-/Untergang	Helligkeit	Scheibchendurchmesser	Ringöffnung
1.1.	20h58,4m	-18,01°	14:38	19:10U	0,7 mag	15,5"	17,6°
6.1.	21h00,6m	-17,86°	14:20	18:54U	0,7 mag	15,5"	17,3°
11.1.	21h02,9m	-17,70°	14:03	18:37U	0,7 mag	15,4"	17,1°
16.1.	21h05,2m	-17,54°	13:46	18:20U	0,7 mag	15,4"	16,9°
21.1.	21h07,6m	-17,38°	13:28	18:04U	0,7 mag	15,3"	16,7°
26.1.	21h09,9m	-17,21°	13:11	17:48U	0,7 mag	15,3"	16,4°
31.1.	21h12,3m	-17,04°	12:54	17:32U	0,7 mag	15,3"	16,2°

Datum	Rektaszension	Deklination	Kulmination	Auf-/Untergang	Helligkeit	Scheibchendurchmesser	Ringöffnung
5.2.	21h14,7m	-16,86°	12:37		0,7 mag	15,3"	16,0°
10.2.	21h17,1m	-16,69°	12:19	7:40A	0,7 mag	15,3"	15,7°
15.2.	21h19,5m	-16,52°	12:02	7:22A	0,7 mag	15,3"	15,5°
20.2.	21h21,9m	-16,34°	11:45	7:03A	0,7 mag	15,3"	15,3°
25.2.	21h24,2m	-16,17°	11:27	6:45A	0,8 mag	15,4"	15,0°
2.3.	21h26,5m	-16,00°	11:10	6:26A	0,8 mag	15,4"	14,8°
7.3.	21h28,7m	-15,83°	10:53	6:08A	0,8 mag	15,5"	14,6°
12.3.	21h30,9m	-15,66°	10:35	5:50A	0,8 mag	15,5"	14,3°
17.3.	21h33,0m	-15,50°	10:17	5:32A	0,8 mag	15,6"	14,1°
22.3.	21h35,1m	-15,35°	10:00	5:13A	0,8 mag	15,7"	13,9°
27.3.	21h37,0m	-15,20°	9:42	4:54A	0,8 mag	15,7"	13,7°
1.4.	21h38,9m	-15,06°	9:24	4:36A	0,8 mag	15,8"	13,5°
6.4.	21h40,6m	-14,92°	9:06	4:17A	0,9 mag	15,9"	13,3°
11.4.	21h42,3m	-14,80°	8:48	3:59A	0,9 mag	16,0"	13,2°
16.4.	21h43,8m	-14,68°	8:30	3:40A	0,9 mag	16,2"	13,0°
21.4.	21h45,2m	-14,57°	8:12	3:21A	0,9 mag	16,3"	12,9°
26.4.	21h46,5m	-14,48°	7:54	3:02A	0,8 mag	16,4"	12,7°
1.5.	21h47,7m	-14,39°	7:35	2:43A	0,8 mag	16,5"	12,6°
6.5.	21h48,7m	-14,32°	7:16	2:24A	0,8 mag	16,7"	12,5°
11.5.	21h49,6m	-14,26°	6:58	2:05A	0,8 mag	16,8"	12,4°
16.5.	21h50,3m	-14,22°	6:39	1:46A	0,8 mag	16,9"	12,4°
21.5.	21h50,9m	-14,18°	6:20	1:27A	0,8 mag	17,1"	12,3°
26.5.	21h51,3m	-14,16°	6:00	1:07A	0,8 mag	17,2"	12,3°
31.5.	21h51,6m	-14,16°	5:41	0:48A	0,7 mag	17,4"	12,3°
5.6.	21h51,7m	-14,16°	5:21	0:28A	0,7 mag	17,5"	12,3°
10.6.	21h51,6m	-14,19°	5:02	0:09A	0,7 mag	17,7"	12,3°
15.6.	21h51,4m	-14,22°	4:42	23:45A	0,7 mag	17,8"	12,4°
20.6.	21h51,0m	-14,27°	4:22	23:26A	0,6 mag	18,0"	12,4°
25.6.	21h50,5m	-14,33°	4:02	23:06A	0,6 mag	18,1"	12,5°
30.6.	21h49,8m	-14,40°	3:41	22:45A	0,6 mag	18,2"	12,6°
5.7.	21h49,0m	-14,49°	3:21	22:25A	0,5 mag	18,3"	12,7°
10.7.	21h48,1m	-14,58°	3:00	22:05A	0,5 mag	18,4"	12,8°
15.7.	21h47,0m	-14,69°	2:39	21:45A	0,5 mag	18,5"	12,9°
20.7.	21h45,9m	-14,80°	2:19	21:25A	0,4 mag	18,6"	13,1°
25.7.	21h44,6m	-14,91°	1:58	21:05A	0,4 mag	18,7"	13,2°
30.7.	21h43,3m	-15,04°	1:37	20:44A	0,4 mag	18,7"	13,4°
4.8.	21h41,9m	-15,16°	1:16	20:24A	0,3 mag	18,8"	13,5°
9.8.	21h40,5m	-15,29°	0:55	20:03A	0,3 mag	18,8"	13,7°
14.8.	21h39,0m	-15,42°	0:34		0,3 mag	18,8"	13,9°
19.8.	21h37,6m	-15,55°	0:12	4:58U	0,3 mag	18,8"	14,0°
24.8.	21h36,1m	-15,67°	23:47	4:36U	0,3 mag	18,8"	14,2°
29.8.	21h34,7m	-15,79°	23:26	4:14U	0,3 mag	18,8"	14,4°
3.9.	21h33,3m	-15,91°	23:05	3:53U	0,3 mag	18,7"	14,5°
8.9.	21h32,0m	-16,01°	22:44	3:32U	0,4 mag	18,6"	14,7°
13.9.	21h30,8m	-16,11°	22:23	3:10U	0,4 mag	18,6"	14,8°
18.9.	21h29,7m	-16,20°	22:02	2:49U	0,4 mag	18,5"	14,9°
23.9.	21h28,7m	-16,28°	21:42	2:27U	0,4 mag	18,4"	15,0°
28.9.	21h27,9m	-16,35°	21:21	2:07U	0,5 mag	18,3"	15,1°

Datum	Rektaszen-sion	Deklina-tion	Kulmina-tion	Auf-/Untergang	Helligkeit	Scheibchen-durchmesser	Ring-öffnung
3.10.	21h27,1m	-16,40°	21:01	1:46U	0,5 mag	18,1"	15,2°
8.10.	21h26,5m	-16,44°	20:41	1:26U	0,5 mag	18,0"	15,2°
13.10.	21h26,1m	-16,47°	20:21	1:05U	0,5 mag	17,9"	15,3°
18.10.	21h25,9m	-16,49°	20:01	0:45U	0,6 mag	17,7"	15,3°
23.10.	21h25,8m	-16,49°	19:41	0:25U	0,6 mag	17,6"	15,3°
28.10.	21h25,8m	-16,48°	19:22	0:06U	0,6 mag	17,4"	15,3°
2.11.	21h26,1m	-16,45°	19:02	23:43U	0,6 mag	17,3"	15,3°
7.11.	21h26,5m	-16,42°	18:43	23:24U	0,7 mag	17,1"	15,2°
12.11.	21h27,1m	-16,37°	18:24	23:05U	0,7 mag	17,0"	15,1°
17.11.	21h27,8m	-16,30°	18:05	22:46U	0,7 mag	16,9"	15,1°
22.11.	21h28,7m	-16,23°	17:46	22:28U	0,7 mag	16,7"	15,0°
27.11.	21h29,7m	-16,14°	17:28	22:10U	0,7 mag	16,6"	14,8°
2.12.	21h30,9m	-16,04°	17:09	21:52U	0,8 mag	16,5"	14,7°
7.12.	21h32,3m	-15,93°	16:51	21:35U	0,8 mag	16,3"	14,6°
12.12.	21h33,7m	-15,80°	16:33	21:17U	0,8 mag	16,2"	14,4°
17.12.	21h35,3m	-15,67°	16:15	21:00U	0,8 mag	16,1"	14,2°
22.12.	21h37,0m	-15,53°	15:57	20:42U	0,8 mag	16,0"	14,0°
27.12.	21h38,9m	-15,38°	15:39	20:25U	0,8 mag	15,9"	13,8°
1.1.	21h40,8m	-15,22°	15:21	20:09U	0,8 mag	15,8"	13,6°

Uranus

Datum	Rektaszen-sion	Deklina-tion	Kulmina-tion	Auf-/Untergang	Helligkeit	Scheibchen-durchmesser
1.1.	2h34,6m	14,73°	20:13	3:33U	5,7 mag	3,7"
11.1.	2h34,2m	14,70°	19:33	2:53U	5,7 mag	3,6"
21.1.	2h34,1m	14,69°	18:54	2:13U	5,7 mag	3,6"
31.1.	2h34,3m	14,72°	18:15	1:35U	5,8 mag	3,6"
10.2.	2h34,9m	14,77°	17:36	0:56U	5,8 mag	3,5"
20.2.	2h35,8m	14,85°	16:58	0:18U	5,8 mag	3,5"
2.3.	2h37,1m	14,95°	16:20	23:37U	5,8 mag	3,5"
12.3.	2h38,6m	15,07°	15:42	22:59U	5,8 mag	3,5"
22.3.	2h40,3m	15,20°	15:04	22:22U	5,8 mag	3,4"
1.4.	2h42,2m	15,36°	14:27	21:46U	5,8 mag	3,4"
11.4.	2h44,3m	15,52°	13:50	21:10U	5,9 mag	3,4"
21.4.	2h46,5m	15,69°	13:12	20:33U	5,9 mag	3,4"
1.5.	2h48,8m	15,86°	12:35	19:57U	5,9 mag	3,4"
11.5.	2h51,1m	16,03°	11:58	4:35A	5,9 mag	3,4"
21.5.	2h53,3m	16,19°	11:21	3:58A	5,9 mag	3,4"
31.5.	2h55,6m	16,35°	10:44	3:20A	5,9 mag	3,4"
10.6.	2h57,7m	16,50°	10:07	2:41A	5,8 mag	3,4"
20.6.	2h59,6m	16,64°	9:30	2:03A	5,8 mag	3,4"
30.6.	3h01,4m	16,76°	8:52	1:25A	5,8 mag	3,5"
10.7.	3h02,9m	16,87°	8:14	0:46A	5,8 mag	3,5"
20.7.	3h04,2m	16,96°	7:36	0:08A	5,8 mag	3,5"
30.7.	3h05,2m	17,02°	6:58	23:26A	5,8 mag	3,5"
9.8.	3h05,9m	17,07°	6:19	22:46A	5,8 mag	3,6"

Datum	Rektaszension	Deklination	Kulmination	Auf-/Untergang	Helligkeit	Scheibchendurchmesser
19.8.	3h06,2m	17,09°	5:40	22:07A	5,7 mag	3,6"
29.8.	3h06,3m	17,09°	5:01	21:28A	5,7 mag	3,6"
8.9.	3h05,9m	17,07°	4:21	20:49A	5,7 mag	3,6"
18.9.	3h05,3m	17,02°	3:41	20:09A	5,7 mag	3,7"
28.9.	3h04,4m	16,96°	3:01	19:29A	5,7 mag	3,7"
8.10.	3h03,2m	16,88°	2:21	18:49A	5,7 mag	3,7"
18.10.	3h01,8m	16,78°	1:40	18:09A	5,6 mag	3,7"
28.10.	3h00,3m	16,67°	0:59	17:29A	5,6 mag	3,7"
7.11.	2h58,6m	16,56°	0:18		5,6 mag	3,8"
17.11.	2h57,0m	16,44°	23:33	7:02U	5,6 mag	3,8"
27.11.	2h55,4m	16,33°	22:52	6:20U	5,6 mag	3,7"
7.12.	2h53,9m	16,23°	22:11	5:39U	5,7 mag	3,7"
17.12.	2h52,6m	16,14°	21:31	4:58U	5,7 mag	3,7"
27.12.	2h51,6m	16,07°	20:50	4:17U	5,7 mag	3,7"
1.1.	2h51,2m	16,04°	20:30	3:57U	5,7 mag	3,7"

Neptun

Datum	Rektaszension	Deklination	Kulmination	Auf-/Untergang	Helligkeit	Scheibchendurchmesser
1.1.	23h27,5m	-4,74°	17:06	22:46U	7,9 mag	2,2"
11.1.	23h28,2m	-4,66°	16:28	22:08U	7,9 mag	2,2"
21.1.	23h29,1m	-4,56°	15:49	21:31U	7,9 mag	2,2"
31.1.	23h30,2m	-4,44°	15:11	20:53U	7,9 mag	2,2"
10.2.	23h31,4m	-4,31°	14:33	20:15U	8,0 mag	2,2"
20.2.	23h32,6m	-4,17°	13:55	19:38U	8,0 mag	2,2"
2.3.	23h34,0m	-4,03°	13:17	19:00U	8,0 mag	2,2"
12.3.	23h35,4m	-3,88°	12:39		8,0 mag	2,2"
22.3.	23h36,8m	-3,73°	12:01	6:16A	8,0 mag	2,2"
1.4.	23h38,2m	-3,59°	11:23	5:38A	8,0 mag	2,2"
11.4.	23h39,5m	-3,45°	10:45	4:59A	8,0 mag	2,2"
21.4.	23h40,7m	-3,32°	10:07	4:20A	7,9 mag	2,2"
1.5.	23h41,8m	-3,21°	9:29	3:42A	7,9 mag	2,2"
11.5.	23h42,8m	-3,11°	8:51	3:03A	7,9 mag	2,2"
21.5.	23h43,7m	-3,02°	8:12	2:24A	7,9 mag	2,2"
31.5.	23h44,3m	-2,96°	7:33	1:45A	7,9 mag	2,2"
10.6.	23h44,8m	-2,92°	6:55	1:06A	7,9 mag	2,2"
20.6.	23h45,1m	-2,90°	6:15	0:26A	7,9 mag	2,3"
30.6.	23h45,1m	-2,90°	5:36	23:44A	7,9 mag	2,3"
10.7.	23h45,0m	-2,92°	4:57	23:04A	7,9 mag	2,3"
20.7.	23h44,7m	-2,96°	4:17	22:24A	7,8 mag	2,3"
30.7.	23h44,2m	-3,02°	3:37	21:45A	7,8 mag	2,3"
9.8.	23h43,6m	-3,10°	2:57	21:06A	7,8 mag	2,3"
19.8.	23h42,8m	-3,19°	2:17	20:26A	7,8 mag	2,3"
29.8.	23h41,9m	-3,29°	1:37	19:46A	7,8 mag	2,3"
8.9.	23h40,9m	-3,40°	0:57	19:07A	7,8 mag	2,3"
18.9.	23h39,9m	-3,51°	0:16	6:02U	7,8 mag	2,3"

Datum	Rektaszen-sion	Deklina-tion	Kulmina-tion	Auf-/Untergang	Helligkeit	Scheibchen-durchmesser
28.9.	23h38,9m	-3,62°	23:32	5:22U	7,8 mag	2,3"
8.10.	23h37,9m	-3,72°	22:52	4:40U	7,8 mag	2,3"
18.10.	23h37,1m	-3,81°	22:12	4:00U	7,8 mag	2,3"
28.10.	23h36,3m	-3,89°	21:32	3:20U	7,8 mag	2,3"
7.11.	23h35,7m	-3,96°	20:52	2:39U	7,8 mag	2,3"
17.11.	23h35,2m	-4,00°	20:12	1:59U	7,9 mag	2,3"
27.11.	23h34,9m	-4,02°	19:32	1:20U	7,9 mag	2,3"
7.12.	23h34,9m	-4,02°	18:53	0:40U	7,9 mag	2,3"
17.12.	23h35,1m	-4,00°	18:14	0:01U	7,9 mag	2,2"
27.12.	23h35,4m	-3,95°	17:35	23:19U	7,9 mag	2,2"
1.1.	23h35,7m	-3,92°	17:16	22:59U	7,9 mag	2,2"

Pluto

Datum	Rektaszen-sion	Deklinat-ion	Kulmina-tion	Auf-/Untergang	Helligkeit
1.1.	19h53,1m	-22,66°	13:33	17:37U	14,4 mag
11.1.	19h54,5m	-22,61°	12:55	16:59U	14,4 mag
21.1.	19h55,9m	-22,56°	12:17		14,4 mag
31.1.	19h57,3m	-22,51°	11:39	7:34A	14,4 mag
10.2.	19h58,6m	-22,47°	11:01	6:55A	14,4 mag
20.2.	19h59,9m	-22,42°	10:23	6:17A	14,4 mag
2.3.	20h01,1m	-22,39°	9:45	5:39A	14,4 mag
12.3.	20h02,1m	-22,36°	9:06	5:00A	14,4 mag
22.3.	20h03,0m	-22,34°	8:28	4:21A	14,4 mag
1.4.	20h03,7m	-22,33°	7:49	3:43A	14,4 mag
11.4.	20h04,2m	-22,33°	7:10	3:04A	14,4 mag
21.4.	20h04,5m	-22,34°	6:31	2:25A	14,4 mag
1.5.	20h04,6m	-22,36°	5:52	1:46A	14,4 mag
11.5.	20h04,5m	-22,39°	5:13	1:07A	14,4 mag
21.5.	20h04,2m	-22,43°	4:33	0:27A	14,3 mag
31.5.	20h03,7m	-22,48°	3:53	23:44A	14,3 mag
10.6.	20h03,1m	-22,53°	3:13	23:04A	14,3 mag
20.6.	20h02,3m	-22,59°	2:33	22:24A	14,3 mag
30.6.	20h01,4m	-22,65°	1:53	21:45A	14,3 mag
10.7.	20h00,5m	-22,72°	1:13	21:05A	14,3 mag
20.7.	19h59,5m	-22,78°	0:33	4:36U	14,3 mag
30.7.	19h58,5m	-22,84°	23:48	3:56U	14,3 mag
9.8.	19h57,5m	-22,90°	23:08	3:15U	14,3 mag
19.8.	19h56,6m	-22,95°	22:28	2:34U	14,3 mag
29.8.	19h55,8m	-22,99°	21:48	1:54U	14,3 mag
8.9.	19h55,2m	-23,03°	21:08	1:14U	14,3 mag
18.9.	19h54,7m	-23,06°	20:28	0:33U	14,4 mag
28.9.	19h54,4m	-23,08°	19:48	23:50U	14,4 mag
8.10.	19h54,3m	-23,09°	19:09	23:11U	14,4 mag
18.10.	19h54,3m	-23,09°	18:30	22:31U	14,4 mag
28.10.	19h54,6m	-23,08°	17:51	21:52U	14,4 mag

Datum	Rektaszension	Deklination	Kulmination	Auf-/Untergang	Helligkeit
7.11.	19h55,1m	-23,06°	17:12	21:14U	14,4 mag
17.11.	19h55,8m	-23,03°	16:33	20:35U	14,4 mag
27.11.	19h56,7m	-23,00°	15:55	19:57U	14,4 mag
7.12.	19h57,7m	-22,96°	15:16	19:19U	14,4 mag
17.12.	19h58,9m	-22,91°	14:38	18:41U	14,5 mag
27.12.	20h00,2m	-22,86°	14:00	18:03U	14,5 mag
1.1.	20h00,9m	-22,84°	13:41	17:45U	14,5 mag

Ceres

Datum	Rektaszension	Deklination	Kulmination	Auf-/Untergang	Helligkeit
1.1.	3h47,6m	17,79°	21:27	5:02U	7,7 mag
6.1.	3h45,6m	18,03°	21:05	4:42U	7,8 mag
11.1.	3h44,4m	18,29°	20:44	4:23U	7,9 mag
16.1.	3h43,9m	18,58°	20:24	4:04U	8,0 mag
21.1.	3h44,1m	18,90°	20:04	3:47U	8,1 mag
26.1.	3h45,1m	19,23°	19:46	3:30U	8,2 mag
31.1.	3h46,6m	19,59°	19:28	3:14U	8,3 mag
5.2.	3h48,9m	19,97°	19:10	2:59U	8,4 mag
10.2.	3h51,7m	20,36°	18:53	2:44U	8,4 mag
15.2.	3h55,1m	20,76°	18:37	2:30U	8,5 mag
20.2.	3h59,0m	21,17°	18:21	2:17U	8,5 mag
25.2.	4h03,5m	21,58°	18:06	2:05U	8,6 mag
2.3.	4h08,4m	22,00°	17:52	1:53U	8,6 mag
7.3.	4h13,7m	22,42°	17:37	1:41U	8,7 mag
12.3.	4h19,5m	22,83°	17:23	1:30U	8,7 mag
17.3.	4h25,7m	23,23°	17:10	1:19U	8,8 mag
22.3.	4h32,2m	23,63°	16:56	1:09U	8,8 mag
27.3.	4h39,0m	24,01°	16:44	0:58U	8,8 mag
1.4.	4h46,2m	24,38°	16:31	0:48U	8,8 mag
6.4.	4h53,6m	24,73°	16:19	0:38U	8,9 mag
11.4.	5h01,3m	25,06°	16:07	0:29U	8,9 mag
16.4.	5h09,3m	25,36°	15:55	0:19U	8,9 mag
21.4.	5h17,5m	25,65°	15:44	0:10U	8,9 mag
26.4.	5h25,9m	25,90°	15:33	0:00U	8,9 mag
1.5.	5h34,4m	26,13°	15:21	23:47U	8,9 mag
6.5.	5h43,2m	26,32°	15:10	23:38U	8,9 mag
11.5.	5h52,1m	26,49°	14:59	23:28U	8,9 mag
16.5.	6h01,2m	26,62°	14:48	23:19U	8,9 mag
21.5.	6h10,4m	26,72°	14:38	23:09U	8,8 mag
26.5.	6h19,7m	26,78°	14:27	22:59U	8,8 mag
31.5.	6h29,1m	26,81°	14:17	22:49U	8,8 mag
5.6.	6h38,6m	26,81°	14:07	22:38U	8,8 mag
10.6.	6h48,2m	26,76°	13:57	22:28U	8,8 mag
15.6.	6h57,8m	26,68°	13:47	22:17U	8,7 mag
20.6.	7h07,5m	26,57°	13:37	22:06U	8,7 mag

Datum	Rektaszen-sion	Deklina-tion	Kulmina-tion	Auf-/Untergang	Helligkeit
25.6.	7h17,2m	26,41°	13:27	21:56U	8,6 mag
30.6.	7h27,0m	26,23°	13:17	21:44U	8,6 mag
5.7.	7h36,7m	26,00°	13:07	21:33U	8,5 mag
10.7.	7h46,5m	25,74°	12:57	21:21U	8,5 mag
15.7.	7h56,2m	25,45°	12:47	21:09U	8,4 mag
20.7.	8h05,9m	25,13°	12:37	20:56U	8,4 mag
25.7.	8h15,6m	24,77°	12:27	20:44U	8,4 mag
30.7.	8h25,3m	24,38°	12:17	20:31U	8,4 mag
4.8.	8h34,9m	23,97°	12:07	20:18U	8,5 mag
9.8.	8h44,4m	23,53°	11:57	20:05U	8,5 mag
14.8.	8h53,9m	23,06°	11:47	19:52U	8,6 mag
19.8.	9h03,4m	22,57°	11:37	19:38U	8,6 mag
24.8.	9h12,8m	22,05°	11:26	3:28A	8,6 mag
29.8.	9h22,1m	21,52°	11:16	3:21A	8,7 mag
3.9.	9h31,3m	20,97°	11:05	3:14A	8,7 mag
8.9.	9h40,4m	20,40°	10:55	3:07A	8,7 mag
13.9.	9h49,4m	19,82°	10:44	2:59A	8,7 mag
18.9.	9h58,4m	19,23°	10:33	2:52A	8,8 mag
23.9.	10h07,2m	18,63°	10:22	2:45A	8,8 mag
28.9.	10h16,0m	18,02°	10:11	2:37A	8,8 mag
3.10.	10h24,6m	17,42°	10:00	2:30A	8,8 mag
8.10.	10h33,1m	16,81°	9:50	2:22A	8,8 mag
13.10.	10h41,5m	16,21°	9:38	2:14A	8,8 mag
18.10.	10h49,8m	15,61°	9:27	2:06A	8,8 mag
23.10.	10h57,9m	15,02°	9:15	1:58A	8,8 mag
28.10.	11h05,9m	14,44°	9:04	1:49A	8,8 mag
2.11.	11h13,8m	13,88°	8:52	1:41A	8,7 mag
7.11.	11h21,5m	13,34°	8:40	1:31A	8,7 mag
12.11.	11h29,0m	12,82°	8:27	1:22A	8,7 mag
17.11.	11h36,3m	12,32°	8:15	1:12A	8,7 mag
22.11.	11h43,4m	11,86°	8:02	1:02A	8,6 mag
27.11.	11h50,3m	11,42°	7:50	0:51A	8,6 mag
2.12.	11h57,0m	11,03°	7:37	0:40A	8,6 mag
7.12.	12h03,4m	10,68°	7:24	0:29A	8,5 mag
12.12.	12h09,5m	10,37°	7:10	0:17A	8,5 mag
17.12.	12h15,3m	10,11°	6:56	0:04A	8,4 mag
22.12.	12h20,8m	9,90°	6:42	23:47A	8,4 mag
27.12.	12h25,9m	9,75°	6:27	23:34A	8,3 mag
1.1.	12h30,6m	9,66°	6:12	23:19A	8,2 mag

Pallas

Datum	Rektaszension	Deklination	Kulmination	Auf-/Untergang	Helligkeit
1.1.	23h21,4m	-11,91°	17:01	22:05U	10,0 mag
6.1.	23h26,7m	-11,70°	16:47	21:52U	10,0 mag
11.1.	23h32,3m	-11,45°	16:32	21:39U	10,0 mag
16.1.	23h38,0m	-11,17°	16:18	21:27U	10,0 mag
21.1.	23h44,0m	-10,86°	16:05	21:14U	10,0 mag
26.1.	23h50,2m	-10,52°	15:51	21:02U	10,0 mag
31.1.	23h56,6m	-10,16°	15:38	20:51U	10,0 mag
5.2.	0h03,2m	-9,78°	15:25	20:39U	10,0 mag
10.2.	0h09,9m	-9,38°	15:12	20:28U	9,9 mag
15.2.	0h16,8m	-8,96°	14:59	20:18U	9,9 mag
20.2.	0h23,8m	-8,54°	14:46	20:07U	9,9 mag
25.2.	0h30,9m	-8,10°	14:33	19:57U	9,9 mag
2.3.	0h38,2m	-7,65°	14:21	19:47U	9,8 mag
7.3.	0h45,6m	-7,20°	14:09	19:37U	9,8 mag
12.3.	0h53,1m	-6,75°	13:57	19:27U	9,7 mag
17.3.	1h00,8m	-6,30°	13:45	19:17U	9,7 mag
22.3.	1h08,5m	-5,85°	13:33	19:07U	9,7 mag
27.3.	1h16,3m	-5,41°	13:21	18:57U	9,6 mag
1.4.	1h24,3m	-4,98°	13:09		9,6 mag
6.4.	1h32,3m	-4,55°	12:57		9,6 mag
11.4.	1h40,4m	-4,14°	12:46		9,6 mag
16.4.	1h48,6m	-3,75°	12:34		9,5 mag
21.4.	1h56,9m	-3,37°	12:23		9,5 mag
26.4.	2h05,3m	-3,01°	12:11		9,6 mag
1.5.	2h13,7m	-2,68°	12:01		9,6 mag
6.5.	2h22,3m	-2,37°	11:50		9,6 mag
11.5.	2h30,9m	-2,09°	11:38		9,6 mag
16.5.	2h39,5m	-1,84°	11:27		9,6 mag
21.5.	2h48,3m	-1,62°	11:16		9,6 mag
26.5.	2h57,1m	-1,43°	11:05		9,6 mag
31.5.	3h06,0m	-1,29°	10:55		9,6 mag
5.6.	3h14,9m	-1,18°	10:44		9,6 mag
10.6.	3h23,9m	-1,12°	10:33		9,6 mag
15.6.	3h32,9m	-1,10°	10:22		9,6 mag
20.6.	3h42,0m	-1,12°	10:12		9,6 mag
25.6.	3h51,0m	-1,20°	10:01	4:04A	9,6 mag
30.6.	4h00,1m	-1,33°	9:51	3:54A	9,5 mag
5.7.	4h09,3m	-1,51°	9:40	3:45A	9,5 mag
10.7.	4h18,4m	-1,74°	9:30	3:35A	9,5 mag
15.7.	4h27,5m	-2,03°	9:19	3:26A	9,5 mag
20.7.	4h36,6m	-2,39°	9:08	3:17A	9,5 mag
25.7.	4h45,6m	-2,80°	8:58	3:08A	9,4 mag
30.7.	4h54,6m	-3,27°	8:47	3:00A	9,4 mag
4.8.	5h03,6m	-3,80°	8:36	2:52A	9,4 mag
9.8.	5h12,4m	-4,40°	8:25	2:44A	9,3 mag

Datum	Rektaszension	Deklination	Kulmination	Auf-/Untergang	Helligkeit
14.8.	5h21,2m	-5,06°	8:14	2:36A	9,3 mag
19.8.	5h29,8m	-5,79°	8:03	2:28A	9,2 mag
24.8.	5h38,3m	-6,57°	7:53	2:21A	9,2 mag
29.8.	5h46,7m	-7,43°	7:41	2:14A	9,2 mag
3.9.	5h54,8m	-8,34°	7:30	2:07A	9,1 mag
8.9.	6h02,8m	-9,31°	7:18	2:00A	9,1 mag
13.9.	6h10,5m	-10,34°	7:06	1:53A	9,0 mag
18.9.	6h17,9m	-11,43°	6:54	1:46A	9,0 mag
23.9.	6h25,1m	-12,57°	6:41	1:40A	8,9 mag
28.9.	6h32,0m	-13,75°	6:28	1:33A	8,9 mag
3.10.	6h38,5m	-14,98°	6:15	1:26A	8,8 mag
8.10.	6h44,6m	-16,25°	6:01	1:20A	8,7 mag
13.10.	6h50,3m	-17,55°	5:48	1:13A	8,7 mag
18.10.	6h55,5m	-18,87°	5:33	1:06A	8,6 mag
23.10.	7h00,2m	-20,20°	5:18	0:58A	8,6 mag
28.10.	7h04,3m	-21,54°	5:03	0:51A	8,5 mag
2.11.	7h07,9m	-22,88°	4:46	0:43A	8,4 mag
7.11.	7h10,8m	-24,19°	4:30	0:35A	8,4 mag
12.11.	7h13,1m	-25,47°	4:12	0:26A	8,3 mag
17.11.	7h14,6m	-26,69°	3:54	7:31U	8,2 mag
22.11.	7h15,4m	-27,85°	3:35	7:04U	8,2 mag
27.11.	7h15,4m	-28,92°	3:16	6:35U	8,1 mag
2.12.	7h14,7m	-29,87°	2:55	6:07U	8,0 mag
7.12.	7h13,1m	-30,69°	2:34	5:39U	8,0 mag
12.12.	7h10,9m	-31,36°	2:12	5:11U	7,9 mag
17.12.	7h08,0m	-31,85°	1:49	4:44U	7,9 mag
22.12.	7h04,6m	-32,14°	1:26	4:18U	7,8 mag
27.12.	7h00,7m	-32,21°	1:03	3:54U	7,8 mag
1.1.	6h56,5m	-32,05°	0:39	3:32U	7,7 mag

Juno

Datum	Rektaszension	Deklination	Kulmination	Auf-/Untergang	Helligkeit
1.1.	19h10,8m	-13,82°	12:50	17:45U	10,9 mag
6.1.	19h18,7m	-13,67°	12:39	17:34U	10,9 mag
11.1.	19h26,7m	-13,48°	12:27	17:24U	10,9 mag
16.1.	19h34,6m	-13,27°	12:15	17:13U	10,9 mag
21.1.	19h42,6m	-13,02°	12:03	17:02U	10,9 mag
26.1.	19h50,6m	-12,74°	11:52	6:51A	10,9 mag
31.1.	19h58,6m	-12,43°	11:40	6:38A	10,9 mag
5.2.	20h06,6m	-12,09°	11:29	6:24A	10,9 mag
10.2.	20h14,5m	-11,72°	11:17	6:11A	10,9 mag
15.2.	20h22,4m	-11,33°	11:05	5:57A	10,9 mag
20.2.	20h30,2m	-10,91°	10:53	5:43A	10,9 mag
25.2.	20h38,1m	-10,47°	10:41	5:29A	10,9 mag
2.3.	20h45,8m	-10,00°	10:29	5:15A	10,9 mag

Datum	Rektaszension	Deklination	Kulmination	Auf-/ Untergang	Helligkeit
7.3.	20h53,5m	-9,52°	10:17	5:00A	10,9 mag
12.3.	21h01,1m	-9,01°	10:05	4:46A	10,9 mag
17.3.	21h08,6m	-8,49°	9:53	4:31A	10,9 mag
22.3.	21h16,1m	-7,96°	9:41	4:16A	10,9 mag
27.3.	21h23,4m	-7,41°	9:29	4:01A	10,8 mag
1.4.	21h30,6m	-6,85°	9:16	3:46A	10,8 mag
6.4.	21h37,8m	-6,28°	9:04	3:31A	10,8 mag
11.4.	21h44,8m	-5,70°	8:51	3:16A	10,8 mag
16.4.	21h51,7m	-5,12°	8:38	3:00A	10,7 mag
21.4.	21h58,4m	-4,54°	8:25	2:44A	10,7 mag
26.4.	22h05,0m	-3,96°	8:12	2:28A	10,6 mag
1.5.	22h11,5m	-3,39°	7:59	2:12A	10,6 mag
6.5.	22h17,7m	-2,82°	7:46	1:56A	10,5 mag
11.5.	22h23,8m	-2,26°	7:32	1:40A	10,5 mag
16.5.	22h29,7m	-1,72°	7:18	1:24A	10,4 mag
21.5.	22h35,4m	-1,19°	7:04	1:07A	10,4 mag
26.5.	22h40,9m	-0,68°	6:50	0:50A	10,3 mag
31.5.	22h46,1m	-0,20°	6:36	0:33A	10,2 mag
5.6.	22h51,1m	0,25°	6:21	0:17A	10,2 mag
10.6.	22h55,7m	0,66°	6:06	23:56A	10,1 mag
15.6.	23h00,1m	1,04°	5:51	23:39A	10,0 mag
20.6.	23h04,1m	1,37°	5:35	23:22A	9,9 mag
25.6.	23h07,7m	1,65°	5:19	23:04A	9,8 mag
30.6.	23h11,0m	1,87°	5:03	22:47A	9,7 mag
5.7.	23h13,7m	2,03°	4:46	22:29A	9,6 mag
10.7.	23h16,1m	2,12°	4:29	22:11A	9,5 mag
15.7.	23h17,9m	2,13°	4:11	21:54A	9,4 mag
20.7.	23h19,1m	2,06°	3:52	21:36A	9,3 mag
25.7.	23h19,9m	1,89°	3:33	21:17A	9,1 mag
30.7.	23h20,0m	1,63°	3:14	20:59A	9,0 mag
4.8.	23h19,5m	1,26°	2:54	20:40A	8,9 mag
9.8.	23h18,4m	0,79°	2:33	20:22A	8,7 mag
14.8.	23h16,7m	0,21°	2:11	20:03A	8,6 mag
19.8.	23h14,5m	-0,47°	1:49	19:45A	8,5 mag
24.8.	23h11,8m	-1,25°	1:27	19:26A	8,3 mag
29.8.	23h08,6m	-2,11°	1:04		8,2 mag
3.9.	23h05,2m	-3,04°	0:41		8,0 mag
8.9.	23h01,5m	-4,02°	0:16		7,9 mag
13.9.	22h57,8m	-5,03°	23:51	5:33U	8,0 mag
18.9.	22h54,2m	-6,04°	23:28	5:05U	8,1 mag
23.9.	22h50,9m	-7,02°	23:05	4:37U	8,1 mag
28.9.	22h47,9m	-7,96°	22:42	4:09U	8,2 mag
3.10.	22h45,4m	-8,83°	22:20	3:43U	8,3 mag
8.10.	22h43,4m	-9,62°	21:59	3:18U	8,4 mag
13.10.	22h42,2m	-10,31°	21:38	2:53U	8,5 mag
18.10.	22h41,7m	-10,91°	21:17	2:30U	8,6 mag
23.10.	22h41,9m	-11,39°	20:58	2:08U	8,7 mag
28.10.	22h42,9m	-11,76°	20:39	1:48U	8,8 mag

Datum	Rektaszension	Deklination	Kulmination	Auf-/ Untergang	Helligkeit
2.11.	22h44,6m	-12,03°	20:21	1:29U	8,8 mag
7.11.	22h47,1m	-12,19°	20:04	1:10U	8,9 mag
12.11.	22h50,2m	-12,25°	19:48	0:53U	9,0 mag
17.11.	22h54,0m	-12,22°	19:32	0:38U	9,1 mag
22.11.	22h58,4m	-12,10°	19:17	0:23U	9,1 mag
27.11.	23h03,4m	-11,88°	19:02	0:09U	9,2 mag
2.12.	23h09,0m	-11,59°	18:48	23:53U	9,2 mag
7.12.	23h15,0m	-11,23°	18:34	23:41U	9,3 mag
12.12.	23h21,4m	-10,79°	18:20	23:30U	9,3 mag
17.12.	23h28,3m	-10,29°	18:08	23:20U	9,4 mag
22.12.	23h35,5m	-9,73°	17:55	23:10U	9,4 mag
27.12.	23h43,1m	-9,11°	17:44	23:01U	9,5 mag
1.1.	23h50,9m	-8,45°	17:32	22:53U	9,5 mag

Vesta

Datum	Rektaszension	Deklination	Kulmination	Auf- /Untergang	Helligkeit
1.1.	17h36,5m	-21,07°	11:17	7:02A	7,7 mag
6.1.	17h47,9m	-21,26°	11:08	6:55A	7,8 mag
11.1.	17h59,4m	-21,41°	11:00	6:48A	7,8 mag
16.1.	18h10,8m	-21,50°	10:52	6:40A	7,8 mag
21.1.	18h22,2m	-21,55°	10:43	6:32A	7,8 mag
26.1.	18h33,6m	-21,54°	10:35	6:23A	7,8 mag
31.1.	18h44,8m	-21,49°	10:26	6:15A	7,8 mag
5.2.	18h56,0m	-21,39°	10:18	6:06A	7,9 mag
10.2.	19h07,1m	-21,24°	10:09	5:56A	7,9 mag
15.2.	19h18,1m	-21,06°	10:01	5:47A	7,9 mag
20.2.	19h28,9m	-20,83°	9:52	5:36A	7,9 mag
25.2.	19h39,6m	-20,57°	9:43	5:26A	7,9 mag
2.3.	19h50,2m	-20,28°	9:34	5:15A	7,9 mag
7.3.	20h00,5m	-19,95°	9:25	5:03A	7,8 mag
12.3.	20h10,7m	-19,60°	9:15	4:52A	7,8 mag
17.3.	20h20,7m	-19,22°	9:05	4:40A	7,8 mag
22.3.	20h30,5m	-18,83°	8:55	4:28A	7,8 mag
27.3.	20h40,1m	-18,42°	8:45	4:15A	7,8 mag
1.4.	20h49,5m	-17,99°	8:35	4:03A	7,8 mag
6.4.	20h58,6m	-17,56°	8:24	3:50A	7,7 mag
11.4.	21h07,5m	-17,13°	8:13	3:37A	7,7 mag
16.4.	21h16,2m	-16,70°	8:02	3:23A	7,7 mag
21.4.	21h24,5m	-16,27°	7:52	3:10A	7,6 mag
26.4.	21h32,6m	-15,86°	7:40	2:56A	7,6 mag
1.5.	21h40,4m	-15,46°	7:28	2:41A	7,6 mag
6.5.	21h47,8m	-15,08°	7:16	2:27A	7,5 mag
11.5.	21h54,9m	-14,73°	7:03	2:13A	7,5 mag
16.5.	22h01,7m	-14,41°	6:50	1:58A	7,4 mag
21.5.	22h08,1m	-14,13°	6:37	1:44A	7,4 mag

Datum	Rektaszension	Deklination	Kulmination	Auf-/Untergang	Helligkeit
26.5.	22h14,0m	-13,89°	6:23	1:29A	7,3 mag
31.5.	22h19,5m	-13,70°	6:09	1:14A	7,2 mag
5.6.	22h24,6m	-13,56°	5:55	0:58A	7,2 mag
10.6.	22h29,1m	-13,49°	5:39	0:42A	7,1 mag
15.6.	22h33,1m	-13,48°	5:24	0:27A	7,0 mag
20.6.	22h36,6m	-13,54°	5:07	0:11A	6,9 mag
25.6.	22h39,4m	-13,67°	4:50	23:51A	6,9 mag
30.6.	22h41,5m	-13,89°	4:33	23:35A	6,8 mag
5.7.	22h42,9m	-14,19°	4:15	23:18A	6,7 mag
10.7.	22h43,6m	-14,56°	3:56	23:01A	6,6 mag
15.7.	22h43,6m	-15,02°	3:36	22:43A	6,5 mag
20.7.	22h42,8m	-15,55°	3:16	22:26A	6,4 mag
25.7.	22h41,3m	-16,15°	2:54	22:08A	6,3 mag
30.7.	22h39,0m	-16,80°	2:33	21:50A	6,2 mag
4.8.	22h36,1m	-17,49°	2:10	21:31A	6,1 mag
9.8.	22h32,5m	-18,21°	1:47	21:12A	6,0 mag
14.8.	22h28,5m	-18,92°	1:23	20:52A	5,9 mag
19.8.	22h24,1m	-19,62°	0:59	20:32A	5,9 mag
24.8.	22h19,6m	-20,27°	0:35	4:54U	5,8 mag
29.8.	22h15,0m	-20,86°	0:09	4:26U	5,9 mag
3.9.	22h10,5m	-21,37°	23:43	3:59U	6,0 mag
8.9.	22h06,4m	-21,80°	23:20	3:33U	6,1 mag
13.9.	22h02,7m	-22,13°	22:56	3:07U	6,3 mag
18.9.	21h59,6m	-22,36°	22:33	2:42U	6,4 mag
23.9.	21h57,1m	-22,50°	22:11	2:19U	6,5 mag
28.9.	21h55,3m	-22,53°	21:50	1:58U	6,6 mag
3.10.	21h54,3m	-22,48°	21:29	1:38U	6,7 mag
8.10.	21h54,0m	-22,35°	21:09	1:19U	6,8 mag
13.10.	21h54,5m	-22,14°	20:50	1:01U	7,0 mag
18.10.	21h55,7m	-21,85°	20:31	0:44U	7,1 mag
23.10.	21h57,6m	-21,51°	20:13	0:28U	7,2 mag
28.10.	22h00,1m	-21,10°	19:57	0:13U	7,3 mag
2.11.	22h03,2m	-20,64°	19:39	23:56U	7,4 mag
7.11.	22h06,8m	-20,13°	19:23	23:43U	7,4 mag
12.11.	22h11,0m	-19,57°	19:08	23:31U	7,5 mag
17.11.	22h15,5m	-18,98°	18:53	23:19U	7,6 mag
22.11.	22h20,6m	-18,34°	18:38	23:08U	7,7 mag
27.11.	22h25,9m	-17,67°	18:24	22:57U	7,7 mag
2.12.	22h31,6m	-16,96°	18:10	22:47U	7,8 mag
7.12.	22h37,6m	-16,22°	17:56	22:38U	7,9 mag
12.12.	22h43,9m	-15,46°	17:43	22:28U	7,9 mag
17.12.	22h50,4m	-14,67°	17:30	22:19U	8,0 mag
22.12.	22h57,1m	-13,85°	17:17	22:11U	8,0 mag
27.12.	23h04,0m	-13,01°	17:04	22:02U	8,1 mag
1.1.	23h11,1m	-12,16°	16:52	21:54U	8,1 mag

Saturnmonde

April

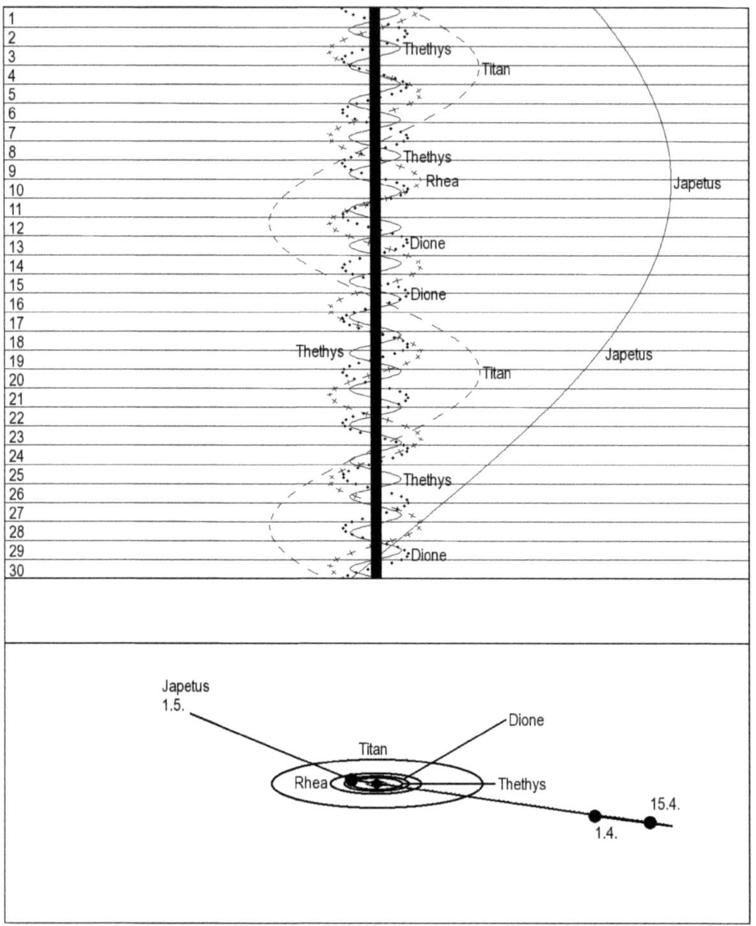

Datum	Uhrzeit (MEZ)	Mond	Erscheinung	Phase
30.4.2022	03:50:37	Japetus	Durchgang	Ende

266

Mai

1
2
3
4
5
6
7
8
9
10
11
12
13
14
15
16
17
18
19
20
21
22
23
24
25
26
27
28
29
30
31
Titan
Thethys
Rhea
Dione
Thethys
Rhea
Japetus
Thethys
Titan
Dione
Thethys
Japetus
Thethys
15.5.
1.6.
Japetus
1.5.
Titan
Dione
Rhea
Thethys

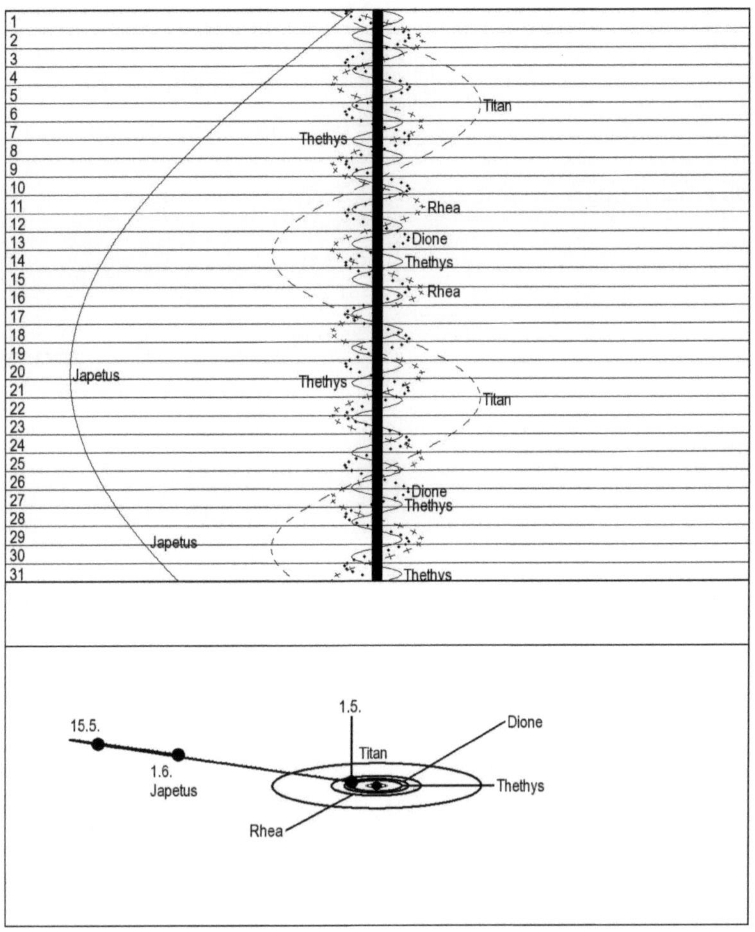

Juni

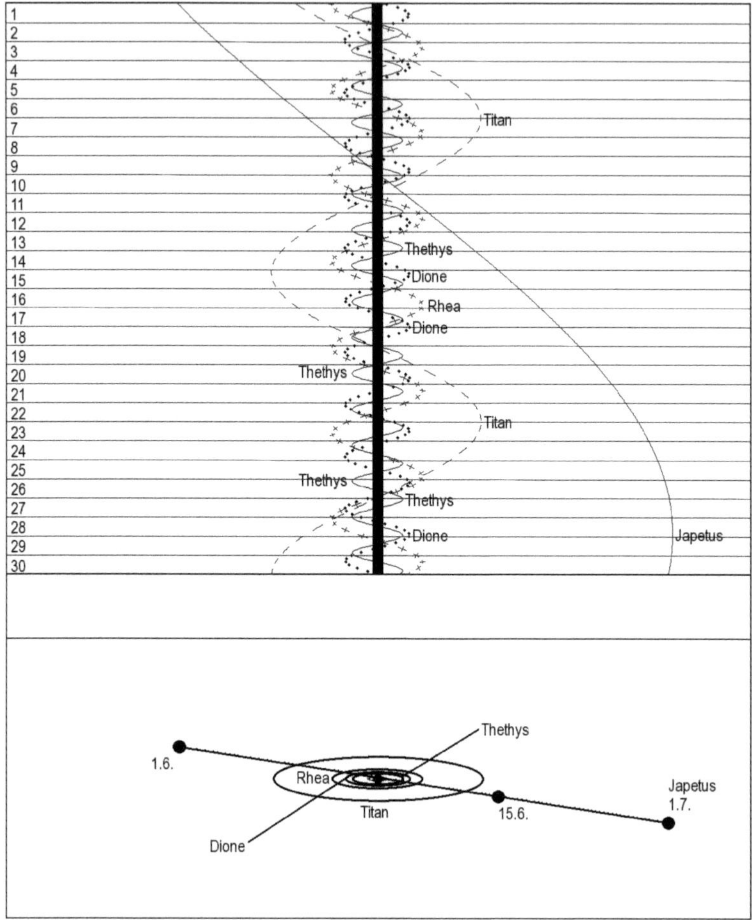

Datum	Uhrzeit (MEZ)	Mond	Erscheinung	Phase
10.6.2022	02:10:49	Japetus	Bedeckung	Ende

Juli

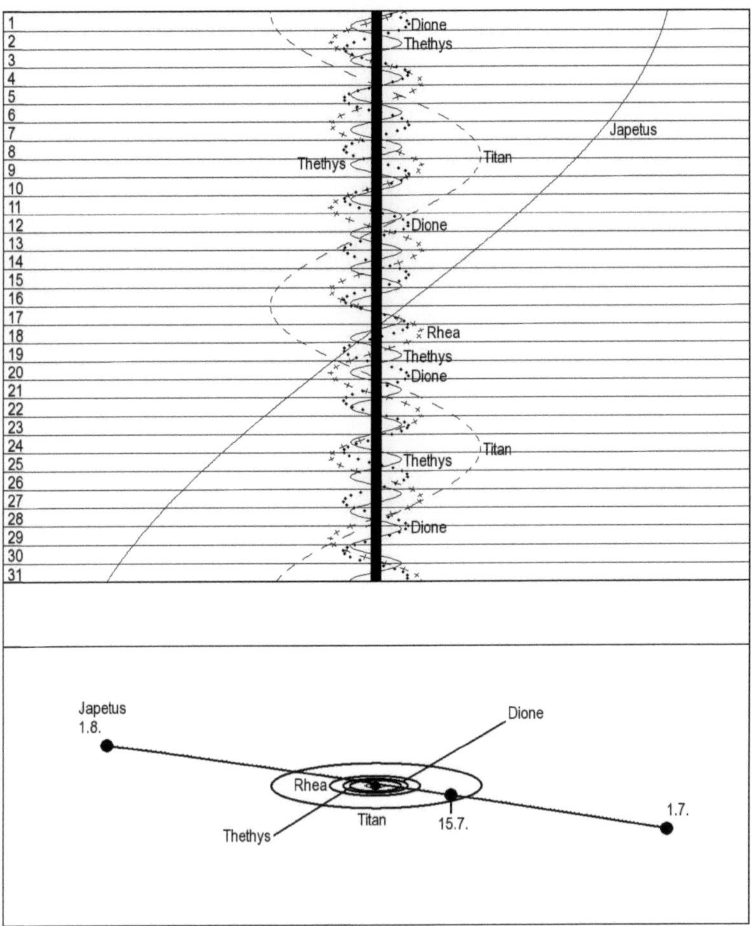

Datum	Uhrzeit (MEZ)	Mond	Erscheinung	Phase
17.7.2022	23:56:19	Japetus	Durchgang	Anfang

August

1
2
3
4
5
6
7
8
9
10
11
12
13
14
15
16
17
18
19
20
21
22
23
24
25
26
27
28
29
30
31
Japetus
Dione
Titan
Rhea
Japetus
Dione
Thethys
Titan
Thethys
1.8.
15.8.
Dione
Thethys
Rhea
Titan
1.9.
Japetus

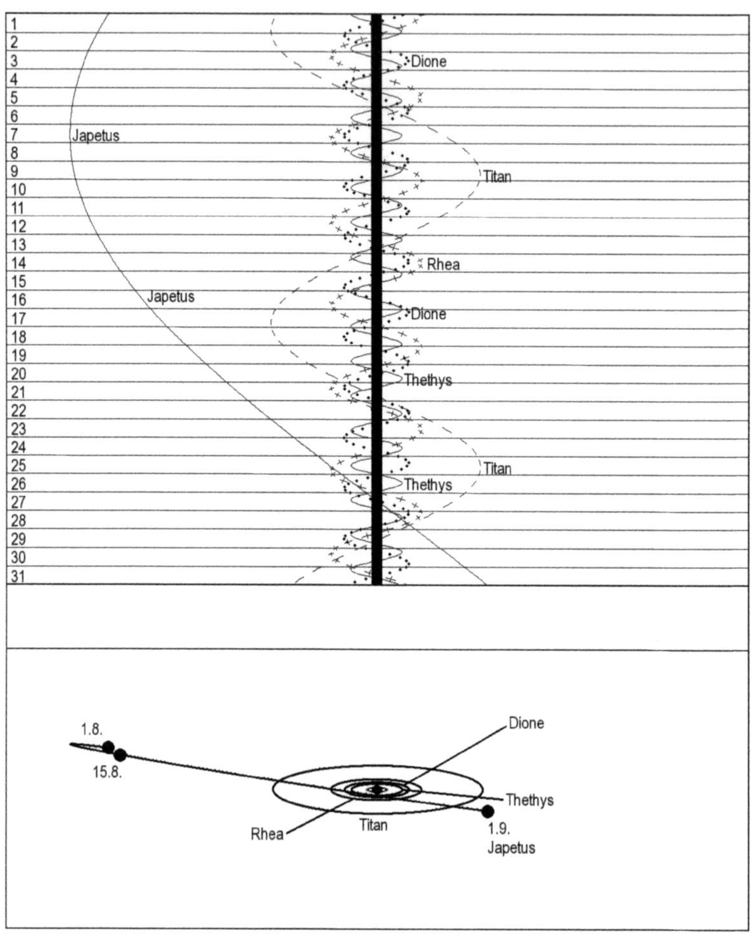

1
2
3
4
5
6
7
8
9
10
11
12
13
14
15
16
17
18
19
20
21
22
23
24
25
26
27
28
29
30
Dione
Titan
Rhea
Dione
Thethys
Rhea
Dione
Japetus
Japetus
Thethys
Thethys
Titan
Thethys
Rhea
Titan
Dione
Japetus
15.9.
1.9.
1.10.

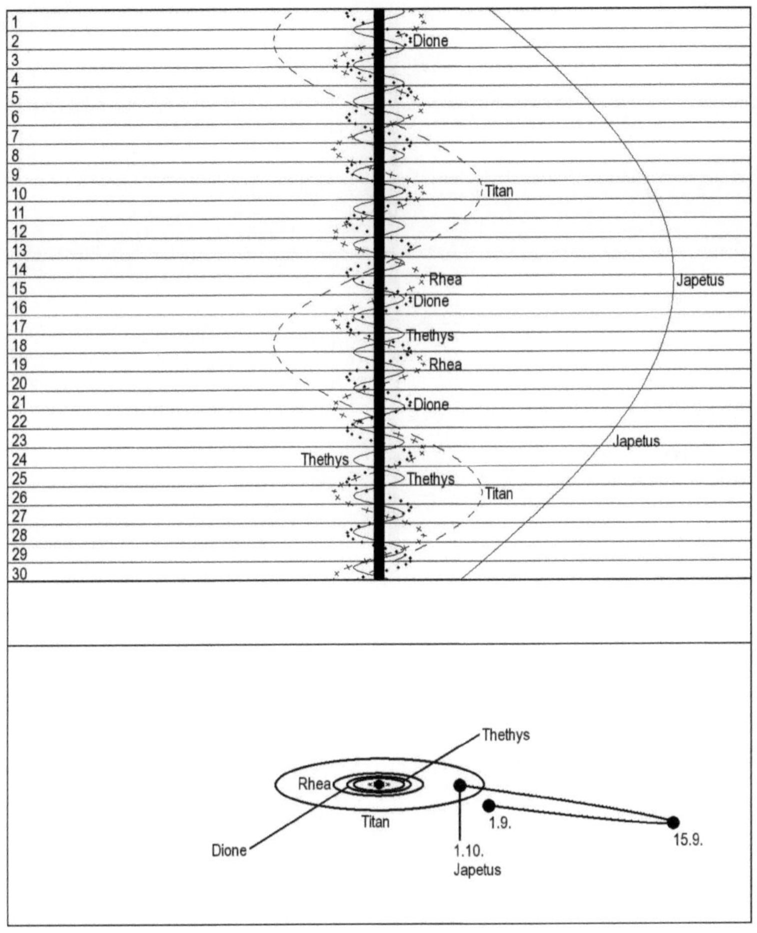

271

Oktober

Dione
Rhea
Titan
Dione
Rhea
Dione
Thethys
Japetus
Titan
Thethys
15.10.
1.10.
Titan
1.11.
Japetus
Rhea
Dione
Thethys

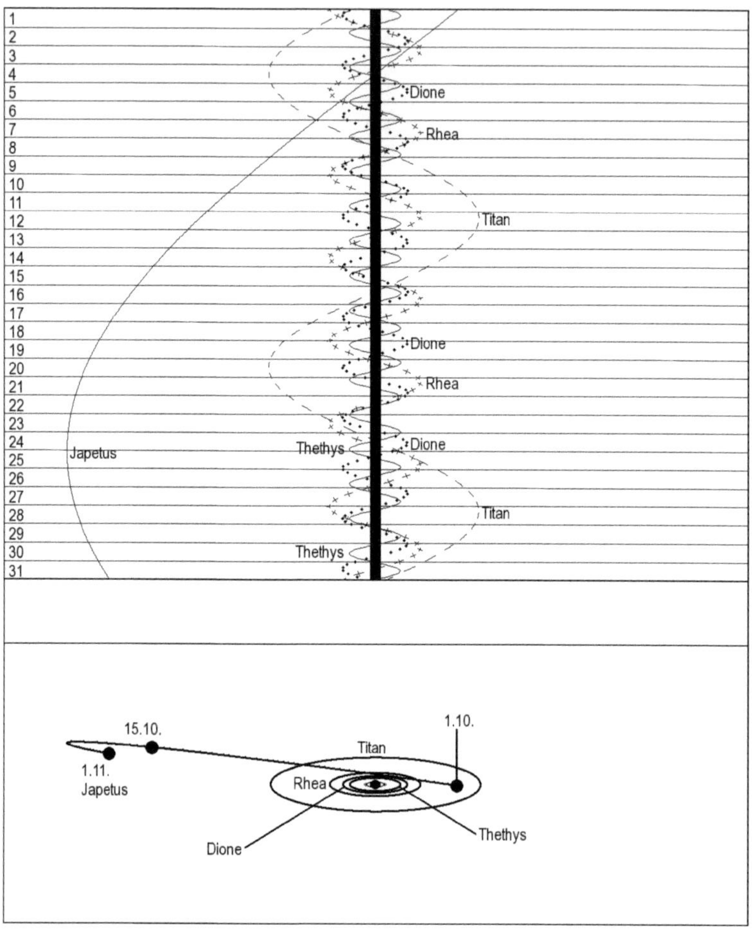

272

November

Japetus
Dione
Rhea
Thethys
Dione
Rhea
Titan
Thethys
Rhea
Dione
Thethys
Thethys
Titan
Dione
Rhea
Thethys
Titan
1.11.
15.11.
Titan
1.12.
Japetus

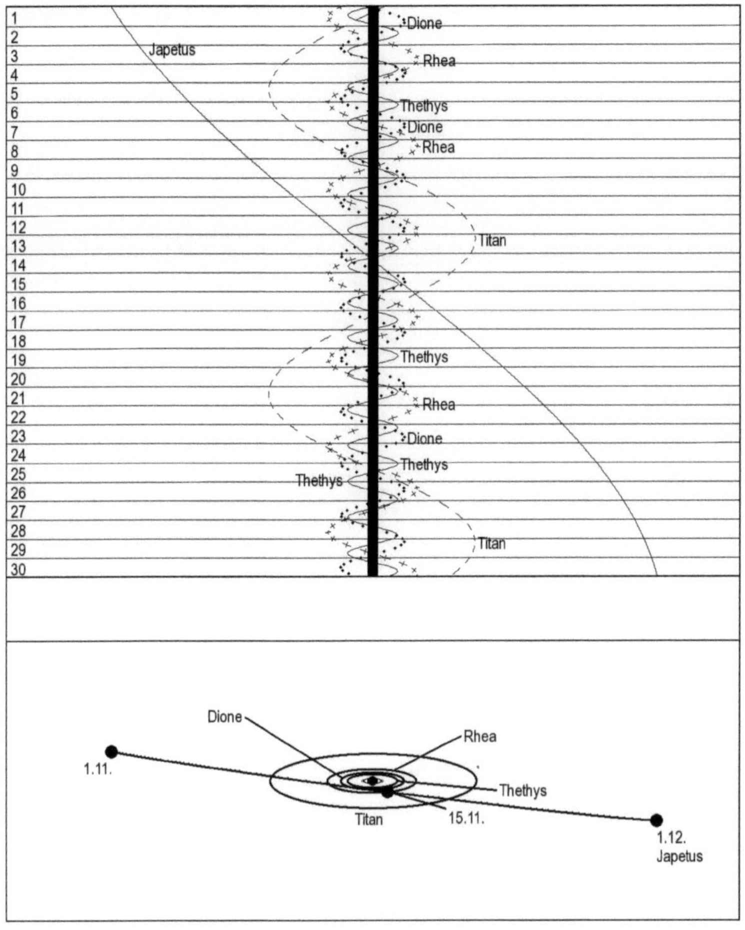

Dezember

Thethys
Japetus
Rhea
Dione
Thethys
Japetus
Titan
Thethys
Thethys
Dione
Thethys
Titan
Japetus
1.1.
Rhea
Thethys
Titan
Dione
15.12.
1.12.

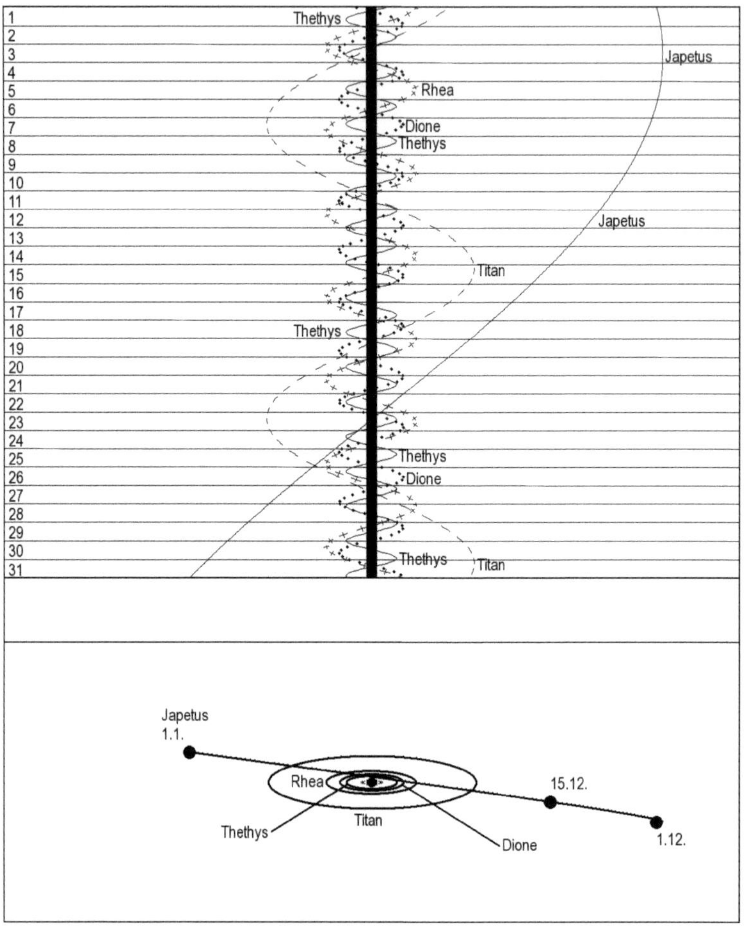

Sternzeit für 0 Uhr MEZ und 9° östlicher Länge

	J	F	M	A	M	J	J	A	S	O	N	D
1	6:18	8:21	10:11	12:13	14:11	16:14	18:12	20:14	22:16	0:15	2:17	4:15
2	6:22	8:25	10:15	12:17	14:15	16:18	18:16	20:18	22:20	0:19	2:21	4:19
3	6:26	8:28	10:19	12:21	14:19	16:22	18:20	20:22	22:24	0:23	2:25	4:23
4	6:30	8:32	10:23	12:25	14:23	16:26	18:24	20:26	22:28	0:27	2:29	4:27
5	6:34	8:36	10:27	12:29	14:27	16:29	18:28	20:30	22:32	0:30	2:33	4:31
6	6:38	8:40	10:31	12:33	14:31	16:33	18:32	20:34	22:36	0:34	2:37	4:35
7	6:42	8:44	10:35	12:37	14:35	16:37	18:36	20:38	22:40	0:38	2:41	4:39
8	6:46	8:48	10:39	12:41	14:39	16:41	18:40	20:42	22:44	0:42	2:45	4:43
9	6:50	8:52	10:43	12:45	14:43	16:45	18:44	20:46	22:48	0:46	2:48	4:47
10	6:54	8:56	10:46	12:49	14:47	16:49	18:47	20:50	22:52	0:50	2:52	4:51
11	6:58	9:00	10:50	12:53	14:51	16:53	18:51	20:54	22:56	0:54	2:56	4:55
12	7:02	9:04	10:54	12:57	14:55	16:57	18:55	20:58	23:00	0:58	3:00	4:59
13	7:06	9:08	10:58	13:01	14:59	17:01	18:59	21:01	23:04	1:02	3:04	5:02
14	7:10	9:12	11:02	13:04	15:03	17:05	19:03	21:05	23:08	1:06	3:08	5:06
15	7:14	9:16	11:06	13:08	15:07	17:09	19:07	21:09	23:12	1:10	3:12	5:10
16	7:17	9:20	11:10	13:12	15:11	17:13	19:11	21:13	23:16	1:14	3:16	5:14
17	7:21	9:24	11:14	13:16	15:15	17:17	19:15	21:17	23:19	1:18	3:20	5:18
18	7:25	9:28	11:18	13:20	15:18	17:21	19:19	21:21	23:23	1:22	3:24	5:22
19	7:29	9:32	11:22	13:24	15:22	17:25	19:23	21:25	23:27	1:26	3:28	5:26
20	7:33	9:35	11:26	13:28	15:26	17:29	19:27	21:29	23:31	1:30	3:32	5:30
21	7:37	9:39	11:30	13:32	15:30	17:33	19:31	21:33	23:35	1:34	3:36	5:34
22	7:41	9:43	11:34	13:36	15:34	17:36	19:35	21:37	23:39	1:37	3:40	5:38
23	7:45	9:47	11:38	13:40	15:38	17:40	19:39	21:41	23:43	1:41	3:44	5:42
24	7:49	9:51	11:42	13:44	15:42	17:44	19:43	21:45	23:47	1:45	3:48	5:46
25	7:53	9:55	11:46	13:48	15:46	17:48	19:47	21:49	23:51	1:49	3:52	5:50
26	7:57	9:59	11:50	13:52	15:50	17:52	19:51	21:53	23:55	1:53	3:55	5:54
27	8:01	10:03	11:53	13:56	15:54	17:56	19:54	21:57	23:59	1:57	3:59	5:58
28	8:05	10:07	11:57	14:00	15:58	18:00	19:58	22:01	0:03	2:01	4:03	6:02
29	8:09		12:01	14:04	16:02	18:04	20:02	22:05	0:07	2:05	4:07	6:06
30	8:13		12:05	14:08	16:06	18:08	20:06	22:09	0:11	2:09	4:11	6:10
31	8:17		12:09		16:10		20:10	22:12		2:13		6:13

- Änderung: 60,164 min/h
- Korrektur für Orte anderer geographischer Länge:
  (Länge des Orts – 9) * 4 min

Zentralmeridiane

Mars

	A	S	O	N	D
1	274	334	49	122	214
2	264	325	40	112	205
3	254	315	30	103	196
4	245	306	21	94	187
5	235	296	11	85	179
6	225	287	2	76	170
7	215	277	353	67	161

	A	S	O	N	D
8	206	267	343	58	152
9	196	258	334	49	144
10	186	248	325	40	135
11	177	239	315	31	126
12	167	229	306	22	117
13	157	220	297	13	108
14	148	210	287	4	100
15	138	201	278	355	91
16	128	191	269	346	82
17	119	182	259	338	73
18	109	172	250	329	64
19	99	163	241	320	55
20	90	153	232	311	47
21	80	144	222	302	38
22	71	134	213	293	29
23	61	125	204	284	20
24	51	115	195	275	11
25	42	106	186	267	2
26	32	96	176	258	353
27	22	87	167	249	344
28	13	77	158	240	336
29	3	68	149	231	327
30	354	58	140	223	318
31	344		131		309

Änderung: +14,62°/Stunde

Neigung der Marsachse zur Erde

	A	S	O	N	D
1	-13,4	-6,2	-0,8	0,6	-3,7
2	-13,2	-6,0	-0,7	0,6	-3,9
3	-13,0	-5,8	-0,6	0,5	-4,1
4	-12,7	-5,6	-0,5	0,5	-4,3
5	-12,5	-5,4	-0,3	0,4	-4,5
6	-12,2	-5,1	-0,2	0,3	-4,8
7	-12,0	-4,9	-0,1	0,2	-5,0
8	-11,8	-4,7	0,0	0,1	-5,2
9	-11,5	-4,5	0,1	0,0	-5,4
10	-11,3	-4,3	0,2	-0,1	-5,6
11	-11,1	-4,1	0,2	-0,2	-5,8
12	-10,8	-3,9	0,3	-0,3	-6,0
13	-10,6	-3,7	0,4	-0,5	-6,2
14	-10,3	-3,6	0,5	-0,6	-6,4
15	-10,1	-3,4	0,5	-0,7	-6,5
16	-9,9	-3,2	0,6	-0,9	-6,7
17	-9,6	-3,0	0,6	-1,1	-6,9
18	-9,4	-2,8	0,7	-1,2	-7,1
19	-9,2	-2,7	0,7	-1,4	-7,2

	A	S	O	N	D
20	-8,9	-2,5	0,8	-1,6	-7,4
21	-8,7	-2,3	0,8	-1,7	-7,6
22	-8,5	-2,1	0,8	-1,9	-7,7
23	-8,2	-2,0	0,8	-2,1	-7,8
24	-8,0	-1,8	0,8	-2,3	-8,0
25	-7,8	-1,7	0,8	-2,5	-8,1
26	-7,5	-1,5	0,8	-2,7	-8,2
27	-7,3	-1,4	0,8	-2,9	-8,3
28	-7,1	-1,2	0,8	-3,1	-8,5
29	-6,9	-1,1	0,8	-3,3	-8,6
30	-6,7	-1,0	0,7	-3,5	-8,6
31	-6,4		0,7		-8,7

Jupiter, System I

	J	M	J	J	A	S	O	N	D
1	16	216	68	123	339	198	259	116	172
2	174	14	225	281	137	356	57	274	330
3	332	172	23	79	295	154	215	72	128
4	129	330	181	237	93	312	13	230	285
5	287	127	339	35	251	110	171	28	83
6	85	285	137	193	49	268	329	186	241
7	242	83	295	351	207	66	127	344	39
8	40	241	92	148	5	224	285	141	196
9	198	38	250	306	163	22	83	299	354
10	355	196	48	104	321	180	241	97	152
11	153	354	206	262	119	338	39	255	310
12	310	152	4	60	277	136	197	53	108
13	108	310	162	218	75	294	355	211	265
14	266	107	319	16	233	92	153	9	63
15	63	265	117	174	31	250	311	167	221
16	221	63	275	332	189	48	109	325	19
17	19	221	73	130	347	206	267	122	176
18	176	18	231	288	145	4	65	280	334
19	334	176	29	86	303	162	223	78	132
20	132	334	186	244	101	320	21	236	290
21	289	132	344	42	259	118	179	34	87
22	87	290	142	199	57	276	337	192	245
23	244	87	300	357	215	74	135	349	43
24	42	245	98	155	13	232	293	147	200
25	200	43	256	313	171	31	91	305	358
26	357	201	54	111	329	189	248	103	156
27	155	359	212	269	127	347	46	261	314
28	313	156	9	67	285	145	204	59	111
29	110	314	167	225	83	303	2	216	269
30	268	112	325	23	241	101	160	14	67
31	65	270		181	39		318		224

Änderung: +36,58°/Stunde

Jupiter, System II

	J	M	J	J	A	S	O	N	D
1	242	247	221	48	27	9	202	182	9
2	32	37	12	198	178	160	352	333	160
3	182	187	162	348	328	310	142	123	310
4	332	337	312	139	118	100	293	273	100
5	122	127	102	289	269	251	83	64	250
6	272	277	252	79	59	41	233	214	40
7	62	67	42	230	210	192	24	4	190
8	212	218	193	20	360	342	174	154	341
9	2	8	343	170	150	133	325	305	131
10	152	158	133	320	301	283	115	95	281
11	302	308	283	111	91	73	265	245	71
12	92	98	73	261	241	224	56	35	221
13	242	248	224	51	32	14	206	186	11
14	32	38	14	202	182	165	356	336	161
15	182	189	164	352	333	315	147	126	311
16	332	339	314	142	123	105	297	276	102
17	122	129	105	292	273	256	88	67	252
18	272	279	255	83	64	46	238	217	42
19	62	69	45	233	214	197	28	7	192
20	212	219	195	23	4	347	179	157	342
21	2	9	345	174	155	138	329	307	132
22	152	160	136	324	305	288	119	98	282
23	302	310	286	114	96	78	270	248	72
24	92	100	76	265	246	229	60	38	222
25	242	250	226	55	36	19	210	188	12
26	32	40	17	205	187	170	1	338	163
27	182	190	167	356	337	320	151	129	313
28	332	341	317	146	128	110	301	279	103
29	122	131	107	296	278	261	92	69	253
30	272	281	258	87	68	51	242	219	43
31	63	71		237	219		32		193

Änderung: 36,26°/Stunde

Neigung der Jupiterachse zur Erde

	A	M	J	J	A	S	O	N	D
1	0,7	1,8	2,1	2,4	2,6	2,6	2,6	2,4	2,2
2	0,7	1,8	2,1	2,4	2,6	2,6	2,6	2,4	2,2
3	0,7	1,8	2,1	2,4	2,6	2,6	2,6	2,4	2,2
4	0,7	1,9	2,2	2,4	2,6	2,6	2,5	2,4	2,2
5	0,7	1,9	2,2	2,4	2,6	2,6	2,5	2,3	2,2
6	0,7	1,9	2,2	2,4	2,6	2,6	2,5	2,3	2,2
7	0,7	1,9	2,2	2,4	2,6	2,6	2,5	2,3	2,2
8	0,7	1,9	2,2	2,4	2,6	2,6	2,5	2,3	2,2
9	0,8	1,9	2,2	2,4	2,6	2,6	2,5	2,3	2,2

	A	M	J	J	A	S	O	N	D
10	0,8	1,9	2,2	2,4	2,6	2,6	2,5	2,3	2,2
11	0,8	1,9	2,2	2,5	2,6	2,6	2,5	2,3	2,2
12	0,8	1,9	2,2	2,5	2,6	2,6	2,5	2,3	2,2
13	0,8	1,9	2,2	2,5	2,6	2,6	2,5	2,3	2,2
14	0,8	2,0	2,2	2,5	2,6	2,6	2,5	2,3	2,2
15	0,8	2,0	2,3	2,5	2,6	2,6	2,5	2,3	2,2
16	0,8	2,0	2,3	2,5	2,6	2,6	2,5	2,3	2,2
17	0,8	2,0	2,3	2,5	2,6	2,6	2,5	2,3	2,2
18	0,8	2,0	2,3	2,5	2,6	2,6	2,5	2,3	2,2
19	0,8	2,0	2,3	2,5	2,6	2,6	2,5	2,3	2,2
20	0,8	2,0	2,3	2,5	2,6	2,6	2,4	2,3	2,2
21	0,8	2,0	2,3	2,5	2,6	2,6	2,4	2,3	2,2
22	0,9	2,0	2,3	2,5	2,6	2,6	2,4	2,3	2,2
23	0,9	2,0	2,3	2,5	2,6	2,6	2,4	2,2	2,2
24	0,9	2,1	2,3	2,5	2,6	2,6	2,4	2,2	2,2
25	0,9	2,1	2,3	2,5	2,6	2,6	2,4	2,2	2,2
26	0,9	2,1	2,3	2,5	2,6	2,6	2,4	2,2	2,2
27	0,9	2,1	2,4	2,6	2,6	2,6	2,4	2,2	2,2
28	0,9	2,1	2,4	2,6	2,6	2,6	2,4	2,2	2,2
29	0,9	2,1	2,4	2,6	2,6	2,6	2,4	2,2	2,2
30	0,9	2,1	2,4	2,6	2,6	2,6	2,4	2,2	2,2
31	0,9	2,1		2,6	2,6		2,4		2,2

Korrektur der Auf- und Untergangszeiten

Korrektur für geographische Länge:
(Geographische Länge des Orts – 9°) *4 Minuten

Korrektur für geographische Breite:
Deklinationabhängiger Korrekturwert für die geographische Breite des
Beobachtungsorts von der Aufgangszeit für 50° nördliche Breite subtrahieren und
zur Untergangszeit zu addieren.

Deklination / Geographische Breite	47°	48°	49°	50°	51°	52°	53°	54°
-30°	21	15	8	0	-8	-17	-27	-38
-29°	20	14	7	0	-8	-16	-25	-34
-28°	19	13	7	0	-7	-15	-23	-32
-27°	18	12	6	0	-7	-14	-21	-29
-26°	16	11	6	0	-6	-13	-20	-27
-25°	15	11	5	0	-6	-12	-18	-25
-24°	15	10	5	0	-5	-11	-17	-24

Deklination / Geographische Breite	47°	48°	49°	50°	51°	52°	53°	54°
-23°	14	9	5	0	-5	-10	-16	-22
-22°	13	9	4	0	-5	-10	-15	-21
-21°	12	8	4	0	-4	-9	-14	-19
-20°	11	8	4	0	-4	-9	-13	-18
-19°	11	7	4	0	-4	-8	-12	-17
-18°	10	7	3	0	-4	-7	-11	-16
-17°	9	6	3	0	-3	-7	-11	-15
-16°	9	6	3	0	-3	-6	-10	-14
-15°	8	5	3	0	-3	-6	-9	-13
-14°	7	5	3	0	-3	-6	-9	-12
-13°	7	5	2	0	-3	-5	-8	-11
-12°	6	4	2	0	-2	-5	-7	-10
-11°	6	4	2	0	-2	-4	-7	-9
-10°	5	4	2	0	-2	-4	-6	-8
-9°	5	3	2	0	-2	-4	-5	-7
-8°	4	3	1	0	-2	-3	-5	-7
-7°	4	3	1	0	-1	-3	-4	-6
-6°	3	2	1	0	-1	-2	-4	-5
-5°	3	2	1	0	-1	-2	-3	-4
-4°	2	2	1	0	-1	-2	-3	-3
-3°	2	1	1	0	-1	-1	-2	-3
-2°	1	1	0	0	0	-1	-1	-2
-1°	1	1	0	0	0	-1	-1	-1
0°	0	0	0	0	0	0	0	-1
1°	0	0	0	0	0	0	0	0
2°	-1	0	0	0	0	0	1	1
3°	-1	-1	0	0	0	1	1	2
4°	-2	-1	-1	0	1	1	2	2
5°	-2	-1	-1	0	1	2	2	3
6°	-3	-2	-1	0	1	2	3	4
7°	-3	-2	-1	0	1	2	3	5
8°	-4	-2	-1	0	1	3	4	6

Deklination / Geographische Breite	47°	48°	49°	50°	51°	52°	53°	54°
9°	-4	-3	-1	0	1	3	5	6
10°	-5	-3	-2	0	2	3	5	7
11°	-5	-3	-2	0	2	4	6	8
12°	-6	-4	-2	0	2	4	6	9
13°	-6	-4	-2	0	2	5	7	10
14°	-7	-5	-2	0	2	5	8	11
15°	-7	-5	-3	0	3	5	8	11
16°	-8	-5	-3	0	3	6	9	12
17°	-9	-6	-3	0	3	6	10	13
18°	-9	-6	-3	0	3	7	11	14
19°	-10	-7	-3	0	4	7	11	16
20°	-11	-7	-4	0	4	8	12	17
21°	-11	-8	-4	0	4	8	13	18
22°	-12	-8	-4	0	4	9	14	19
23°	-13	-9	-4	0	5	10	15	21
24°	-14	-9	-5	0	5	10	16	22
25°	-15	-10	-5	0	5	11	17	24
26°	-15	-11	-5	0	6	12	19	26
27°	-17	-11	-6	0	6	13	20	28
28°	-18	-12	-6	0	7	14	21	30
29°	-19	-13	-7	0	7	15	23	32
30°	-20	-14	-7	0	8	16	25	35

Veränderliche Sterne

Algol

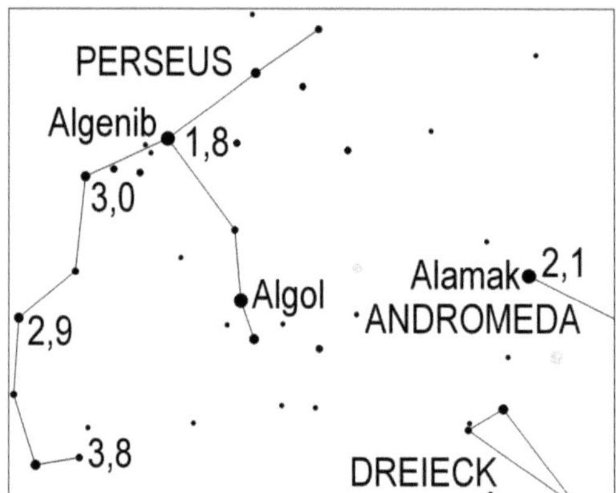

Aufsuchkarte für Algol. Die Dezimalzahlen bezeichnen die Helligkeitswerte (in mag) von Vergleichssternen zur Helligkeitsbestimmung.

Algol ist der bekannteste bedeckungsveränderliche Stern. Er hat eine Helligkeit von 2,1 mag. Alle 2,8673 Tage wird der hellere der beiden Sterne vom schwächeren bedeckt, wobei seine Helligkeit innerhalb von 5 Stunden auf 3,4 mag zurückgeht, um anschließend wieder im gleichen Zeitraum auf den ursprünglichen Wert anzusteigen. Nach einer halben Periode bedeckt die hellere Komponente des Algol-Systems die schwächere, wodurch ein Nebenminimum entsteht. Dieses hat einen Betrag von unter 0,1 mag und kann mit bloßem Auge nicht erkannt werden.

Algol-Minima 2022

Es sind nur diejenigen Minima aufgeführt, die während der Nachtstunden stattfinden und bei denen Algol eine Höhe von mehr als 15° über dem Horizont hat. Alle aufgeführten Minima sind Hauptminima (Zeiten in MEZ).

3.1.2022 0:31, 5.1.2022 21:20, 8.1.2022 18:09, 23.1.2022 2:16, 25.1.2022 23:05, 28.1.2022 19:54, 31.1.2022 16:44

15.2.2022 0:50, 17.2.2022 21:40, 20.2.2022 18:29

12.3.2022 20:14

4.4.2022 18:48

1.6.2022 3:09, 24.6.2022 1:39

14.7.2022 3:20, 17.7.2022 0:09

6.8.2022 1:49, 8.8.2022 22:38, 26.8.2022 3:29, 29.8.2022 0:18, 31.8.2022 21:06

18.9.2022 1:58, 20.9.2022 22:47, 23.9.2022 19:35

8.10.2022 3:39, 11.10.2022 0:27, 13.10.2022 21:16, 16.10.2022 18:05, 28.10.2022 5:20, 31.10.2022 2:09

2.11.2022 22:58, 5.11.2022 19:46, 8.11.2022 16:35, 20.11.2022 3:51, 23.11.2022 0:40, 25.11.2022 21:29, 28.11.2022 18:18

13.12.2022 2:23, 15.12.2022 23:12, 18.12.2022 20:02, 21.12.2022 16:51

β (Beta) Lyrae

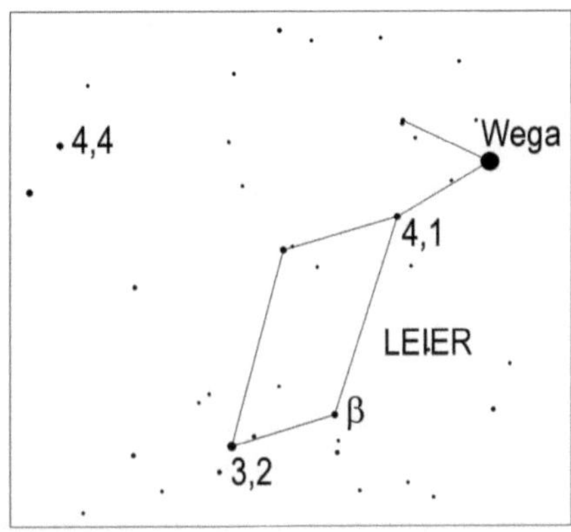

Aufsuchkarte für β Lyrae. Die Dezimalzahlen bezeichnen die Helligkeitswerte (in mag) von Vergleichssternen zur Helligkeitsbestimmung.

Die Helligkeit des bedeckungsveränderlichen Sterns β Lyrae schwankt mit einer Periode von 12,9075 Tagen zwischen 3,4 mag und 4,6 mag. Im Unterschied zu Algol ist bei β Lyrae das Nebenminimum, bei dem die Helligkeit auf 3,9 mag zurückgeht, gut beobachtbar. Die Haupt- und Nebenminima von β Lyrae folgen direkt aufeinander und es gibt keinen Zeitraum konstanter Helligkeit bei diesem Stern.

Das System von β Lyrae besteht nicht nur aus den beiden, sich gegenseitig bedeckenden Sternen, sondern auch noch aus zwei Sternen, die im Fernglas bzw.

Fernrohr beobachtet werden können. Ersterer hat eine Helligkeit von 7,1 mag und befindet sich in südsüdöstlicher Richtung vom Hauptsystem in 45,7" Abstand, letzterer steht 85,8" nordnordöstlich des Hauptsystems und hat eine Helligkeit von 10,6 mag.

Hauptminima von β Lyrae 2022

Es sind nur diejenigen Hauptminima aufgeführt, die während der Nachtstunden stattfinden und bei denen β Lyrae eine Höhe von mehr als 15° über dem Horizont hat. (Zeiten in MEZ).

10.7.2022 4:03, 23.7.2022 2:40

5.8.2022 1:17, 17.8.2022 23:55, 30.8.2022 22:32

12.9.2022 21:10, 25.9.2022 19:48, 8.10.2022 18:26

Nebenminima von β Lyrae 2022

Es sind nur diejenigen Nebenminima aufgeführt, die während der Nachtstunden stattfinden und bei denen β Lyrae eine Höhe von mehr als 15° über dem Horizont hat. (Zeiten in MEZ).

24.2.2022 6:43

9.3.2022 5:19, 22.3.2022 3:55

4.4.2022 2:31, 17.4.2022 1:07, 29.4.2022 23:43

12.5.2022 22:19, 25.5.2022 20:55

δ (Delta) Cephei

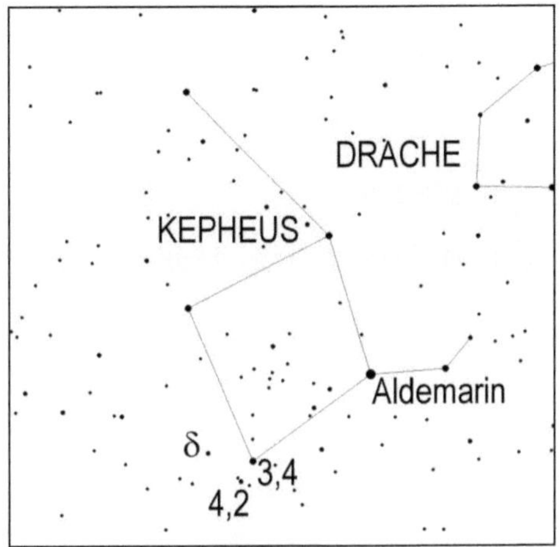

Aufsuchkarte für δ Cephei. Die Dezimalzahlen bezeichnen die Helligkeitswerte (in mag) von Vergleichssternen zur Helligkeitsbestimmung.

Die Helligkeit des physikalisch-veränderlichen Sterns δ Cephei, welcher der Prototyp einer Klasse veränderlicher Sterne ist, schwankt zwischen 3,5 mag und 4,4 mag mit einer Periode von 5,36643 Tagen. Seine Lichtkurve ist stark asymmetrisch: der Abfall von der Maximalhelligkeit zur Minimalhelligkeit dauert 4 Tage, während der Anstieg zum Maximalwert nur 1,36 Tage lang andauert.
δ Cephei hat einen 6,4 mag hellen Begleiter in 41" Abstand, der schon im Feldstecher gesehen werden kann.

Maxima von δ Cephei 2022

Es sind nur diejenigen Maxima aufgeführt, die während der Nachtstunden stattfinden. Für Beobachter in Mitteleuropa hat δ Cephei immer eine zur Beobachtung ausreichende Höhe über dem Horizont (Zeiten in MEZ).

5.1.2022 21:09, 11.1.2022 5:56, 21.1.2022 23:32

1.2.2022 17:08, 7.2.2022 1:56, 17.2.2022 19:32, 23.2.2022 4:20

5.3.2022 21:55, 22.3.2022 0:18

7.4.2022 2:41, 17.4.2022 20:16

3.5.2022 22:38, 20.5.2022 1:00

15.6.2022 20:56

1.7.2022 23:18, 18.7.2022 1:39, 28.7.2022 19:14

13.8.2022 21:35, 29.8.2022 23:57

15.9.2022 2:19, 25.9.2022 19:54

1.10.2022 4:41, 11.10.2022 22:16, 28.10.2022 0:39

7.11.2022 18:14, 13.11.2022 3:02, 23.11.2022 20:37, 29.11.2022 5:25

9.12.2022 23:01, 20.12.2022 16:37, 26.12.2022 1:25

Mira

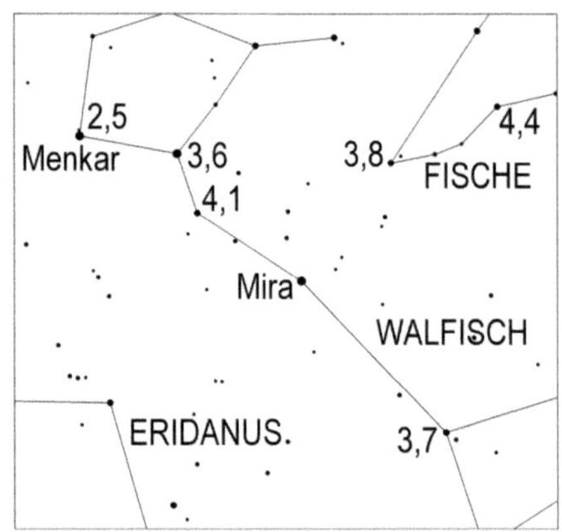

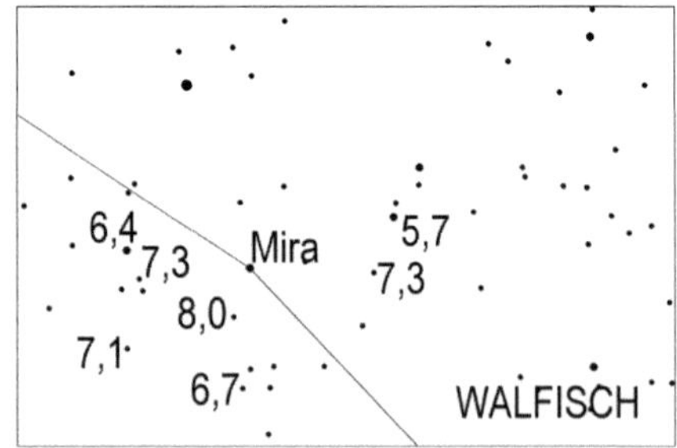

Aufsuchkarte für Mira. Die Dezimalzahlen bezeichnen die Helligkeitswerte (in mag) von Vergleichssternen zur Helligkeitsbestimmung.

Miras Helligkeit schwankt mit einer Periode von 332 Tagen zwischen 2,0 mag und 10,1 mag. Sie ist somit im Maximum mit bloßem Auge als auffälliger Stern zu sehen, während es im Minimum ein Fernrohr benötigt, um sie zu sehen. Allerdings erreicht Mira nicht in jedem Maximum 2,0 mag. Es wurden schon Maxima mit einer Helligkeit von nur 4,9 mag registriert. Miras Minimalhelligkeit fällt manchmal auch größer als der Maximalwert aus und erreichte in manchen Jahren nur 8,6 mag. Mira erreicht ihr Minimum am 13.3.2022 und ihr Maximum am 17.7.2022.

χ (Chi) Cygni

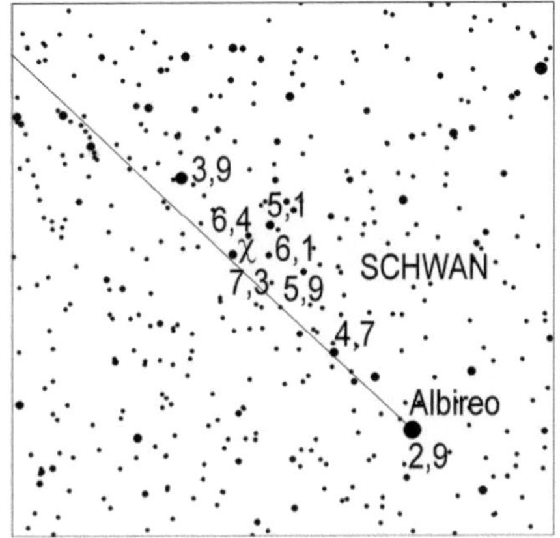

Aufsuchkarte für χ Cygni. Die Dezimalzahlen bezeichnen die Helligkeitswerte (in mag) von Vergleichssternen zur Helligkeitsbestimmung.

χ Cygni gehört zu den pulsationsveränderlichen Sternen mit dem größten Lichtwechsel, denn dieser Veränderliche vom Mira-Typ mit einer Periode von 408,7 Tagen kann im Maximum eine Helligkeit von 3,4 mag erreichen, während im Minimum seine Helligkeit auf 14,2 mag zurückgehen kann. Man kann diesen Stern somit im Maximum gut mit freiem Auge sehen, während zu seiner Beobachtung im Minimum ein Fernrohr von 30 cm-Durchmesser erforderlich ist. Wie bei Mira erreicht auch χ Cygni nicht in jedem Minimum und jedem Maximum die oben genannten Werte. Die mittlere Maximalhelligkeit von χ Cygni beträgt 4,8 mag, die mittlere Minimalhelligkeit 13,4 mag. Es wurden schon Maxima mit einer Helligkeit von 6,5 mag registriert. χ Cygni erreicht sein Maximum am 17.4.2022 und sein Minimum am 14.12.2022.

R Hydrae

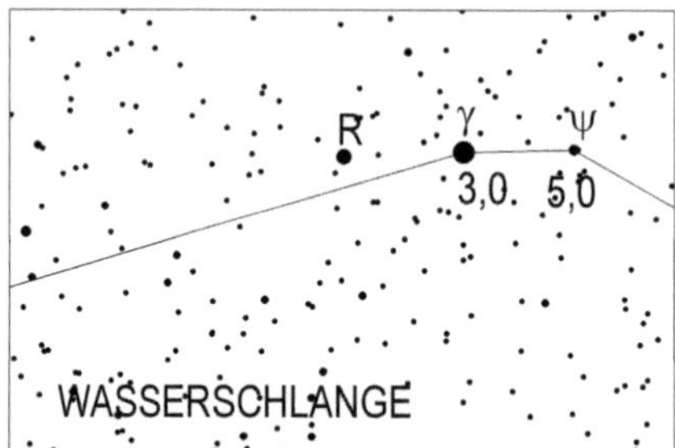

Aufsuchkarte für R Hydrae. Die Dezimalzahlen bezeichnen die Helligkeitswerte (in mag) von Vergleichssternen zur Helligkeitsbestimmung.

R Hydrae ist ein weiterer, leicht beobachtbarer Mirastern, dessen Helligkeit mit einer leicht veränderlichen Periode von 389 Tagen zwischen 3,5 mag und 10,9 mag schwankt. R Hydrae erreicht sein Maximum am 12.5.2022 und sein Minimum am 22.11.2022.

R Leonis

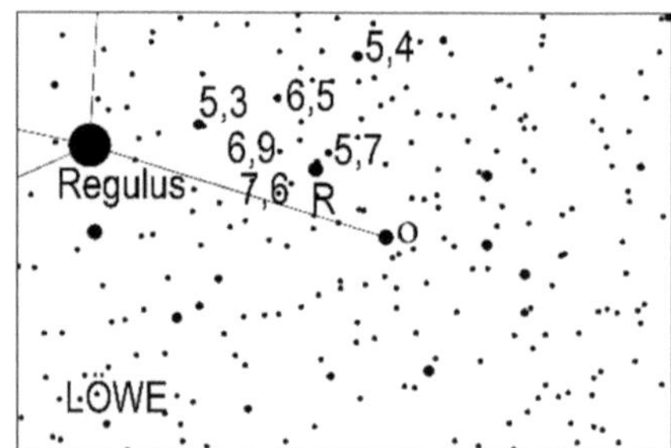

Aufsuchkarte für R Leonis. Die Dezimalzahlen bezeichnen die Helligkeitswerte (in mag) von Vergleichssternen zur Helligkeitsbestimmung.

R Leonis ist ein Mirastern im westlichen Teil des Sternbildes Löwe. Seine Helligkeit

schwankt mit einer Periode von 312 Tagen zwischen 4,3 mag und 11,7 mag. R
Leonis erreicht sein Maximum am 23.3.2022 und sein Minimum am 30.8.2022.

© 2021, Harald Lutz
Herstellung und Verlag: BoD – Books on Demand, Norderstedt
ISBN 9783753477862

FSC
www.fsc.org
MIX
Papier aus ver-
antwortungsvollen
Quellen
Paper from
responsible sources
FSC® C105338